面向 21 世纪课程教材

无机精细化工工艺学

第三版

张昭 彭少方 刘栋昌 等编著

化学工业出版社

·北京·

《无机精细化工工艺学》第三版在第二版的基础上，对原有内容进行了补充以反映无机精细化工领域的最新成就，同时删减了部分章节以使内容更精炼。

全书分为 3 篇，共 15 章。第 1 篇介绍 21 世纪的新材料与技术，包括纳米材料、单分散颗粒制备原理、界面化学与表面活性剂基础知识、溶胶-凝胶技术、无机材料仿生合成技术、微乳化技术和外场作用下的无机合成（制备）技术。第 2 篇介绍微粉制备工艺，包括微粉制备及其表征、气相法、固相法和液相法。第 3 篇介绍新兴无机化学品制备工艺和研究进展，包括精细陶瓷、无机膜、新型多孔材料、纳米颗粒催化剂和负载型催化剂。

《无机精细化工工艺学》第三版可作为各类高等院校化学、化工、材料类专业本科生、研究生教材，也可供从事该领域研究和生产的工程技术人员参考。

图书在版编目（CIP）数据

无机精细化工工艺学/张昭等编著 . —3 版 . —北京：化
学工业出版社，2019.1（2020.11 重印）
面向 21 世纪课程教材
ISBN 978-7-122-33079-6

Ⅰ . ① 无 …　Ⅱ . ① 张 …　Ⅲ . ① 无 机 化 工 -
精细化工-化工产品-生产工艺-教材　Ⅳ.①TQ110.7

中国版本图书馆 CIP 数据核字（2018）第 219729 号

责任编辑：杜进祥　马泽林　　　　　　　　　装帧设计：关　飞
责任校对：秦　姣

出版发行：化学工业出版社（北京市东城区青年湖南街 13 号　邮政编码 100011）
印　　刷：三河市双峰印刷装订有限公司
787mm×1092mm　1/16　印张 17¼　字数 418 千字　2020 年 11 月北京第 3 版第 2 次印刷

购书咨询：010-64518888　　　　　　售后服务：010-64518899
网　　址：http://www.cip.com.cn
凡购买本书，如有缺损质量问题，本社销售中心负责调换。

定　　价：48.00 元

前言

自面向 21 世纪课程教材《无机精细化工工艺学》第二版出版以来已经过去 12 年了，在此期间，新的无机精细化学品不断被开发研究，制备工艺不断被创新，其中很多工艺已经实现了工业化生产。本书作为一本介绍无机精细化学品制备的工艺和原理的基础教材，很有必要进行修订再版。

本书在保留了基本工艺和原理介绍的基础上，结合学时安排，对原书进行了部分修订。将原第 3 篇微粉制备的化工问题和其他部分章节删掉；基于新工艺的发展，补充了一些新的内容，介绍了一些新的无机精细化学品的制备工艺。同时增加了授课教师与学生多年来在无机材料模板合成、液相水热法、新型多孔材料和负载型催化剂制备方面的工作内容。另外，书中还增加了四川大学化工学院授课教师为学生提供的经典思考题，供学生们和普通读者参考学习使用。

本书主要由张昭、彭少方编写，刘栋昌参加了第 2 篇部分内容编写，由张昭完成第三版的修订。除了第一版前言所述的致谢单位和个人外，本次修订感谢国家自然科学基金委以及金川集团有限公司等企业提供的科研经费支持，帮助编者完成了相关研究工作，提供了编写的初稿，丰富了第三版修订的内容。同时，在此向积极参与本次修订工作的沈俊、田从学、崔名全、刘昉、何菁萍、李纲、李向锋、朱新华等高校教师和科技工作者们表示深深的感谢！

由于作者水平有限，书中难免有疏漏之处，恳请读者批评指正。

编者
2018 年 6 月

第一版序

  《化工类专业人才培养方案及教学内容体系改革的研究与实践》为教育部（原国家教委）《高等教育面向 21 世纪教学内容和课程体系改革计划》的 03-31 项目，于 1996 年 6 月立项进行。本项目牵头单位为天津大学，主持单位为华东理工大学、浙江大学、北京化工大学，参加单位为大连理工大学、四川大学、华南理工大学。

  项目组以邓小平同志提出的"教育要面向现代化，面向世界，面向未来"为指针，认真学习国家关于教育工作的各项方针、政策，在广泛调查研究的基础上，分析了国内外化工高等教育的现状、存在问题和未来发展。四年多来项目组共召开了由 7 校化工学院、系领导亲自参加的 10 次全体会议进行交流，形成了一个化工专业教育改革的总体方案，主要包括：

  ——制定《高等教育面向 21 世纪"化学工程与工艺"专业人才培养方案》；

  ——组织编写高等教育面向 21 世纪化工专业课与选修课系列教材；

  ——建设化工专业实验、设计、实习样板基地；

  ——开发与使用现代化教学手段。

  《高等教育面向 21 世纪"化学工程与工艺"专业人才培养方案》从转变传统教育思想出发，拓宽专业范围，包括了过去的各类化工专业，以培养学生的素质、知识与能力为目标，重组课程体系，在加强基础理论与实践环节的同时，增加人文社科课和选修课的比例，适当削减专业课分量，并强调采取启发性教学与使用现代化教学手段，因而可以较大幅度地减少授课时数，以增加学生自学与自由探讨的时间，这就有利于逐步树立学生勇于思考与走向创新的精神。项目组所在各校对培养方案进行了初步试行与教学试点，结果表明是可行的，并收到了良好效果。

  化学工程与工艺专业教育改革总体方案的另一主要内容是组织编写高等教育面向 21 世纪课程教材。高质量的教材是培养高素质人才的重要基础。项目组要求教材作者以教改精神为指导，力求新教材从认识规律出发，阐述本门课程的基本理论与应用及其现代进展，并采用现代化教学手段，做到新体系、厚基础、重实践、易自学、引思考。每门教材采取自由申请及择优选定的原则。项目组拟定了比较严格的项目申请书，包括对本门课程目前国内外教材的评述、拟编写教材的特点、配套的现代化教学手段（例如提供教师在课堂上使用的多媒体教学软件，附于教材的辅助学生自学用的光盘等）、教材编写大纲以及交稿日期。申请书在项目组各校评审，经项目组会议择优选取立项，并适时对样章在各校同行中进行评议。全书编写完成后，经专家审定是否符合高等教育面向 21 世纪课程教材的要求。项目组、教学指导委员会、出版社签署意见后，报教育部审批批准方可正式出版。

  项目组按此程序组织编写了一套化学工程与工艺专业高等教育面向 21 世纪课程教材，共计 25 种，将陆续推荐出版，其中包括专业课教材、选修课教材、实验课教材、设计课教材以及计算机仿真实验与仿真实习教材等。本教材就是其中的一种。

  按教育部要求，本套教材在内容和体系上体现创新精神、注重拓宽基础、强调能力培养，力求适应高等教育面向 21 世纪人才培养的需要，但由于受到我们目前对教学改革的研究深度和认识水平所限，仍然会有不妥之处，尚请广大读者予以指正。

　　化学工程与工艺专业的教学改革是一项长期的任务，本项目的全部工作仅仅是一个开端。作为项目组的总负责人，我衷心地对多年来给予本项目大力支持的各校和为本项目贡献力量的人们表示最诚挚的敬意！

中国科学院院士、天津大学教授

余国琮

2000 年 4 月于天津

第一版前言

精细化工是国民经济的重要领域之一。21世纪是信息科学、生命科学和材料科学蓬勃发展的世纪，作为精细化工的重要组成部分，无机精细化工已不再局限于无机盐工业，其发展将为三大前沿科学提供更多的新型无机化合物和功能材料。本书是面向21世纪化工类课程教材，书中以21世纪的热点问题纳米材料为切入点，针对无机化工产品的精细化、功能化的要求，从化学原理到化工过程加以阐述，并重点介绍一些新兴无机化工产品的精细化制备工艺和应用，特别是国内外科技工作者倍加关注的超细颗粒的制备工艺。

从传统的无机盐工艺演变到无机精细化工工艺，是一大的转变。在新的领域里，无机工艺中不仅涉及表面化学原理，还要利用表面活性剂进行表面改性处理，作分散剂或作模板剂进行仿生合成等，无机物与有机物相结合的工艺大大扩展了无机合成工艺的路线和范围。基于这种情况，我们编写了界面化学与表面活性剂基础知识，以便于读者在阅读本书和其他期刊文献时能深入了解问题的本质。针对超细粉体制备工艺的实验研究成果较多，但因工程放大困难，使批量生产实现得较少这一特点而编写了微粉制备的化工问题。对湿法制备超细微粉的反应沉淀、过滤和干燥等三个化工过程中所涉及的工艺原理、化工基础、设备构型及新的工艺发展等方面的知识，进行必要的介绍，为读者深入学习和从事工程放大时指引方向，有利于读者综合应用基础知识并能有所创新。

书中所列的精细无机化工产品是近年来在现代科技领域得到越来越广泛应用的重要材料和化学品。阐述较多的纳米材料是面向21世纪的新材料。本教材详细介绍了典型材料的制备实例，同时反映了纳米材料在当今高科技中的应用，有关研究预测，今后10年内，纳米技术的开发和纳米材料制造将成为重要的材料制造业。因此，该教材内容具有新颖性。对于化学工程与工艺的本科生和研究生来说，学习本教材内容，能扩展在无机超细粉、纳米材料制备工艺和工程方面的眼界和思路。

本书的编写，参考了有关国内外专著、期刊和会议论文集，统一列在各章的参考文献部分，并致谢意。

本书编写过程中，得到陈家镛院士和汪家鼎院士的鼓励，参加"化工类专业人才培养方案及教学内容体系改革的研究与实践"项目的天津大学、华东理工大学、浙江大学等校的专家们对本书的立项和大纲进行认真的审查并提出了宝贵的意见，电子科技大学博士生导师恽正中教授审查了大纲及磁记录介质和氧化铁磁粉、精细陶瓷两章书稿，天津化工研究设计院乐志强研究员、成都宏明电子股份有限公司朱盈权研究员、四川大学博士生导师王建华教授、郑昌琼教授、梁斌教授、张允湘研究员审阅了大纲，我们特在此向以上专家一一致谢。我们特别要感谢教育部高等学校化工类及相关专业教学指导委员会主任戴猷元教授在百忙中审查了全书并提出了详细的修改意见，使我们得以进一步提炼本书的内容。感谢四川大学给予了本书重点教材资助。

本书第1、2和第4篇由彭少方、张昭编写，第3篇由刘栋昌编写。陈新钊老师和张琍研究生完成了部分插图的绘制。由于无机精细化工工艺内容丰富，本书重点在介绍湿法制微粉工艺，以适应当前无机化工的精细化和功能化的需要。限于我们的水平，出现错误在所难免，恳切希望使用本书的读者批评指正，我们将不胜感激。

编者

2001 年 10 月

第二版前言

《无机精细化工工艺学》第一版出版以来，于 2002 年 9 月被中国石油和化学工业协会评为第六届石油和化学工业优秀教材一等奖，激励我们在出版第二版时，不仅对本书进行修改，而且对内容进行补充。

当今科技发展迅速，出现很多材料制备的新工艺，为了使教材反映世界科技最新成果，修改时我们在第一篇新增外场（超声波场、微波场和电场）作用下的无机合成技术一章，反映学科交叉产生的制备无机精细化学品的新技术。在第三篇微粉制备的化工问题中，也作了修改和补充。这两部分增加的内容，引用了部分在第一版出版后发表的研究文章，以体现学科前沿。同时，也删除了一些实例，特别是减去了第四篇中的部分章节。考虑到今天化学工程所提供的新产品领域向特殊化学品、精细结构化学品、化学元器件和信息工业材料发展，从突出无机精细化学品的功能性出发，仅保留了磁记录材料、精细陶瓷、无机膜、多孔材料和纳米颗粒催化剂五章，以使本书的内容更精炼。

一本书的出版，不仅需要编者对内容负责，还需要责任编辑和出版社出版发行的支持，编者在此表示感谢。同时我们也感谢四年来各位专家和同事，以及四川大学化工学院的化学工程与工艺、冶金工程专业学习本课程的几届研究生和本科学生所提出的宝贵意见。在我们进行第二版编写时认真考虑并采纳部分意见。

我们衷心希望本教材能为我国 21 世纪化工类、材料类、冶金类高层次人才的培养有所贡献。

编者
2005 年 3 月

目　录

第 1 篇　21 世纪的新材料与技术

第 2 篇　微粉制备工艺

第 3 篇　新兴无机化学品制备工艺和研究进展

绪　　论

0.1　精细化工简介[1,2,3,4]

0.1.1　精细化工产品的定义

化学工业中产品可以分为通用化工产品和精细化工产品两大类。前者指生产过程中化工技术要求高，产量大，应用范围广泛的大宗化学品（heavy chemicals），例如石油化工中的合成树脂、合成橡胶及合成纤维三大合成材料，无机化工产品中的三酸两碱、合成氨等。后者则是与之相对的合成工艺步骤多、反应复杂、产量小、多品种、具有特定应用功能的精细化学品（fine chemicals），例如各种试剂和高纯物，精细无机盐，催化剂和各种助剂、涂料，医药和功能高分子等。

精细化学品与非精细化学品在某些情况下并无明显的界限。例如：一些磷酸盐在作食品添加剂或阻燃剂使用时，属于精细化学品，而它们在农业上又主要作为肥料，是大宗化学品。又如医药用的水杨酸和食品添加剂使用的苯甲酸属于精细化学品，而它们用作化工原料时属于基本有机化工产品。再如试剂和高纯物属于精细化学品，而含有较多杂质的同种产品则往往属普通的化工原料。因此，精细化学品强调的是精细化和具有独特的应用性、功能性。为了区分精细化学品和大宗化学品，有必要给精细化学品一个明确的定义。为此，国内外许多学者对精细化工产品的定义提出了许多不同的看法。尽管已经展开了较长时间的讨论，然而迄今为止，仍无简明、确切而又得到公认的科学定义。

欧美国家是将精细化工产品分为精细化学品和专用化学品（specialty chemicals），其主要依据是侧重以产品的功能性来区别的。也就是说，精细化学品是按其分子组成（即作为化合物）来销售的小量产品，强调的是产品的规格和纯度；专用化学品也是小量产品，是根据它们的功能来销售的，强调的是功能。精细化学品和专用化学品的区别，详细归纳为以下6点。

① 精细化学品多为单一化合物，可以用化学式表示其成分，而专用化学品很少是单一化合物，常常是若干化学品组成的复合物，通常不能用化学式表示组成。

② 精细化学品一般为非最终使用性产品，用途较广，而专用化学品的加工度更高，为最终使用产品，用途较窄。

③ 精细化学品大体是用一种方法或类似方法制造的，不同企业的产品基本上没有差别，而专用化学品的制造各生产企业则互不相同，产品有差别，甚至可完全不同。

④ 精细化学品是按其所含的化学成分来销售的，而专用化学品是按其功能销售的。

⑤ 精细化学品的生命期相对较长，而专用化学品的生命期短，产品更新很快。

⑥ 专用化学品的附加价值率高，利润率更高，技术秘密性更强，更需要依靠专利保护或对关键技术严加保密。

日本将具有专门功能、研究开发和应用的技术密集、配方技术能主导产品性能、附加价值高、批量小、品种多的化工产品叫做精细化学品。我国目前所称的精细化工产品的含义与日本的定义基本相同，即含有欧美所指的精细化学品和专用化学品两大类别。因此，精细化工产品或称精细化学品可以描述为：对基本化学工业生产的初级或次级化学品进行深加工而制取的具有特定功能、特定用途、小批量、多品种、附加值高、技术密集的一类化工产品。精细化工产品一般具有以下特点：

① 具有特定功能，专用性强而通用性弱；
② 小批量、多品种；
③ 技术密集度高，产品更新换代快，技术专利性强；
④ 大量采用复配技术；
⑤ 附加价值高。

0.1.2　精细化工产品的分类

精细化工产品的范围十分广泛，随着新兴的精细化工行业的不断涌现，其范围越来越大，品种类别也日益增加。目前国内外较为统一的分类原则是以产品的功能来进行分类。以日本为例，在 1981 年日本《精细化工产品年鉴》中，将精细化学品分为 34 类，在 1983 年的《化学工业年鉴》中又改为 28 类，1984 年《精细化工年鉴》中则扩大为 35 类，1985 年又发展为 51 个类别。它们是：医药，农药，合成染料，有机颜料，涂料，黏胶剂，香料，化妆品，盥洗卫生用品，表面活性剂，合成洗涤剂，肥皂，印刷用油墨，塑料增塑剂，其他塑料添加剂，橡胶添加剂，成像材料，电子用化学品与电子材料，饲料添加剂与兽药，催化剂，合成沸石，试剂，燃料油添加剂，润滑剂，润滑油添加剂，保健食品，金属表面处理剂，食品添加剂，混凝土外加剂，水处理剂，高分子絮凝剂，工业杀菌防霉剂，芳香除臭剂，造纸用化学品，纤维用化学品，溶剂与中间体，皮革用化学品，油田用化学品，汽车用化学品，炭黑，脂肪酸及其衍生物，稀有气体，稀有金属，精细陶瓷，无机纤维，储氢合金，非晶态合金，火药与推进剂，酶，生物技术，功能高分子材料等。可谓琳琅满目，涉及了非常广泛的化学制品。

原化学工业部在 1986 年曾对精细化工产品作了暂行规定，把精细化工产品分为以下 11 大类：①农药；②染料；③涂料（包括油漆和油墨）；④颜料；⑤试剂和高纯物；⑥信息化学品（包括感光材料，磁性材料等能接受电磁波的化学品）；⑦食品和饲料添加剂；⑧黏合剂；⑨催化剂和各种助剂；⑩化学药品（原料药）和日用化学品；⑪功能高分子材料（包括功能膜，偏光材料等）。

这每一大类中有的还可细分成若干小类。例如第⑨类中的各种助剂包含了约 20 个类别。实际上，以上分类还仅就化学工业行业的范围所作的规定，轻工、食品、冶金、建材等部门还涉及许多精细化学品，因此上述 11 个类别并未包含精细化工的全部内容。随着我国精细化工的发展，精细化工产品迅速增加，其分类将会不断补充和修改。原化学工业部又提出需要进一步开拓的领域有：汽车用精细化学品、办公设备用化学品、建筑用化学品、精细陶瓷、精细无机盐、液晶材料、印刷及油墨化学品、生物材料及生物工程材料、电子材料、功能高分子材料。最近几年出版的精细化工类书籍，已经增加了精细陶瓷、汽车化学品、稀土材料、有机硅化学品等的工艺简介，并把新型无机精细化工（纳米粒子、沸石分子筛、无机膜、非晶硅等），新金属材料（储氢合金、非晶态合金、形状记忆合金、超高温合金等）和其他高技术材料（自组膜、塑料光纤、功能梯度材料等）列入了精细化工的前沿材料中，足以说明学科的交叉和内容的广泛。

很显然，当今精细化工的品种远远不局限于上述国内外的分类中。现在人们更关注的是产品"深度加工"和"功能性"的属性，品种繁多已无法详细分类，特别是和高新技术带来的新功能产品越来越多，设计的领域也越来越广泛，如医学诊断试剂、有机发光材料、纳米复合材料等，不仅深度加工，功能上也越来越满足人类社会需要甚至改变了我们的生活。

0.1.3 精细化工的发展

生产精细化学品的工业称为"精细化工工业"（fine chemicals industry），通常称为精细化工。自 20 世纪 80 年代以来，随着社会生产及生活水平的提高，化学工业产品结构的变化以及高新技术的要求，精细化工工业得到了迅速的发展，精细化工产品越来越受到重视，精细化工产品在化学工业中产值所占比重逐年上升。例如一些工业发达国家，在 20 世纪 70 年代两次石油危机中，由于原材料价格猛涨，致使经济受到很大冲击，迫使他们纷纷对石油化工产品的生产结构进行调整。他们开始重视对石油化工下游产品的深度加工，向产品精细化、功能化、综合生产方向发展，走高附加值的生产路线，逐步完成了化学工业内部行业结构及产品结构的调整。精细化工产品正好适应了这种调整而得到了飞速的发展。如瑞士、日本等资源缺乏的国家，由于原材料紧缺，一直把注意力放在深加工、功能化、提高产品附加值上，因而他们的精细化工成为备受重视的化工领域。

精细化工产品在化学工业中产值所占比例大小被认为是一个国家的化学工业发达程度的标志之一。我国十分重视精细化工行业的发展，把精细化工作为化学工业发展的战略重点之一，列入多项国家发展计划中，在国家政策和资金的支持及市场需求的引导下，我国精细化工也呈现出快速发展的趋势。2005～2015 年，我国化学原料及化学制品制造业的主营业务收入由 1.6 万亿元增长至 8.4 万亿元，业务规模扩大到 5 倍左右。其中，专用化学品制造的主营业务收入从 3169 亿元增长到 2 万亿元，业务规模扩大到近 7 倍。我国部分精细化工产品已具有一定的国际竞争能力，已逐渐成为世界上重要的精细化工原料及中间体的加工与出口国。截至 2016 年 6 月，我国化学原料和化学制品制造业企业达 24655 家，资产总计71464.80 亿元。目前我国总体精细化率为 45% 左右，但与北美、西欧和日本等发达经济体60%～70% 的精细化率相比，我国精细化率仍有很大的提升空间。此外，我国精细化工行业在传统产品竞争力提升的同时，高端化工类产品严重短缺，部分高科技产品还处于空白状态。因此，提升行业整体自主研发能力和产业竞争力将成为我国实施可持续发展战略的重要组成部分[5]。

21 世纪，围绕材料科学、信息科学和生命科学为代表的前沿科学，将形成规模空前宏大的新技术革命。材料科学技术、信息科学技术、生命科学技术、微电子技术、空间技术等高新技术领域，所需要的精细化工产品的种类和品种越来越多，性能指标也越来越高，使传统的精细化工产品受到新的严重的挑战。同时，这一切又为精细化工的发展带来新的机遇。高新技术融入精细化工生产的各个环节，必将大大促进精细化工产品的发展，产品质量进一步提高，技术含量和附加价值不断增加。高新技术的发展，促进精细化工产品的新品种、新产品不断增加，尤其是适应高新技术发展的精细化工领域将不断涌现，精细化工涉及的范围会越来越广，多学科的交叉在新领域的开拓中起着越来越重要的作用。这一切将使精细化工产品在化学工业中所占的比重迅速增大，推动整个化学工业的发展。

0.2 无机精细化工[3]

0.2.1 无机精细化学品

无机精细化工是指精细化工中的无机精细化学品的生产。在原化学工业部 1986 年关于精细化工产品的 11 大类中，除了功能高分子材料外，其余各类中均可举出一些无机精细化学品来。例如用作农药的硫酸铜，用于涂料的二氧化钛，铁系、铬系颜料，各种无机试剂和高纯物，永磁材料和软磁材料，各种矿物质饲料添加剂，磷酸盐高温黏合剂，多种多样的有色金属氧化物做成的催化剂等。精细化工新增领域中的精细陶瓷，如结构陶瓷、工具陶瓷、各类功能陶瓷和超导材料，稀土材料，精细无机盐，沸石分子筛，无机膜，非晶硅等都属于无机精细化学品的范畴。

在整个精细化工大家族中，相对于有机精细化工而言，无机精细化工起步较晚，产品较少。但是作为精细化工产品中的重要组成部分，它不仅已经为我国高科技的代表"两弹一星"的成功崛起提供了上千种的化工材料，而且将为我国 21 世纪的材料科学、信息科学和生命科学三大前沿科学的发展提供更多的新型功能材料，为人们的工作和生活条件迅速现代化提供各种崭新的用品。

从现代科学技术发展的历史来看，一种新的化合物的合成，它的功能特性的发现和实际应用，往往可以导致一个新产业的兴起，可以创造数十亿元乃至数百亿元的产值。表 0-1 中列出了一些新的原型化合物和随后开发出的新技术材料。我们可以看出，一种新的原型化合物一旦被发明、发现和应用，就可以形成一种规模巨大的产业，人类的物质生活和精神生活就能前进一步。

表 0-1 导致新产业兴起的材料

新的原型化合物	随后开发出的新技术材料
InP(1910)	Ⅲ～Ⅴ族化合物,半导体
CaO 或 Y_2O_3 稳定化的 ZrO_2(1929)	固体电解质,氧传感器
Na-β-Al_2O_3(1926)	固体电解质,钠-硫燃料电池
$BaTiO_3$(1925)	铁电、压电、陶瓷电容器
$LiNbO_3$(1937)	非线性光学
$BaFe_{12}O_{19}$(1938)	铁氧体、磁记录
$(Zn,Cd)S$(1940)	阴极射线发光显示器件
$LaNi_5$(1943)	强磁体,储氢材料
非晶硅(1944)	太阳能电池
$Ca_5(PO_4)_3X \cdot Sb^{3+}(Mn^{2+})$(1949)	荧光照明
$Y_2O_2SEu^{2+}$(1969)	彩色电视
ZSM-5 型铝硅酸盐分子筛（1972）	石油催化裂化
$Nd_2Fe_{14}B$(1984)	新永磁材料
多元氟化物玻璃（1986）	洲际光纤通信
$YBa_2Cu_3O_{7-\partial}$（1986）	高温超导

用作新材料的无机精细化工产品一般具有不燃、耐候、轻质、高强、高硬、抗氧化、耐

高温、耐腐蚀、耐摩擦以及一系列光、电、声、热等独特功能，从而成为微电子、激光、遥感、航空航天、新能源、新材料以及海洋工程和生物工程等高新技术得以迅猛发展的前提和物质保证。例如无机精细化工不仅提供了大量用于集成电路加工的超纯试剂和超纯电子气体，制造了大直径、高纯度、高均匀度、无缺陷方向的单晶硅用作半导体材料，而且砷化镓、磷化铟、人造金刚石相继进入了实用阶段，使电子器件实现了微型化、集成化、大容量化、高速度化，并有条件向着立体化、智能化和光集成化等更高的技术方向发展。无机精细化工产品也提供了取代铜质电线、电缆的用于光通信的 SiO_2-GeO_2 石英系通信光纤，使光损耗已接近其理论极限。用于激光技术的工作物质钨酸钙、铝酸钇、磷酸钕锂、多种氟化物等的晶体，大功率固体激光材料及其非线性光学晶体的研制成功，为激光通信、激光制导、激光核聚变、激光武器等激光高技术提供了物质保证。以多晶硅特别是以非晶硅为材料的太阳能电池的技术进展和实用化，对世界性的能源紧缺来说是一个福音，将对空间技术、未来工业以及人民生活提供无公害、取之不尽和用之不竭的能源。又如精细陶瓷制成的发动机应用于汽车工业，体积小、重量轻，可使热效率增加 45%，燃料消耗减少 34%。在混凝土中添加 2%左右的以亚硝酸钙为主要成分的混凝土添加剂，可以使桥梁等大型建筑的寿命延长 15～20 年，而且抗压强度也得到提高。研制出新型的固体电解质应用于电池、制碱、制钠以及磁流体发电等，将开辟节能的新途径。

因此，新型的无机精细化学品不再局限于传统的无机盐产品，而在当今世界的新技术革命潮流中，将发挥极其重要的作用。

0.2.2 无机精细化工的发展趋势和重点

无机精细化工与有机精细化工的区别不仅仅在于从产品属性区分为无机产品和有机产品两大类，在合成方法上有较大的区别，而且还在于在无机化合物种类受限的情况下，开发无机精细化学品的注意力主要不是集中在合成更多的新的无机化合物，而是更加注意高新技术的应用赋予产品的功能性，即采用众多的、特殊的、精细化的工艺技术，或对现有的无机物在极端的条件下进行再加工，从而改变物质的微结构，产生新的功能，满足高新技术的各种需求。例如碳酸钙是一种非常普通的无机化合物。近年来，工程技术人员将化学方法和物理方法结合，控制碳酸钙晶体的结构形态和粒径大小，并进行表面改性处理，已经使碳酸钙由单一产品发展成为微细、超微细的改性的系列产品，适应了橡胶、塑料、造纸、涂料、日化、汽车等各种不同工业用户的不同需要。碳酸钙粒径小于 0.09μm 时，在 PVC 涂料中呈现明显的触变性，广泛应用于汽车底盘防石击涂料。超高纯碳酸钙则在电子材料工业中用于集成电路板、陶瓷电容器、微波介电体、压电陶瓷、固体激光材料的制作，在光学材料工业中它可用于制造高纯氟化钙、光学结晶体、荧光材料、新型玻璃、红外线透过材料、光纤维；在传感器材料中用于温度传感器为主的气体传感器、露点传感器、热敏电阻、氧气传感器等的制造；也用于生物材料中，如磷灰石、多孔晶体、生物玻璃。碳酸钙也用作试剂或特需的烧结助剂等。这就使原来的低档产品变为了高档产品，满足了各种技术的需要，也显著提高了经济效益。

随着科学技术的发展，无机化合物的许多潜在的特殊功能为人们所发现。人们为了挖掘这些特殊功能，开发了相应的特殊的工艺技术，举例如下。

(1) 高纯化和掺杂——根据用途纯化产品或获得一定组成（非化学计量）的掺杂配合物。医用化学品中的氢氧化铝、氧化锌，电子化学品中的高纯金属粉、金属化合物，以及高纯和专用试剂如半导体、高温超导材料、各种功能陶瓷、电池材料等都是通过严格限制的掺杂来改善性能的掺杂配合物。

（2）超细化——以获得不同尺寸不同用途的粉体，如粉末冶金所需的各种金属粉、金属化合物粉，磁性材料，电子浆料用金属粉，电池材料用的金属化合物粉等。

（3）单晶化——使原子和原子集团在三维空间有规律地重复，形成单晶体。如与普通多晶氧化铝不同的单晶化的蓝宝石（掺钛氧化铝），其电性能好、化学稳定、机械强度高，用作集成电路衬底、微波器件、光学传感器；用于激光器的红宝石（掺铬氧化铝）；碳的同素异性体如石墨（六方系板晶）和金刚石（立方晶）、人造金刚石及人造宝石-立方氧化锆等。

（4）非晶化（玻璃态），如金属玻璃——非晶态合金，具有高强度、高韧性、耐腐蚀性、优良磁性、催化性，用于太阳能电池的半导体材料的新秀——非晶硅（α-Si：H）；非晶态无机盐如非晶态碳酸钙。比表面积大、溶解度高，可作吸附剂、生物陶瓷、补钙剂。

（5）纤维化，如晶须，包括单晶纤维、短纤维、连续纤维，如耐高温、密度小、热稳定、化学稳定、热导率低、保温、吸声好的氧化铝、氧化镁、氧化锆纤维；由多个碳原子按一定规律排列形成多层同轴管的碳纳米管纤维等。

（6）薄膜化，如 SnO_2 薄膜用于电阻器、气敏传感器、太阳能电池，以及用于多层电容器、光学材料的无机功能薄膜。

（7）微结构精细化，如多孔材料，从天然沸石到人造沸石和有序介孔分子筛，继而在有序介孔分子筛的孔中引入某种客体以获得新的物性；以纳米尺度的物质单元为基础，按一定规律构筑或营造一种新的体系获得纳米结构组装体系。

将这些技术组合起来运用，特别是通过微结构精细化技术构筑具有多级有序结构的材料近年来受到人们的广泛关注，而具有三维有序图案化结构的无机新材料的可控制备一直是人们面临的一项挑战。正是依赖这些技术，开发出了大批的新型无机精细化学品，使曾以提供重要的基础原料和辅助材料为特点的无机化学工业充满了新的生机。结合我国的资源特色，纳米粒子和纳米材料、超细粉末、精细陶瓷、稀土化合物、磷酸盐精细化工、沸石分子筛、催化剂、无机膜、非晶硅等将是无机精细化工的前沿材料和研究重点。

此外，精细化工的发展会更加重视原料绿色化和技术绿色化[6]。

（1）原料绿色化发展。绿色精细化工的第一步就是需要使用无毒无害的材料，包括天然的和有机合成的，因此需要实现合成加工工艺原料的绿色化。

（2）技术绿色化发展。绿色精细化工属于高密度高精度的高科技技术类行业，绿色精细化工的发展也需要技术上的先进。例如采用绿色催化技术、电化学合成技术、超临界流体技术和计算机分子技术。

关于精细化工的发展，读者还可参阅文献［6］和［7］。

参考文献

［1］曾繁涤．精细化工产品及工艺学．北京：化学工业出版社，1997．
［2］邝生鲁．现代精细化工．北京：科学技术文献出版社，1997．
［3］姚守信．无机精细化工．成都：四川大学出版社，1994．
［4］杨锦宗，张淑芬．精细化工．1998，15（6）：1-4．
［5］中国产业信息网行业频道．http：//www.chyxx.com/industry/201702/499051.html.
［6］邱旭．科技展望，2016，11：270-271.
［7］陈洪龄．精细化工导论．北京：化学工业出版社，2015．

第 1 篇

21世纪的新材料与技术

第 *1* 章
纳米材料

1.1 纳米材料的基本概念

  人们对于固态物质性质的认识，首先从宏观现象开始，观测到物质的熔点、硬度、强度、电导、磁性、化学反应活性等，随后又深入到原子、分子的层次，用原子结构、晶体结构和化学键理论来阐明物性和结构之间的关系。近年来，纳米科技的发展使人们知道：材料的性质并不是直接取决于原子和分子，在物质的宏观固体和微观原子分子之间还存在一些介观层次，这些层次对材料的物性起着决定性的作用。宏观、介观和微观体系的尺度划分如图 1-1[1] 所示。

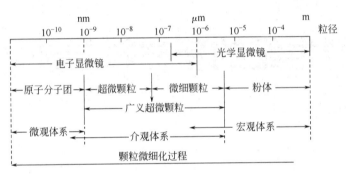

图 1-1   尺度划分示意图

  微观体系包含 $1 \sim n$ 个分子，其动力学是以皮秒（ps，10^{-12} s）和飞秒（fs，10^{-15} s）计，是属于量子化学研究的范畴。纳米和团簇这个层次中，物质的尺寸不大不小，所包含的分子数不多不少，其运动速度不快不慢。决定物质性质的正是这个层次的由有限分子组装起来的聚合体（assembly），它所表现出来的物性和宏观的材料迥然不同，具有奇特的光、电、磁、热、力和化学等性质。

  一般所谓纳米材料是指尺度为 $1 \sim 100$nm 的超微粒经压制、烧结或溅射而成的凝聚态固体。纳米材料可划分为两个层次：一是纳米微粒；二是纳米固体（包括薄膜）。纳米材料可以是金属、陶瓷或半导体。纳米微粒可以是晶态的、准晶态的或是无定形的。纳米材料有两种分类方法。其一是将所有纳米材料从结构上区分为两类[2]。第一类是纳米材料结构全部由晶粒和晶界两种结构所组成，所有结构基元尺寸都是纳米量级。材料中界面的浓度很大，可达到全部体积的一半以上，这种高浓度界面结构使材料具有紧密结构，因而材料性能变化巨大[3]，这类材料的 X 射线衍射表现出因晶粒尺寸小而引起衍射峰展宽，展宽度遵守谢乐（Scherrer）公式 $L_{hkl} = k\lambda / \beta \cos\theta$[4]。第二类是低密度具有大量纳米尺寸空洞的无规网络结构，此类材料全部结构由纳米晶粒和纳米空间构成，有时还由纳米骨架结构和比纳米晶粒更小的亚稳原子团簇组成。这类材料的特点是具有巨大的无规则网络结构，其中分布着错综复杂的通道和孔洞结构。材料中表面结构很大，可达 20%～50%，同时也具有大量的界面结构，高浓度的表面结构原子极大地改变了材料的性能。其二是按纳米晶体结构形态划分成四类：①零维纳米晶体（量子点），即纳米尺寸超微粒子；②一维纳米晶体，即在一维方向上晶粒尺寸为纳米量级，如纳米厚度的薄膜或层片结构（量子膜）；③二维纳米晶体，即二维方向上晶粒尺寸为纳米量级（所谓的量子线）；④三维纳米晶体，指晶粒在三维方向均为纳米尺度（通常所指的纳米晶体材料[5]）。更为简洁和常用的描述按几何形状分为零维的量子点、一维量子线、二维量子膜和三维纳米固体[6]。纳米材料的界面结构和表面结构能够影响材料的性质，同时，对材料的界面结构与表面结构适当改性，也能有效地改变材料的化学性质和性能。

1.2 纳米微粒的基本概念及性能[1,6,7,8,9]

纳米微粒是指颗粒尺寸为纳米量级的超细微粒，它的尺寸大于原子簇（cluster），小于普通的微粒。通常，把仅包含几个到数百个原子或尺度小于 1nm 的粒子称为簇，它是介于单个原子与固体之间的原子集合体。纳米微粒一般在 1～100nm 之间，有人称它为超微粒子或超微颗粒（ultra-fine particle）。在实际工作和生活中，往往把几个微米以下的颗粒也叫超微颗粒，这是不科学的。准确地说，应该将数微米以下的颗粒称作微细颗粒，或者定义为广义的超微颗粒。日本名古屋大学上田良二教授给纳米微粒下了一个定义：用电子显微镜才能见到的微粒称为纳米微粒。

当小粒子尺寸进入纳米量级（1～100nm）时，其本身具有小尺寸效应、界面与表面效应、量子尺寸效应、宏观量子隧道效应，因而展现出许多特有的性质，在催化、滤光、光吸收、医药、磁介质及新材料等方面有广阔的应用前景，同时也将推动基础研究的发展。

（1）小尺寸效应 当超微粒子尺寸与传导电子德布罗意波长相当或更小时，周期性的边界条件将被破坏；非晶态纳米微粒表面层附近原子密度减小，导致光吸收、磁性、内压、热阻、化学活性、催化活性及熔点等均与普通粒子不同，这就是纳米粒子呈现的小尺寸久保（体积）效应。纳米粒子的这些小尺寸效应为实用技术开拓了新领域。例如，纳米尺寸的强磁性颗粒（Fe-Co 合金、氧化铁等），当颗粒尺寸为单磁畴临界尺寸时，具有很高的矫顽力，可制成磁性信用卡、磁性钥匙、磁性车票等，还可制成磁流体。纳米微粒的熔点，可远低于块状金属。例如 2nm 的金颗粒熔点为 600K，随粒径增加，熔点迅速上升，块状金熔点为 1337K。纳米银粉熔点可降到 373K。此特性为粉末冶金工业提供了新工艺。

（2）界面与表面效应 固体的表面原子和内部原子所处的环境是不一样的，因为内部原子被其他原子所包围，而表面原子只是在它的一边存在着内部原子，而其他边则为真空或其他物质的原子。因此，表面原子的集合会呈现与内部原子的集合不同的性能。对于半径为 r 的球状超微粒子，其表面积 $S=4\pi r^2$，体积 $V=4\pi r^3/3$，所以颗粒的比表面积 σ_F 为

$$\sigma_F = \frac{S}{V} = \frac{3}{r} \propto \frac{1}{r}$$

例如，半径 $1\mu m$ 的球状颗粒的比表面积 σ_F 为

$$\sigma_F > \frac{1}{10^{-4}} = 10^4/cm$$

即，将粒径 $2\mu m$ 的颗粒收集 $1cm^3$，就可存在 $1m^2$ 以上的表面积。而体积为 $1cm^3$ 的立方体的表面积则只有 $6cm^2$。若粒径为 $10nm$ 的球形颗粒，每 $1cm^3$ 就有 $600m^2$ 大的表面积。可见粒径越小表面积越大。若颗粒为非球形时，σ_F 的值更大。

然后再考虑半径为 r 的球状粒子，由边长为 a 的立方体形原子组成，则比表面原子数 ε 为

$$\varepsilon = \frac{4\pi r^2 a}{\frac{4\pi r^3}{3}} \approx 3\frac{a}{r} \approx 3\frac{1}{\frac{r}{a}}$$

比表面原子数与 r/a，即与以原子数计算的颗粒一维长度成反比。例如，对于以原子间隔为 $0.2nm$ 的物质形成半径为 $1nm$ 的球形颗粒，则 ε 为 0.2，即全原子数的 20% 为表面原子。此外，同样的原子形成半径为 $1\mu m$ 的球形颗粒时，$\varepsilon = 2 \times 10^{-4}$，只存在 0.02% 的表面原子。可见随着粒子尺寸的减小，界面原子数增多，无序度增加，同时晶体的对称性变差，其部分能带被破坏，因而出现了界面效应。纳米粒子由于尺寸小，表面积大，导致位于表面的原子占有相当大的比例。这些表面原子一遇见其他原子便很快结合，使其稳定化，这是纳米微粒活化也是其不稳定的根本原因。这种表面原子活性就是表面效应。

体积效应和表面效应两者之一显著出现，或者两者都显著出现的颗粒叫做"超微颗粒"。

（3）量子尺寸效应　久保（Kubo）的纳米粒子电中性模型认为，对于一个超微粒子，给它取走或放入一个电子都是十分困难的，他提出了一个著名公式

$$k_B T \ll W \approx \frac{e^2}{d} \tag{1-1}$$

式中　W——从一个超微粒子中取出或给它放入一个电子克服库仑力所做的功；

$\quad\quad$ d——超微粒子的直径；

$\quad\quad$ e——电子电荷；

$\quad\quad$ k_B——玻尔兹曼常数；

$\quad\quad$ T——绝对温度。

氢原子半径为 $0.053nm$，W 为 $13.6eV$，所以 $d = 10.6nm$ 时，$W = 0.13eV$。如果该能量增加量与温度 T 时的热能（$k_B T$）相比较有 $k_B T \ll W$ 的关系，这种电子的过剩或不足基本上是不可能发生的。实际上，即使在常温 $300K$，热能 $k_B T$ 也只不过 $0.025eV$。而且式（1-1）表明 d 值下降，W 增加，所以低温下热涨落很难改变超微粒子的电中性。可见 $1nm$ 的小颗粒在低温下量子尺寸效应很明显。

其次，针对低温下电子能级是离散的，且这种离散对材料热力学性质起很大的作用。例如超微粒的比热容和磁化率与大块材料有明显差异。久保及合作者研究了相邻电子能级间距和颗粒直径关系并提出著名的公式

$$\delta = \frac{4}{3}\frac{E_F}{N} \propto V^{-1} \tag{1-2}$$

式中　δ——相邻电子能级间距（能级间隔平均值）；

$\quad\quad$ N——一个超微粒子的总导电电子数；

$\quad\quad$ V——超微粒子体积；

$\quad\quad$ E_F——费米能级。

当粒子尺寸下降到某一值时，金属费米能级附近的电子能级由准连续变为离散能级的现象称为量子尺寸效应。能带理论表明，金属费米能级附近的电子能级一般是连续的，这只有在高温或宏观尺寸情况下才成立。对于只有有限个导电电子的超微粒子来说，低温下能级是离散的，对于宏观物体包含无限个原子（即导电电子 $N \to \infty$），由式（1-2）可得能级间距 $\delta \to$

0，即对大粒子或宏观物体能级间距几乎为零。而对于纳米微粒，所包含的原子数有限，N 值很小，这就导致 δ 有定值，即能级间距发生分裂。当能级间距大于热能、磁能、静磁能、静电能、光子能量或超导态的凝聚能时，这时必须考虑量子尺寸效应，这会导致纳米微粒的磁、光、声、热、电以及超导电性与宏观特性有显著的不同。根据久保理论，只有 $\delta > k_B T$ 时才会产生能级分裂，从而出现量子尺寸效应。

（4）宏观量子隧道效应 纳米粒子具有贯穿势垒的能力称为隧道效应。近年来人们发现一些宏观量，如微粒的磁化强度、量子相干器中的磁通量以及电荷等亦有隧道效应，这种穿越宏观系统势垒而产生的变化称为宏观量子隧道效应（MQT）。目前已证实超微粒子在低温下确实存在 MQT，MQT 与量子尺寸效应一起，决定了微电子器件进一步微型化的极限。当微电子器件进一步细微化时，必须要考虑上述的量子效应。

上述小尺寸效应、表面界面效应、量子尺寸效应及宏观量子隧道效应是纳米微粒与纳米固体的基本特性。它使纳米微粒和纳米固体呈现许多奇异的物理和化学性质，出现一些"反常现象"。例如金属为导体，但纳米金属微粒在低温下由于量子尺寸效应会呈现电绝缘性；一般 $PbTiO_3$、$BaTiO_3$ 和 $SrTiO_3$ 等是典型铁电体，但当其尺寸进入纳米数量级就会变成顺电体；铁磁性的物质进入纳米级（约 5nm），由于从多畴变成单畴会显示极强的顺磁效应；当粒径为十几纳米的氮化硅微粒组成纳米陶瓷时，已不具有典型共价键特征，界面结构出现部分极性，在交流电下电阻很小；化学惰性的金属铂制造成纳米微粒（铂黑）后却成为活性极好的催化剂。众所周知，金属由于光反射会显现各种美丽的特征颜色，而金属的纳米微粒光反射能力显著下降，通常低于 1%，这是由于小尺寸和表面效应使纳米微粒对光吸收表现极强能力；粒径为 6nm 的 Fe 其晶体的断裂强度比多晶 Fe 提高 12 倍；纳米 Cu 晶体自扩散是传统晶体的 $10^{16} \sim 10^{19}$ 倍，是晶界扩散的 10^3 倍；纳米金属 Cu 的比热容是传统 Cu 的 2 倍；纳米固体 Pd 的热膨胀系数比传统 Pd 提高 1 倍；纳米 Ag 晶体作为稀释制冷机的热交换器效率比传统材料高 30%；纳米磁性金属的磁化率是普通金属的 20 倍，而饱和磁矩是普通金属的 1/2。

不但纳米微粒具有许多独特的性质，而且由它构成的二维薄膜以及三维固体也表现出不同于常规薄膜和块状材料的性质。例如由纳米颗粒构成的纳米陶瓷在低温下出现良好的延展性，纳米 TiO_2 和纳米 CaF_2 块体都出现良好的塑性。纳米陶瓷具有的这些优异性能在 20 世纪 80 年代中一度引起人们极大的兴趣，使陶瓷材料的研究出现一个新的飞跃。因为纳米陶瓷所表现出的良好延展性使人们为陶瓷增韧而奋斗 100 多年之久的探索和追求成为现实。

归纳起来，纳米材料呈现如下的宏观物理性能：
① 高强度和高韧性；
② 高热膨胀系数、高比热容和低熔点；
③ 奇特磁性；
④ 极强的吸波性；
⑤ 高扩散性。

1.3 纳米材料的应用

1.3.1 富勒烯（Fullemenes）的结构及应用前景[10]

富勒烯是一种完全由碳组成的中空分子，众所周知，人类对碳元素的研究已有很久的历史。人们熟知碳有两种同素异形体，即石墨和金刚石。自从 C_{60} 及其同族的许多分子相继被发现后，特别在对它们的结构和性质作了深入的研究以后，人们确认碳元素还存在第三种晶体

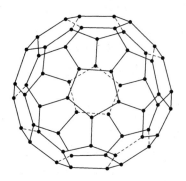

图 1-2　C_{60} 的分子结构图

（属 I_h 点群）

形态。由于 C_{60} 的分子结构酷似足球，故有时称为 Footballene，即足球烯。由于受到建筑学家 Buckminster Fuller 用五边成球形薄壳建筑结构的启发，Kroto 等提出了 C_{60} 是由 60 个碳原子构成的球形 32 面体，其中有 12 个是五边形，20 个是六边形，即相当于一个截顶 20 面体，其中五边形彼此不相连接，只与六边形相邻（见图 1-2）。除了 C_{60} 以外，这种具有封闭笼状结构的还有许多：C_{28}、C_{32}、C_{36}、C_{50}、C_{70}、C_{76}、C_{78}、…、C_{240}、C_{340} 等，它们形成了封闭笼状的系列。

1991 年美国麻省理工学院的 Howard 等用苯火焰燃烧碳与含氩气的氧混合物，从 1000g 苯可制得 3g 的 C_{60} 和 C_{70} 混合物。他们通过改变温度、压力、碳氧原子比例和在火焰中停留时间，来控制产物中 C_{60}/C_{70} 的比率（0.26～5.7），这就为大量合成富勒烯提供了新方法。

从碳烟中提取 C_{60} 和 C_{70} 通常运用两种方法，即萃取法和升华法。运用萃取法时先将碳烟放入索氏（Soxhlet）提取器中用甲苯或苯提取。提取液的颜色随 C_{60} 和 C_{70} 含量的增加而加深，可由酒红色变至红棕色。将溶剂蒸干后则得棕黑色粉末，其主要成分是 C_{60} 和 C_{70} 及少量的 C_{84} 和 C_{78}。

自从富勒烯能被大量制备后，其应用一直是人们所关注的问题。据目前报道，富勒烯已经在光学、电子超导体、新材料、传感器、物理和化学分离、化学、生物和医学、聚合物和技术、电化学以及其他方面的应用中取得了很大进展。

1.3.2　碳纳米管（纳米碳管）的发现[10,11]

1991 年日本 Iijima 教授在对电弧法制备 C_{60} 产物的电镜研究中，发现了直径在数十纳米、长度可达数十微米的管状物——碳纳米管，国内学者也称之为巴基管，如图 1-3 所示[12]。碳纳米管是由碳的石墨平面结构沿着一定轴线卷曲而成的筒状结构，随着管轴方向的不同、卷筒的螺旋角不同和直径的变化 [图 1-3（a）]，碳纳米管的电学性能可分别显现出金属、半导体和绝缘体的性质。由于形成碳纳米管的原子层数不同，可分为单壁和多壁碳

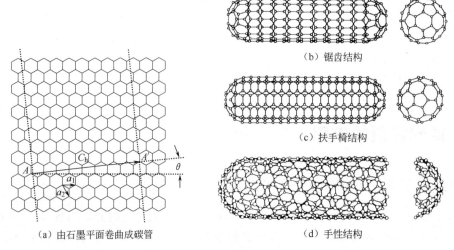

（a）由石墨平面卷曲成碳管

（b）锯齿结构

（c）扶手椅结构

（d）手性结构

图 1-3　碳纳米管结构

纳米管。自碳纳米管被发现以来，世界上许多科学家纷纷对其基本物质结构、电子结构、电子传输特性、力学性能、结构与性能的关系等做了大量且详细的研究，发现了碳纳米管具有优良的物理和力学性能，并展现了极其诱人的应用前景。

① 碳纳米管是一种理想的一维材料，可以用来制造高强度的复合材料；

② 碳纳米管具有很多独特的电子性能，可用于未来的纳米集成电路中的连接线，制作电子开关、单分子晶体管和其他纳米量子器件，这些应用将使集成电路向更小的方向发展；

③ 碳纳米管是比表面积最大的材料，而且稳定性好，可作催化剂的载体和燃料电池的电极材料以及双电荷层电容器；

④ 碳纳米管也是储氢容量最大的材料；

⑤ 碳纳米管具有优异的场发射性质，可以制造纳米电子枪、新一代显示器和制造新材料的反应介质，在一定条件下可以转化为 TiC、FeC、SiC 和 BC 等纳米棒。

1.3.3　石墨烯及二维材料的研究

石墨烯被定义为由碳六元环结构单元在二维（2D）平面内有序排列构成的二维晶体。早在石墨烯材料受到广泛关注之前，Boehm H P（1959）和 Ruoff R S（1996）等研究组就利用氧化石墨和石墨微片作为原料获得了单层和少层石墨片（现在被称为"化学改性石墨烯"和"少层石墨烯"等）。2004 年，曼彻斯特大学 Geim 和 Novoselov 利用透明胶带从高定向热解石墨中剥离出高质量单层石墨烯，并对其物理性质进行了研究。自此，石墨烯的诸多独特物理性质逐渐被实验验证，包括高电子迁移率、高热导率、高强度、高阻隔性等。石墨烯的这些性质引起了人们的广泛兴趣，催生了石墨烯及相关材料的制备及在物理、化学、材料、生物等多个领域的应用研究，也直接推动了相关系列的二维材料体系研究。

石墨烯纤维是由石墨烯有序堆积排列而成的新型碳质纤维，具有优异的电/热传输特性。当前，围绕石墨烯纤维的高性能化和多功能化等关键问题进行的研究取得了突破性进展。例如导电材料导电性能的极限是超导，即导体电阻为零。研制具有超导特性的石墨烯纤维，实现电流的无损传输，是人们一直在努力攻克的研究方向。刘英军等在 ACS Nano 期刊上发表的论文介绍了其课题组最新的研究成果：获得高强度高模量石墨烯纤维和电导率比肩金属的高导电石墨烯纤维。他们通过气相插层反应，制备了金属钙插层的石墨烯纤维，测试了其导电性与温度的关系。发现当温度降低至 11 K 时，钙插层石墨烯纤维电阻急剧下降，表现出超导体的性质，当温度降至 4 K 时，电阻为零。另外通过磁学性能表征，也证实了钙插层石墨烯纤维超导电性的本征属性。磁钙插层石墨烯纤维是第一个宏观碳质超导纤维，其超导转变温度为 11 K，与商用 NbTi 超导线相当。随着其制备工艺的改善，其超导转变区间会进一步变窄，超导转变温度还会进一步提升。这种新型轻质超导纤维在低温物理、医疗磁共振成像、超导量子干涉、未来电力传输、航空航天等领域具有广阔的应用前景。

继石墨烯之后，近年来，科学界对二维纳米材料的研究兴趣很浓，已成为材料科学的热门领域之一。被减薄成超薄纳米片后，大量的原子暴露在表面上，使得表面和界面相变得极其重要。减薄后表面积的增加不仅加强了物理化学反应，而且还通过量子限域效应对二维波函数产生影响。故它们与大多数同类体相材料相比表现出新颖的光、电、磁和催化性能。在传感器、超级电容器、铁电和热电性的应用上占据着重要地位，成为设计新型器件的基础。例如陈乾旺等发表在《化学会评论》（Chemical Society Reviews）的综述文章"Elemental two-dimensional nanosheets beyond graphene"，总结和讨论了除石墨烯以外其他单质二维材料的最新研究进展，结合实验和理论模拟两方面内容分析了它们的基本结构和物理化学性质，并展望了具有二维结构的单质材料作为新一代功能纳米材料未来在场效应晶体管、光电催化、锂离子电池等热门能源催化领域的研究方向。

单层石墨结构被普遍用于定义石墨烯，但通过不同制备技术得到的石墨烯材料却形式多样、性质有别。机械剥离法、氧化还原法和化学气相沉积法是目前石墨烯产业化中采用的代表性制备技术路径，已分别生产出石墨烯浆料、石墨烯粉体和石墨烯薄膜等主体材料。朱彦武教授等发表于《国家科学评论》（National Science Review）的论文，以"Mass Production and industrial applications of graphene materials"为题对当前石墨烯产业化中主流的宏量制备技术、应用领域和市场上已出现的若干石墨烯产品进行了综述。尽管目前石墨烯材料在很多方面的应用仍然处于实验室研发阶段，一些以石墨烯材料为核心的应用，例如作为电极导电添加剂、防腐涂料有效成分、散热膜前驱体、触控屏和加热膜功能部件等方面已经实现规模化应用和销售。

1.3.4 纳米材料的应用[6,7,9]

（1）化学反应与催化　纳米粒子比表面积大，活性中心多，催化效率高。已发现金属纳米粒子可催化断裂 H—H、C—H、C—C 和 C—O 键。纳米铂黑可使乙烯氢化反应温度从 600℃下降至室温；纳米粒子的多金属混合轻烧结体则可代替贵金属作汽车尾气净化的催化剂。纳米铂黑、银、Al_2O_3、Fe_2O_3 可在高聚物氧化、还原及合成反应中做催化剂，大大提高反应效率；利用纳米镍粉作火箭反应固体燃料催化剂，燃烧效率提高了 100 倍；纳米粒子作光催化剂时光催化效率高。耐热耐腐蚀的氮化物的纳米粒子会变得不稳定，如 TiN 纳米粒子（45nm）在空气中加热即燃烧生成白色 TiO_2 粒子。无机材料的纳米粒子在大气中会吸附气体，形成吸附层，利用此特性可做成气敏元件。

（2）化工与轻工

① 护肤用品。利用纳米 TiO_2 优异的紫外线屏蔽作用、透明性及无毒特点，可做成防晒霜类的护肤产品，添加量为 0.5%～1.0%。

② 产品包装材料。紫外线会使肉食发生氧化变色，并破坏食品中的维生素和芳香化合物，从而降低食品营养价值。添加 0.1%～0.5%纳米 TiO_2 的透明塑料包装材料，可防紫外线、透明度又高，比添加有机紫外线吸附剂更有优势。

③ 功能性涂层。纳米 TiO_2 已广泛用于汽车涂装业中。它与闪光铝粉及透明颜料在金属面漆中使用时，在光照区呈现亮金黄色，而侧光区为蓝色，使汽车涂层产生丰富而神奇的效应。这种技术首先由美国 Inmont 公司（现为 BASF 公司兼并）于 1985 年开发成功，1987年用于汽车工业。1991 年世界有 11 种含纳米 TiO_2 的金属闪光轿车面漆被应用。随着中国轿车工业迅速发展，纳米 TiO_2 将有光明的未来。

用纳米 TiO_2 制成的油性或水性漆可保护木器家具不受紫外线损害。加入纳米 TiO_2 可使天然和人造纤维起到屏蔽紫外线的作用。

（3）其他领域

① 纳米陶瓷材料。在陶瓷基中引入纳米分散相进行复合，能使材料的力学性能得到极大的改善，其突出的作用表现在可以大大提高断裂强度，大大提高断裂韧性和大大提高耐高温性能。

② 医学与生物工程。纳米粒子与生物体有密切的关系。如构成生命要素之一的核糖核

酸蛋白质复合体，其线长度在 15～20nm 之间，生物体内病毒也是纳米粒子。此外，用纳米 SiO_2 可进行细胞分离，用纳米金粒可进行定位病变治疗，利用纳米传感器可获得各种生化反应的生化信息。

③ 纳米磁性材料。纳米粒子的特殊结构使它可以作永久性磁性材料使用；磁性纳米粒子具有单磁畴结构和矫顽力高的特性，可以作磁记录材料以改善图像性能；当磁性材料颗粒的粒径小于临界粒径时，磁相互作用比较弱，利用这种超顺磁性便可作为磁流体。

④ 纳米半导体材料。将硅、有机硅、砷化镓等半导体材料配制成纳米相材料，就具有很多优异性能，如纳米半导体中的量子隧道效应使电子输运反常，某些材料的电导率可显著降低，而其热导率也随着颗粒尺寸的减小而下降，甚至出现负值，这些特性在大规模集成电路器件、薄膜晶体管选择性气体传感器、光电器件及其他应用领域发挥重要作用。

在充满生机的 21 世纪，信息、生物技术、能源、环境、先进制造技术和国防的高速发展必然对材料提出新的需求。元件的小型化、智能化、高集成、高密度存储和超快传输等对材料的尺寸要求越来越小；航空航天、新型军事装备及先进制造技术等对材料的性能要求越来越高。纳米材料和纳米结构是当今新材料研究领域中最富有活力、对未来经济和社会发展有着十分重要影响的研究对象，也是纳米科技中最为活跃、最接近应用的重要组成部分。近年来，纳米材料和纳米结构取得了令人瞩目的成就，例如存储密度达到每平方英寸 400G 的磁性纳米棒阵列的量子磁盘，成本低廉、发光频段可调的高效纳米阵列激光器，价格低廉高能量转化的纳米结构太阳能电池和热电转化元件，用作轨道跑道轨的耐烧蚀高强高韧纳米复合材料等，充分显示了它在国民经济新型支柱产业和高新技术领域应用的巨大潜力[13]。可以预料，在 21 世纪纳米材料制备和应用研究将会保持继续发展的势头，人们将以新原理和新方法在纳米层次上构筑特定性质的新材料，带动纳米产业的发展。

纳米科学和技术是全新的科技领域，像信息技术、生命科学的生物技术一样，是 21 世纪重要的技术之一，现在重视纳米技术的国家很可能成为 21 世纪的先进国家。我们必须大力加强纳米科技的研发工作，在国际竞争中赢得主动，为中国的经济腾飞奠定雄厚的基础。

参考文献

[1] 曹茂盛 . 超微颗粒制备科学与技术 . 哈尔滨：哈尔滨工业大学出版社，1995.

[2] 翟庆洲，裘式纶，肖丰收，等 . 化学研究与应用 . 1998，10（3）：226-235.

[3] Zhu X, Birringer R, Herr U, et al. Phys. Rev. B. 1987, 35 (17)：9085.

[4] Dayal R D, Gokhale N M, Sharma S C, et al. Ceram. Trans. J. 1992, (91)：45.

[5] Siegel R W. Physics of New Materials. Heidelberg：Springer-Verlag. 1992.

[6] 张立德，牟季美 . 纳米材料学 . 沈阳：辽宁科学技术出版社，1994.

[7] 邝生鲁 . 现代精细化工 . 北京：科学技术文献出版社，1997.

[8] Kubo R. J. Phys. Soc, Jpn. 1962, (17)：975.

[9] （日）一ノ濑升，尾崎义治，贺集城一郎 . 超微颗粒导论 . 赵修建，张联盟，译 . 武汉：武汉工业大学出版社，1991.

[10] 曹阳 . 结构与材料 . 北京：高等教育出版社，2003.

[11] 左铁镛，钟家湘 . 新型材料 . 北京：化学工业出版社，2002.

[12] 朱屯，王福明，王习东 . 国外纳米材料技术进展与应用 . 北京：化学工业出版社，2002.

[13] 张立德 . 中国粉体技术 . 2000，6（1）：1-5.

第 *2* 章
单分散颗粒制备原理[1]

2.1 沉淀的形成

向含某种金属（M）盐的溶液中加入适当的沉淀剂，当形成沉淀的离子浓度的乘积超过该条件下该沉淀物的溶度积时，就能析出沉淀。生成的沉淀可用作制备陶瓷粉料的前驱体，然后再将此沉淀物进行煅烧就成为陶瓷用或其他用途的微粉，这就是一般制备化合物粉料的沉淀法。

沉淀的形成一般要经过晶核形成和晶核长大两个过程。沉淀剂加入含有金属盐的溶液中，离子通过相互碰撞聚集生成微小的晶核。晶核形成后，溶液中的构晶离子向晶核表面扩散，并沉积在晶核上，晶核就逐渐长大成沉淀微粒。

从过饱和溶液中生成沉淀（固相）时涉及不同过程（图 2-1），通常经历 3 个步骤。

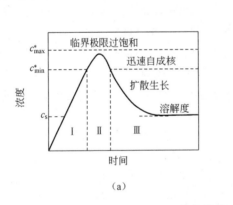
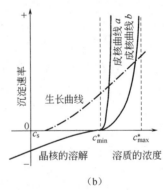

（a）   （b）

图 2-1　单分散体系的成核

（a）单分散颗粒形成的 LaMer 模型（c_s—溶解度，c_{min}^*—成核最小浓度，c_{max}^*—成核最大浓度）

Ⅰ—成核前期；Ⅱ—成核期；Ⅲ—生长期

（b）成核和生长的沉淀速率作为溶质浓度的函数，图中的生长曲线为给定晶种的生长曲线

① 离子或分子间的作用，结果生成离子或分子簇。

$$x + x \Longrightarrow x_2$$
$$x_2 + x \Longrightarrow x_3$$
$$x_{j-1} + x \Longrightarrow x_j \quad （晶簇）$$

晶核形成
$$x_j + x \Longrightarrow x_{j+1} \quad （晶核）$$

晶核形成相当于形成若干新的中心，从它们可自发长成晶体。晶核形成过程决定形成晶体的粒度和粒度分布。

② 此后，物质沉积在这些晶核上，而晶体由此形成（晶体长大）。

$$x_{j+1} + x \Longrightarrow 晶体长大$$

③ 由细小的晶粒最终形成粗粒晶体，这一过程包括聚结和团聚。

2.2 成核和生长的分离

为了从液相中析出大小均匀一致的固相颗粒，必须使成核和生长两个过程分开，以便使已形成的晶核同步长大，并在生长过程中不再有新核形成。这是形成单分散体系的必要条件。我们可用液相中溶质浓度随时间的变化显示单分散颗粒的形成过程，如图 2-1（a）所示[2]。在成核前期Ⅰ，当溶质浓度未达到 c^*_{min}（成核最小浓度）以前，没有沉淀发生。当溶液中溶质浓度超过 c^*_{min} 时，即进入成核期Ⅱ。在这个阶段，溶质浓度逐渐上升一定时间后，浓度又开始下降，这是由于成核反应消耗了溶质。当浓度 c 再次达到 c^*_{min} 时，成核阶段终止。接着发生生长期Ⅲ，直到液相溶质浓度接近溶解度 c_s。

若成核速率不够高，因此浓度 c 长期保持在 c^*_{min} 和 c^*_{max}（成核最大浓度）之间，则在此期间，晶核会发生生长。成核与生长同时发生，就不可能得到单分散颗粒。因此，为了获得单分散颗粒，成核和生长两个阶段必须分开。

此外，从沉淀速率与溶质浓度的关系 [图 2-1（b）] 中看到，假如成核速率在溶质浓度 c 刚超过 c^*_{min} 时，像成核曲线 a 那样急剧上升，或者生长曲线的斜率很低，低到与成核曲线的交点对应的溶质浓度紧靠近 c^*_{min}，成核和生长分开的要求将被满足，当然，最理想的情况是成核速率对过饱和度的强烈依赖关系（相关曲线）和低生长速率相结合。这就是单分散颗粒的生长速率多数都相当低的原因。

然而，通常情况是像成核曲线 b 那样。要满足这个要求，浓度 c 仅仅被限制在稍高于 c^*_{min} 的水平，随着一个短的成核周期，浓度 c 立即回到 c^*_{min} 以下。因此，对于均匀溶液来说，为了生成单分散的粒子，必须避免长时间停留在高于 c^*_{min} 的太高过饱和度之下。

2.3 抑制凝聚的方法

当颗粒直接接触时，它们时常相互不可逆地粘在一起；在某些情形下，它们是受"接触再结晶"支配[3]。在后一种情形里，颗粒接触是由颗粒的另一部分释放出溶质沉积在接触点连接而成。因此，制备单分散颗粒必须抑制凝聚（coagulation）是一个基本原则。

（1）利用电双层　众所周知，抑制凝聚的一个典型措施是带电粒子的电双层起了排斥作用，阻止粒子相互靠近，这种排斥作用是 Zeta 电位和德拜长度的函数。相应地，均匀溶液沉淀通常是在远离零电荷点和低离子强度下进行。

（2）利用凝胶网络　如果最终产物的成核是在像胶体一样的前驱沉淀物（凝胶网络）形成之后，那么可以期望从核长大的所有粒子被"钉"在凝胶基质上，以至于粒子之间的相互反应被减弱，这种效应出现在某些多相体系中。

（3）利用防护试剂　稳定憎液胶体粒子最有效的方法之一是利用防护试剂，包括亲液聚合物、表面活性剂和络合剂。它们被吸附在粒子上，通过库仑排斥或渗透压或二者同时产生的排斥力，以及在单个粒子的吸附层的重叠区的位阻障碍来实现稳定作用的[4]。Thiele 和 Van Levern[5]发现，聚丙烯酸钠和水化明胶等是对胶状金粒最有效的保护剂。

2.4 胶粒生长的动力学模型

胶体颗粒的生长是单体向其表面扩散和单体在表面上发生反应的结果，如图 2-2（a）所示。图中，c_b 是单体的整体（bulk）浓度，c_i 是单体在交界面上的浓度，c_e 是颗粒与其半径有关的溶解度，而 δ 是扩散层厚度，它是由于颗粒的布朗运动引起的水剪切力的函数[6]。

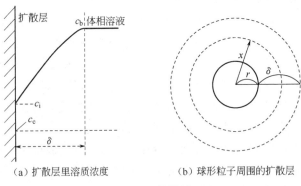

（a）扩散层里溶质浓度　　　　　（b）球形粒子周围的扩散层

图 2-2　扩散层

图 2-2（b）是从宏观的角度表示扩散层围绕球形颗粒，其中 r 是颗粒的半径，x 是距颗粒中心的距离。在扩散层内通过半径为 x 的球形面的单体的总流量 J，由菲克第一定律给出

$$J = 4\pi x^2 D \frac{dc}{dx} \tag{2-1}$$

式中，D 为扩散系数；c 为单体在距离为 x 处的浓度。

不考虑 x，J 是恒定的，因为单体向颗粒扩散是处于稳态的。因此，从 $r+\delta$ 到 r，函数 $c(x)$ 相对于 x 的积分给出

$$J = \frac{4\pi D r(r+\delta)}{\delta}(c_b - c_i) \tag{2-2}$$

然后，在扩散过程之后的表面反应写为

$$J = 4\pi r^2 k(c_i - c_e) \tag{2-3}$$

此处，假定为简单的一级反应，而 k 是反应速率常数。结合式（2-2）和式（2-3），可得

$$\frac{c_i - c_e}{c_b - c_i} = \frac{D}{kr}\left(1 + \frac{r}{\delta}\right) \tag{2-4}$$

（1）扩散控制生长　在式（2-4）中，若 $D \ll kr$，则 $c_i \approx c_e$，在此情况下，颗粒生长是受单体扩散控制（扩散控制生长）。在式（2-2）中用 c_e 代替 c_i，即得

$$J = \frac{4\pi D r(r+\delta)}{\delta}(c_b - c_e) \tag{2-5}$$

另一方面，用 dr/dt（t 为时间）关联 J，即

$$J = \frac{4\pi r^2}{V_m} \frac{dr}{dt} \tag{2-6}$$

式中，V_m 为固体的摩尔体积，因此，dr/dt 可以写作

$$\frac{\mathrm{d}r}{\mathrm{d}t} = DV_{\mathrm{m}} \left(\frac{1}{r} + \frac{1}{\delta} \right) (c_{\mathrm{b}} - c_{\mathrm{e}}) \qquad (2\text{-}7)$$

式（2-7）意味着 $\mathrm{d}r/\mathrm{d}t$ 随 r 的增加而降低。换句话说，若 $c_{\mathrm{b}} - c_{\mathrm{e}}$ 可被看做实质上的常数，则粒度分布随颗粒生长变得狭窄。事实上，从式（2-7）可得到以下关系

$$\Delta r = 1 + \frac{\delta}{\tilde{r}} \qquad (2\text{-}8)$$

式中，Δr 是粒子尺寸分布的标准偏差；$\tilde{r}$ 是平均颗粒半径。

（2）反应控制生长　若式（2-4）中 $D \gg kr$，则 $c_{\mathrm{b}} \approx c_{\mathrm{i}}$，那么生长速率是受单体表面反应的限制。因此，从式（2-3）和式（2-6）可以得出

$$\frac{\mathrm{d}r}{\mathrm{d}t} = kV_{\mathrm{m}}(c_{\mathrm{b}} - c_{\mathrm{e}}) \qquad (2\text{-}9)$$

式（2-9）的意义是 $\mathrm{d}r/\mathrm{d}t$ 与颗粒大小无关，在生长过程中 Δr 为常数。其结果是在生长过程中相对标准偏差 $\Delta r/\tilde{r}$ 降低了。单体溶质简单沉积在颗粒表面上而无任何二维扩散形成无定形固体现象发生，或者在一微晶上的每一成核步骤的二维生长范围是被表面上快的成核完全限制了，后一种情形就是所谓的"多核层生长"[7]。

然而，若一个颗粒表面上核的二维生长比二维成核速率快很多的话，颗粒的整个表面将被由一个单核开始的一层新的固体层覆盖。这种反应模型指的就是"单核层生长"[7]。在这种特殊的情形下，$\mathrm{d}r/\mathrm{d}t$ 正比于颗粒表面积，即

$$\frac{\mathrm{d}r}{\mathrm{d}t} = k'r^2 \qquad (2\text{-}10)$$

因此，随着颗粒生长的进行，粒度分布必然变得较宽。需要注意的是这个机理仅适用在颗粒生长很早的阶段，否则在有限的时间内半径即达到无穷大（即 $r^{-1} = r_0^{-1} - k't$，r_0 为初始半径）。

2.5　单体的储备

为了协调有节制的过饱和和用于高产率生产的大量单体这两个互相矛盾的要求，单体储备应该以单个体系进行。例如，柠檬酸、EDTA、三乙醇胺等络合物，能掩蔽大量高价金属阳离子。因此，如果用一种这样的络合物作为溶质，对高价阳离子太高的过饱和和极大的离子强度都可以节制。这些作用通过恒定地释放金属离子阻止了在生长阶段中成核和凝聚的同时发生而且不会降低产率。以同样的方式，硫代醋酸酰胺（thioacetamide）可用作制备金属硫化物的硫的储备物。在乳化聚合体系中单体液滴可缓慢释放单体到水溶液介质中。溶剂水可作为低 pH 值下水溶液中金属离子水解所需氢氧根的储备物。若固体产物的溶解度太高，水解不得不在中性 pH 下进行，可使用某些缓冲体系来维持氢氧根浓度在一个恰当的水平。所以，这些缓冲体系是氢氧根的储备物。在一个多相体系里，一个固体前驱粒子起溶质储备物的作用，前驱粒子先沉淀，随后通过转变或重结晶生成最终产物。

因此，对于一个单分散体系来说，某些单体的储备物可能是必不可少的。

2.6　典型的单分散体系

根据体系中相的数目可以把单分散体系分为均相体系和多相体系两大类。一般来说，均相体系是由一相组成的，其中单体储备物主要以溶质的形式构成。最终产物沉淀直接（至少

表面上如此）在均相溶液中发生。大量的反应都属于这一类，如：①氧化还原反应；②通过不良溶剂沉淀；③离子的直接反应；④螯合物反应；⑤化合物的分解；⑥在有机介质中的水解；⑦在水介质中的水解。

多相体系是在沉淀之前体系就由多于一相（主要是两相）组成。单体被储备在一相或每一相中，而最终产物的沉淀则是发生在这些相中的一相里。在这一类体系有多种特点，如：①通过水溶液介质的相转变；②通过水溶液介质的重结晶；③乳化聚合反应；④在微乳液中反应；⑤在气溶胶中反应。

这些单分散体系在后面几章里将分别介绍。这里特别要提到的是 Egon Matijevic 和他的团队自 20 世纪 70 年代后期以来一直进行单分散体系的制备和研究工作，从硫化物到氧化物，从单组分到多组分及各种形貌的单分散颗粒的制备，并详细研究了制备中的各种影响因素，发表了许多研究报告[8~10]。从中读者可以了解多种单分散颗粒制备的实验方法和研究方法。

参考文献

[1] Sugimoto T. Amsterdam：Elsevier Science Publishers B. V. 1987，（28）：65-108.

[2] LaMer V K，Dinegar R H. J. Am. Chem. Soc. 1950，（72）：4847.

[3] Sugimoto T，Yamaguchi G. J. Crystal Growth. 1976，（34）：253.

[4] Hesselink F T，et al. J. Phys. Chem. 1971，（75）：2094.

[5] Thiele H，Van Levern H S. J. Colloid Sci. 1965，（20）：679.

[6] Sugimoto T. AIChE Journal. 1978，（24）：1125.

[7] Nielsen A E. Kinetics of Precipitation. New York：Pergamon，1964.

[8] Matijevic E. Acc. Chem. Res. 1981，（14）：22-29.

[9] Matijevic E. Langmuir. 1986，（2）：12-20.

[10] Matijevic E. Pure & Appl. Chem. 1988，60（10）：1479-1491.

第3章
界面化学与表面活性剂基础知识

3.1 界面化学概述

　　界面存在于两相交界处，随两相性质的不同，界面可分为气液界面、气固界面、液液界面和固液界面。固体与固体间也可以形成界面。在当前高新技术发展中界面性质有重要作用。

　　界面化学是一门既古老又年轻的科学。在人类文明发展的初期，界面现象就引起人们的注意。古人曾用油在水面上形成不溶膜的颜色来预卜命运，后来，又用油来平浪。据记载，文艺复兴三杰之一的 da Vinci 就注意到了毛细现象。19 世纪法国科学家 Laplace 和 Young 奠定了表面张力、毛细现象和润湿现象的理论基础，至今在界面科学中仍占有重要地位，并由此开始了界面化学作为学科分支的形成时期。随着工业生产的发展，与界面现象有关的应用越来越多。科学技术的进步和发展也为界面化学家提供了更多改变表面性质以适应各种要求的手段。特别是合成表面活性剂的出现，在界面化学中形成一个新的、具有重要理论和实际意义的学科分支——表面物理化学，使界面化学的研究更加充实和发展起来。如今，它不仅与矿物浮选、石油开采、食品加工、化学工业、制药工业、纺织工业等工业领域，以及研磨、润湿、防水、防污、脱色、洗涤、乳化、催化等技术紧密相关，而且在高新技术发展中也有重要作用[1]。本章主要介绍一些有关界面现象和表面活性剂的基本概念。其目的不仅是作为本书介绍的湿法制备无机精细化学品的理论基础，也是向读者提供一定的背景材料，便于读者能够顺利阅读相关科学论文和专著。

3.2 界面现象与吸附[1~5]

3.2.1 表面张力和表面能

　　任何表面实际上是两相之间的界面，习惯上，将一相为气相的相接触面称为表面，而非气相间的接触面称为界面。表面和界面这两个名词常常混用，讨论的表面都是界面。分子在表（界）面上所处的环境与体相内部的环境不同。如图 3-1 所示，在液相内部的分子 B，从统计的观点看，它周围的其他分子对它的吸引力是对称的（如图中箭头所示），因此分子可以自由移动而不消耗功。处于表（界）面上的分子（如 A）与周围分子间的作用力是不对称的。这里表面层内分子的密度是由液相密度转为气相的密度，因此液相分子对它的引力（短程范德华力，作用范围相当于分子直径数量级）要大于

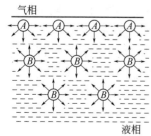

图 3-1　分子在液相内部和表面所受不同引力

气相分子对它的引力，结果使表面分子受到液体内部的拉力，并有向液体内部迁移的趋势，所以液相表面有自动缩小的倾向。从能量的角度看，要将液相内的分子移到表面，需要对它作功，此即表面功。对于纯液体，如在恒温恒压下，可逆增加体系的表面 dA，则对体系所作表面功 $\delta w'$ 正比于表面积的增加，即

$$\delta w' = \sigma dA \tag{3-1}$$

式中，σ 为比例常数。

对于只有一种表面的纯液体，当体系发生可逆变化时，在恒温、恒压下其 $\delta w'$ 等于体系自由焓 G 的变化，即

$$dG = \sigma dA \tag{3-2}$$

所以

$$\sigma = \left(\frac{\partial G}{\partial A}\right)_{T,p} \tag{3-3}$$

式（3-3）作为 σ 的定义，称 σ 为比表面自由焓，简称表面自由焓，其单位是 J/m^2。当变化在恒温恒容下发生，则 $\sigma = (\partial F/\partial A)_{T,V}$，就简称为表面自由能。$\sigma$ 也常简称为表面能。

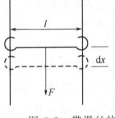

图 3-2　带滑丝的金属圈上形成一肥皂膜，在外力作用下膜被拉伸

关于 σ 还可从力的角度来定义。图 3-2 中用金属丝做成一个圈，其一边是活动的。将金属圈浸入液体再取出，圈上即有膜形成。圈上绷紧的膜的表面张力使得滑丝向缩小膜面积的方向移动（如 dx），除非外加一个力 F 才能不移动。此力是作用在膜的整个边长上，并随滑丝的长度而改变。因此，单位边长上的力是液体表面的固有特性。图中的膜有两个面，故此装置测得的单位长度上的力为

$$\sigma = \frac{F}{2l} \tag{3-4}$$

此时 σ 又称为表面张力，它是在单位长度的作用线上，液体表面的收缩力。它垂直于分界边缘并指向液体内部。表面张力的单位为 N/m，由此也可看出表面自由焓与表面张力是同一物理量。

不同物质的表面能（表面张力）不同，表面能（表面张力）数值随温度而变化。同一物质处于液态和固态时，它的表面能也是不相同的。由于液体结构与固体结构的特点差别很大，因而它们的表面特点也差别很大。处于液体表面的分子受到一种垂直指向液体内部的合引力，表面越小则这类分子的数目就越少，系统的能量也相应地越低。于是，液体的表面有自行缩小的趋势，我们可以把这种趋势视为表面分子相互吸引的结果。这就如同在液体表面形成了一层拉力膜，此拉力是与表面平行的。它的大小表示了表面自行缩小趋势的大小，它就是我们所说的表面张力。要使液体表面增大就必须消耗一定数量的功，所消耗的功便转化为表面能。液体的表面张力与表面能的数值是一样的，但它们的物理概念是不同的。

固体是一种刚性物质，其表面上分子的流动性较差，它能够承受剪应力的作用，因此可以抵抗表面收缩的趋势。固体的表面张力是根据在固体表面上增加附加的原子以建立新的表面时所作的可逆功来定义的。

3.2.2　弯曲界面现象

由于液体存在表面张力，液体表面常常成弯曲状，由此又对液体的性质产生重要的影响。

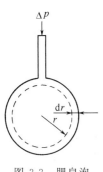

图 3-3 肥皂泡
的膨胀

液面弯曲的特性通常用曲率（curvature）来描述。曲线在任何点的曲率等于与该点相切的圆的半径（R）的倒数。R 叫做曲线在该处的曲率半径。曲面上任何点的曲率则为曲面在此点的一对正交平面与该曲面截口中两条曲线的曲率的平均值。通常，凸液面的曲率为正值，凹液面的曲率为负值，平液面的曲率为零。下面我们讨论的弯曲液面下的附加压力和液滴的蒸气压均与表面能（表面张力）和液面的曲率有关。

（1）液体压力和曲率的关系——Laplace 公式　以肥皂泡为例进行讨论。如果不考虑重力场对肥皂泡的作用，泡总是呈球形的。对于任何一个给定的体积值来讲，球形是表面积最小的。假设肥皂泡的半径为 r（图 3-3），它的总表面能值为 $4\pi r^2\sigma$。当这个肥皂泡的半径增大或减小 dr 时，它的总表面能就要增大或减小 $8\pi r\sigma dr$。使肥皂泡扩张的条件为泡内压力大于泡外压力。即在肥皂膜的内外两侧存在一个压力差 Δp。这个压力差所产生的膨胀功为

$$\Delta p\, dV=\Delta p\, 4\pi r^2 dr \tag{3-5}$$

dV 为肥皂泡的体积变化值，它是由于肥皂泡半径变化 dr 而引起的。平衡时，此膨胀功必然等于新增加的表面能 $8\pi r\sigma dr$，即

$$\Delta p\, 4\pi r^2 dr=8\pi r\sigma dr \tag{3-6}$$

或

$$\Delta p=\frac{2\sigma}{r} \tag{3-7}$$

从式（3-7）得到一个重要的结论，肥皂泡的半径越小，泡膜两侧的压差越大。

应当指出，通常表面张力 σ 指的是单个表面存在时所采用的数值。对于上面所讨论的肥皂膜与肥皂泡而言，均含有两个表面，因此，在应用上列有关公式计算时，要采用 2σ 以代替式中的 σ。当然，对于单一表面的情形（例如液滴、固态粉料等），计算时不要作这种替代。

式（3-7）是针对球形表面而言的压差计算式。对于一般的曲面，即当表面并非球形时，压差的计算式有所不同。一般地讲，描述一个曲面需要两个曲率半径的值。因此一般曲面的压差计算公式为

$$\Delta p=\sigma\left(\frac{1}{R_1}+\frac{1}{R_2}\right) \tag{3-8}$$

式中　R_1，R_2——两个曲率半径。

式（3-8）常被称为 Young-Laplace 方程。当曲面为球形时，R_1 与 R_2 相等，即可由式（3-8）得到式（3-7）；当曲面为平面时，R_1 与 R_2 均为无穷大，Δp 的值为零，即平表面两侧无压差存在。

（2）蒸气压与曲率的关系——Kelvin 公式　在一定温度下液体有一定的饱和蒸气压。现在的问题是：若将液体分散成半径为 r 的小液滴，小液滴的饱和蒸气压和平面液体的饱和蒸气压是否一样？若不一样，它和液滴半径 r 有什么关系？

液体平液面的两边没有压差，平面液体的饱和蒸气压就是通常的蒸气压力 p_0。可是球形液体弯曲表面的两侧存在着式（3-7）规定的压差。因此，对于球形液体的气液平衡而言，由两相中组分的化学势相等，可导出下式

$$\ln\frac{p_r}{p_0}=\frac{2\sigma_{lg}M}{RT\rho r} \tag{3-9}$$

式中　M——液体的相对分子质量；

ρ ——液体的密度；

r ——液滴的半径；

σ_{lg} ——液气两相的界面张力。

式（3-9）是著名的 Kelvin 公式。

显然，由式（3-9）可知，液滴半径 r 越小，与之平衡的蒸气压 p_r 越大。当 $r \to \infty$ 时，$p_r = p_0$。

Kelvin 公式也可用于固体在液体中的平衡溶解度。此时将式（3-9）中的比值 p_r/p_0 改为 a/a_0，a_0 是与平表面处于平衡的、溶解了的溶质的活度，而 a 则是与球形表面处于平衡的相应量，对通式为 $M_m X_n$ 的离子型化合物而言，其稀溶液的活度与体积摩尔溶解度 s 之间的关系是

$$a=(ms)^m (ns)^n=(m^m n^n)s^{m+n} \tag{3-10}$$

因此，对于固体球粒

$$\frac{2M\sigma_{ls}}{\rho r}=RT\ln\frac{a}{a_0}=(m+n)RT\ln\frac{s}{s_0} \tag{3-11}$$

式中 s，s_0 ——球形质点和平面质点的溶解度；

σ_{ls} ——液固两相的界面张力。

平面质点就是普通晶体，球形质点则指新生成的微小晶粒，它具有较大的溶解度。

在实际生产中，应用微小晶体溶解度较大的原理，采用延长结晶的保温时间的方法，使原来大小分布不均匀的晶体中的小晶体逐渐溶解，大晶体不断长大，并趋于较窄的粒度分布，就是所谓的陈化过程。

3.2.3 润湿作用

润湿（wetting）是指在固体表面上一种流体取代另一种与之不相混溶的流体的过程。因此，润湿作用必然涉及三相，其中两相是流体。常见的润湿现象是固体表面上的气体被液体取代的过程。

润湿是最常见的现象之一，也是人类生活与生产中的重要过程。可以毫不夸张地说，若无润湿作用，则人类将难以生存。因为如果没有润湿作用，动、植物的生命活动便无法进行。此外，润湿作用还是许多生产过程的基础。例如机械润滑、注水采油、洗涤、印染、焊接等，皆与润湿作用有密切关系。当然，在人类的生活和生产中也不总是要求润湿，有时倒是需要不被润湿。例如矿物浮选常常要求有用矿物不为水所润湿；防雨布、防水及抗粘涂层等都要求形成不被润湿的表面。

那么，液体在什么条件下可润湿固体？怎样改变液体和固体的润湿性质以满足人们的需要？这是引起人们广泛关注的问题。

另外，由于润湿现象是固体表面结构与性质、液体的表面与界面性质以及固液两相分子间相互作用等微观特性的宏观表现，通过润湿现象的研究提供不易得到的固体表面性质是非常重要的。

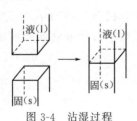

图 3-4 沾湿过程

（1）润湿过程 润湿过程可以分为三类：沾湿（adhesion）、浸湿（immersion）和铺展（spreading）。它们涉及的界面变化有所不同，各自在不同的实际问题中起作用。下面分别讨论这些过程的实质及自动进行的条件。

① 沾湿。指液体与固体从不接触到接触，变液-气界面和固-气界面为固液界面的过程（图 3-4）。

设形成的接触面积为单位值，此过程中体系自由焓降低值（$-\Delta G$）应为

$$-\Delta G = \sigma_{sg} + \sigma_{lg} - \sigma_{sl} = W_a \qquad (3\text{-}12)$$

式中　σ_{sg}——气固界面自由能；

　　　σ_{lg}——液气界面自由能；

　　　σ_{sl}——固液界面自由能。

W_a 称为黏附功，是沾湿过程体系对外所能做的最大功，也是将接触的固体和液体自交界处拉开，外界所需做的最小功。根据热力学第二定律，在恒温恒压条件下，$W_a > 0$ 的过程为自发过程。这也就是沾湿发生的条件。

② 浸湿。指固体浸入液体中的过程。把固体颗粒溶入水中，或把水中的小颗粒萃取到有机相中，都是浸湿过程。固体浸入液体中的过程的实质是固气界面为固液界面所代替，而液体表面在过程中并无变化，如图 3-5 所示。在浸湿面积为单位值时，此过程的自由焓降低值为

$$-\Delta G = \sigma_{sg} - \sigma_{sl} = W_i \qquad (3\text{-}13)$$

W_i 称为浸润功，它反映液体在固体表面上取代气体（或另一种与之不相混溶的流体，例如把水中的小颗粒萃取到有机相，油在固体表面取代了水）的能力，$W_i > 0$ 是浸湿过程能自动进行的判据。

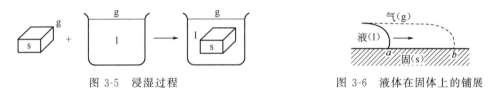

图 3-5　浸湿过程 　　　　　　　　　图 3-6　液体在固体上的铺展

③ 铺展。多种工业生产中应用涂布工艺，其目的在于在固体基底上均匀地形成一流体薄层。这时不仅要求液体能附着于固体表面，而且希望能自行铺展成为均匀的薄膜。铺展过程的实质是以固液界面代替气固界面的同时还扩展了气液界面（图 3-6）。当铺展面积为单位值时体系自由焓降低为

$$-\Delta G = \sigma_{sg} - \sigma_{sl} - \sigma_{lg} = S \qquad (3\text{-}14)$$

S 称为铺展系数。在恒温、恒压下，$S > 0$ 时液体可以在固体表面上自动展开，连续地从固体表面上取代气体。只要用量足够，液体将会自行铺满固体表面。将式（3-14）与式（3-13）结合可得

$$S = W_i - \sigma_{lg}$$

此式说明若要铺展系数 S 大于 0，则 W_i 必须大于 σ_{lg}。W_i 体现了固体与液体间黏附的能力。因此，又称其为黏附张力，用符号 A 来代表

$$A = \sigma_{sg} - \sigma_{sl} \qquad (3\text{-}15)$$

三种润湿过程自发进行的条件皆可以用黏附张力 A 来表示

$$W_a = A + \sigma_{lg} > 0 \qquad (3\text{-}16)$$

$$W_i = A > 0 \qquad (3\text{-}17)$$

$$S = A - \sigma_{lg} > 0 \qquad (3\text{-}18)$$

由于液体的表面张力总是正值，对于同一体系必有 $W_a > W_i > S$，故只要能自行铺展的体系，其他润湿过程皆可自动进行。因而常以铺展系数 S 作为体系润湿性指标。

从上述内容应该得出一个结论：根据有关界面能的数值可判断各种润湿过程是否能够自发进行；如不能，则可通过改变相应的界面能的办法来达到所需要的润湿效果。然而实际情形却并非如此简单。且不说随心所欲地改变各种界面能并非易事，就是有关界面能的数值也不是都能求之即得的。在三种界面中只有液体表面张力可以方便地测定，因此应用上述润湿判据实际上是困难的。但在固液接触存在接触角的情况下，可通过接触角与有关界面能的关系来确定润湿现象。

（2）接触角与润湿方程　将液体滴于固体表面上，液体或铺展而覆盖固体表面，或形成一液滴停在固体上（图3-7），随体系性质而异。所形成液滴的形状可以用接触角来描述。接触角是在固、液、气三相交界处，自固液界面经液体内部到气液界面的夹角，以 θ 表示。平衡接触角与三个界面自由能之间有如下关系

$$\sigma_{sg} - \sigma_{sl} = \sigma_{lg}\cos\theta \tag{3-19}$$

此式最早是 Young T 在 1805 年提出的，常称为杨氏方程。它是润湿的基本公式，亦称为润湿方程，可以看做是三相交界处三个界面张力平衡的结果。此关系适用于具有固液、固气连续表面的平衡体系。

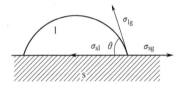

图 3-7　接触角示意图

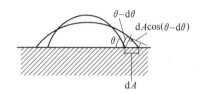

图 3-8　接触角与界面能

除了用上述力学方法导出润湿方程外，我们还可从热力学方法导出润湿方程。设停于固体表面上的液滴在平衡条件下扩大固液界面面积 $\mathrm{d}A$，相应的气液界面面积的增值为 $\mathrm{d}A\cos(\theta - \mathrm{d}\theta) \approx \mathrm{d}A\cos\theta$（图3-8），体系自由焓变化为

$$-\Delta G = \sigma_{sg}\mathrm{d}A - \sigma_{sl}\mathrm{d}A - \sigma_{lg}\cos\theta\mathrm{d}A \tag{3-20}$$

在平衡条件下 $\Delta G = 0$，于是

$$\sigma_{sg} - \sigma_{sl} = \sigma_{lg}\cos\theta$$

即得润湿方程式（3-19）。

将润湿方程与式（3-12）、式（3-13）、式（3-14）结合则得

$$W_a = \sigma_{lg}(\cos\theta + 1) \tag{3-21}$$

$$A = W_i = \sigma_{lg}\cos\theta \tag{3-22}$$

$$S = \sigma_{lg}(\cos\theta - 1) \tag{3-23}$$

因此，原则上说，测定了液体表面张力和接触角即可得到黏附功、黏附张力和铺展系数的数值，从而解决了应用各种润湿判据的困难。从式（3-21）、式（3-22）、式（3-23）中不难看出接触角的大小是很好的润湿标准。接触角越小润湿性越佳。习惯上常将 $\theta = 90°$ 定为润湿与否的标准。$\theta > 90°$ 为不润湿，$\theta < 90°$ 为润湿。平衡接触角等于 0 或不存在则为铺展。

（3）毛细管中的液体　将毛细管插入液体中，会有液体在管中上升或下降的现象。如水在玻璃毛细管中会升高，汞则下降。

如图3-9（a）所示，若液体能很好地润湿毛细管壁，则毛细管内的液面呈凹面。根据3.2.2中讨论的弯曲界面现象，凹液面下方液体的压力应比同样高度具有平面的液体的压力要低，因此液体将被压入毛细管内使液柱上升，直到液柱的静压 $\rho g h$（ρ 为液体的密度）与

曲界面两侧压力差 Δp 相等即达平衡，此时

$$\Delta p = \frac{2\sigma}{R} = \rho g h$$

所以
$$h = \frac{2\sigma}{\rho g R} \qquad (3\text{-}24)$$

式中　σ——液体的表面张力；

$\quad\quad R$——液面的曲率半径。

由图 3-9（a）可知，R 和毛细管半径 r 之间的关系为 $R = r/\cos\theta$（θ 为润湿角），将此关系代入式（3-24）得到

$$h = \frac{2\sigma\cos\theta}{\rho g r} \qquad (3\text{-}25)$$

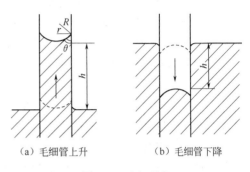

（a）毛细管上升　　　（b）毛细管下降

图 3-9　毛细现象

显然，若 $\theta = 0°$，则简化为 $h = \frac{2\sigma}{\rho g r}$，将此式变形为 $\sigma = \frac{1}{2}\rho g h r$，就可用毛细管法测定液体的表面张力 σ。若 θ 不为 $0°$，须先测得润湿角 θ，然后才能得到表面张力 σ。

同样，若液体不能润湿管壁，则毛细管内的液面呈凸面 [图 3-9（b）]。$\theta > 90°$，$\cos\theta < 0$，h 为负值，即凸液面下方液体的压力比同高度具有平面的液体中的压力高，所以管内液体反而下降，下降的深度 h 也与 Δp 成正比。

值得注意的是当液体在毛细管中形成凹面时，其蒸气压与平面液体蒸气压的关系。前面讨论 Kelvin 公式时，得到液滴半径 r 越小，与之相平衡的蒸气压 p_r 越大。然而处于毛细管内的液体，当液体能润湿毛细管壁时，液体在毛细管中形成凹面，此时液面的曲率半径 R 为负值，由式（3-9）可知 $p_r < p_0$，即在凹液面上方液体的饱和蒸气压将小于平面时的蒸气压。因此，对于大块液体未达饱和的蒸气，对毛细管内液面便可能过饱和。毛细管半径 r 愈小，液体对管壁润湿越好，其饱和蒸气压 p_r 愈小，即液体愈易于凝聚，这种现象称为毛细管凝聚现象。

3.2.4　固体表面的吸附作用

（1）吸附作用与吸附热　活性炭脱色、硅胶吸水、吸附树脂脱酚等都是常见的吸附作用（adsorption）的例子。活性炭、硅胶等物质产生吸附的主要原因是固体表面上的原子力场不饱和，有表面能，因而可以吸附某些分子以降低表面能。固体从溶液中吸附溶质分子后，溶液的浓度将降低，而被吸附的分子将在固体表面上浓聚，所以吸附是界面现象，是被吸附分子在界面上的浓聚。通常，能起吸附作用的固体称为吸附剂。被吸附在固体表面上的物质称为吸附质。

固体表面的吸附作用，就其作用力的本质来区分，可以分为两大类，物理吸附（physisorption）和化学吸附（chemisorption）。物理吸附是分子间力（范德华力），它相当于气体分子在固体表面上的凝聚。化学吸附实质上是一种化学反应。

在给定的温度和压力下，吸附都是自动进行的。这说明吸附过程的表面自由焓变化 $\Delta G < 0$。当气体分子被吸附在固体表面上时，气体分子由原来在三维空间运动转变为在二维空间上运动，

混乱度降低，过程的熵变 $\Delta S < 0$。根据自由焓、热焓和熵之间的关系式 $\Delta G = \Delta H - T\Delta S$ 可知，$\Delta H < 0$ 且 $|\Delta H| > |T\Delta S|$，即等温吸附过程是放热过程。多数实验证实了这个推断，也有少数例外，如 H_2 在 Cu、Ag、Au 和 Cd 上的吸附则是吸热的。在溶液吸附中，情况更复杂一些。由于溶质吸附必然伴随溶剂的脱附（溶质被吸附到溶液表面，必然排挤一些溶剂分子），前者是熵减少的过程，后者是熵增加的过程，吸附过程的总熵取决于二者之和，可能为正值也可能为负值，若吸附过程总熵变为负值，则 ΔH 必然为负值，即放热过程；若吸附过程总熵变为正值，则吸附热 ΔH 有可能是正的，即是吸热过程。

（2）吸附等温方程式　现在常用的几个定量描述气固吸附平衡规律的方程式或是经验性的，或是由一定的微观物理模型由吸附脱附的动力学方程导出的。

① Freundlich 吸附等温式。Freundlich 通过大量实验数据归纳得到一个经验方程式，其形式为

$$V = Kp^{1/n} \quad (n > 1) \tag{3-26}$$

式中　V——吸附气体的体积；

　　　p——气体的压力；

　　　K——常数，与温度、吸附剂的种类和采用的计量单位有关；

　　　n——常数，和吸附体系的性质有关，通常 $n > 1$，n 决定了等温线的形状。

对式（3-26）取对数处理为

$$\lg V = \lg K + \frac{1}{n}\lg p \tag{3-27}$$

由实验数据，若以 $\lg V$ 对 $\lg p$ 作图为一直线时便可知吸附数据符合 Freundlich 公式，此时直线的斜率为 $\frac{1}{n}$，截距为 $\lg K$。

② Langmuir 吸附等温式——单分子层吸附理论。1916 年 Langmuir 提出了气体在固体上吸附的单分子层吸附模型，并从动力学观点推导了单分子层吸附方程式。

设 θ 为表面被吸附分子所覆盖的百分数，则 $1 - \theta$ 为空白表面所占的百分数。显然空白表面愈大，分子在空间的浓度愈大，进行吸附的可能性愈大，即吸附的速度可表示为 $kp(1-\theta)$。脱附速度则仅和表面覆盖百分数 θ 有关，表示为 $k'\theta$。k 和 k' 都是与温度有关的比例常数。

当吸附达到平衡时

$$kp(1-\theta) = k'\theta$$

解出 θ，得到 $\theta = \dfrac{kp}{k' + kp}$，再令 $k/k' = b$，则得

$$\theta = \frac{bp}{1 + bp} \tag{3-28}$$

式（3-28）是 Langmuir 吸附等温式。它表达了在一定温度下吸附量和压力的关系。当在低压下进行吸附时，$bp \ll 1$，于是 $\theta = bp$，表明吸附量与压力成正比。而在较高压力下，$bp \gg 1$，则得 $\theta = 1$，这就是说在高压下整个表面都被覆盖，形成了单分子饱和层。

表面覆盖度 θ 也可用吸附量 V 和饱和吸附量 V_m 之比来表示，这样 Langmuir 公式可表示为实验可以检验的形式

$$\frac{p}{V} = \frac{1}{bV_m} + \frac{1}{V_m}p \tag{3-29}$$

式（3-29）为单分子层吸附直线式。由于 b 和 V_m 为常数，当以 p/V 对 p 作图时，若能得到一条直线，就说明吸附过程符合此公式，并由直线的斜率 $\dfrac{1}{V_m}$ 和截距 $\dfrac{1}{bV_m}$ 求得 V_m 和 b，还可进一步计算吸附剂的比表面积 $S_比$，即

$$S_比 = \frac{V_m}{22400} N_A a_0 \tag{3-30}$$

式中　N_A——Avogadro 常数；

　　　a_0——吸附质分子的截面积；

　　22400——标准状况下（0℃，101.3kPa）1mol 气体的体积，mL。

在较大的压力下，Langmuir 吸附等温式与实验值有较大的偏差，其原因是由于在较高的压力下，固体表面上的吸附不是单层的而是多层的。Brunauer、Emmett 和 Teller 1938 年提出了多分子层的吸附模型，并导出多层吸附等温式（简称为 BET 方程），已成为现时测定固体物质表面积的理论基础和通用方法（见第 8 章）。

3.3　表面活性剂概述[1,2]

表面活性剂（surfactant）是一类具有多种用途的化合物。由于它们独特的物理化学性能，使得表面活性剂在化学、化工等各个领域中的应用与日俱增。它们又被美誉为"工业味精"，指它用很少的添加量即能收到显著的效果。目前，表面活性剂在微电子学、电子印刷、磁盘技术以及生物化学等一些高新技术领域中也得到广泛应用。本章根据表面活性剂自身的结构特点及性能，讨论它们在聚集相表面（或界面）上，以及在溶液体相中的各种特殊存在状态和性质及其在先进材料制备中的应用。

3.3.1　表面活性剂的定义

人们在长期的生产实践中发现，有些物质添加到溶剂中，甚至在其浓度很小时就能大大改变溶剂的表面性质，并使之适合于生产上的某种要求，如降低溶剂的表面张力或界面张力，增加润湿、洗涤、乳化及起泡性能等。这类物质的水溶液的表面张力和浓度的关系是：表面张力在稀溶液范围内随浓度的增加而急剧下降，表面张力降至一定程度后（此时溶液浓度仍很稀）便下降很慢，或根本不再下降，这也是表面活性剂的基本特征。随着科学技术的进步和社会生产的发展，人们合成了许多能满足生产要求的表面活性物质，对它们的性质和作用进行了深入的研究，从而给表面活性剂下了比较确切的定义，即表面活性剂是一种能大大降低溶剂（一般为水）的表面张力（或液-液界面张力），改变体系表面状态从而产生润湿和反润湿、乳化和破乳、分散和凝聚、起泡和消泡以及增溶等一系列作用的化学药品。表面活性剂所起的这种特殊作用，称为表面活性。

3.3.2　表面活性剂的结构特征

表面活性剂的分子结构特点是具有不对称性。整个分子可分为两部分：一部分是亲油的（lipophilic）非极性基团，叫做疏水基（hydrophobic group）或亲油基，通常为烃基或芳香基，用 R 表示；另一部分是极性基团，叫做亲水基（hydrophilic group）。因此，表面活性剂分子具有两亲性质，被称为两亲分子。

多数表面活性剂的疏水基呈长链状，故人们形象地把疏水基叫做"尾巴"，把亲水基叫做"头"。整个表面活性剂分子常以图 3-10 所示的图形示意。

(a) $C_{12}H_{25}SO_4^-Na^+$　　　　　　　　(b) $C_{12}H_{25}(OC_2H_4)_6OH$

图 3-10　表面活性剂分子结构特征示意

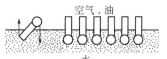

图 3-11　表面活性剂分子在油（空气）-水界面上排列示意

两种表面活性剂的亲油基皆为十二烷基，而亲水基则不同。一个为—SO_4^-，另一个为—$(OC_2H_4)_6OH$。这种结构使分子具有一部分可受水分子吸引，而另一部分易自水中逃离的双重性质。为了克服这种不稳定状态，就只有占据溶液的表面，将亲油基伸向油或气相，亲水基伸入水中。如图 3-11 所示。

3.3.3　表面活性剂的分类

关于表面活性剂的分类，根据使用者的要求和方便，可按不同的方法来进行。从表面活性剂的应用功能出发，可将表面活性剂分为乳化剂、洗涤剂、起泡剂、润湿剂、分散剂、铺展剂、渗透剂、加溶剂等。也可按它的溶解特性分为水溶性表面活性剂和油溶性表面活性剂。这些分类方法只能为涉及某一种应用提供方便，均不能说明表面活性剂可能有哪些别的用途。因此，在表面活性剂科学中广泛采用的是按照它的化学结构分类。这种分类首先是按亲水基的类型来分的。表面活性剂亲水基的种类很多，按照它们的电性质可分为两大类，即离子型（ionic）和非离子型（nonionic）。离子型又分为阳离子型（cationic）、阴离子型（anionic）和两性型（amphoteric）。此外，还有近来发展较快的，既有离子亲水基又有非离子型亲水基的混合型表面活性剂和高分子表面活性剂。

3.4　表面活性剂在界面上的吸附[1,2,5]

3.4.1　溶液表面的吸附

在固体表面，由于存在表面自由焓的缘故，在固体表面产生吸附现象，在溶液的表面也会发生吸附，也是缘于溶液的表面张力的改变。

向液体中加入溶质后，溶液的表面张力随着溶质浓度的增加有着不同的变化规律。在水溶液中，表面张力随溶质组成的变化规律一般有三种比较典型的类型，如图 3-12 所示。

第一种类型是一般的电解质水溶液，如 NaCl、Na_2SO_4、KOH、NH_4Cl、KNO_3 等无机电解质和蔗糖、甘露醇等多羟基有机物的水溶液，其表面张力随加入物质浓度 c 的增加而增加，如直线 A 所示。

第二种类型是一些醇、醛、酸、酮与胺等大部分有机物的水

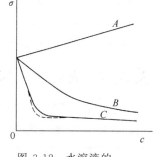

图 3-12　水溶液的 σ-c 曲线

溶液，其表面张力由于有机物的加入而显著地降低，通常开始降低得较快，随着浓度增加，此趋势减小而呈曲线状，如图 3-12 中曲线 B 所示。醇类、脂肪酸的表面张力一般是十分接近的，但溶于水后降低水的表面张力的能力却与其碳氢链长度成正比。

第三种类型即表面活性剂物质的水溶液。将前述表面活性物质，例如 C_8 以上的直链有机酸碱金属盐类、高碳直链烷基硫酸盐或磺酸盐等表面活性物质加入水中后，溶液表面张力在开始时急剧下降，达到一定浓度后又缓慢上升，如图 3-12 中曲线 C 所示。

上述三种类型都是纯物质的表面张力，与纯水有较大的差异。分析各种实验结果可以看出，液体中加入溶质后，溶质在溶液内部和在溶液表面的分布是不均匀的，即溶质在表面层的浓度和溶液内部不同，因此在表面上发生了选择吸附。在表面上优先吸附的性质称为表面活性。NaCl 一类溶质在水溶液中完全电离为离子，并发生强烈的溶剂化，溶剂化的离子挤到表面上去会使表面张力增加，这就导致表面层的 NaCl 浓度低于体相，这种现象叫做负吸附作用。但由于 NaCl 的体相浓度大于表面层，必然有部分离子扩散到表面上，故在负吸附的情况下溶液表面张力仍有所上升。在第二种类型中分子是由非极性基团与极性基团或离子所组成，它们和溶剂水的相互作用较弱，所以很容易吸附到表面上去，在表面层，由于它们相互之间的作用力比较弱，从而使溶液的表面张力显著下降，系统更为稳定，这种现象称为正吸附作用。表面活性剂分子的非极性基团比第二种类型的更大，因此憎水性更强，表面活性也更大，以致少量表面活性剂分子就可以在溶液表面上形成定向排列的单分子层，降低溶液表面张力更为显著。

3.4.2 Gibbs 吸附等温式及物理意义

前面我们讨论的是溶液表面张力的实验结果，现在介绍热力学导出的关联溶液表面张力与溶质浓度的微分方程式，就是众所周知的 Gibbs 吸附等温式，这也是表面化学的基本公式之一。它的最简单的形式为

$$\Gamma = -\frac{c}{RT}\left(\frac{\partial \sigma}{\partial c}\right)_T = -\frac{1}{RT}\left(\frac{d\sigma}{d\ln c}\right)_T \tag{3-31}$$

式中　c——溶质的质量摩尔浓度或体积摩尔浓度；

Γ——单位面积液面上吸附溶质的过剩量，而不是单位表面上溶质的浓度。

这一形式的 Gibbs 公式指出，以 σ 对浓度的对数（溶液为非理想时用活度对数值）作图，斜率就是溶质表面过剩量的量度。

根据 Gibbs 吸附等温式，若加入溶质使溶液的表面张力降低，即 $(\partial \sigma / \partial c)_T < 0$ 时，$\Gamma > 0$，说明表面相浓度大于溶液体相浓度，产生正的吸附，溶质是实在的表面过剩，例如加入表面活性剂和脂肪酸的情形。反之，$\Gamma < 0$，是负的吸附，则溶质是表面不足（亏损）的，例如加入 NaCl 等电解质的情形。利用 Gibbs 公式可以直接从表面张力与浓度的数据计算溶质在表面的吸附量，而无须借助于实验测定吸附量。它是表面化学中用热力学阐明吸附作用的一个最基本的关系式，其应用范围并不限定于气-液界面，对于液-固、液-液、气-固等界面，原则上均可使用，如用于固体粉末吸附气体的现象。

3.4.3 吸附层的结构

吸附量 Γ 随溶质浓度 c 变化的曲线叫做吸附等温线。表面活性剂溶液的 Γ-c 曲线与 Langmuir 吸附等温线相似，其特点：①浓度低时，Γ 和 c 呈线性关系；②浓度高时，Γ 为

常数，即 Γ 不随浓度而变化，表明溶液界面上的吸附已达饱和，饱和吸附量通常用 Γ_∞ 表示；③浓度适中时，Γ 与 c 的关系为曲线形状。整个 Γ-c 曲线可用 Langmuir 经验公式表达

$$\Gamma = \Gamma_\infty \frac{Kc}{1+Kc} \tag{3-32}$$

式中　K——经验常数，它与表面活性剂的表面活性大小有关。当 c 很小时，$\Gamma = \Gamma_\infty \times Kc = K'c$；当 c 很大时，$\Gamma = \Gamma_\infty$，即吸附量为饱和吸附量。

对于直链脂肪酸（RCOOH）、醇（ROH）、胺（RNH_2）等来说，无论碳氢链的长度如何（从 C_2 到 C_8），由 σ-c 曲线上算出的 Γ_∞ 基本相同，这个结果说明在饱和吸附时每个分子在表面上所占的面积是相同的，由此可以推知表面上吸附的分子是定向排列的。液面上分子的定向方式是亲水基向水，亲油基向空气（水-气界面上）或伸入油相（水-油界面上），分子在油相和水相中的分布取决于分子中极性和非极性部分强弱程度的对比。非极性部分大的，分子进入油相的倾向大，分子极性部分强的，分子进入水相的倾向大。分子在表面上的定向是表面化学中一个很普遍的、很重要的现象，表面活性剂的许多作用也是以此为根据的。

3.4.4　表面吸附层的状态方程式

当表面活性剂的浓度很小时，表面上被吸附的分子也不多，这些吸附分子在表面上的无规则运动类似于在二维空间的气体分子。这个二维空间不是一个没有体积的几何面，而是一个由于分子间近距离的相互作用形成的约几个分子厚的表面（界面）区域，把吸附于这个区的分子看做像二维空间的气体分子，下面导出其状态方程式。

对于非常稀的溶液，表面张力的降低值和溶质在溶液中的浓度成正比，即

$$-\frac{d\sigma}{dc} = 常数 \tag{3-33a}$$

则

$$-\frac{d\sigma}{dc} = -\frac{\sigma-\sigma_0}{c} = 常数 \tag{3-33b}$$

式中　σ_0——纯溶剂的表面张力；

σ——溶液浓度为 c 时的表面张力。

以 π 代表表面张力的降低值 $\sigma_0 - \sigma$，则得

$$\pi = \left(-\frac{d\sigma}{dc}\right)c \tag{3-33c}$$

将此关系代入 Gibbs 公式（3-31），得

$$\Gamma = -\frac{c}{RT}\frac{d\sigma}{dc} = \frac{\pi}{RT} \tag{3-34a}$$

或

$$\pi = \Gamma RT \tag{3-34b}$$

这里 Γ 虽是表面过剩量，但因溶液很稀，可以当作单位表面上溶质的量（mol），将式（3-34a）或式（3-34b）和理想气体的状态方程式 $p = \frac{n}{V}RT = cRT$ 对照，可以看到两者的相似之处。在式（3-34a）或式（3-34b）中，压力 p 换成了 π，浓度 c 换为单位表面上溶质的物质的量 Γ（称之为表面浓度）。这就说明，稀溶液中，溶质在表面层的状态和理想气体类似，但是运动于二维平面上。π 可称为表面压力（surface pressure），相当于二维压力，其单位和表面张力相同（N/m）。Γ 则是二维浓度。

将气体常数 R 表示为一个分子的气体常数 k_B 即玻尔兹曼（Boltzmann）常数和阿伏加

德罗常数 N_A 的乘积，则式（3-34a）改写为

$$\frac{\pi}{\Gamma N_A} = k_B T \qquad (3-35)$$

形成表面单分子膜时，式中的 $1/\Gamma N_A$，即是每个成膜分子所占的面积，用 A 表示，则式（3-35）可写作

$$\pi A = k_B T$$

这就是稀溶液中液面吸附膜所遵循的状态方程式，也叫做二维空间的理想气体状态方程式，二维空间中的 A 相当于三维空间的体积 V。

3.4.5 Langmuir-Blodgett（L-B）膜的特点及应用

（1）Langmuir-Blodgett 膜　在适当的条件下，不溶物单分子层可以通过非常简单的方法转移到固体基质上，并且基本保持其定向排列的分子结构。这是半个多世纪以前著名表面化学家 Langmuir 和他的学生 Blodgett 女士首创的转移技术。最近 20 年利用此技术进行分子组装，发展新型光电子材料，成为高新技术发展中的一个热点。根据此技术首创者的姓名，人们称其为 L-B 技术。

用带有压力控制的膜天平（film balance，也叫 Langmuir balance）将不溶性单分子层膜转移到固体基板上，组建成单分子层或多分子层膜称为 Langmuir-Blodgett（L-B）膜，而通常将浮在液体（水）面上的单分子层膜叫 Langmuir膜。L-B 膜与其他膜相比有以下特点：①膜的厚度可达零点几纳米至几纳米；②有高度各向异性的层状结构；③具有几乎没有缺陷的单分子层膜。

图 3-13 是一套比较简单的 L-B 膜装置示意图。

先把样品（通常为两亲性分子）溶解在有机溶剂中，取一定量溶液小心地滴在 L-B 膜槽内的次相层（通常为水）表面上，在气-液（水）表面形成取向整齐的单分子层膜；而后，压缩单分子膜，测定表面压-面积（π-A）等温线；再在固定表面压下，开动上下运动机构；将单分子层膜转移到基板上。

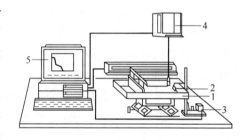

图 3-13　L-B 膜装置示意图
1—L-B 槽膜；2—基板；3—单分子膜累积的
上下运动机构；4—测 π 的电子天平；
5—处理数据的微机

将一金属基板（或玻璃等固体）浸入有单分子层覆盖的液体后再拉出，这样连续多次就建成了多分子层。由于形成单分子层的物质与累积（或转移）方式不同，已知有 3 种不同结构的多分子层，如图 3-14 所示。

X 型多分子层（板-尾-头-尾-头等）是在一次一次浸入只有单分子层的疏水部分和板接触而形成的，即当将板拉出时水面上无膜。相反，Z 型多分子层（板-头-尾-头-尾等）是在一次次拉出时只有单分子层的亲水部分连接到板上，而将板反复浸入时水面上无单分子膜。Y 型多分子层（板-尾-头-头-尾等）是最普通的排列。这些多分子层是在浸入时和拉出时都通过浮着的单分子层而形成的。在外侧的单分子层上沉积一薄层 PVA（聚乙烯醇）可以分离多分子层。一旦 PVA 膜干了，就可以把它和粘在它上面的单分子层一起从板上移走。

适宜于 L-B 膜的物质可分为以下 3 类。

① 各种两亲性分子。其中的—CH₂—基团数应大于 10，否则就不能满足不溶于水的条件。

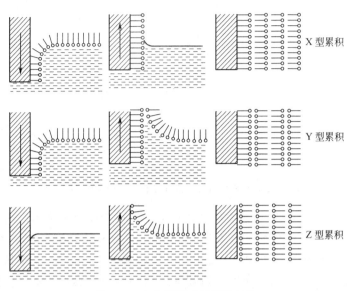

图 3-14　L-B 膜形成过程和结构

对每一个脂肪酸：圆圈表示羧基（头）；棒代表长烃链（尾）

② 高聚物。其中也必须有亲水部分与亲油部分，不过对大小与形状要求不严。

③ 芳香族大环化合物。如卟啉、酞花青等。

影响 L-B 膜质量的因素很多，如固体基板的性质、尺寸、预处理情况；界面温度；基板的垂直提拉速度；累积的层数；L-B 膜及其他部件的污染程度；溶液和次相（水）中杂质；次相（水）表面上分子铺展得均匀与否等。

表征 L-B 膜的手段很多，如电子自旋共振光谱、表面电位、透射电子与背散射电子衍射法、X 射线或中子衍射法、偏振光共振拉曼光谱、扫描隧道显微谱、二次离子质谱、光声光谱、同步加速器辐射等。用它们来表征 L-B 膜的层数、厚度、缺陷以及膜内的聚合反应情况。

（2）L-B 技术的应用　　L-B 技术使人们能够在分子水平上控制物质的组成、结构和尺寸，而得到性质优异的材料，故在高新技术发展中有重要意义。例如，脂肪酸膜具有非常有效的绝缘功能。单层电阻达到 $10^9\Omega$ 以上，电击穿场强达到 1MV/cm，或 100mV/nm，加上 L-B 膜具有超薄的优势，对于微电子学和分子电子学有重要意义。再者，L-B 膜中分子的排列可具有非中心对称结构，有利于构筑各向异性和光学非线性材料。利用混合不溶膜技术可以把一些不具有成膜能力而具有光学、化学或生物学功能的分子夹带其中，构筑成 L-B 膜。这种带有功能性分子的 L-B 膜不仅能发挥功能分子的特性，而且由于 L-B 膜的结构特点，还可能产生一些特殊的效果。例如，在光能转化研究中常利用增感剂将光能传递给具有某种特殊功能的受体（例如发出特定波长的荧光）。这种转化的有效性取决于增感剂与受体分子间的距离。

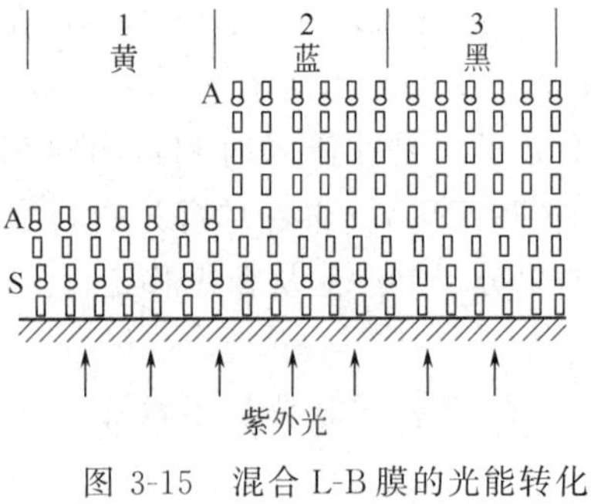

图 3-15 示意以花生酸为基本成膜材料，混有增感剂 S 和荧光材料 A 做成的不同排列结构的 L-B 膜的感光现象。S 分子具有吸收紫外光的能力并发出蓝色荧光。荧光材料 A 分子只能接受蓝光辐射后发出黄色荧光。当带有 5％ S 分子的花生酸单分子层与带有 5％ A 分子的花生酸单分子层相距 5nm 时，能形成有效的光能转移，膜显黄色（图

图 3-15　混合 L-B 膜的光能转化

3-15 中 1 区），如果距离变大，达到 15nm 则无能量转移，膜显示蓝色（图 3-15 中 2 区）；如果没有增感剂存在，由于荧光材料 A 不能吸收紫外光，则膜成黑色（图 3-15 中 3 区）。利用 L-B 技术制造分子电子学器件、非线性光学器件、光电转化器件、化学传感器和生物传感器的研究和开发工作在国际上已取得很好进展，正引起各国科学家的广泛兴趣。

3.5　表面活性剂体相性质[2]

表面活性剂的一个重要性质，是能显著地降低水的表面张力。溶液的表面张力随表面活性剂浓度的增加而急剧下降，待浓度大到一定值（准确地说，应是一个浓度范围）后表面张力几乎不再改变，且 σ-c 关系有一非常明显的转折点。特别要注意的是，若表面活性剂中含有杂质，则在转折点附近将出现明显的最低点。这就提出一个问题：表面性质的突变与表面活性剂在溶液中的状态变化有何关系？事物总是相互联系的，表面活性剂溶液的表面性质必然与其内部性质有密切的联系。因此，欲对表面活性剂溶液的性质和作用有所认识，除了研究表面性质外，还必须研究其内部性质，也就是说要研究表面活性剂在溶液中的状态。

表面性质与内部性质有内在联系，事实正是如此。图 3-16 表明表面活性剂水溶液的一些典型的物理化学性质随浓度变化的关系（以十二烷基硫酸钠溶液为例）。有意义的是，这些性质上的突变总是发生在某一特定的浓度范围内，即有临界浓度。在这个狭窄的浓度范围内，一切性质都出现转折点，而且其内部性质也有突变，即溶液内部发生了某种突变。说明了表面现象（表面张力及界面张力随浓度变化有转折点）与内部性质（如当量电导，渗透压以及密度变化等）有统一的内在联系。

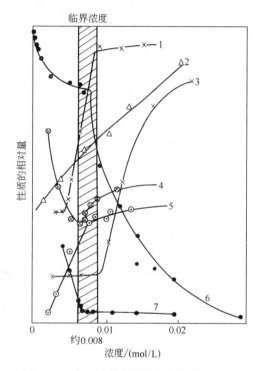

图 3-16　十二烷基硫酸钠溶液性质与
浓度的关系

1—去污作用；2—密度；3—电导率；4—表面张力；5—渗透压；6—当量电导；7—界面张力

离子型表面活性剂是由亲水的无机离子和亲油的有机离子 ［如 RSO_3^- 或 $RN^+(CH_3)_3$］ 所构成的离子化合物，它们在水中能电离，故

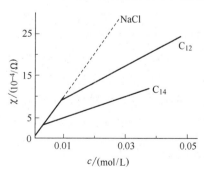

图 3-17　烷基苯磺酸钠水溶液的电导率与浓度的关系

电导率随浓度直线上升（与 NaCl 溶液相似），但至一定浓度后，直线方向改变，有一突变点。图 3-17 为十二烷基苯磺酸钠和十四烷基苯磺酸钠的水溶液的电导率与浓度的关系，虚线是 NaCl 水溶液的电导率。此结果表明，分子中亲油基的碳原子数越多转折点浓度越低。上述诸多体相性质的突变皆与下节要讨论的胶束（micelle）的形成有关。

3.6 胶束理论[1,2]

3.6.1 胶束与临界胶束浓度

1925 年 Mcbain 在大量实际研究的基础上首次提出胶束假说。即此类溶液中若干个溶质分子或离子会缔合成肉眼看不见的聚集体（aggregate）。这些聚集体是以非极性基团为内核，以极性基团为外层的分子有序组合体。Mcbain 称之为胶束（micelle）。胶束在一定浓度以上才大量生成，这个浓度称为它的临界胶束浓度（critical micelle concentration，cmc）。原则上说，一切随胶束而发生突变的溶液性质即表面张力、电导率、渗透压等皆可被用来测定表面活性剂溶液的临界胶束浓度。当浓度低于 cmc 时表面活性剂以分子或离子态存在，称为单体（monomer），用 S 表示；当浓度超过 cmc 时，表面活性剂主要以胶束状态存在，而体系中单体的浓度几乎不再增加。在胶束溶液中，胶束与溶解的溶质分子形成平衡

$$nS \Longrightarrow S_n$$

如果单体是表面活性离子，形成的聚集体会结合一些反离子，两者的总量决定胶束所带电荷，例如

$$nS^- + mM^+ \Longrightarrow (S_n M_m)^{(n-m)-}$$

这种结构与胶体化学中胶团的结构有些类似，现在有的书不称胶束而称之为胶团[1]，为了与后面介绍的传统胶团相区别，这里仍称为胶束。

根据 Mcbain 的胶束假说可以解释表面活性剂溶液的各种特性。发生多种溶液性质在同一浓度附近发生突变的现象是因为这些性质都是依数性的或质点大小依赖性的。溶质在此浓度区域开始大量生成胶束导致质点大小和数量的突变，于是这些性质都随之发生突变，形成共同的突变浓度区域。胶束形成以后，它的内核相当于碳氢油微滴，具有溶油的能力，使整个溶液表现出既溶水又溶油的特性。

表面活性剂溶液具有诸多特性，且都与它的表面吸附和胶束形成有关。那么，表面活性剂为什么有这两种基本的物理化学作用呢？这是由于表面活性剂分子的两亲结构。亲水基赋予它一定的水溶性，亲水基越强则水溶性越佳。疏水基带给表面活性剂分子水不溶性因子。当亲水基和疏水基配置适当时，化合物可适度溶解。处于溶解状态的溶质分子的疏水基仍具有逃离水的趋势，将此趋势变为现实有两条途径：一是表面活性剂分子从溶液内部移至表面，形成定向吸附层——以疏水基朝向气相，亲水基插入水中，满足疏水基逃离水环境的要求，这就是溶液表面的吸附作用；二是在溶液内部形成缔合体——表面活性剂分子以疏水基结合在一起形成内核，以亲水基形成外层，同样可以达到疏水基逃离水环境的要求，这就是胶束形成（准确地说是形成两亲分子有序组合体，这里描述的只是其中的一种）。

3.6.2 胶束的结构、形态和大小

（1）胶束的结构　胶束的基本结构包括两大部分：内核和外层。在水溶液中胶束的内核

由彼此结合的疏水基构成，形成胶束水溶液中的非极性微区。胶束内核与溶液之间为水化的表面活性剂极性基构成的外层。离子型表面活性剂胶束的外层包括由表面活性剂离子的带电基团、电性结合的反离子及水化水组成的固定层，和由反离子在溶剂中扩散分布形成的扩散层。图 3-18 是表面活性剂胶束基本结构示意图。实际上，在胶束内核与极性基层构成的外层之间还存在一个由处于水环境中的 CH_2 基团构成的栅栏层。

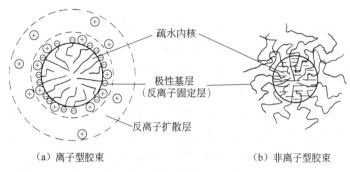

（a）离子型胶束 （b）非离子型胶束

图 3-18 表面活性剂胶束基本结构示意图

两亲分子在非水溶液中也会形成聚集体。这时亲水基构成内核，疏水基构成外层，叫做反胶束。

（2）胶束的形态 胶束有不同形态：球状、椭球状、扁球状、棒状、层状等（图 3-19）。图 3-20 所示为胶束结构的形成。

球状 扁球状 棒状 层状

图 3-19 胶束的形态

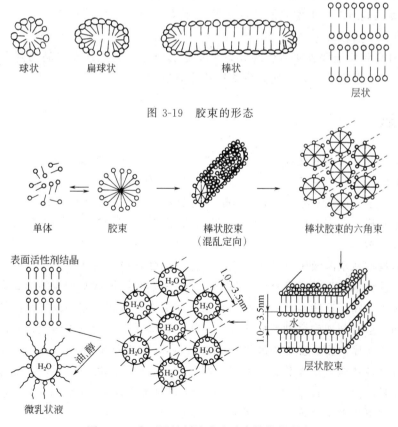

图 3-20 表面活性剂溶液中胶束结构的形成

通常，在简单的表面活性剂溶液中，cmc 附近形成的多为球状胶束。溶液浓度达到 10 倍 cmc 附近或更高时，胶束形态趋于不对称，变为椭球、扁球或棒状。有时形成层状胶束。近期研究认为胶束形态取决于表面活性剂的几何形状，特别是亲水基和疏水基在溶液中各自横截面积的相对大小。以下列举了一些重要的规律。

① 具有较小头基的分子，例如带有两个疏水尾巴的表面活性剂，易于形成反胶束或层状胶束。

② 具有单链疏水基和较大头基的分子或离子易于形成球形胶束。

③ 具有单链疏水基和较小头基的分子或离子易于生成棒状胶束。

④ 加电解质于离子型表面活性剂水溶液将促使棒状胶束生成。

应该强调的是，胶束溶液是一个平衡体系。各种聚集形态之间及它们与单体之间存在动态平衡。因此，所谓某一胶束溶液中胶束的形态只能是它的主要形态或平均形态。另外，胶束中的表面活性剂分子或离子与溶液中的单体交换速度很快，大约在 $1 \sim 10 \mu s$ 之内。这种交换是一个个—CH_2 地进行。因此，胶束表面是不平整的、不停地活动的。

（3）胶束的大小　胶束大小的量度是胶束聚集数 n，即缔合成一个胶束的表面活性剂分子（或离子）平均数。常用光散射方法测定胶束聚集数。其原理是应用光散射法测出胶束的"相对分子质量"——胶束量，再除以表面活性剂的分子量得到胶束的聚集数。

自实验数据可归纳出以下规律。

① 表面活性剂同系物中，随疏水基碳原子数增加，胶束聚集数增加；

② 非离子型表面活性剂疏水基固定时，聚氧乙烯链长增加，胶束聚集数降低；

③ 加入无机盐对非离子型表面活性剂胶束聚集数影响不大，而使离子型表面活性剂胶束聚集数上升；

④ 温度升高对离子型表面活性剂胶束聚集数影响不大，往往使之略为降低。对于非离子型表面活性剂，温度升高总是使胶束聚集数明显增加。

3.7　液晶[1]

早期大多数有关表面活性剂的讨论都只涉及很稀的溶液。如果增加溶液中表面活性剂的浓度，则可形成几个到 100 个左右的表面活性剂分子组成的胶束，它的各种存在形式已在 3.6 节中所示。它的范围从高度有序的结晶到完全无序的单体稀溶液，在此两个极端之间存在着一系列中间相态，它们的性质取决于表面活性剂的化学结构、体系组成及温度、pH、添加剂等环境因素。

当表面活性剂从水溶液中结晶时，它们的分子间强烈地相互作用，形成常见的晶体。不过，此时表面活性剂结晶中常带有一些溶剂。这些溶剂是以极性基结合的形式存在于晶体之中的，形成了水合物，这些水合物常有一定组成和形态。因此，它们虽然是晶体但与干的晶体又有所不同。把溶剂加到这种表面活性剂晶体中，体系结构会发生转变，从高度有序的晶体形式变为较为无序的相，称之为液晶（liquid crystal）或介晶相（mesophase）。

不同的液晶性物质呈现液晶态的方式不同。它们有的因温度不同出现液晶态，即这一类被称为热致液晶（thermotropic），它的结构和性质取决于体系的温度；另一类则要在溶剂中，在一定浓度下才能呈液晶性，因此被称为溶致液晶（lyotropic），它的结构和性质取决于溶质分子与溶剂分子间的特殊相互作用。除了天然的脂肪酸皂，所有表面活性剂液晶都是溶致液晶。虽然溶致液晶在理论上说可能形成 18 种不同的液晶相，但是，在常见的简单表面活性剂-水体系中实际上只有三种：层状相、六方相和立方相，其中立方相比较少见，它们的结构示于图 3-21。

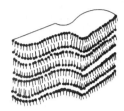

图 3-21　表面活性剂溶致液晶的结构

3.8　界（表）面电化学[2,6~11]

3.8.1　胶团结构和界面电荷的来源[2]

（1）界面电荷的来源　任何溶胶粒子表面上总带有电荷，有的带正电荷，有的带负电荷。决定溶胶带电性质的离子称为电荷或电势决定离子。其实不仅是溶胶，凡是与极性介质（如水）相接触的界面上总是带电的。界面电荷的存在影响到溶液中的离子在介质中的分布：带相反电荷的离子被吸引到界面附近；带相同电荷的离子则从界面上被排斥。由于离子的热运动，离子在界面上建立起具有一定分布规律的扩散双电层。研究这类电现象的理论，可以解释胶体体系的电动现象和稳定性。

界面上电荷的来源有以下几种机理。

① 含解离基团的胶体颗粒的离解作用。有些溶胶粒子本身就是一个可以离解的大分子，例如蛋白质一类的高分子电解质，它含有许多羧基（—COOH）和氨基（—NH$_2$）。当介质的 pH 值大于其等电点（isoelectric point）时，蛋白质荷负电（—COO$^-$）；反之，当介质的 pH 值小于其等电点时，蛋白质荷正电（—NH$_3^+$）。

② 离子晶体胶体颗粒的吸附作用。离子性晶态物质，往往由于组成中相反符号离子的溶解性不同，从而使胶体颗粒表面获得电荷。例如碘化银溶液，室温下 AgI 的溶度积是 10^{-16}。当 I$^-$ 过剩时，碘化银颗粒带负电，当 Ag$^+$ 过剩时，碘化银颗粒带正电荷。

③ 晶格取代。这是一种比较特殊的情况。例如黏土晶格中的 Al^{3+} 往往有一部分被 Mg^{2+} 或 Ca^{2+} 取代，从而使黏土晶格带负电。为了维持电中性，黏土表面必然要吸附某些如 K$^+$、Na$^+$ 等正离子，而这些正离子又因水化而离开表面进入溶液，使粒子带负电，并形成双电层。

④ 其他。除了上述情况外，尚有其他几种荷电机理。例如从金属固体中释出自由电子而使表面带正电荷（M $=\!=$ M^{2+}＋2e）；吸附表面活性剂离子或其他不纯物离子等，都会使表面荷电。

至于氧化物表面荷电情况，由于在粉体制备中的重要性，将在后面专门讨论。

（2）胶团结构　胶粒的大小常在 1~100nm 之间，故每一胶粒必然是由许多分子或原子聚集而成。例如用稀 AgNO$_3$ 溶液和 KI 溶液制备 AgI 溶胶时，由反应生成的 AgI 首先形成不溶性的质点，即所谓的"胶核"（colloidal nuclcus），它是胶体颗粒的核心。按 Fajans 规则，质点最容易吸附溶液中能和组成质点的离子形成不溶物的离子。如果 $AgNO_3$ 过量，则吸附 Ag^+ 而带正电荷。留在溶液中的 NO_3^- 因受 Ag^+ 的吸引必围绕于其周围。但离子本身又有热运动。毕竟只可能有一部分 NO_3^- 被紧紧地吸引于胶核近旁，并与被吸附的 Ag^+ 一起组成所谓的"吸附层"。而另一部分 NO_3^- 则扩散到较远的介质中去，形成所谓的"扩散层"。胶核与吸附层组成"胶粒"（colloidal particle），而胶粒与扩散层中的反离子（这里是 NO_3^-）组成"胶团"（micella）。

$$\underbrace{\{\underbrace{[AgI]_m \cdot nAg^+}_{\text{胶核}}, (n-x)NO_3^-\}^{x+} \cdot xNO_3^-}_{\text{胶团}}$$

（3）溶胶的稳定性　直径大约在 $1\sim100nm$ 或更大一点的固体微粒分散在液相中，由于布朗运动，这些微粒可处于悬浮状态，这种体系称为溶胶（sol）。如果液相是水，称为水溶胶。溶胶可分为亲液的（lyophilic）和憎液的（lyophobic）两种。前者指颗粒与分散介质之间有较好的亲和力，具有很强的溶剂化作用。因此，将这类大块分散相放在分散介质中时，往往会自动散开，成为亲液溶胶。在后面介绍的微粉制备中主要讨论憎液溶胶，是指分散相与分散介质之间，亲和力较弱，有明显的界面，它属于热力学不稳定体系。其意义是由于溶胶体系具有巨大的界面能，有自动聚结的趋势（体系的分散度随时间而降低），此种性质称为"聚结不稳定性"。此过程是不可逆的，称为凝聚或聚沉（coagulation）。若表面不减小，只是粒子聚集，过程是可逆的，称为絮凝（flocculation）。

虽然溶胶是热力学不稳定体系，但是因溶胶体系是高度分散的体系，分散相颗粒极小，有强烈的布朗运动，故又能阻止其由于重力作用而引起的下沉。因此，在动力学上胶体体系是稳定的，溶胶的这种性质称为动力学稳定性。

下面，我们先从扩散双电层的观点来说明溶胶的稳定性，然后再讨论高聚物对溶胶稳定性的影响，以及溶胶的絮凝。

3.8.2　Gouy-Chapman 双电层模型

（1）固-液界面双电层和 ζ 电位　前面讨论胶团结构时，已引出了双电层的概念。Helmholtz 最早提出了双电层结构的模型。他认为胶粒的双电层结构类似于简单的平板电容器。但此模型不能解释电动现象，不代表实验事实。后来 Gouy 和 Chapman 修正了平板电容器模型的反离子平行地束缚在相邻质点表面的液相中这一观点。他们认为，溶液中的反离子是扩散地分布在质点周围的空间里。由于静电吸引，质点附近反离子浓度要大些，离质点越远，反离子浓度越小，到距表面很远处（约 $1\sim10nm$），过剩的反离子浓度为零。此种扩散双电层模型及电势变化示于图 3-22 中。

由于在水溶液中质点总是结合着一层水（其中含有部分反离子），此水和其中的反离子可视为质点的一部分，故

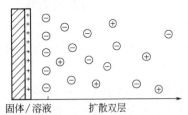

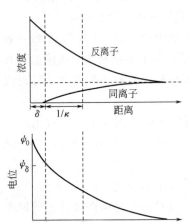

图 3-22　固-液界面的双电层示意

在电泳（胶体质点在电场影响下的迁移现象，胶体质点的这种运动与电场中离子的运动非常相似）时固-液之间发生相对移动的"滑动面"应在双电层内，与粒子表面距离为 δ 的某处。该处的电位与溶液内部的电位之差即为 Zeta（ζ）电位，接近于图 3-22 中的 ψ_δ。可见 ζ 电位是表面电位 ψ_0 的一部分。ψ_0 称为表面电位，也称热力学电位，它是指从粒子表面到均匀液相内部的总电位差。

（2）扩散双电层的近似处理　在 Gouy 和 Chapman 二人对扩散双电层作定量处理时，作了以下假设：

① 质点表面是无限大的平面，表面电荷分布均匀；
② 扩散层中的反离子是点电荷，并服从玻尔兹曼（Boltzmann）分布定律；
③ 溶剂的介电常数处处相同。

为了简便起见，假设溶液中只有一种对称型电解质，正负离子的价数为 Z_i，粒子表面电位为 ψ_0，扩散层内某点处的电位为 ψ，根据玻尔兹曼分布定律和电学上的 Poisson 方程，可导出扩散层内 x 方向电势 ψ 的微分方程为

$$\frac{\mathrm{d}^2\psi}{\mathrm{d}x^2} = \frac{4\pi e^2 \psi}{\varepsilon k_B T} \sum_i n_{io} Z_i^2 = \kappa^2 \psi \tag{3-36}$$

式中　e——单位电荷；

ε——介质的介电常数；

n_{io}——液相离子浓度；

k_B——玻尔兹曼常数。

$\kappa^2 = \dfrac{4\pi e^2}{\varepsilon k_B T} \sum_i n_{io} Z_i^2$，在双电层中，$\kappa$ 是一个很重要的参数。

根据式（3-36），
$$\frac{\mathrm{d}^2\psi}{\mathrm{d}x^2} - \kappa^2 \psi = 0 \tag{3-37}$$

其通解为
$$\psi = A\exp(-\kappa x) + A'\exp(\kappa x)$$

欲求积分常数 A 和 A'，必须引入边界条件：

当 $x \to \infty$ 时，$\psi = 0$，代入式（3-37）中，得到
$$\psi = A\mathrm{e}^{-\kappa x}$$

当 $x \to 0$ 时（粒子表面上某处），$\psi \to A = \psi_0$，于是
$$\psi = \psi_0 \mathrm{e}^{-\kappa x} \tag{3-38}$$

式（3-38）表明扩散层内的电势 ψ 随着离开表面的距离 x 而指数下降，下降的快慢由 κ 值大小决定。因为指数 κx 无量纲，所以 "$1/\kappa$" 具有长度单位，常用它代替扩散双电层的厚度。

又因为 n_{io} 的浓度单位为离子数/mL，若用物质的量浓度 c_{io}（mol/L）表示，则 $n_{io} = \dfrac{c_{io} N_A}{1000}$（$N_A$ 为 Avogadro 常数），以此代入式（3-36）得

$$\kappa = \left(\frac{4\pi e^2 N_A}{1000\varepsilon k_B T} \sum_i c_{io} Z_i^2\right)^{1/2} \tag{3-39}$$

于是
$$\frac{1}{\kappa} = \left(\frac{1000\varepsilon k_B T}{4\pi e^2 N_A \sum_i c_{io} Z_i^2}\right)^{1/2} \tag{3-40}$$

例如，某对称型电解质水溶液，$T = 298.2\mathrm{K}$，$\varepsilon = 78.54$ [ε 通常给出的数值是相对介电常

数，但在静电单位制（esu）中其数值正好等于介质的介电常数]，$e = 4.802 \times 10^{-10}$ 静电制单位电量，$k = 1.3805 \times 10^{-16} \, erg/K$，代入式（3-39）与式（3-40），分别求得

$$\kappa = 3.29 \times 10^7 \, |Z_i| c_{io}^{\frac{1}{2}} \quad cm^{-1}$$

$$\frac{1}{\kappa} = 3.04 \times 10^{-8} \, |Z_i|^{-1} c_{io}^{-\frac{1}{2}} \quad cm$$

采用国际单位制时，$n_{io} = 1000 c_{io} N_A$（离子数/m³），$k = 1.3805 \times 10^{-23} \, J/K$，$e = 1.602 \times 10^{-19} \, C$，介质的介电常数 $\varepsilon = \varepsilon_r \cdot 4\pi\varepsilon_0$（$\varepsilon_0$ 表示真空中的介电常数，其值为 $8.85 \times 10^{-12} \, F/m$，$\varepsilon_r$ 表示相对介电常数，也即是一般文字叙述中的某介质的介电常数，如上文中水的介电常数是 78.54，实为水相对于真空的相对介电常数 ε_r 而非水真正的介电常数，由于实际中常省略了 ε_r 的下标 r，所以这里应引起注意），于是式（3-39）改写为

$$\kappa = \left(\frac{1000 e^2 N_A}{\varepsilon_r \varepsilon_0 k_B T} \sum_i c_{io} Z_i^2 \right)^{1/2}$$

用式（3-40）可计算出各种电解质溶液在不同浓度时的 κ^{-1} 值。电解质溶液浓度愈大，离子价数愈高，κ^{-1} 值愈小，即双电层厚度小，被压缩。例如，对 1-1 价电解质的 0.01mol/L 浓度的水溶液，在 298K 时，κ^{-1} 为 3.04nm，若浓度为 0.001mol/L，κ^{-1} 增大为 9.61nm。如果同样取电解质浓度为 0.001mol/L 的溶液，但为 1-2 价（或 2-1 价）的电解质，κ^{-1} 降为 5.56nm；而 2-2 价和 3-3 价电解质，κ^{-1} 则分别降低到 4.81nm 和 3.20nm。因此，增加溶液中电解质浓度（亦即增大离子强度）可以压缩扩散双电层，对胶态系统的凝聚和絮凝起促进作用。关于这一点在后面将详细讨论。

3.8.3 Stern 的双电层模型

前面介绍的 Gouy-Chapman 双电层模型成功地说明了在扩散双电层中空间电荷区的电荷分布与电势分布，对于电解质价数、浓度与电势及双电层厚度给出了定量关系，结果与许多事实相符，但 Gouy-Chapman 理论在 ψ_0 变大，κx 值小时出现了困难。根据表面电荷密度 $\sigma_0 = \frac{\varepsilon k_B T \kappa}{2\pi Z e} sh \left(\frac{Z e \psi_0}{2 k_B T} \right)$，随着 ψ_0 的增大，双曲正弦函数急剧上升，所得 σ_0 值会变得太大而不合理。这是因为这个理论把离子当作点电荷，没有考虑离子本身的体积，当离子变得拥挤时，此种假设显然要失败。同时，Gouy-Chapman 理论也不能解释为什么价数相同而种类不同的异电离子对双电层电位的影响不同。

Stern 结合平板电容器和扩散双电层模型，提出了 Stern 理论。他指出离子是有一定大小的，离子与固体表面作用除了静电作用力外还有非库仑的范德华力。当只有静电作用时，导电离子可趋近于固体表面的最近距离相当于水化离子的半径，通过这些离子中心连线的面叫做 Stern 面。考虑到离子与固体表面之间范德华力与静电作用力同时存在，当这种作用力足够强时，有部分离子将吸附在固体表面。这种吸附的发生主要取决于溶液中离子的特性、固体材料及电位，称为特性吸附。特性吸附的离子可以是与界面带相同电荷的离子，也可以是异电离子。这些离子是脱水的（至少在贴近固体表面的一边是部分脱水的），因此可以紧贴在固体表面上。Stern 模型将双电层分为由 Stern 面所隔开的两个部分，如图 3-23 所示。在 Stern 面与固体表面间形成类似平板电容器结构，为紧密层；在 Stern 面以外的离子扩散分布，为扩散层。在扩散层中的离子其本身大小可忽略，电荷密度渐趋减少，所以在扩散双电层部分仍可用 Gouy-Chapman 理论处理。只是在 Stern 层中，电位由 ψ_0 降至 ψ_δ（称

Stern 电位），故应用 Gouy-Chapman 理论时应以 ψ_δ 代替公式中的 ψ_0。

Stern 理论由于考虑了特性吸附，克服了 Gouy-Chapman 理论表面浓度过大的缺点。但 Stern 理论难以定量地应用，因它在双电层模型中引入的几个参数的数值不能用实验方法求出，从而就丢掉了 Gouy-Chapman 模型的普遍性。在 Gouy-Chapman 理论中，ψ 对 x 的函数依赖关系只牵涉到参数 κ 和 ψ_0。其中 κ 是已知数，并且 ψ_0 可以求算出来，至少对有些表面是如此。

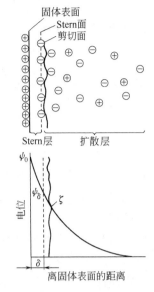

图 3-23　Stern 双电层
结构示意图

3.8.4　溶胶的聚沉

根据前述讨论，可以总结电解质溶液对固-液界面双电层的影响。

① 增加溶液中"电位（势）决定离子"的浓度，将使固体（胶粒）表面电荷和表面电位增加，将扩展双电层。

② 增加溶液中的表面惰性电解质（与表面只有静电作用，没有其他作用）的浓度，将起压缩双电层的作用，使双电层厚度 κ^{-1} 减小。当浓度达到一定程度时 κ^{-1} 减小到零，则 ζ 电位降为零，将促使带电粒子聚沉。

③ 当电解质浓度达到某一定数值时，扩散层中的反离子全部压入吸附层内，胶粒处于等电状态，ζ 电位为零，胶体的稳定性最低。如果加入的电解质过量，特别是一些高价离子，则不仅扩散层反离子全部进入吸附层，而且一部分电解质离子也因被胶粒强烈地吸引而进入吸附层，这使胶粒又带电，但电性和原来的相反，这种现象称为"再带电"。显然，再带电的结果使 ζ 电位反号。

④ 电解质对溶胶稳定性的影响不仅取决于浓度，而且还与离子价有关。在相同浓度时，离子价越高，聚沉能力越大，聚沉值越小。所谓聚沉值是指能引起某一溶胶发生明显聚沉所需外加电解质的最小浓度（mmol/L），或称为临界聚沉浓度。根据 DLVO 理论（将在下一节介绍）可导出聚沉值与溶液中反离子的价的六次方成反比变化。

相同价数离子的聚沉能力也不相同，例如具有相同阴离子的各种阳离子，其对负电性溶胶的聚沉能力为

$$H^+ > Cs^+ > Rb^+ > K^+ > Na^+ > Li^+$$
$$Ba^{2+} > Sr^{2+} > Ca^{2+} > Mg^{2+}$$

显然，这种顺序与离子的水化半径有关。Li^+ 的半径最小，水化能力最强，水化半径最大，故其聚沉能力最小。

具有相同阳离子的各种阴离子，其对正电性溶胶的聚沉能力为

$$F^- > IO_3^- > H_2PO_4^- > BrO_3^- > Cl^- > Br^- > NO_3^- > I^- > CNS^-$$

在此附带说明，除了电解质引起溶胶聚沉外，当两种带相反电荷的溶胶混合时，也发生聚沉，这叫做相互聚沉现象。然而，与电解质的聚沉作用的不同之处在于两种溶胶用量比较严格，仅在这两种溶胶的数量达到某一比例时才发生完全聚沉，否则可能不发生聚沉或聚沉不完全。产生相互聚沉的原因是可以把胶体粒子看成一个大的离子，两种电荷相反的胶体粒子相互吸引，使电荷中和后降低了 ζ 电位，所产生的结果与加入电解质相似。

⑤ 根据 Stern 模型，若加大溶液中特性离子浓度，可以改变 ζ 电位，有可能使其改变符号（特性吸附异电离子）或使其高于表面电位 ψ_0（特性吸附同电离子），如图 3-24 所示。

3.8.5 胶体稳定性的 DLVO 理论

采用液相合成法制备微粉，由于从液相中生成固相微粒形成了高度分散的多相分散体系，有巨大的界面能，这就使胶体粒子大小的微粒组成为热力学不稳定体系，所以胶体有自发聚结成更大的粒子以降低系统能量的趋势，称为聚结不稳定性。此外，我们从胶团结构知道胶体带有电荷，由于相同电荷相斥又使它们不易相互靠近而保持稳定。在微粉制备过程中，胶粒的稳定性起着关键性的作用，为此，下面介绍胶体稳定性的 DLVO 理论，并讨论溶胶的稳定性。

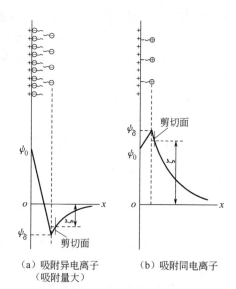

图 3-24　特性吸附表面活性剂离子时 Stern 电位与 ζ 电位的变化

（1）DLVO 理论——引力和电场作用力的联合理论是 20 世纪 40 年代由苏联学者 Derjaguin 和 Landau 以及荷兰学者 Verwey 和 Overbeek 分别独立提出的，故取四人名字的第一个字母称为 DLVO 理论，它已经成了起因于表面电荷的经典胶体稳定性的基础。这个理论的基本观点是胶粒间存在着由于范德华力长程力引起的相互吸引作用，也存在着由于胶粒带电，相互趋近时双电层发生重叠而产生的排斥作用。微粒之间是稳定分散或发生凝聚由微粒的总相互作用能的平衡来决定。两个粒子之间的总相互作用能 V_T 由下式给出

$$V_T = V_A + V_R$$

当带电颗粒相互接近时，双电层的扩散部分就互相渗透，从而产生一种排斥力 V_R，V_R 可近似表示为

$$V_R \approx \frac{\varepsilon r}{2} \psi_0^2 \exp(-\kappa H_0) \qquad (3-41)$$

式中　ε——溶液的介电常数；

　　　ψ_0——颗粒表面电位；

　　　r——颗粒半径；

　　　H_0——颗粒间最短距离，如图 3-25 所示。

虽然这一近似公式局限于半径大且表面电势低的大小均一的球体，但所得结果指出，排斥作用随 r 而增大，并且随 H_0 指数下降。V_R 值大可提高稳定性，这就要求双电层扩散部分最里面的电势 ψ_0 高，以及双电层中参比距离 κ^{-1} 的数值大，而 κ^{-1} 本身则随溶液中低价、低浓度电解质而变大。

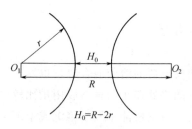

$$H_0 = R - 2r$$

图 3-25　球形粒子双电层的相互作用

粒子间除排斥作用外，还存在着粒子间的吸引作用。粒子间的这种吸引作用主要是由于范德华引力造成的。Hamaker 研究了两个球体之间的相互作用，发现两个半径 r 相等，中心之间的距离为 R 的球体，在 r 与 R 之比恒定时，

其吸引势能保持不变。当半径为 r 的两个相等球体之间的距离很小，忽略并不计阻滞校正项时

$$V_A = \frac{-Ar}{12H_0} \tag{3-42}$$

式中，$H_0 = R - 2r$；A 为 Hamaker 常数，其值是组成质点的分子的极化率的函数。

在推导 V_A 表达式时，两个球体之间的相互作用是在真空条件下。在颗粒之间存在液体时，必须对 Hamaker 常数的数值进行修正。如果用下标 1 表示固体，用下标 2 表示分散介质，并将凝聚过程看成一个假（准）化学反应

$$①② + ①② \longrightarrow ①① + ②②$$

那么组合的 Hamaker 常数 A 可表示为

$$A = A_{11} + A_{22} - 2A_{12}$$

式中，A_{11} 为物质 1（固体）和物质 1 的相互作用；A_{22} 为物质 2（分散介质）和物质 2 的相互作用；A_{12} 为物质 1 和物质 2 的相互作用。作为近似，$A_{12}^2 = A_{11}A_{22}$，因此

$$A = [A_{11}^{1/2} - A_{22}^{1/2}]^2$$

A 即为 Hamaker 的有效值，与 A_{11} 和 A_{22} 的相对大小无关，而且总是正值，才能使任何物质的物体在任何介质中都存在着引力。

由 V_A 表达式可知，吸引能不受表面电势 ψ_0 与电解质浓度的影响，与有效 Hamaker 常数 A 有关，但一般外界因素很难影响 A 值。

（2）溶胶的稳定性分析　两个颗粒之间 V_T、V_A 和 V_R 的势能曲线见图 3-26。

当颗粒相互接近时，吸引势能 V_A 便迅速增大，而排斥势能 V_R 的变化就比较慢一些。在两个颗粒非常接近时，排斥势能的急剧增加是由于颗粒中原子的电子云之间的排斥作用造成的，而且被称为 Born 排斥势能 V_R^{Born}（又称溶剂化力）。一般来说，总势能曲

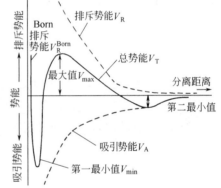

图 3-26　两个颗粒接近时的势能变化图

线要通过一个最大值，这个最大值构成了能量势垒，阻止颗粒间的相互吸附。当颗粒互相接近时，它们就可能克服排斥势垒 V_{max}。在此之后，颗粒便很强烈地吸引在一起，而势能迅速降至第一最小值 V_{min}。势垒的高度 V_{max} 越低，就越有可能有更多的颗粒在相互接近时黏附在一起。因此，势垒的高度基本上被认为是使颗粒附着而必需的活化能。在系统中唯一存在的，使颗粒活化以克服势垒并使之降低到能量最小值的能是热能 $k_B T$。

一般在分散体系中都有一个数量级为 $k_B T$ 的平均势能值。只要势垒比颗粒的热能大得多，即 $V_{max} \gg k_B T$，那么就几乎没有颗粒能互相接触，介质中的大部分颗粒处于分散状态。根据 DLVO 理论，一个 $15k_B T$ 的能量势垒就足以形成高度分散的体系。但是，在任何实际体系中，颗粒都有一种势能分布，有的颗粒的势能低于平均值，而有的颗粒的势能高于平均值。因此，即使势垒为 $15k_B T$，也可以设想有一部分颗粒具有足够的能量去克服这种势垒而达到附着（coalescence）的目的。

根据 DLVO 理论，能量势垒的数量取决于颗粒的大小和它们的表面势能。如图 3-26 所示。对于大颗粒来说，在净势能曲线（图中的实线）上的明显隔开处，可以产生第二最小值。如果这个第二最小值是几个 $k_B T$ 的高度，那么它就能克服布朗运动的效应而产生絮凝。

这种缔合，或者说这种絮凝的特点与在第一最小值时发生的情况是相当不同的。絮凝物是完全可以逆转的，而且通过搅拌就可以很容易地使它进行再分散。

势能曲线的形状表明了两个防止凝聚的途径，一个是增加能量势垒 V_{max} 的高度，另一个是防止颗粒相互接近，使它们不能接近到有强大吸引力的范围。通过非离子性物质吸附层在颗粒周围建立起一个物质屏障，就能达到后面一个要求。

研究微粉的表面电现象，实际上有两个方面的作用。有时人们希望胶粒稳定分散，有时人们又希望颗粒聚沉，例如在无机非金属材料研究中，有时要使某些超细粉料在净水中沉淀下来，以备干压素坯之用。这就需要研究粉粒表面所带的电荷种类及双电层的特点，然后采取必要的措施。例如加入电解质，使 ζ 电势变小，目的是使粉料之间的互斥作用减弱，互吸作用增强，粉料因而聚沉下来。如果使 ζ 电位变大，则使粉料之间的互斥作用增强而使粉料稳定分散。

3.8.6 高聚物吸附层的稳定作用[7,8]

（1）空间位阻　前面介绍的 DLVO 理论处理胶体稳定性时，V_A 和 V_R 是两项独立因素，当胶粒表面吸附有高聚物后，就引入空间斥力势能（V_B）这第三项因素，且对 V_A 与 V_R 有影响。V_B 是胶体颗粒上高聚物吸附层相互重叠后引起的，故 V_B 包含渗透压效应（或叫混合效应）与体积限制效应。

当扩散双电层吸附高聚物后，从图 3-27（a）和（b）比较可以看出吸附层对扩散双电层 V_R 有以下影响。

① 图 3-27（b）上的表面电荷减少；
② 在链轨层中，链段取代了特性吸附离子和极化了的定向水分子；
③ 有了链轨层，滑动面可能要与 OHP（外 Helmholtz 面）分开（距离为 Δ）；
④ Stern 层厚度（δ）与其间的 ε（介电常数）亦会因链轨层而发生变化。

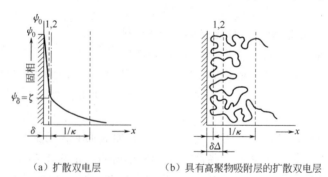

(a) 扩散双电层　　　　　(b) 具有高聚物吸附层的扩散双电层

图 3-27　扩散双电层

1—滑动面；2—OHP 面

以上情况，最终反映在 ψ_0 变化上，由 ψ_0 来影响 V_R。简单定性来说，带负电荷的胶体粒子吸附阳离子型高聚物后，V_R 降低，体系失稳；吸附阴离子型高聚物后，V_R 增加，体系转稳；若吸附非离子型高聚物，则从 Stern 层中挤走离子，使扩散双电层变厚，两个颗粒接近时，重叠部分增多，V_R 增加，体系转稳，如图 3-28 所示。图 3-28（b）中 V_T 曲线上的势垒要比图 3-28（a）的高，体系转稳定。

一般来说高聚物吸附层对 V_A 的影响较小，只有在特殊情况下 V_A 才下降。例如非离子表面

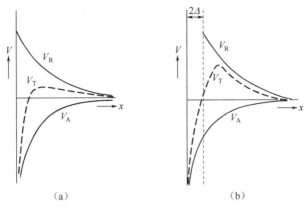

图 3-28　高聚物吸附层对相互作用的影响

Δ—高聚物吸附层厚度

活性剂对碘化银分散体系的稳定作用是由于吸附层有利于分散作用引起 V_A 的降低而造成。

（2）电空间稳定[12]　增加溶液中电位决定离子的浓度将使颗粒表面电荷和表面电位增加，使颗粒的 ζ 电位绝对值增大，颗粒相互排斥作用力大，从而实现颗粒的分散。若使用非离子型表面活性剂在颗粒表面形成具有空间位阻作用的吸附层也能使粒子获得位阻稳定性。此外，向溶胶中加入适量聚电解质（例如聚甲基丙烯酸 PMAA），也可使胶体粒子表面吸附聚电解质形成稳定的分散体系。由于在不同 pH 值下胶体粒子表面聚电解质的吸附量不相同，聚电解质的离解程度也不同[13]，通过调节 pH 值，可使粒子表面的聚电解质达到饱和吸附量，并使其有最大离解度，这时空间稳定和静电排斥的共同作用使系统具有高分散性和稳定性。这种作用称为电空间稳定（electrosteric stabilization）。

例如，PMAA 是一种阴离子型聚电解质，它在水溶液中的离解度随溶液的 pH 值而变化。当 pH＝3.4 时 PMAA 不离解，呈中性；当 pH＞3.4 后，PMAA 离解，离解随 pH 值的增加而增加，离解度由 0 增大至 1，离解后的 PMAA 带有负电荷。当悬浮液中聚电解质的加入量达到饱和吸附值以后，粉料颗粒表面均被聚电解质覆盖，并且没有过剩的聚电解质存在于溶液中，这时的悬浮液的流变学性能最好，黏度最低，具有最好的分散性和稳定性。据此我们可知最佳的 PMAA 加入量和最佳的 pH 值是控制体系稳定性的主要参数。

（3）影响空间稳定性的因素　影响固-液分散体系的空间稳定性因素，一是吸附高聚物的结构，具有分散性质的高分子化合物应具有吸附在固体粒子上的能力，并且可以通过足够高的吸附势垒将粒子分散在液体介质（通常为水溶液）中。一般来说，最有效的高聚物是嵌段聚合物或接枝聚合物，即它的分子的一端"锚"在粒子表面上，另一端伸向溶剂，形成空间位垒，阻碍粒子聚在一起，当聚电解质作稳定剂时，使电斥力与位阻相结合，效果最好。二是高聚物分子量和吸附层厚度。分子量高的比分子量低的稳定作用好，高聚物吸附层厚的比薄的稳定（吸附层厚度一般应大于 3nm，保持在范德华力作用最紧密点之外）。三是分散介质的影响，良溶剂可使粒子处于稳定状态，不良溶剂则导致粒子聚凝。四是粒子的表面必须被完全覆盖，以阻止聚合物链接触两个颗粒而产生桥连絮凝。

3.8.7　ζ 电位与电泳淌度[2,6,11]

从胶团结构和双电层模型可以看出定量确定 ψ_0 是困难的。但是，作为表面电位 ψ_0 的

一部分的 ζ 电位则可以实验测得。除非有特别强烈的特性吸附存在，一般地，ζ 电位与粒子表面电位符号相同。尽管确定 ζ 电位在表面的精确位置非常困难，使得解释 ζ 电位的测量是一件复杂的事。但是，ζ 电位的测量却是相当直接的。最广泛采用和方便的方法是粒子的电泳。根据亨利（Henry）方程，在电场中测量到的电泳淌度 μ 与 ζ 电位有关。

$$\mu = \frac{\zeta \varepsilon f(\kappa r)}{6\pi\eta} \quad \text{（适用于非导体粒子）} \tag{3-43}$$

$$\mu = \frac{v}{E}$$

式中　μ ——电泳淌度；

$\quad\quad v$ ——粒子移动速度；

$\quad\quad E$ ——电场强度（在数值上等于施加的电压除以电极间的有效距离）；

$\quad\quad \varepsilon$ ——介质的介电常数；

$\quad\quad \eta$ ——介质的黏度；

$\quad\quad r$ ——粒子半径。

$f(\kappa r)$ 是 κr 的函数，κ 是双电层厚度的倒数，即 κr 是以双电层厚度为单位表示的质点半径。当 $\kappa r < 1$（一个有着双层厚的小粒子）时，$f(\kappa r) = 1$。在这个限制条件下，亨利方程还原为尤格尔（Hückel）方程，仅适用于小粒子在非常稀的电解质溶液中，因为在这种情况下，双电层会膨胀。在更多的情况下，在电解质溶液中，双电层厚度与粒子的半径相比是很小的，此时 $f(\kappa r) = 1.5$，亨利方程还原成斯莫鲁霍夫斯基（Smoluchowsky）形式

$$\mu = \frac{\zeta \varepsilon}{4\pi\eta} \tag{3-44}$$

则 ζ 电位的换算为

$$\zeta = \frac{4\pi\eta}{\varepsilon}\mu \tag{3-45}$$

在使用式（3-43）～式（3-45）进行计算时要注意各物理量的单位，特别注意厘米·克·秒制中的 1 静电伏特等于国际单位制（SI）的 300V。采用国际单位制时，式（3-45）变为 $\zeta = \frac{\eta\mu}{\varepsilon_r \varepsilon_0}$，$\varepsilon_r$ 表示相对介电常数，与式（3-39）相同。

【例 3-1】　半径为 $0.4\mu m$ 的粒子悬浮于 $0.01mol/L$ 的 NaCl 水溶液中，在 25℃时测得其电泳淌度为 $2.5 \times 10^{-8} m^2/(s \cdot V)$，应用 Smoluchowsky 公式求 ζ 电位的近似值。已知 25℃时水的相对介电常数是 78.5，黏度为 $8.9 \times 10^{-4} Pa \cdot s$，真空中介电常数 $\varepsilon_0 = 8.854 \times 10^{-12} F/m$。

解　根据 Smoluchowsky 公式 $\zeta = \frac{\mu\eta}{\varepsilon_r \varepsilon_0}$，代入题给 μ、η、ε_r 和 ε_0 数值计算

$$\zeta = \frac{2.5 \times 10^{-8} \times 8.9 \times 10^{-4}}{78.5 \times 8.854 \times 10^{-12}} = 0.032V = 32mV$$

但是，随着体系复杂性（亦即较高的电势和混合电解质的价态等）的增加，自淌度实验求算出 ζ 电位的可能性变得越来越微弱。在这种情况下，精确的实验结果最好用淌度 μ 表示，而相应的 ζ 值只是一种近似的表示。

对不同条件下测定 ζ 电位或电泳淌度，ζ 电位（电泳淌度）绝对值较高时，体系较稳定，而 ζ 电位（电泳淌度）不高时，体系不太稳定。当 ζ 电位为零时，电泳淌度也是零，粒子之间的排斥力最小，最易聚沉。

3.8.8　溶液 pH 值对氧化物 ζ 电位的影响[6,11]

任何溶胶粒子表面上总带有电荷，有的带正电荷，有的带负电荷。决定溶胶带电性质的离子称为电荷（或电势）决定离子（charge determining ions 或 potential determining ions）。对于氧化物-水溶液界面的双电层结构，氧化物的电荷决定离子是 H^+ 或 OH^-，它们由质子化或去质子化作用在氧化物表面 MOH 上建立电荷

$$MOH + H^+ \Longrightarrow M \cdot OH_2^+ \tag{1}$$

$$MOH + OH^- \Longrightarrow M\text{—}O^- + H_2O \tag{2}$$

当溶液条件相当于氧化物表面所带正的电荷和负的电荷数目相等时的 pH 称为该氧化物的零电荷点（point of zero charge，PZC）。当 pH＞PZC 时，反应（2）占优势；当 pH＜PZC 时，反应（1）占优势。

PZC 可用电势滴定分散相吸附电荷决定离子来实验确定。另一个常用的测定 PZC 的方法是测定电动现象消失时的电荷决定离子（H^+）的浓度。值得注意的是，这种方法实际上测定的是零 ζ 电势点，称为等电点（IEP）。只有无特性吸附时 IEP 才与 PZC 相等。因在界面（表面电势 ψ_0 的参照面）与滑动面之间可能存在特性吸附在界面上的离子，即使在 PZC 时 ζ 电位也会有一定的值而产生某些电动现象；相反，在观察不到电动现象的 IEP 时，体系可能并不处在 PZC 情形。在这些情况下，必须采用滴定法测定 PZC 值。

对于氧化物，Gouy-Chapman 模型中的热力学电位 ψ_0 可由类似 Nernst 方程近似给出

$$\psi_0 = \frac{RT}{F} \ln \frac{a_{H^+}}{a_{H^+}^\circ} \tag{3-46}$$

式中，a_{H^+} 为 H^+ 离子的活度；$a_{H^+}^\circ$ 则对 PZC 而言。25℃ 时对水溶液的运算公式为

$$\psi_0 = 0.059(pH^\circ - pH) \tag{3-47}$$

式中，pH° 对 PZC 而言。

PZC 是氧化物最重要的特征之一，易于从氧化物加上质子或除去质子与金属原子本性有关。不同的氧化物有不同的 PZC，制备方法和处理条件的不同均要影响 PZC 的值。所以 PZC 成为氧化物表面与水溶液介质相互作用的量度。根据式（3-47），当溶液的 pH 与 pH° 相差愈大，则 ψ_0 愈大，溶胶稳定。若 pH 与 pH° 相等，则 ψ_0 等于零，溶胶发生聚沉。

3.9　粉体表面处理技术

近年来，粉体处理（加工）技术是最引人注目的技术之一。所谓粉体大致可分成作为成品的粉体和作为原材料的粉体两类，很多行业、领域都要涉及粉体，可以说粉体技术是支撑高新技术的基础技术。20 世纪 90 年代以来，新材料开发日新月异，对粉体技术提出了一系列的新要求。其中一个最引人注目的技术概念是粒子设计，不但激发了粉体技术界的极大兴趣，甚至吸引了电子、冶金、生物工程、医药、涂料、化妆品等行业的技术人员投身于这项

新课题中来。因为人们已不满足对于单一材料的细粒子的亚微米、纳米级的追求，而是期望新材料具有以前的材料所不具备的某些功能。为了得到这些功能，就需要人们对材料粒子进行设计，以期赋予粒子某些物理化学性能和某种形状来满足人们的需要。所采取的各种措施（包括物理、化学、机械等）都可以认为是表面改性（surface modification），或更通俗地称为表面处理（surface treatment）。粉体表面改性后，由于表面性质的变化，其表面晶体结构和官能团、表面能、表面润湿性、电性、表面吸附、分散性和反应特性等一系列的性质都将发生变化，以满足现代新材料、新工艺和新技术发展的需要[2,14,15]。

3.9.1 粉体表面处理的目的

在塑料、橡胶、胶黏剂等高分子材料工业及复合材料领域中，无机矿物❶填料占有很重要的地位。改变填料表面的物理化学性质，提高其在树脂和有机聚合物中的分散性，增加填料与树脂等基体的界面相容性，进而提高塑料、橡胶等复合材料的力学性能，是作为填料的矿物粉体表面改性的最主要目的[16]。

改变颗粒表面荷电性质，增加其与带相反电荷的纤维结合强度，从而提高纸张强度和造纸过程中填料的留着率是造纸用填料矿物表面改性处理的主要目的。

使材料制品具有良好的光学效应与视觉效果，是某些矿物粉体进行表面处理的又一重要目的，如云母粉经二氧化钛及其他氧化物处理后，表面可镀上一层氧化物薄膜，由于折射率的提高和薄膜的存在，增强了入射光通过透明或半透明薄膜在不同深度的各层面反射，从而产生了更明显的珠光效果。改性云母粉用于化妆品、涂料、塑料及其他装饰品中，因装饰效果增强，大大提高了这些产品的档次。将二氧化钛通过沉积反应镀膜涂覆在某些与钛白粉性质相近，但折射率低的矿物颗粒上，可生产出优良的钛白粉代用品，其开发应用前景广阔。

为了控制药效，达到使药物定时、定量和定位释放的目的，新发展的药物胶囊就是用某种安全、无毒的薄膜材料，如用丙烯酸树脂对药粉进行包膜而制备的。

人们为了满足高密度磁记录的需要，对如何提高磁粉的矫顽力 H_c，开展了广泛的工作，如控制 $\gamma\text{-Fe}_2\text{O}_3$ 的粒度、针形比、掺杂等，其中钴改性氧化铁磁粉（$\text{Co-}\gamma\text{-Fe}_2\text{O}_3$）的制备使这一目的实现取得了很大的进展。

近年来，人们在制备结构陶瓷时利用表面改性方法在提高粉体的烧结活性方面也获得了明显效果。

此外，为了保护环境，对某些公认的对环境和健康有害的原料如石棉进行表面处理，用对人体无害和对环境不构成污染，又不影响其使用性能的化学物质覆盖、封闭其表面活性点；对某些用于精密铸造、油井钻探等的石英砂进行表面涂覆以改善其黏接性能；对用作保温材料的珍珠岩等进行表面涂覆以改善其在潮湿环境下的保温性能；对膨润土进行阳离子覆盖处理以提高其在弱极性或非极性溶剂中的膨胀、分散、黏接、触变等应用特性等都是粉体表面改性的实例。

虽然粉体表面改性的目的因应用领域的不同而不同，但总的目的是改善或提高粉体原料

---

❶ 矿物这一概念最早仅是指产于自然界的、具有一定晶体结构和化学成分的固体物质。随着现代无机非金属材料的迅速发展，材料工作者逐渐认识到人工合成材料中的晶体结构与天然产出的矿物有许多相似之处，因而也称这些结晶体为"矿物"，尽管许多材料中的"矿物"在自然界并不存在。

的应用性能以满足新材料、新技术的发展或产品开发的需要。

3.9.2 粉体表面改性的方法

矿物等粉体的表面改性方法有多种不同的分类法。根据改性方法的性质不同分为物理方法、化学方法和包覆方法。根据具体工艺的差别分为涂覆法、偶联剂法、煅烧法和水沥滤法。综合了改性作用的性质、手段和目的，分为包覆法、沉淀反应法、表面化学法、机械化学法等的分类方法比较全面。这里重点介绍表面活性剂覆盖改性方法。

利用具有双亲性质的表面活性剂覆盖无机化合物使其表面获得有机化改性是最常用的表面改性方法，为了实现好的改性效果，必须考虑无机化合物的表面电性质。许多无机氧化物或氢氧化物都有自己的等电点，例如 SiO_2、TiO_2、α-Fe_2O_3、$Al(OH)_3$ 和 $Mg(OH)_2$ 的等电点依次为 2~3、6、7、8.5~10 和 12.4。因此可根据等电点控制溶液一定的 pH 值，通过表面活性剂吸附而获得有机化改性。例如 SiO_2 的等电点 pH 值很低，表明在高于等电点 pH 值以上的溶液中 SiO_2 的表面带有负电荷，这样就可让 SiO_2 颗粒在中性或碱性溶液中吸附阳离子表面活性剂而获得有机改性。Elton 曾用 SiO_2 吸附不同浓度的十六烷基三甲基溴化铵（CTAB），发现浓度不同时，改性 SiO_2 对水的接触角（θ）不同（表 3-1）。

表 3-1　CTAB 浓度和改性 SiO_2 对水的接触角（θ）的关系

CTAB 浓度/(mol/L)	0	10^{-7}	10^{-6}	10^{-4}	2×10^{-4}	5×10^{-4}	10^{-3}
接触角(θ)/(°)	0	84	90	90	68	51	0

已知 CTAB 的临界胶束浓度（cmc）为 8.5×10^{-4} mol/L。由表 3-1 中的数据可知，当 CTAB 浓度很小时，随 CTAB 浓度增大，接触角增大，在浓度低于 cmc 时便可形成憎水性的单分子层吸附，此时 θ 为 $90°$，但超过 CTAB 的 cmc 后又可在颗粒表面形成亲水的双层吸附，此时 SiO_2 的 θ 又降为 $0°$。

$Al(OH)_3$ 及 $Mg(OH)_2$ 的等电点 pH 值相当高，即它们在高 pH 值溶液中表面才会带有负电荷，所以它们的正电性很强，在低于等电点的较广泛的 pH 值范围的溶液内均可吸附阴离子表面活性剂而获得有机化改性。胡金华等以 $Mg(OH)_2$ 吸附硬脂酸钠或油酸钠等，可使亲水性的 $Mg(OH)_2$ 转变为亲油性，从而能改善其在聚丙烯中的分散性和提高复合材料的力学性能。以十二烷基苯磺酸钠处理 $Al(OH)_3$ 也获得了憎水性的有机化改性的 $Al(OH)_3$。

SiO_2 及 TiO_2 的等电点 pH 值为酸性或接近中性，欲对其进行有机化改性，可在偏碱性溶液中直接吸附阳离子表面活性剂。但阳离子表面活性剂价格相当高，往往又有毒性，一种较好的解决办法是通过某些无机阳离子（例如 Ca^{2+} 或 Ba^{2+} 等）"活化"，使 SiO_2 表面由负电荷转变为正电荷

$$SiOH + Ca^{2+} = SiOCa^+ + H^+$$

然后再吸附阴离子表面活性剂即可获得憎水性 SiO_2。此种考虑最早曾应用于石英的浮选。以硅胶、白炭黑、凹凸棒土为吸附剂，通过 Ba^{2+} 或 Ca^{2+} 活化，再吸附硬脂酸钠、十二烷基磺酸钠或十二烷基苯磺酸钠等阴离子表面活性剂，制得了相应的有机化改性样品。从现有情况看，对 SiO_2 来说用 Ba^{2+} 活化的效果比用 Ca^{2+} 好。钙硅胶有机化改性时以十二烷基磺酸钠效果较好。例如以表面羟基浓度为 2.99mmol/g 的硅胶吸附 Ca^{2+}，在试验条件下对 Ca^{2+}

的吸附量为 2.91mmol/g，这表明一个 Ca^{2+} 可交换一个 H^+，从而可制得荷正电的硅胶。此后它易于吸附十二烷基磺酸钠而获得有机化改性。

TiO_2 是最常用的白色涂料（钛白粉），其等电点 pH 值相对较低（约 5.8～6）。而 Al_2O_3 的等电点 pH 值较高，故可在钛白浆液中加入铝盐或偏铝酸钠，再以碱（或酸）中和使析出的水合 Al_2O_3 覆盖在钛白颗粒上，使其带有正电荷，然后再令其吸附阴离子表面活性剂而获得有机化改性。试验证明，与 Al_2O_3 表面 Al^{3+} 能形成难溶性盐的表面活性剂将有更好的改性效果。例如钛白及铝钛白对十二烷基苯磺酸钠的吸附等温线均有极大值，此时，在 pH 为 4.5（稍低于钛白的等电点）的介质中，钛白对此活性剂的吸附量不大，但铝钛白在 pH 为 6～7 的介质中的吸附量便高达 $300\mu mol/g$，约增大 1 个数量级，这显然与表面反应有关[17]。

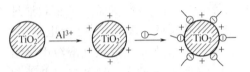

图 3-29　TiO_2 的铝改性示意

TiO_2 用 Al_2O_3 表面包覆的铝改性过程说明见图 3-29。

应当指出，利用铝盐在 TiO_2 表面上包覆处理，本身具有重要意义。由于 TiO_2 有光致半导体活性，光照后易变色。而经 Al_2O_3 包覆后的钛白粉不仅具有优良的抗粉化性能，还能降低光化学活性，提高耐候性，可用于高档涂料中。另外，近年由于钛白粉价格较高，已有一些代用品（如陶瓷钛）问世。这实际上是以某些黏土为核心，在其上包覆 TiO_2 制成的，大大降低了产品的成本。目前在国内外已引起极大关注的云母钛（也称云母钛珠光颜料），实际上就是以云母为核心，在其上包覆了 TiO_2。日本开发的双层包覆颜料，也是在云母钛的表面上包覆了 Al_2O_3 制成的。例如将原料云母湿法粉碎后加入到一定量的硫酸氧钛、硫酸铝和尿素混合的水溶液中，加热至沸，按下列反应可得到第一层为 TiO_2、第二层为 Al_2O_3 的双层包覆颜料。调整 Al_2O_3 的比例可以改变色调。整个包覆反应如下。

$$(NH_2)_2CO + 3H_2O \Longrightarrow 2NH_4OH + CO_2$$
$$TiOSO_4 + 2NH_4OH \Longrightarrow TiO(OH)_2 + (NH_4)_2SO_4$$
$$Al_2(SO_4)_3 + 6NH_4OH \Longrightarrow 2Al(OH)_3 + 3(NH_4)_2SO_4$$

表面改性效果的表征和评价有许多方法。通过考察改性粉体填充形成的制品性能，特别是力学性能便可对改性效果作出直接评价。这种方法虽耗资费力，但结论可靠，在表面改性的研究和应用中一直被广泛采用。考察改性产品自身性能，即测试表面特性及一些物理化学性质而对改性效果进行预先评价，既可避免因考察其加工制品性能而由制品其他加工条件带来的评价误差，同时又简单易行。文献[2]从传统的表面化学观点介绍了测定界面接触角、悬浮体黏度、沉降性质、吸附性能、红外光谱和进行差热分析等几种基本的评价方法，可供参考。

3.9.3　纳米 Fe_3O_4 颗粒表面改性研究[18]

铁氧体是一类重要的磁性纳米材料，其中纳米 Fe_3O_4 颗粒（粒子）具有与其他纳米颗粒相比生物相容性好、饱和磁化强度高、低毒、结构和功能可调控、制备工艺简便、成本低等优点，特别是近年来纳米 Fe_3O_4 颗粒在生物医学上的一些新应用如靶向药物载体、磁共振成像、生物分离、固定化酶以及免疫检测，说明纳米 Fe_3O_4 在生物医学和环境工程等领域上有巨大的应用潜力。此外，纳米 Fe_3O_4 颗粒作为磁性吸附剂，在环境目标污染物的去除上的应用价值可观。然而，磁性纳米粒子由于比表面积大及磁偶极子的相互作用，容易发生团聚；而且磁性纳米 Fe_3O_4 颗粒有表面化学活性强、易被氧化消磁、表面羟基不足等缺点，难以直接使用。对磁性纳米 Fe_3O_4 颗粒进行表面改性，可以改善其结构与性能，扩大其应用潜力。胡平等[18]对近年来磁性纳米 Fe_3O_4 颗粒的表面改性方法及其在生物医学和环境工程两大领域中的应用做了综述，并对其今后的发展趋势做了初步的展望。

（1）表面包覆无机材料　在磁性纳米 Fe_3O_4 颗粒表面包覆 SiO_2，可利用 SiO_2 无毒、耐酸、生物相容性好、能极大地降低纳米 Fe_3O_4 颗粒的零电势点、屏蔽磁偶极子的相互作用、减少团聚、进而提高磁性纳米粒子的稳定性和分散性等优点，特别是 SiO_2 表面存在着丰富的羟基，利于复合粒子进一步功能化。若在纳米 Fe_3O_4 颗粒表面包覆贵金属（Au、Ag等），纳米粒子在细胞成像、杀菌、热疗和生物检测等方面应用前景广阔。由于在紫外线的激发下，贵金属表面会产生强烈的局部等离子体共振，因此，将贵金属纳米粒子与纳米 Fe_3O_4 粒子复合，组建光磁双功能复合材料具有一定的前瞻性。

（2）表面嫁接有机小分子基团　在纳米 Fe_3O_4 粒子表面嫁接有机小分子基团改性方法可分为 3 种：

① 硅烷偶联剂改性磁性纳米粒子，即硅烷偶联剂与 Fe_3O_4 表面的 Fe—OH 进行脱水（含水体系）或脱醇（无水体系）反应，实现嫁接。

② 调节溶液 pH，使 Fe_3O_4 表面与表面活性剂（或离子液体）产生静电作用，获得有机小分子改性产物。

③ Fe_3O_4 表面富含未配位饱和的铁原子，这些铁原子容易与羧酸根、磷酸根等结合，进而将有机小分子基团嫁接在纳米 Fe_3O_4 颗粒表面。该方法操作较简单，只需将一定配比的纳米 Fe_3O_4 粒子和有机小分子于弱碱性的水溶液中加热，使得羧基、磷酸基去质子化，即可完成 Fe_3O_4 的表面改性。

（3）表面嫁接或包覆聚合物　磁性纳米材料表面嫁接或包覆聚合物的方法，从实质上主要分为"嫁接到（grafting to）"和"嫁接自（grafting from）"两种方法。"嫁接到"是指通过静电、配位、共价键等作用力，将已有的聚合物结合到磁性粒子表面，得到聚合物改性产物。"嫁接自"是指先在磁性粒子表面接枝引发剂或双键，再加入交联剂，与单体发生表面聚合反应［包括常规热聚、光聚或原子转移自由基聚合（ATRP）、可逆加成-断裂链转移聚合（RAFT）等］，得到改性产物。

（4）吸附剂改性磁性纳米粒子　前面 3 种改性方法的相似之处在于大多以磁性纳米粒子作为基体，通过在其表面嫁接或包覆其他组分来达到改性目的。此外，还可以一些吸附性好的材料作为基体，将磁性纳米粒子负载其表面或孔道内，从这一角度设计合成磁响应性和吸附性俱佳的磁性复合材料。目前已报道的吸附性能突出的材料有介孔材料、碳纳米管、石墨烯等。如 Fe_3O_4/介孔 SiO_2，一种新型纳米复合材料，具有结构可调控、低毒、磁响应良好、表面易功能化等特点。磁性介孔二氧化硅的制备方法可简单分为原位法和两步法两种。原位法是将铁源和硅源混合反应，直接获得磁性介孔复合颗粒；两步法是先获得纳米 Fe_3O_4 颗粒或介孔 SiO_2，然后再包覆上另一组分（介孔材料的合成机理本书将在后面章节介绍）。

又如 Fe_3O_4/碳纳米管，是利用碳纳米管（CNTs）具有独特的一维中空纳米结构、较大的长径比及极大的比表面积、异常的力学性能、柔韧性很好、电导率远大于铜，同时还具备半导体特性等优点制备的改性材料。

相比于用 CNTs，石墨烯是一种由碳原子以 sp2 杂化轨道组成六角形呈蜂巢晶格的平面薄膜，是只有一个碳原子厚度的最薄的二维材料。其具有较高的机械强度（>1060GPa）、比表面积（2600m²/g）、热导率［3000W/（m·K）］、高的电子迁移率［15000cm²/(V·S)］和很低的电阻率（$10^{-6}\Omega\cdot cm$）等特性，利用石墨烯表面改性的纳米 Fe_3O_4 颗粒作为一种新型的纳米级磁性材料，以其独特的电磁性能，被广泛应用于分子标记、催化、磁分离、疾病诊断和治疗、传感器、数据存储等众多领域。石墨烯表面改性磁性粒子的方法与前面提到的碳纳米管改性磁性粒子的方法类似，即先对石墨烯进行预处理，之后再与磁性纳米粒子结合的两步法。近年有研究者发现了石墨烯是通过"石墨氧化剥离—氧化石墨烯—还原得到石墨烯"这一过程形成的，故提出利用亚铁离子与氧化石墨烯的氧化还原反应，一步制得磁性石墨烯纳米复合材料。

纳米 Fe_3O_4 颗粒及其改性产物在环保领域上的应用主要是作为磁性吸附剂来净化水体。在水处理过程中，吸附技术因为操作简单、成本低和效率高等优势得到了普遍关注。表面改性的磁性纳米粒子具有比表面积大、吸附能力强、易分离、可循环等特性，磁分离技术处理污水具有其他技术无法比拟的优势。

改性纳米 Fe_3O_4 颗粒在生物医学领域的靶向给药、核磁共振造影剂、磁分离、磁热疗等方面，将有越来越多的应用。

目前不同的表面改性方法只是集中于改性方法的本身，而忽略了不同改性方法得到的纳米粒子的本征构效关系，未来的工作，需要探讨改性纳米粒子的微观结构（介观尺度）对纳米复合材料整体性能（宏观尺度）的影响，使纳米颗粒的特殊效应在复合材料中得到很好的体现，最终实现材料的力学、光学、磁学等综合性能的大幅提升。

参考文献

[1] 朱珬瑶，赵振国.界面化学基础.北京：化学工业出版社，1996.
[2] 沈钟，王果庭.胶体与表面化学.第2版.北京：化学工业出版社，1997.
[3] 李葵英.界面与胶体的物理化学.哈尔滨：哈尔滨工业大学出版社，1998.
[4] （美）亚当森 AW.表面物理化学.顾惕人，译.北京：科学出版社，1984.
[5] 吴树森，章燕豪.界面化学-原理与应用.上海：华东理工大学出版社，1989.
[6] （日）AYAO KITAHARA，AKIRA WATANABE.界面电现象-原理、测量和应用.邓彤，赵学范，译.北京：北京大学出版社，1991.
[7] 王果庭.胶体稳定性.北京：科学出版社，1990.
[8] 佑藤 T，鲁赫 R J.聚合物吸附对胶态分散体系稳定性的影响.江龙，等，译.北京：科学出版社，1988.
[9] 北京大学化学系胶体化学教研室.胶体与界面化学实验.北京：北京大学出版社，1995.
[10] （苏）拉甫罗夫 N C.胶体化学实验.赵振国，译.北京：高等教育出版社，1992.
[11] Hunter R J. London：Academic Press. 1981.
[12] Cesarmo J，Aksay A and Bleier. J. Am. Ceram. Soc. 1998，(4)：250.
[13] 李理，杨静漪，杨平科，等.现代技术陶瓷.1996，(4-s)：109-114.
[14] 郑水林.粉体表面改性.北京：中国建材工业出版社，1995.
[15] 卢寿慈.粉体加工技术，北京：中国轻工业出版社，1999.
[16] 罗琳，等.矿产资源，综合利用.1996，(3)：36.
[17] 张智宏，沈钟，等.江苏石油化工学院学报.1996，(2).
[18] 胡平，常恬，陈震宇，等.化工学报，2017，68 (7)：2641-2652.

第4章
溶胶-凝胶技术

4.1 引言

　　溶胶-凝胶法（Sol-Gel method），是制备材料的湿化学方法中新兴起的一种方法。该法的优点（与传统的烧结法相比）：①产品纯度高；②粒度均匀；③烧成温度比传统方法低400～500℃；④反应过程易于控制；⑤从同一种原料出发，改变工艺过程即可获得不同产品，如纤维、粉料或薄膜等。其初始研究可追溯到1846年，Ebelmen用$SiCl_4$与乙醇混合后，发现在湿空气中发生了水解并形成了凝胶。古代中国人做豆腐的过程可能是最早的有目的地、有成效地应用了Sol-Gel技术，大豆植物蛋白溶液经过电解质（卤水）絮凝成为固态的豆腐（蛋白质凝胶）。尽管这样的说法有掠美之嫌，但当前的Sol-Gel技术应用的众彩纷呈的确与豆制品种类的千变万化大有相似之处。Ebelmen的发现当时未引起化学界的注意，直到20世纪30年代末，W. Geffeken证实用金属醇盐水解和胶凝化，可以制备氧化物薄膜。1971年德国H. Dislich报道了通过金属醇盐水解得到溶胶，经过胶凝化，再于923～973K和较高的压力下处理，制备了SiO_2-B_2O_3-Al_2O_3-Na_2O-K_2O多组分玻璃，引起了材料科学界的极大兴趣和重视。1975年B. E. Yoldas和M. Yamane等仔细地将凝胶干燥，制得了整块陶瓷材料以及多孔透明氧化铝薄膜。20世纪80年代以来，Sol-Gel技术在玻璃、氧化物涂层、功能陶瓷粉料，尤其是传统方法难以制备的复合氧化物材料，高临界温度氧化物超导材料的合成中均得到了成功的应用，在新的无机材料-碳酸盐体系-化合结合键材料中也采用了Sol-Gel法合成。可以认为Sol-Gel法已经成为无机材料合成中的一个独特的方法，必将日益得到有效的、广泛的应用。

4.2 Sol-Gel 法的基本原理

4.2.1 Sol-Gel 法的过程

　　无论所用的前驱物为无机盐或金属醇盐，Sol-Gel法的主要反应步骤是前驱物溶于溶剂中（水或有机溶剂）形成均匀的溶液，溶质与溶剂产生水解或醇解反应，反应生成物聚成1nm左右的粒子并组成溶胶，后者经蒸发干燥转变为凝胶。因此，更全面地说，此法应称为S-S-G法，即溶液-溶胶-凝胶法。该法的全过程如图4-1所示[1]。

　　图4-1表明，从均匀的溶胶②经适当处理可得到粒度均匀的颗粒①。溶胶②向凝胶转变得到湿凝胶③，③经萃取法或蒸发法除去溶剂，分别得到气凝胶④或干凝胶⑤，后者经烧结得到致密陶瓷体⑥。从溶胶②也可直接纺丝成纤维，或者作涂层，如凝胶化和蒸发得干凝胶

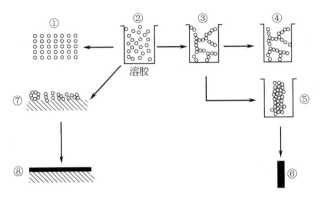

图 4-1 S-S-G 法过程

⑦，加热后得致密薄膜制品⑧。全过程展示了从溶胶经不同处理可得到不同的制品。

4.2.2 水解反应[1]

在 Sol-Gel 技术中所用前驱物既有无机化合物又有有机化合物，它们的水解反应有所不同，以下分别介绍。

（1）无机盐的水解与缩聚　金属盐的阳离子（M），特别是 +4、+3 价阳离子及 +2 价小阳离子在水溶液中与偶极水分子形成水合阳离子 $M(H_2O)_x^{n+}$。这种溶剂化的物种强烈地倾向于放出质子而起酸的作用

$$M(H_2O)_x^{n+} \longrightarrow M(H_2O)_{x-1}(OH)^{(n-1)+} + H^+$$

水解产物下一步发生聚合反应而得多核粒种，例如羟基锆络合物的聚合

$$2Zr(OH)^{3+} \Longrightarrow Zr_2(OH)_2^{6+}$$

这样生成的多核产物是由羟桥 $\left(\begin{smallmatrix} & OH & \\ Zr & & Zr \\ & OH & \end{smallmatrix}\right)^{6+}$ 保持在一起的。还有钼（Ⅳ）二聚物，它含

有两个氧桥，即 $\left[(H_2O)_4Mo \begin{smallmatrix} O \\ \\ O \end{smallmatrix} Mo(H_2O)_4\right]^{4+}$。对于铁（Ⅲ），在 pH<2.5 时，物种主要是

$\left(\begin{smallmatrix} & OH & \\ Fe & & Fe \\ & OH & \end{smallmatrix}\right)^{4+}$ 形式。

多核聚合物的形成除了与溶液的 pH 值有关外，还与温度有关，一般在加热下形成；与金属阳离子的总浓度有关；与阴离子的特性有关。

多核阳离子的稳定性通常用下述平衡常数 K 来表述，平衡常数亦称羟基络合物的生成常数。

$$qM^{n+} + pH_2O \Longrightarrow M_q(OH)_p^{(nq-p)+} + pH^+$$

$$K = \frac{[M_q(OH)_p^{(nq-p)+}][H^+]^p}{[M^{n+}]^q[H_2O]^p}$$

利用金属的明矾盐溶液、硫酸盐溶液、氯化物溶液、硝酸盐溶液实现胶体化的手段来合成超微粉，早为人们熟知的是制备金属氧化物或者含水金属氧化物的方法。

（2）金属醇盐的水解与缩聚　金属醇盐是有机金属化合物的一个种类，可用通式 $M(OR)_n$ 来表示。这里 M 是价态为 n 的金属，R 是烃基或芳香基。金属醇盐是醇 ROH 中羟基的 H

被金属 M 置换而形成的一种诱导体，或者把它看作是金属氢氧化物 $M(OH)_n$ 中氢氧基的 H 被烷基 R 置换而成的一种诱导体。因为醇盐是以金属元素的电负性大小来作为碱或者含氧酸来发挥其作用的，所以一般把它视为金属的羟基诱导体。在习惯上，常把正硅酸盐、正硼酸盐、正钛酸盐等称为烷基正酯，例如硅乙醇盐 $Si(OEt)_4$ 一般称为正硅酸乙酯。

金属醇盐水解再经缩聚得到氢氧化物或氧化物的过程，其化学反应可表示为（M 代表四价金属）

$$\equiv MOR + H_2O \longrightarrow \ \equiv MOH + ROH \qquad\qquad (1)$$

$$\left.\begin{array}{l} \equiv MOH + \equiv MOR \longrightarrow \ \equiv M-O-M \equiv \ + ROH \\ 2\equiv MOH \longrightarrow \ \equiv M-O-M \equiv + H_2O \end{array}\right\} \qquad (2)$$

反应式（1）为金属醇盐的水解，即 OH 基置换 OR 的过程。反应式（2）为缩聚反应，即析出凝胶的反应。实际过程中各反应分步进行，两种反应相互交替，并无明显的先后。可见，金属醇盐溶液水解法是利用无水醇溶液加水后，OH 基取代 OR 进一步脱水而形成 $\equiv M-O-M \equiv$ 键，使金属氧化物发生聚合，按均相反应机理最后生成凝胶。

由于在 Sol-Gel 法中，最终产品的结构在溶液中已初步形成，而且后续工艺与溶胶的性质直接相关，所以制备的溶胶质量是十分重要的，要求溶胶中的聚合物分子或胶体粒子具有能满足产品性能要求或加工工艺要求的结构和尺度，分布均匀，溶胶外观澄清透明，无浑浊或沉淀，能稳定存放足够长的时间，并且具有适宜的流变性质和其他理化性质。醇盐的水解反应和缩聚反应是均相溶液转变为溶胶的根本原因，故控制醇盐水解缩聚的条件是制备高质量溶胶的前提。

最终所得凝胶的特性由水与醇盐的摩尔比、温度、溶剂和催化剂的性质确定。

由金属醇盐水解而产生的溶胶颗粒的形状和大小，以及由此形成的凝胶结构，还受体系 pH 值的影响。下面以硅醇盐 $Si(OR)_4$ 为例进行讨论。

①水解。$Si(OR)_4$ 在酸催化条件下水解为亲电取代反应机理，其反应如下

$$(RO)_3SiOR + H^+ \overset{}{=\!=\!=} \underset{H^+}{(RO)_3SiOR} \overset{慢}{=\!=\!=} (RO)_3Si^+ + ROH$$

$$(RO)_3Si^+ + ROH \overset{H_2O}{=\!=\!=} (RO)_3SiOH + ROH + H^+$$

此反应的第一步是 H^+ 与 $(RO)_3SiOR$ 分子中的 OR^- 形成 ROH 而脱出；第二步是 $(RO)_3Si^+$ 与 H_2O 反应形成 $(RO)_3SiOH$，而再生 H^+。在酸催化条件下，发生第一个 OR 的水解，置换成 OH 基后，Si 原子上的电子云密度（或负电性）减弱，第二个 H^+ 的进攻就较慢。因此，第二个 OR 的水解就较慢，第三、第四个 OR 的水解就更慢。

$Si(OR)_4$ 在碱催化条件下水解为亲核反应机理，水解过程中，OH^- 直接进攻 Si 原子并置换 OR。其反应式为

$$(RO)_3SiOR + OH^- \overset{}{=\!=\!=} (RO)_3SiOH + OR^-$$

$$OR^- + H_2O \overset{}{=\!=\!=} ROH + OH^-$$

考虑到被取代基的位阻效应及硅原子周围的电子云密度对水解反应的较大影响，硅原子周围的烷氧基团越少，OH^- 的置换就越容易进行。因此，对于 $Si(OR)_4$ 分子来说，其第一个 OH^- 置换速率较慢，而此后的 OH^- 置换速率越来越快，最后趋于形成单体硅酸溶液。这些单体之间通过扩散而快速聚合成单链交联的 SiO_2 颗粒状结构。当单体浓度很高时，则聚合速率

很快并形成 SiO_2 凝胶；而当单体浓度较低时，则可能形成 SiO_2 颗粒的悬浮液体系。

②水解产物的凝聚（condensation）。聚合形成硅氧烷键，可通过水中聚合或醇中聚合，其总反应可表示为

水聚合

$$\equiv Si-OH + HO-Si \equiv \longrightarrow \equiv Si-O-Si \equiv + H_2O$$

醇聚合

$$\equiv Si-OR + HO-Si \equiv \longrightarrow \equiv Si-O-Si \equiv + ROH$$

下面分别讨论聚合机理。

a. 在水硅系碱液中的聚合

$$\left[HO-\underset{\underset{\displaystyle OH}{|}}{\overset{\overset{\displaystyle OH}{|}}{Si}}-O \right]^{-} + \left[HO-\underset{\underset{\displaystyle OH}{|}}{\overset{\overset{\displaystyle OH}{|}}{Si}}-OH \right] == HO-\underset{\underset{\displaystyle OH}{|}}{\overset{\overset{\displaystyle OH}{|}}{Si}}-O-\underset{\underset{\displaystyle OH}{|}}{\overset{\overset{\displaystyle OH}{|}}{Si}}-OH + OH^{-}$$

原硅酸离子　　　　　原硅酸　　　　　硅酸二聚体

b. 在醇硅系碱液中的聚合

$$RO-\underset{\underset{\displaystyle OH}{|}}{\overset{\overset{\displaystyle OH}{|}}{Si}}-OH + OH^{-} == \left[RO-\underset{\underset{\displaystyle OH}{|}}{\overset{\overset{\displaystyle OH}{|}}{Si}}-O \right]^{-} + H_2O$$

$$\left[RO-\underset{\underset{\displaystyle OH}{|}}{\overset{\overset{\displaystyle OH}{|}}{Si}}-O \right]^{-} + HO-\underset{\underset{\displaystyle OH}{|}}{\overset{\overset{\displaystyle OH}{|}}{Si}}-OR == RO-\underset{\underset{\displaystyle OH}{|}}{\overset{\overset{\displaystyle OH}{|}}{Si}}-O-\underset{\underset{\displaystyle OH}{|}}{\overset{\overset{\displaystyle OH}{|}}{Si}}-OR + OH^{-}$$

酸或碱作催化剂，不仅影响水解和凝聚的速率，而且影响凝聚产物的结构。

当水/醇盐比为 4 时，水解产物主要是链状结构产物。这些链状结构产物又随其溶液的 pH 值不同而改变凝聚状态。根据 X 射线小角衍射的实验结果，即使同样的水/醇盐比，正如图 4-2（a）和（b）所示，在 pH＝1 时，链状结构物质以直链为主，分枝结构很少，各链基本上是独立存在。而在

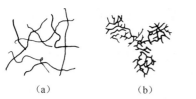

图 4-2　醇盐水解所得缩聚物以及胶体颗粒的结构
(a) 用酸加速水解而得的缩聚物结构；
(b) 用碱加速水解而得到的缩聚物结构；
(c) 用大量水进行水解时得到的胶粒结构

pH＝7 时，链的分枝重复，而且分枝非常复杂的链相互缔合，形成原子簇。这些链状结构一般是在水量较少，且 pH 值较高的条件下形成的。在这种条件下，溶胶的黏性较高，随时间的推移，水解产物互相链接，最后胶凝。这样形成的凝胶在此后不再发生可以观察得到的结构变化。此外，使用大量的水进行水解时可以得到我们所熟知的胶体状二氧化硅溶液，如图 4-2（c）所示。这时的二氧化硅颗粒基本上形成和氧化物骨架结构相近的三维网络结构。这是因为在含有大量水的体系中发生较大程度的颗粒溶解和析出，颗粒的结构变得致密，而成为与氧化物相近的结构[2]。

硅醇盐的水解受许多因素的影响，非常复杂。图 4-3 所示为利用溶胶-凝胶法由硅醇盐获得干凝胶的两种方法。硅醇盐的水解如此复杂，其最重要的原因可能是它的水解速率非常慢，所以，它的水解产物中所含—OH 基和—OR 基的比例有较大程度的自由变动。此外，

如醇盐水解法中所示，许多一般的金属醇盐的水解速率极快，几乎瞬间内水解反应就完结，即使控制体系的各种因素，也不能有效地控制反应[2]。在此情况下，可用络合剂乙酰丙酮来减慢水解反应使其形成凝胶。

提高温度对提高醇盐的水解速率总是有利的。对水解活性低的醇盐（如硅醇盐），为了缩短工艺时间，常在加温下操作，此时制备溶胶和胶凝的时间会明显缩短。

水解温度还影响水解产物的相变化，从而影响溶胶的稳定性。一个典型的例子是 Al_2O_3 溶胶的制备。实验表明，在水解温度低于 80℃ 时，难以用 $Al(OR)_3$ 制取稳定的 Al_2O_3 溶胶。已经查明，这是由于低于 80℃ 时的水解产物与高于 80℃ 的水解产物不同。

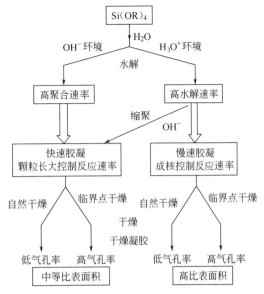

图 4-3　利用溶胶-凝胶法由硅醇盐获得
干凝胶的两种方法

$$Al(OR)_3 + 2H_2O \Longrightarrow AlOOH（晶态）+ 3ROH$$

$$Al(OR)_3 + 2H_2O \Longrightarrow AlOOH（无定形）+ 3ROH$$

晶态的勃姆石（一水铝石）在陈化过程中不会发生相变化，但无定形的 AlOOH 在低于 80℃ 的水溶液中却发生向拜尔石（三水铝石）的转变。

$$AlOOH（无定形）+ H_2O \Longrightarrow Al(OH)_3（晶态）$$

所生成的大的拜耳石粒子不能被胶溶剂胶溶，因而难以形成稳定的溶胶。

4.2.3　凝胶的干燥

（1）凝胶的一般干燥过程　从湿凝胶的一般干燥过程中可以观察到三个现象：
① 持续的收缩和硬化；
② 产生应力；
③ 破裂。

湿凝胶在初期干燥过程中，因有足够的液相填充于凝胶孔中，凝胶体积的减少与蒸发掉的体积相等，无毛细管力起作用。当进一步蒸发使凝胶体积减少量小于蒸发掉的液体体积时，此时液相在凝胶孔中形成弯月面，使凝胶承受了一个毛细管压力 Δp，将颗粒挤压在一起（图 4-4）[3]。对于一个半径为 r，液体润湿角为 θ 的理想化的圆筒孔毛细管来讲，所承受的压力 Δp 为

$$\Delta p = \frac{2\gamma\cos\theta}{r}$$

式中，γ 为液体的表面张力。液体的表面张力越大，所承受的压力就越大。因此，强烈的毛细管力使粒子进一步接触、挤压、聚集和收缩。

凝胶中充满液体的微孔，其直径不等（$r_1 > r_2$）（图 4-5）[3]。当液体蒸发到有弯月面出现时［图 4-5（b）］，不等的毛细管力产生不同的应力 σ，$\sigma_1 < \sigma_2$，当应力差 $\Delta\sigma = \sigma_2 - \sigma_1$ 超过 σ_{th}/β 时（σ_{th} 为凝聚理论应力，β 为应力聚集因子），就会发生凝胶的塌陷破裂。这样，

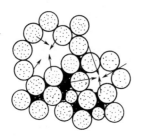

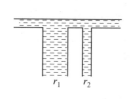

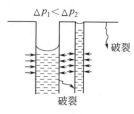

$\Delta p_1 < \Delta p_2$

破裂

（a）毛细管力出现前　　（b）毛细管力出现后

图 4-4　湿凝胶干燥过程中的毛细管力　　　图 4-5　在干燥过程中不同应力的形成

最终干燥为干硬多孔的物质，称为干凝胶（xerogel）。

要保持凝胶结构或得到没有裂纹的烧结前驱体——干燥凝胶成型体，最简单的方法是在大气气氛下进行自然干燥。对于自然干燥制备干燥凝胶，为了防止伴随溶剂蒸发过程而产生的表面应力以及凝胶中不均匀毛细管压力的产生，干燥速度不得不限制在较低的值。由于这个原因，许多研究者进行了用各种较快的干燥速度来制备完整干燥凝胶的探索。目前普遍认为最有效地消除表面张力对凝胶破坏作用的办法，是在超临界流体条件下驱逐凝胶中的液相。

（2）超临界流体干燥理论与技术　　超临界流体是一种温度和压力处于临界点以上的无气液界面区别而兼具液体性质和气体性质的物质相态，它具有特殊的溶解度、易调变的密度、较低的黏度和较高的传质速率，作为溶剂和干燥介质显示出独特的优点和实际应用价值。

由于超临界流体气-液之间没有界面存在，从而利用没有表面张力这一性质来消除凝胶干燥过程中因表面张力引起的毛细孔塌陷、凝胶网状结构破坏而产生的颗粒团聚。因而超临界流体干燥法能得到小粒径、大孔容、高比表面积的超微粒子。

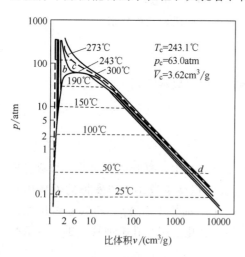

图 4-6　乙醇的 p-V-T 图

1atm=1.013×10⁵Pa

早在 1864 年，T. Graham 就证实了渗透在凝胶中的液体是连续相，它可被另一种完全不同的液体所取代。1931 年 Kistler 首次开创性采用乙醇交换 SiO_2 水凝胶中的水制得醇凝胶，然后将醇凝胶置于高压釜中，周围注满足量的乙醇进行超临界流体干燥。图 4-6 为乙醇的 p-V-T 图。图中的 a 点为起始点，以一定的速率升温，乙醇开始逐渐膨胀，压力首先达到超临界压力（$a \rightarrow b$ 点），随着温度的进一步升高，通过释放少量溶剂，保持压力不变，最后达到所选超临界温度（$b \rightarrow c$ 点），此时，凝胶中的液体即达到超临界状态。在超临界状态下保持一定时间，使凝胶孔中液相全部转化为超临界流体。醇凝胶中所含少量水与乙醇混溶而转变为二元单相均质流体，临界点温度与压力略有增加，但影响不大。通过调节加热器，在保持超临界温度不变的情况下，缓慢释放流体，而不影响凝胶结构一直到常压（d 点）。在 $c \rightarrow d$ 点过程中，超临界流体不会逆转为液体，因而可在无液体表面张力的情况下将凝胶分散相除去。同时用惰性气体（如 N_2）吹扫，以防乙醇在冷凝过程中凝结。当达到室温时，凝胶分散相被气体取代，从高压釜中取出样品即得块状气凝胶或粉体。

此外，在高压釜中进行超临界干燥过程，也可用流体的 p-T 图来描述。图 4-7 表示了超临界干燥的两种不同路径。路径 1：把凝胶及其液体在通常条件下（点 a）一起放入高压釜中进行加热，液体挥发使釜内压力增加，但它达到 b 点需加入过量体积的液体以产生压力，如图 4-8（b）所示。加入的流体总量，应使按高压釜体积计算的流体平均密度（$\bar{\rho}=m/V$）大于流体的临界密度 ρ_c[4]。在如图 4-8（a）所示的情况 1 时，当升温使液体蒸发增压而引起的液相体积的减小，小于液体受热膨胀的体积的增大，系统的液面将上升。反之，如加入的流体量不足，$\bar{\rho}<\rho_c$，如图 4-8（a）所示的情况 3，则由于蒸发增压，将

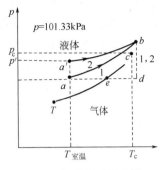

图 4-7　超临界干燥途径

使液面下降，就有可能使被干燥的凝胶试样露出液面，受到界面张力的影响而破坏凝胶均匀结构。图 4-7 的另一路径 2：不使用多余体积的流体，而在凝胶加热前，充入一定压力的惰性气体如氮气或氩气使达到点 a'。从而使升温增压时的蒸发量少，而不致使凝胶露出液面。路径 2 减少了加入的流体量，但同时也降低了卸压时流体和溶剂的分压，不利于它们的回收。升温过程必须缓慢进行，使凝胶内外的流体（或溶剂）不致产生沸腾而破坏凝胶结构。

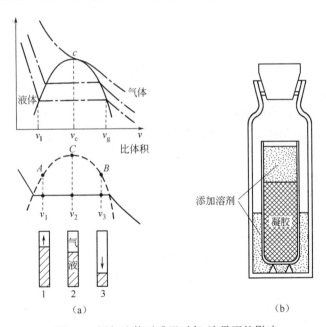

图 4-8　添加流体对升温时气-液界面的影响

　　无论采用哪条路径，达到超临界状态 b 点后，再保持一定时间，使加入的流体与凝胶内部的溶剂充分传递交换，直到凝胶内部溶剂浓度很低，与其周围的溶剂浓度相等或相近时，再缓慢等温减压到 d 点，放出流体，溶剂也随流体流出，再使溶剂在釜外凝到 a 点，将它回收再用。传递交换不充分或减压太快，仍会使凝胶受到应力而破坏其结构。

　　减压到常压（点 d）后，降温前须用惰性气体吹扫高压釜，使釜内流体和溶剂的分压都低于其室温时的饱和蒸气压，再缓慢降温，以防止溶剂在釜壁上冷凝（e 点）成液体。

　　用表 4-1 所列溶剂作超临界干燥介质时，有时会因它的临界参数很高（例如甲醇、乙醇的 T_c 都在 240℃左右），在这种条件下干燥，可能出现以下问题[4]：①醇可能与凝胶（例如

SiO_2）表面的 OH 基发生酯化反应，生成 $\equiv SiOCH_3$ 基，从而使凝胶具有憎水性。②高温的超临界流体对某些非挥发性的无机物具有较大的溶解度而溶解损失，改变凝胶组成。例如 $SiO_2\text{-}P_2O_5$ 及 $SiO_2\text{-}B_2O_3$ 凝胶在用醇作超临界流体干燥时，都发生 P_2O_5 及 B_2O_3 的明显损失。这种损失会因凝胶表面积巨大而严重。③高温增加了无定形凝胶的结晶趋势。因此，希望用 T_c 更低，活性更低的流体代替醇作为超临界流体。很多普通溶剂如 CO_2、N_2O（T_c = 36.5℃）、Freon（T_c = 28.9℃）等的 T_c 都较低，但从化学惰性、不燃烧、对产物无污染、无毒、来源更广、价更廉等方面考虑，CO_2 是更为理想的低 T_c 流体。

表 4-1 一些化合物的临界参数

化 合 物	沸点/℃	临界温度/℃	临界压力/10^5Pa	临界密度/(g/cm³)
CO_2	−78.5	31.0	73.8	0.468
H_2O	100.0	374.1	220.5	0.322
CH_3OH	64.6	239.4	81.0	0.272
C_2H_5OH	78.3	243.0	63.8	0.276
正丙醇	97.2	263.5	51.7	0.275
异丙醇	82.2	235.1	47.6	0.273
苯	80.1	288.9	48.9	0.302

用 CO_2 进行超临界干燥之前，必须用 CO_2 置换凝胶中原含有的醇、水等溶剂。但 CO_2 是非极性的，与醇及水的互溶性低，为此需先用丙酮等类溶剂置换醇和水，然后用 CO_2 置换丙酮。

J. M. Moses 等[5]观察和研究了用 CO_2 置换凝胶中丙酮的过程，提出了置换中的注意事项。①当浸有 SiO_2 凝胶的丙酮液接触 CO_2 后，由于 CO_2 吸收快而传递慢（特别是 CO_2 传递入凝胶内更慢），在丙酮液中形成两层，富含 CO_2 的层和富含丙酮的层，两层之间形成"前沿"。如果通入和吸收 CO_2 太快，则由于凝胶内的丙酮更多（更轻），而可能使凝胶浮出液面，充分交换 CO_2 后凝胶又再下沉。如果上浮出液面，可能使凝胶受应力而破坏其结构。②应尽可能调节 CO_2 进入速率和排出丙酮速率，使凝胶停留在"前沿"以下。如果凝胶处于两层"前沿"之间，则凝胶上部接触的 CO_2 浓度高，而下部接触的 CO_2 浓度低，上部凝胶内外的 CO_2 浓度差大，就会使上部凝胶变浑浊，而这种浑浊是不可逆的。③即使凝胶处于含丙酮的下层，也应使凝胶内外的 CO_2 浓度差不要太大。因此，置换必须缓慢进行。④机械搅拌可使上下两层的浓差消失，但却使凝胶内部与其周围的浓差增大，而不利于制得透明凝胶。⑤器壁有较大的温差，会促进对流和混合，其作用也与机械搅拌相同。⑥即使经过长时间交换，凝胶内部的丙酮浓度仍高。升温干燥的温度，必须高于凝胶内部的 CO_2-丙酮溶液的临界温度，否则仍可使凝胶内部产生裂纹。⑦太快和过早减压，都会使超临界干燥的凝胶长期储存后产生裂纹。

D. Y. Jeng[6]以仲丁基铝和硅酸四乙酯为原料，经过水解反应，用 HNO_3 胶溶，在乙醇中经过老化等过程制成莫来石（$3Al_2O_3 \cdot 2SiO_2$）凝胶，用 CO_2 置换乙醇后，在 42℃ 和 8.2MPa 进行超临界干燥，得到气凝胶的孔隙率大于 0.9，而表观密度为（0.45±0.01）g/cm³，经过 1250℃ 烧结后，颗粒的密度增到理论密度的 0.98（比同法而非超临界干燥的略高），成为较为理想的莫来石高级陶瓷材料。

超临界流体干燥有许多优点，但属于高压操作，故投资及操作费用都较大。但实现了用 CO_2 作为超临界介质来干燥凝胶，一方面使超临界温度在 42℃ 以下完成，提高了设备的安全可靠性，另一方面，CO_2 作为超临界介质也使整个过程的投资大为降低。美国 Stauffer 化学公司已开发出 CO_2 超临界干燥的半连续化过程。

（3）微波干燥　微波加热作为一种工业上的处理技术，早在第二次世界大战结束不久就问世了。几十年来，微波加热烘干或干燥卷烟、中草药、皮革、纸张、化工产品等技术迅速发展。

微波加热是一种深入到物料内部，由内向外的加热方法，不像传统的加热方法，靠物料本身的热传导来进行。两者相比，微波加热具有以下特点。

① 加热速度快。只需传统方法的 $1/10 \sim 1/100$ 的时间就可以完成。

② 反应灵敏。开机几分钟即可正常运转，调整微波输出功率，加热情况无惰性地改变，关机后加热无滞后效应。

③ 加热均匀。微波加热场中无温度梯度存在，热效率高[7]。

由于微波加热技术的这些特点，将其应用于凝胶的干燥和热处理，可望在大大缩短干燥时间，防止凝胶在干燥过程中的开裂等方面取得新的进展。

（4）DCCA 法[8]　添加控制干燥的化学添加剂（drying control chemical additives，DC-CA）也是一项新的研究。所谓 DCCA 是一类具有低蒸气压的有机液体，常用的有甲酰胺、二甲基甲酰胺、丙三醇、草酸等。向醇溶剂中添加一定量的 DCCA，可以减少干燥过程中凝胶破裂的可能性，缩短干燥周期。对甲酰胺作用机理的研究表明，甲酰胺抑制硅醇盐的水解速率而提高缩聚速率，因而与使用纯甲醇溶剂相比，可以生成更大的凝胶网络，提高了网络的强度。此外，加入甲酰胺后，凝胶的孔径增大，而且分布均匀，这样就大大降低了干燥的不均匀应力。丙三醇的作用机理，在于其对胶体粒子有较强的吸附能力，从而改变了凝胶表面的润湿性能。不同的 DCCA，其作用机理不尽相同，但有一点是共有的，即由于它们的低挥发性，都能大大减少不同孔径中的醇溶剂的不均匀蒸发，从而减小干燥应力。

4.3　Sol-Gel 技术的应用及工艺类型

由于溶胶-凝胶技术操作容易、设备简单，并能在较低的温度下制备各种功能材料或前驱体，故受到人们的广泛重视。它已在光电子材料、磁性材料、发光材料、隐身材料、压电材料、吸波材料、热电材料、纳米材料、催化材料、传感器和增韧陶瓷的前驱体制备方面获得应用，已有很多相关论文发表。由于材料类别繁多，而篇幅有限，不能对每种材料详细介绍。下面介绍几类重要的工艺。

4.3.1　传统胶体工艺

（1）纳米晶 $\alpha\text{-}Fe_2O_3$ 的制备[9]　$\alpha\text{-}Fe_2O_3$ 是一种半导体气敏材料，其气敏机理被认为是晶粒表面控制型的。一般粗晶粒几乎没有气敏性，只有把它的晶粒细微化，使其具有极大的比表面积，该材料对气体才会表现出较好的敏感特性。由于 $\alpha\text{-}Fe_2O_3$ 晶相在热力学上是稳定的，作气敏材料有利于维持其性能稳定性，因而纳米晶 $\alpha\text{-}Fe_2O_3$ 气敏材料具有很高的实用价值。

纳米晶粒的制备工艺如下。

① 由无机盐制备金属醇盐。用适量的 $FeCl_3 \cdot 6H_2O$ 和无水乙醇，配制成三氯化铁醇溶液；往溶液中缓慢通入氨气，则发生如下的反应。

$$FeCl_3 + 3C_2H_5OH \Longrightarrow Fe(OC_2H_5)_3 + 3HCl$$
$$NH_3 + HCl \Longrightarrow NH_4Cl \downarrow$$

滤掉 NH_4Cl 沉淀物，即得金属醇盐 $Fe(OC_2H_5)_3$ 的乙醇溶液。

② 溶胶-凝胶过程。由上法得到的 $Fe(OC_2H_5)_3$ 溶液，用渗析法以除去溶液中未反应的 Fe^{3+} 以及残余的 NH_4^+ 和 Cl^-。在渗析的同时，水分子通过半透膜进入溶液，使 $Fe(OC_2H_5)_3$ 发生水解反应。

$$Fe(OC_2H_5)_mOH_n + mH_2O \Longrightarrow Fe(OC_2H_5)_{m-1}OH_{n+1} + C_2H_5OH + (m-1)H_2O$$

式中，$m \geqslant 0$，$n \geqslant 0$，而且 $m+n=3$。该水解反应的同时，出现如下的缩聚反应。

$$Fe\!-\!OC_2H_5 + HO\cdot Fe \Longrightarrow Fe\cdot O \cdot Fe + C_2H_5OH$$
$$Fe\cdot OH + HO\cdot Fe \Longrightarrow Fe\cdot O \cdot Fe + H_2O$$
$$Fe\!-\!OC_2H_5 + C_2H_5OFe \Longrightarrow Fe\cdot O \cdot Fe + (C_2H_5)_2O$$

从而形成了具有一定聚合度的胶体，该胶体的结构可表示为

$$[\!=\!Fe\cdot O \cdot Fe\!=\!]^{4+}$$

水解-缩聚过程进行到渗析液的 pH 值为 6～7 时为止，最后溶胶呈纯净的咖啡色。将溶胶在 100℃干燥 48h，溶胶中的有机溶剂和水的蒸发导致胶体进一步缩聚，形成交联度更高的凝胶，凝胶进一步干燥成为干凝胶。X 射线衍射的测定结果表明干凝胶为非晶相 $Fe(OH)_3$。

$Fe(OH)_3$ 干凝胶经研磨及在 350℃的温度热处理 2h，即转化为 $\alpha\text{-}Fe_2O_3$ 晶相，经估计其晶粒尺寸为纳米量级。

气敏特性测定结果表明：由于制备的 $\alpha\text{-}Fe_2O_3$ 为纳米材料，具有极大的表面积和高的表面活性，因此能吸附较多的氧，又能在较低温度下使其离解，故在加热电压只有 0.5V，工作温度较低下便可出现高的灵敏度。

（2）纳米 $BaTiO_3$ 粉的制备　溶胶-凝胶技术制备的超细粉末能符合先进陶瓷要求的高纯、超细、均匀的技术规格，使合成陶瓷的再现性和稳定性好。

以 $Ba(ClO_4)_2$ 和 $Ti(OC_4H_9)_4$ 为原料，通过溶胶-凝胶技术合成 $BaTiO_3$ 的工艺流程见图 4-9[10]。

该工艺的特点如下。

① 由 $Ba(ClO_4)_2$ 和 $LiOC_2H_5$ 可形成 $Ba(OC_2H_5)_2$；从 $Ba(OC_2H_5)_2$ 和 $Ti(OC_4H_9)_4$ 按溶胶-凝胶工艺可制备 $BaTiO_3$ 粉末。

② 加乙二醇于乙醇中能增加 $Ba(OC_2H_5)_2$ 的溶解度，因此增加了 $Ba(OC_2H_5)_2$ 和 $Ti(OC_4H_9)_4$ 的浓度，导致较快形成 $BaTiO_3$ 凝胶。

③ 溶胶-凝胶法制备的超细 $BaTiO_3$ 粉末加热到 750℃开始晶化，到 900℃发展完全。

④ 溶胶-凝胶法制备的 $BaTiO_3$ 粉末为粒度 $0.15\mu m$ 的超细、分布窄、球形或多面体粉末。

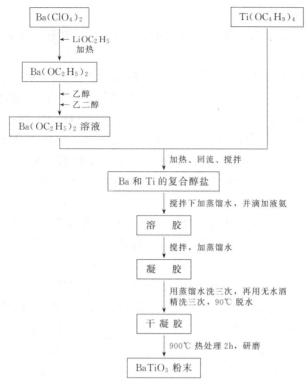

图 4-9 溶胶-凝胶技术合成 BaTiO$_3$ 的工艺流程

4.3.2 配合物型 Sol-Gel 法

用水溶性有机凝胶来制备无机功能材料是近年来受到关注的一种新方法。该法具有混合均匀（在分子水平上混合）、化学计量易于控制（不需过滤），原料易得，合成温度低，并能在短时间内获得活性高、粒度细的粉体等优点，是一种改进的溶胶-凝胶法。比较成熟的方法是柠檬酸盐法。因柠檬酸有 3 个羧基可以非选择性地与金属离子结合，同时加热还可以促进溶液中羧基与羟基的聚酯化反应，这样得到的前驱体可以把溶液状态保持下来，使金属离子在分子水平均匀混合，利于复合氧化物的形成。

吴凤清等用该法制备纳米晶 LaFeO$_3$[11]。其工艺是将 La$_2$O$_3$（分析纯）用硝酸溶解，将 Fe(NO$_3$)$_3$·9H$_2$O（分析纯）用去离子水溶解，将两种溶液混合后加入柠檬酸，在 80℃左右搅拌，蒸发脱去水，脱水至水分蒸发完为止，得到生坯粉。将生坯粉在 500℃焙烧 1h，得到钙钛矿型 LaFeO$_3$ 纳米晶。表 4-2 给出了 LaFeO$_3$ 的合成条件。

表 4-2　LaFeO$_3$ 的合成条件

反应物量/mol		柠檬酸量/g	焙烧温度/℃	焙烧时间/h
La$_2$O$_3$	Fe(NO$_3$)$_3$·9H$_2$O			
0.025	0.05	30	≥500	≥1

采用柠檬酸盐法合成纳米晶 LaFeO$_3$ 可以在较低的反应温度（500℃）、较短的时间内完成固相反应，得到完好的酒敏材料，工作电流在 100mA 左右时，元件对乙醇有较高的灵敏度。

4.3.3 无机工艺路线

(1) 溶胶的制备和转化　溶胶-凝胶工艺以金属醇盐为原料的称为有机工艺。若以金属盐溶液为原料，则称为无机工艺。

在无机工艺中主要包括四个步骤：溶胶的制备，溶胶-凝胶的转化，干燥，凝胶-陶瓷转化。

无机工艺中的溶胶制备和溶胶-凝胶转化与有机工艺中的不同点如下。

① 溶胶的制备。在无机工艺中制备溶胶是先生成沉淀，再使之胶溶，就是粉碎松散的沉淀，并让粒子表面的双电层产生排斥作用而分散。可有三种方法。

a. 吸附胶溶作用。这种方法是在加入电解质胶溶剂时，胶溶剂离子吸附在质点表面上形成双电层，从而沉淀的质点彼此排斥而胶溶。例如，向松散的新鲜的氢氧化铁（Ⅲ）沉淀中加入三氯化铁胶溶剂时，Fe^{3+} 吸附在 $Fe(OH)_3$ 表面上形成双电层，进而使沉淀质点间相互排斥，使其转入溶液中。

b. 表面解离胶溶法。这种方法的原理是因表面离解而形成双电层。此法中的胶溶剂有助于表面解离过程，这一过程使得在质点表面上形成可溶性化合物。例如，向无定形氢氧化铝中加入酸或碱。

c. 洗涤沉淀胶溶法。当质点表面上具有双电层，只是由于电解质浓度大而被压缩时采用此法。用水洗涤沉淀，电解质浓度降低，双电层厚度增大，质点间的静电排斥力在较远距离就起作用，从而使沉淀变为胶体溶液。

常用的方法是将金属盐溶液加入到强烈搅拌的过量的氢氧化铵溶液中，使其生成氢氧化物沉淀。过滤分离出的沉淀用 $1\sim2mol/L$ NH_4NO_3 洗涤以除去氯盐。然后将沉淀分散到稀硝酸中，使之胶溶，或称解胶（peptizing），以形成水溶胶（sol），最终状态在 $pH\approx3$，表面带正电荷而稳定。这个方法除了用于制备单一氧化物溶胶外，也可用于制备任何复合氧化物溶胶，只要在开始采用适当的混合盐溶液即可。

② 溶胶-凝胶的转化。使溶胶向凝胶转化，就是胶体分散体系解稳（destabilization）。溶胶的稳定性是表面带有正电荷，用增加溶液 pH 值的方法（加碱胶凝 alkalinegelation），由于增加了 OH^- 的浓度，就降低了粒子表面的正电荷，降低了粒子之间的静电排斥力，溶胶自然发生凝结（coagulation），形成凝胶。

除了加碱胶凝外，脱水胶凝（dehydration gelation）也能使溶胶转变为凝胶。

（2）无机溶胶-凝胶工艺合成 TiO_2-PbO 干凝胶[12]　以高纯 $TiCl_4$ 和 $Pb(NO_3)_2$ 为原料，将 NH_4OH 加入到 $TiCl_4$ 中使生成 $TiO(OH)_2$ 沉淀。然后再用 HNO_3 溶解沉淀，并与 $Pb(NO_3)_2$ 溶液混合。在所得到的混合盐溶液中加入 NH_4OH，得到 $TiO(OH)_2$ 和 $Pb_2O(OH)_2$ 的共沉淀。将沉淀过滤分离出来后再分散到 pH 值为 $7.0\sim9.0$ 的溶液中，借助机械搅拌形成稳定的水溶胶。再混入等于 $PbTiO_3$ 量的 1% 的矿化剂 LiF、CaF_2 及熔剂 MnO_2。

水溶胶经 $60\sim70℃$ 蒸发脱水得到含水量 90% 的新鲜凝胶。将新鲜凝胶在 50℃ 下陈化，得到 TiO_2-PbO 干凝胶。以后再经合成和烧结（1050℃，1h），即最终得到合格的 $PbTiO_3$ 粉末（陶瓷前驱体）。

上述的工艺流程如图 4-10 所示。该工艺具有以下优点：

① 化学工艺简单；

② 再现性好；

③ 粉末均匀性和活性与金属醇盐工艺一样高；

④ 容易完成凝胶到陶瓷的转化；

⑤ 能控制陶瓷微观结构的发展。

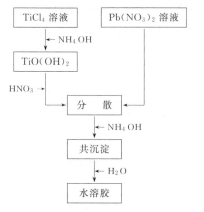

(a) TiO₂-PbO 胶体分散系的制备工艺流程

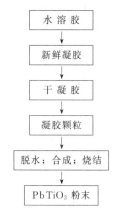

(b) TiO₂-PbO 凝胶制备及凝胶到 PbTiO₃

图 4-10　陶瓷前驱体的转化——无机工艺流程

4.3.4　Sol-Gel 工艺制备介孔 TiO₂

Sol-Gel 工艺不仅用于制备纳米颗粒、薄膜、纤维等产品，近年来也被用于制备纳米结构材料。1992 年美国 Mobil 公司首次以表面活性剂为模板，合成出具有特定孔道结构和规则孔径的介孔（孔径在 2～50nm 范围）分子筛。多年来，在介孔分子筛合成中引用了能在水溶液中形成胶团的较大分子的有机表面活性剂作为模板剂，在介孔分子筛的合成过程中起到结构导向作用，通过后处理脱除表面活性剂即可获得介孔材料。但是模板剂的脱除也往往带来一些工艺上的困难，而且残留的模板剂也会影响介孔分子筛的催化性能。用无机金属盐或者金属醇盐作起始原料，通过 Sol-Gel 工艺，先形成具有孔隙结构的凝胶，再经适当后处理也可制得多孔金属氧化物材料。

选用钛酸丁酯（TBOT）作制备介孔二氧化钛的原料时，TBOT 含有活泼的丁氧基反应基团，能和含有羟基或质子的物质发生水解反应。在碱催化条件下，其水解是亲核反应机理：OH^- 直接进攻 Ti 原子并置换 $-OC_4H_9$，Ti 原子周围的烷氧基越少，OH^- 的置换就越容易。因此，对于 $Ti(OC_4H_9)_4$ 分子来说，其第一个 OH^- 置换效率较慢，而此后随着丁氧基基团的减少和 Ti 原子周围电子云密度减弱，OH^- 置换丁氧基越来越快，最后趋于形成单体钛酸溶液。这些单体之间通过扩散而快速聚合成单链交联的二氧化钛颗粒状结构，在单体浓度很高时则很快聚合形成凝胶，这种快速的水解缩聚过程不利于稳定的介孔结构的生成。若钛酸丁酯水解在酸性溶液中进行，H^+ 浓度较高，而丁氧基的氧存在孤对电子，H^+ 很容易与它形成氢键，从而削弱了 Ti—O 键的强度，即在酸性条件下，Ti—O 键不稳定，易发生水解，此时发生了 Ti 水解的质子催化作用

$$\equiv Ti-OC_4H_9 + H^+ \longrightarrow \equiv Ti-\overset{\overset{\displaystyle H^+}{\vdots}}{O}C_4H_9 \xrightarrow{H_2O} \equiv Ti-OH + C_4H_9OH + H^+$$

但是，第一个 $-OC_4H_9$ 水解被置换成 OH^- 后，Ti 原子附近的电子云密度（电负性）减弱，第二个 H^+ 的进攻就较慢。因此，第二个 $-OC_4H_9$ 的水解就较慢，第三、第四个 $-OC_4H_9$ 的水解就更慢，钛醇盐的水解受到酸的抑制。水解醇盐又可以通过羟基缩聚，再进一步发生交联支化而形成聚合物凝胶。因此控制好水解和缩聚的速率则能形成具有均匀孔

结构的前驱体。而在碱催化的情况下，常常得到氢氧化物沉淀。

基于以上分析，何菁萍等[13,14]采用 Sol-Gel 方法，利用钛酸丁酯在一定的条件下进行水解及分子自组装的共同作用来形成介孔二氧化钛材料前驱体，经水热或陈化处理，再高温煅烧制备了介孔二氧化钛材料并考察了其光催化降解染料的性能。

何菁萍等将钛酸丁酯直接在乙酸体系中进行水解，利用乙酸的抑制剂作用，使水解产物的结构受到控制。具体步骤：将 TBOT 和乙醇（EtOH）混合，磁力搅拌混合均匀后，在 25℃室温下将已经配制好的乙酸（HOAc）水溶液与 TBOT 醇溶液混合，混合后各组分的典型摩尔比为 $n(TBOT):n(EtOH):n(HOAc):n(H_2O)=1:10:3:50$。混合物在室温下连续搅拌反应得到白色浆状物，置于内衬聚四氟乙烯的水热釜中进行 100℃水热处理 24h 或常温陈化后得到白色沉淀。将沉淀用蒸馏水搅拌洗涤 30min，离心分离后，沉淀再加蒸馏水搅拌洗涤 30min，离心分离后将沉淀置于烘箱中在 100℃下干燥，烘干后研磨得到前驱体。前驱体在马弗炉中分别于 400℃、500℃和 600℃下焙烧 3h，冷却后研磨，最后得到白色的二氧化钛粉体材料，比表面积大于 $100m^2/g$ 的介孔二氧化钛，对亚甲基蓝（MB）和聚乙烯醇（PVA）表现了好的光催化降解性能。

关于前驱体结构形成，研究分析这是因为 H^+ 的催化水解作用和 $CH_3COO—$ 对丁氧基的配位取代作用，水解配位形成稳定的 $Ti(OH)_x(OAc)_y$ 配合物（其中 $x+y=4$），此配合物在水解和缩聚过程中难以被破坏，从而抑制 TBOT 直接水解形成沉淀 $Ti(OH)_4$。所制备的 $Ti(OH)_x(OAc)_y$ 在随后的水热处理中，进一步缩聚形成凝胶，Ti 水解形成的晶粒搭建起网络骨架，乙酸填充在网络结构中。焙烧干凝胶时，包括乙酸在内的有机物脱除后，将孔道暴露出来，形成介孔结构，乙酸起到了空间占位的作用。因此，利用乙酸的酸度调节和配位作用，得到了比表面积大于 $100m^2/g$ 的介孔二氧化钛，而且，产物的比表面积和孔心距随乙酸浓度的增大而增加，也证明了乙酸的空间占位作用。但是当乙酸浓度过大时，大量的乙酸其实是以酸分子的形式存在的，并不能起到 $CH_3COO—$ 对丁基氧的配位取代作用。由实验结果可知，当乙酸用量增大为 TBOT 的 4 倍时（HOAc 和 TBOT 进行配位反应的理论摩尔比），比表面积反而降低了。

何菁萍等还尝试了依靠添加配位抑制剂三乙醇胺（TEA）和有机酸共同作用减缓钛酸丁酯的水解反应速率，使水解产物的结构受到控制，通过钛物种的自组装过程，制备介孔材料前驱体，经焙烧，获得高比表面积、孔体积大、孔径分布窄、结构稳定的纳米介孔结构二氧化钛产物。TEA 为弱碱，作为一种四配位的修饰配体，与 TBOT 反应形成螯合物 TEA—Ti—OBu，可以减缓钛的水解和缩聚

$$Ti(OBu)_4 + N(CH_2CH_2OH)_3 \longrightarrow (BuO)Ti \underset{O}{\overset{O}{\longleftarrow}} N + 3BuOH$$

这个反应生成刚性较强的笼状杂氮钛三环配合物，反应的平衡常数为 10^4 数量级，是实际上的不可逆反应。虽然在实验中使用了乙醇作为溶剂，但是 TBOT 与 TEA 的交换能力要远远大于与乙醇的交换能力，所以 TBOT 的直接醇解（醇交换）很弱。TBOT 与 TEA 生成的这种螯合物在动力学上是水解惰性的，所以 TEA 实际起到了水解阻滞剂的作用。该螯合物水解后的结构可以表示为 TEA—Ti—OH，由于四配位的 TEA 仍然紧紧地"包裹"在 Ti 原子周围，因此 TEA 又会进一步影响水解产物的缩聚过程。水热处理时，水解产物进一步

缩聚，而缩聚反应速率又受到相应限制，在整个反应过程中，TEA 作为配位稳定剂降低了钛酸丁酯的活性，水热处理中又作为模板剂起到了结构导向的作用。

实验过程：将已经配制好的 TBOT、TEA 醇溶液缓慢滴加到已经配制好的 HOAc 水溶液中，100℃下水热处理得到白色凝胶，50℃下将干凝胶用乙醇和硫酸的混合溶液萃取洗涤 2 次，焙烧后得到介孔二氧化钛。当 $n(\text{TBOT}) : n(\text{TEA}) : n(\text{HOAc}) = 1 : 0.5 : 2$ 时，500℃焙烧后产物的比表面积（S_{BET}）和孔体积（V_{P}）数据都较高，$S_{\text{BET}} = 126.68\text{m}^2/\text{g}$，$V_{\text{P}} = 0.265\,83\text{cm}^3/\text{g}$；提高水热材料温度到 140℃，所得介孔二氧化钛的比表面积更高。实验发现若 TEA 用量太大，会导致难以从产物中把吸附的 TEA 洗涤、脱除干净，影响最终产物的光催化性能。若以庚酸代替乙酸，制备得到了比表面积大于 $140\text{m}^2/\text{g}$ 的二氧化钛，优于使用相同量的乙酸时所制备的介孔二氧化钛。

二氧化钛纳米颗粒催化剂具有较好的催化性能，但是由于纳米颗粒的高的表面能，在液相体系中容易团聚成大颗粒，较难与反应体系分离，即在使用过程中存在着易团聚和难回收等缺点，严重限制了其在废水处理中的应用。该研究所制备的微米级介孔二氧化钛颗粒可以在一定程度上解决上述问题，这些介孔材料具有比纳米颗粒粒径大、晶粒度小及比表面积高等优点。较大粒径的介孔二氧化钛颗粒催化剂在使用后只需通过自然沉降或简单的过滤手段就能轻松实现固液分离，有利于催化剂的回收利用。

4.3.5　气凝胶的制备和应用

气凝胶，一种分散介质为气体的多孔三维骨架材料，自 1931 年美国化学家 Kistler 采用超临界流体干燥技术首次制备出 SiO_2 气凝胶以来，气凝胶便成为了材料领域的新宠。随着其合成水平和干燥技术的不断进步，气凝胶在材料领域的特点不断凸显，并逐渐实现了产业化应用。气凝胶通常是利用湿凝胶作为前驱体，采用特殊的干燥工艺除去溶剂并保持其骨架网络不变而得到的一种新型纳米多孔材料。气凝胶特殊的制备过程和结构特征，赋予其一系列特异的性能：极高的孔隙率（可达 99.8%），丰富的孔结构（孔径分布在 1~100nm 之间），超高的比表面积（可达 $2000\text{m}^2/\text{g}$），极低的密度（低至 $3\text{mg}/\text{cm}^3$）。

然而，正是由于制备过程的限制，气凝胶在很长一段时间内多以块体材料的形式出现，这在一定程度上限制了气凝胶的应用。

传统的多孔微球一般需要通过添加致孔剂、二次溶胀等手段进行造孔处理，孔隙率多在 90% 以下，制备过程烦琐且性能不佳。由于气凝胶具有极高的孔隙率，将气凝胶制备成微球不但可以突破传统多孔微球的性能极限，同时也大大拓宽了气凝胶材料的应用领域，因此，气凝胶微球在吸附、药物缓释、能源存储等方面有着极大的应用潜力。

目前已经报道的气凝胶微球的制备方法主要有注射法、乳液法、喷雾法等。其中，注射法是早期采用的气凝胶微球制备方法，一般通过注射器或者其他较为简易的注射设备注射出前驱体微液滴，再通过凝胶、干燥等手段得到气凝胶微球。这种方法实现起来比较简单，普适性较好，多数前驱体都可以通过此方法得到相应的气凝胶微球，但是注射法得到的微球尺寸一般较大，同时制备效率低下。乳液法是传统多孔微球的主要制备方法，研究较为成熟。该法是借助乳化剂，利用油水相分离得到前驱体微液滴的。这种方法产量高，适用于大规模制备气凝胶微球。但由于乳液法制备过程中存在较强的剪切作用力，一般多用于制备湿凝胶力学强度较好的气凝胶微球，对于石墨烯这种湿凝胶力学强度较差的体系并不适用。针对乳液法的缺点，喷雾法逐渐被引入气凝胶微球的制备之中。即使对于那些湿凝胶力学强度较差的体系，通过电喷雾或超声喷雾等设备，也可以轻松得到前驱体的微液滴，结合适当的接收装置，制备出相应的气凝胶微球。这种制备方法的效率比较高，适用的凝胶体系较多，但是由于喷雾法制备的微液滴尺寸分布较差，很难精确控制气凝胶微球的尺寸。王叙春等[15]从氧化硅气凝胶微球、纤维素气凝胶微球、RF/碳气凝胶微球、石墨烯气凝胶微球等几个体系的气凝胶微球出发，综述这些气凝胶微球的制备方法及具体应用案例，并对气凝胶微球的应用前景进行展望。

这里仅以氧化硅气凝胶微球为例介绍气凝胶微球的制备方法。

氧化硅气凝胶是最早制备出来的气凝胶，研究的也最为深入。氧化硅气凝胶一般以水玻璃、硅溶胶、硅醇盐等前驱体作为硅源，通过水解、缩合等反应制备得到。氧化硅气凝胶微球是世界上报道的第一例气凝胶微球，制备氧化硅气凝胶微球所用到的硅源与常规的氧化硅气凝胶基本相同，但是制备方法多种多样。已经报道的制备氧化硅气凝胶微球的方法有乳液法和喷雾法等。

1989年，Kim等利用一种双喷头系统（一种内外嵌套结构，内部喷头喷射空气，外围喷头喷射硅溶胶），两个喷头同时喷射，即可得到中空的液滴，随后通过向上吹动的气流使中空液滴悬浮并实现胶凝，得到氧化硅的乙醇凝胶后再进行超临界CO_2干燥，最终得到中空的氧化硅气凝胶微球。同时，通过调节双喷头系统中空气和硅溶胶的流速，可以控制中空微球内外尺寸，最终制备得到了内径为$0.9\sim1.1mm$，外径为$1.2\sim1.4mm$的中空氧化硅气凝胶微球。

由于受到当时技术条件的限制，喷射法制备得到的微球直径较大，多为毫米级，同时尺寸的调节范围较窄，这在一定程度上限制了氧化硅气凝胶微球的应用。乳液聚合作为一种传统的制备微球的方法，通过调节转速、水/油比等条件可以轻松调控微球的尺寸。Alnaief等[16]利用四甲氧基硅烷（TMOS）作为硅源，按照$n(TMOS):n(CH_3CH_2OH):n(H_2O):n(HCl):n(NH_4OH)=1:2.4:4:10^{-5}:10^{-2}$的摩尔比配制硅溶胶作为分散相，连续相选用菜籽油，持续搅拌$20\sim30min$，待凝胶形成后取出分散相，使用超临界CO_2流体技术对其进行干燥，得到氧化硅气凝胶微球。实验配置了4种不同水/油摩尔比的体系，在控制搅拌速度为$500r/min$的情况下，水/油比为$2:1$的体系没有得到微球，水/油比从$1:1\sim1:3$区间变化，发现随着菜籽油比例的上升，微球平均直径不断增大，其比表面积和孔容孔径也略有下降，其中比表面积从$1123m^2/g$降低到$1068m^2/g$，孔容从$4.13cm^3/g$下降到$3.42cm^3/g$，而孔径也从$16nm$下降为$15nm$。同时，实验中也发现，若控制水/油比为$1:1$，微球的平均直径会随着搅拌速度的上升而下降。随后，他们重新选用植物油作为连续相，制备出了不同尺寸的氧化硅气凝胶微球，根据不同的配比，其比表面积在$800\sim1200m^2/g$之间，孔容为$4\sim5cm^3/g$，孔径在$10\sim15nm$之间变化。

虽然超临界干燥技术可以很好地保持气凝胶孔结构的完整性，但也导致了气凝胶较高的生产成本和较长的制备周期，如何在干燥的同时避免气凝胶结构的破坏成为一个亟待解决的技术难题。在这种情况下，常压干燥可能是一个很好的替代方案，常压干燥得到的气凝胶与超临界干燥得到的气凝胶有着相似的理化特性。

另外，近年来对石墨烯气凝胶的研究也逐渐增多。据中国科学网2016年5月12日报道，中科院合肥物质科学研究院固体物体研究所环境与能源纳米材料中心以石墨烯材料为原料，制备出三维石墨烯气凝胶材料，然后以该材料为模板沉积二氧化锰，制备出了三维石墨烯/二氧化锰复合气凝胶材料，其中二氧化锰呈薄片状，均匀分布在石墨烯的表面。所获得的复合气凝胶能高效去除污染水体中的 Cu(Ⅱ)、Cd(Ⅱ)和 Pb(Ⅱ)离子等，其吸附动力学符合准二级模型。这种材料增强的吸附性能，主要来源于三维石墨烯/二氧化锰复合气凝胶中大量的含氧官能团对重金属离子的络合，以及层状二氧化锰与重金属离子的离子交换作用。此外，该气凝胶材料还具有良好的循环稳定性，经过 8 次的吸附-脱附实验后，其吸附效率仍可达到初始吸附容量的 98％。目前，治理重金属污染的方法有很多，其中吸附法因简单、高效、污染小等优点，被认为是最有前景的处理方法。但传统吸附剂材料都存在吸附量低、易团聚、极易产生二次污染、分离困难和循环性能差等瓶颈问题，三维石墨烯/二氧化锰复合气凝胶材料的设计合成为重金属污染物的治理提供了崭新的思路和技术支撑。

参考文献

[1] Brinker C J，Scherer G W．Sol-Gel Science．The Physics and Chemistryof Sol-Gel Processing．New York：Academic press Inc．1990．

[2] （日）一ノ瀬升，尾崎义治，贺集城一郎．超微颗粒导论．赵修建，张联盟，译．武汉：武汉工业大学出版社，1991．

[3] 相宏伟，钟炳，彭少逸．材料科学与工程．1995，13（2）：38-42．

[4] Phalippou J，Woignier T．J．Mater．Sci．1990，（25）：3111．

[5] Moses J M，Willey R J．J．Non-Cryst．Solids．1992，（145）：41-45．

[6] Jeng D Y．J．Mater．Sci．1993，（28）：4904-4909．

[7] 孙来九．现代化工．1994，（9）：44-45．

[8] 周明，孟广耀，彭定坤，等．材料科学与工程．1991，9（3）：8-14．

[9] 李坚，王元生，黄兆新．功能材料．1998，29（S）：1112．

[10] Zhang Qi Tet al.，@IEEE．1992．

[11] 吴凤清，徐宝琨，索辉，等．功能材料．1998，29（S）：1112．

[12] Calzada M L，Del O L．J．Non-Crys．Solids．1990，121，413-416．

[13] 何菁萍，张昭，沈俊，等．无机材料学报，2009，24（1）：43-48．

[14] 何菁萍，成都：四川大学，2011．

[15] 王叙春，李金泽，李广勇，等．物理化学学报，2017，33（11）：2141-2152．

[16] Alnaief M，Smirnova I J．Supercrit．Fluids，2011，55（3）：1118．

第5章
无机材料仿生合成技术

Sol-Gel法与高温固相反应法相比，具有明显的优点：首先，由于合成温度低，降低了对反应系统工艺条件的要求，大大节约能源；其次，由于这种方法中，水解、缩聚等反应是在溶液中进行的。因此，材料各组分的相互混合，使材料的初期结构在溶液中形成，其化学状态和几何构型都能达到最大的均匀性。这样制成的固体材料，化学组成精确，均匀性好。这就完成了材料制备的第一步。进一步的工作是对纳米材料合成技术朝分子设计和化学"裁剪"的方向发展。

5.1 无机材料的仿生合成

人们致力于用软化学手段❶合成具有介观乃至微米尺度形态结构材料的研究，是由于材料的性能取决于材料的形态和结构，例如材料的流动与输运行为、吸附性能、催化活性、分离效率、黏附性能、声学性能、传热与传质性能以及"智能"胶体的储存与释放动力学特性都与材料的形态密切相关。为了实现人工合成的无机材料的形态复杂多样化，人们把目光转向经过了长年进化过程的、具有合成各种复杂生物矿物能力的生物体系[1]。生物矿化是指在生物体内形成矿物质（生物矿物）的过程。生物矿化区别于一般矿化的显著特征是，它通过有机大分子和无机物离子在界面处的相互作用，从分子水平控制无机矿物相的析出，从而使生物矿物具有特殊的多级结构和组装方式。生物矿化中，由细胞分泌的自组装的有机物对无机物的形成起模板作用（结构导向作用），使无机物具有一定的形状、尺寸、取向和结构，这一合成原理同样可以用于指导人们合成具有复杂形态的无机材料[2]。

生物矿化可以分为4个阶段[3,4]。

① 有机大分子预组织。在矿物沉积前构造一个有组织的反应环境。

② 界面分子识别。在已形成的有大分子组装体的控制下，无机物从溶液中，在有机/无机界面上成核。分子识别表现为有机大分子在界面处通过晶格几何特征、静电势相互作用、极性、立体化学因素、空间对称性和基质形貌等方面影响和控制无机物成核的部位、结晶物质的选择、晶型、取向及形貌。

③ 生长调制。无机相通过晶体生长进行组装得到亚单元，同时，形态、大小、取向和结构受到有机分子组装体的控制。

④ 细胞加工。在细胞参与下亚单元组装成高级的结构。该阶段是造成天然生物矿化材料与人工材料差别的主要原因。

---

❶ 软化学手段指相对于陶瓷制备工艺中的高温固相反应法在较低温度下通过化学反应制备材料的方法。

这 4 个方面给无机复合材料的合成指出了重要的途径，即先形成有机物的自组装体，无机先驱物在自组装聚集体与溶液相界面处产生化学反应，在自组装体的模板作用下，形成无机/有机复合体，将有机模板去除（干燥、萃取、溶解和煅烧）后即可得到有组织的、具有一定形状的无机材料。由于表面活性剂具有极性和非极性两类基团，在水溶液中表面活性剂分子的极性头朝向水，非极性尾相互缔合形成各种定向排列，可形成单层或多层闭合膜，如胶束、囊泡、液晶及微乳等。这类定向排列的分子聚集体，现称为分子有序组装体（组合体），其大小均为纳米量级。

这种模仿生物矿化中无机物在有机物调制下形成过程的无机材料合成，称为仿生合成（biomimetic synthesis），也称有机模板法（organic template approach）或模板合成（templatesynthesis）。目前已经利用仿生合成方法制备了纳米微粒、薄膜、涂层、多孔材料和具有与天然生物矿物相似的复杂形貌的无机材料。

5.2 仿生合成的实例

5.2.1 多孔材料的合成

（1）液晶模板　1992 年，美国 Mobil 公司 Beck、Kresge 等首次在碱性介质中用阳离子表面活性剂（$C_nH_{2n+1}Me_3N^+$，$n=8\sim16$）作模板剂，水热晶化（$100\sim150℃$）硅酸盐或铝酸盐凝胶，一步合成出具有规整孔道结构和狭窄孔径分布的新型中孔分子筛系列材料（直径 $1.5\sim10nm$），记作 M41S[5]。而且孔的大小可以通过改变表面活性剂烷基链长或添加适当溶剂来加以控制[6]。

在这种合成过程中，表面活性剂的浓度通常较低，在没有无机物种的存在下不能形成液晶，而只以胶束形式存在。随着无机物种的引入，这些胶束通过与无机物种之间的协同作用而发生了重组，生成由表面活性剂分子与无机物种共同组合而成的液晶模板，例如经硅酸根阴离子与阳离子表面活性剂的协同作用可生成共组合的"硅致"液晶。这种合成就是"协同合成"（synergistic synthesis）以区别于预组织。

模板剂已不再是一个单个的、溶剂化的有机分子或金属离子，而是具有自身组配能力的阳离子表面活性剂形成的超分子阵列-液晶结构。

1994 年，Huo 等[7]用与合成 M41S 时完全相同的阳离子表面活性剂作模板剂在强酸性（HCl）介质中，在室温合成了中孔 MCM-41 分子筛，其合成机理的两种可能途径如图 5-1 所示（M41S 和 MCM-41 详见第 3 篇第 14 章）。

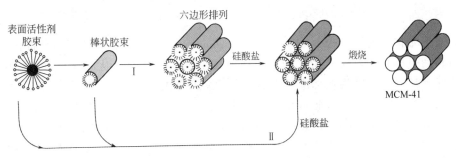

图 5-1　形成 MCM-41 的可能机理途径

作者认为途径Ⅰ是在加入反应物（如硅酸盐）之前表面活性剂液晶相就已存在，但为了保证液晶相的形成，需要在反应体系中存在一定浓度的表面活性剂分子，而无机硅酸盐阴离子仅仅是用来平衡这些已完全有序化的表面活性剂分子聚集体的电荷。作者对途径Ⅱ则认为是在反应混合物中存在的硅酸盐物种影响表面活性剂胶粒形成预期液晶相的次序，表面活性剂只是模板剂的一部分，硅酸盐阴离子的存在不仅用来平衡表面活性剂阳离子的电荷，而且参与液晶相的形成和有序化。

有的文献将途径Ⅰ命名为转录合成中的预组织液晶模板。途径Ⅱ即为协同合成中的液晶模板。

更直观的 SiO_2 分子筛的仿生合成机理[8]如图 5-2 所示。

图 5-2　多孔材料的仿生合成机理示意图

（2）微乳液模板　水包油型乳浊液也被用作模板，仿生合成多孔 SiO_2 球[9,10]。Schacht 等[9]以 CTAB（十六烷基三甲基溴化铵）为阳离子表面活性剂。TEOS 为 SiO_2 前驱物，已烷为油相，得到直径为 $1\sim10\mu m$ 的中空多孔球。该方法的机理如图 5-3 所示。TEOS 的油溶液和 CTAB 的水溶液混合成水包油型乳浊液（乳胶）。CTAB 富集在油/水界面以稳定乳胶，TEOS 在界面处发生水解缩聚形成了多孔 SiO_2 空球。他们还用类似方法合成出 $50\sim1000\mu m$ 长的多孔纤维，厚 $10\sim500\mu m$ 和直径为 10cm 的薄片。

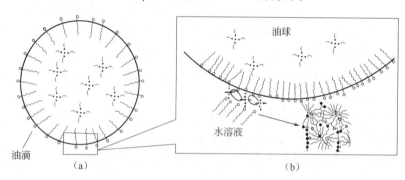

图 5-3　中空多孔 SiO_2 球的仿生合成机理示意图

（a）水包油型乳胶，TEOS 溶解在油中，乳胶界面由表面活性剂稳定；

（b）在界面处，TEOS 在表面活性剂的影响下发生水解和缩聚形成多孔球壳

（3）变形重构　变形重构（metamorphic reconstruction）是指经共组合和材料复制产生的无机材料通过与周围反应介质的相互作用而发生进一步变化，从而导致材料新的形态花样。它意味着协同合成产物在母体介质中发生延续的变化。

将经由液晶模板协同合成得到的中孔硅基材料，再放回合成母液中进行温和（150℃）水热处理，使孔径发生扩张（在 $3\sim7nm$ 之间变化）[11]。在母液中的碱性条件下，孔隙之间二氧化硅"墙壁"中的部分物质被溶解下来。这些可溶性物种被输送到具有高表面曲率的区域重新沉积下来，最终导致墙壁发生重构使得孔径扩大。这一结果不仅提供了一个改变中孔

分子筛孔径大小的途径，而且模拟了某些生物矿物在生长、修补和变形过程中发生的溶解—再沉积过程，因而有助于理解生物体中重构的复杂过程。

以上介绍了几种中孔分子筛的合成，几乎全部合成均需使用具有自身组配能力的大的表面活性剂分子形成的胶束作模板，且反应体系及辅助有机物的选择均需有助于胶束的形成。这种超分子组配的聚集体用作模板剂的仿生合成与沸石化学家在传统沸石分子筛合成中所观察到的模板现象是迥然不同的。显然，在传统沸石的合成中很少有机会通过设计一个特殊的模板剂，经过"裁剪"来合成一种预期的无机物骨架结构。产生这种现象的部分原因是：传统沸石中完全结晶的晶格受到了键角排列的限制和由合成条件及骨架组成所决定的次级结构单元的影响所致。在可"裁剪"孔径的中孔分子筛中所存在的这种大的灵活性主要与在较宽范围内键角的灵活性有关。由于不具备传统沸石中那种完全晶化的骨架结构，在这种情况下，我们就可以在这种合成体系中引入导向干扰成分，如改变表面活性剂烷基链的长度或加入增溶剂，以便在最终的硅酸盐产物中实现意义深远的变化[12]。

5.2.2 纳米微粒的合成

纳米微粒的仿生合成途径主要有两类。一是利用表面活性剂在溶液中形成反相胶束、微乳或囊泡，这相当于生物矿化中有机大分子的预组织。其内部的纳米级水相区域限制了无机物成核的位置和空间，相当于纳米尺寸的反应器，在此反应器中发生化学反应即可合成出纳米微粒。反相微乳胶束作为微反应器为纳米材料制备提供了一条简单便利的制备途径（详见本篇第6章）。二是利用表面活性剂在溶液表面自组装形成 Langmuir 单层膜或在固体表面用 Langmuir-Blodget（L-B）技术形成 L-B 膜，利用单层膜或 L-B 膜的有序模板效应在膜中生长纳米尺寸的无机晶体[13]。Langmuir 膜与 L-B 膜中的表面活性剂头基与晶相之间存在立体化学匹配、电荷互补和结构对应等关系，从而影响晶体颗粒的形状、大小、晶型和取向等。目前已合成了半导体、催化剂和磁性的纳米粒子[13,14]，如 CdS、ZnS、Pt、Co、Al_2O_3 和 Fe_3O_4 等。

朱荣等[15]用 L-B 方法制备了硬脂酸镉多层 L-B 膜。通过将其与硫化氢气体反应，在 L-B 膜中生成了直径为 2nm 的硫化镉纳米微粒/L-B 薄膜复合材料。其制作过程如下。

在 Langmuir 槽里注满含有 4×10^{-3} mol/L 氯化镉的水溶液。水的温度控制在 18℃，pH 值通过加入 NaOH 或 HCl 调节在 6.0 左右。在此 pH 值下，硬脂酸分子中的氢离子可以被水溶液中的镉离子取代。在水面上滴加 1×10^{-3} mol/L 硬脂酸的氯仿溶液。等待 10min，使硬脂酸在水面铺展成单分子膜，并让氯仿挥发干净后，压缩单分子膜，使硬脂酸分子排列紧密。将石英或硅片垂直穿过单分子膜，使单分子膜沉积到固体基片上。在沉积第一层膜时，基片的移动速度控制在 5mm/min，在以后的沉积过程中，速度调到 15mm/min。沉积过程中，表面压恒定在 3×10^{-4} N/cm^2，基片上、下穿过单分子膜时都能上膜，因此在基片上形成的是 Y 型膜。在石英和硅片上分别沉积了 29 层膜，石英上的膜将用于紫外-可见光谱测量，硅片上的膜将用于椭偏测厚。

完成制膜后，将沉积有 L-B 膜的石英和硅片在空气中干燥，然后放入反应室内与硫化氢气体反应。硫化氢气体由硫化钠加稀盐酸生成，经过干燥后进入反应室。为研究 L-B 膜中硫化镉的生成过程，对不同反应时间的 L-B 膜进行了光谱和椭偏测量。在反应 30min 后，L-B 膜的吸收谱在 400nm 附近出现了一个吸收边，这代表了硫化镉的生成。

同硫化镉块状材料的吸收边 520nm 相比，L-B 膜中硫化镉的吸收边发生了蓝移，说明在 L-B 膜中生成的硫化镉是以纳米微粒的形式存在的。根据 Henglein 所发表的吸收边波长-

粒子直径曲线推算，在 L-B 膜中的纳米微粒的平均直径为 2.0nm。

将所得含有纳米微粒的 L-B 膜在水中浸渍，微粒的直径可以增大，在 5h 后达到 6nm 的最大值。控制浸渍时间可以获在 2～6nm 范围内的纳米微粒。

5.2.3 薄膜和涂层的合成

薄膜和涂层的仿生合成的一种典型方法是：使基片表面带上功能性基团（表面功能），然后浸入过饱和溶液，无机物在功能化表面上发生异相成核生长，从而形成薄膜或涂层[14]。表面功能化的基片即相当于生物矿化中预组织的有机大分子模板。生物矿化中促使表面成核的大分子包含阴离子基团，如酸性多糖中的硫酸根，软体动物贝壳中含天冬氨酸的蛋白质中的羧酸根，牙齿和骨的蛋白质中的磷酸根。这些功能团可以将可溶性的离子前驱物结合到有机基体表面促使表面成核。

目前自组装膜技术日趋完善，适用范围越来越广。较简单的是自组装单层法，它广泛应用于金属和氧化物表面。自组装单层（self-assembled monolayer，SAM）是指与基体实现化学结合的有机单分子层，广泛用于形成 SAM 的有机物是带活性头基 X 的三氯硅烷，$Cl_3Si(CH_2)_nX$，X 可为 SO_4^{2-}、PO_4^{3-} 和 COO^- 等带电基团。三氯基团先水解使 3 个氯原子被 3 个 OH 取代，化学吸附到带 OH 的基底表面，再发生缩聚形成 SAM，活性头基 X 指向空气中。整个功能化过程如图 5-4 所示[16,17]。

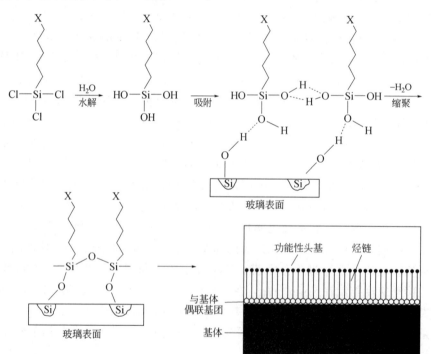

图 5-4　带活性头基 X 的三氯硅烷在具有表面羟基的
玻璃片上的自组装单层形成过程

自组装膜单层厚度为零点几纳米至数纳米，且厚度均匀，结构完好。自组装膜另一突出优点是能够应用逐层组装技术对膜的组成、结构及厚度进行分子水平的控制。

近年发展起来的逐层组装技术主要是以静电作用力为自组装的驱动力，而 20 世纪 80 年代自组装膜的制作主要基于成膜分子与基片之间及成膜分子相互之间形成共价键。

这种逐层组装技术的过程很简单，大体包括如下的步骤[18,19,20]：

基片处理①→吸附聚阴（阳）离子②→吸附聚阳（阴）离子③→重复②和③。

基片处理包括清洁表面和将表面处理成具有亲水或亲油性质，并根据下一步化学吸附要求，使基片表面具有吸附带特定电荷聚电解质的能力。接着进行逐层组装是将处理好的基片在每次浸取后一般需进行洗涤和简单的干燥。常用的聚电解质如下。

聚阴离子

聚阳离子

聚电解质多层膜逐层组装过程及结构如图 5-5 所示。

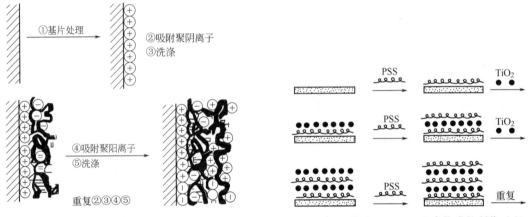

图 5-5　多层膜的逐层组装过程及结构　　　　图 5-6　超薄多层 TiO$_2$/聚合物膜的制作过程

G. Decher 认为基片上吸附的分子数比发生电荷符号改变所需要的分子数多，这样一方面相同电荷分子的排斥而自调节使吸附层限定为一个单层，另一方面又具有进行第二步吸附相反电荷分子的能力。K. Lowach 和 C. A. Helm 也发现确有吸附时表面电荷改变及吸附量滞后的现象存在。他们认为吸附在基片上的聚离子的尾部和卷曲的长链会产生一定的空间阻力，强的短程吸引力克服了这种空间阻力和静电斥力之后形成离子对。这种空间阻力和静电斥力限制了吸附量，从而保证连续的吸附层有相等的厚度。而吸附量滞后则保证能够产生连续稳定的多层吸附。

这种逐层组装技术用来制备以无机纳米粒子与聚电解质组成的复合纳米结构多层膜也是相当简便的。R. Claus 及其同事制作的 TiO$_2$/聚合物多层膜具有厚度随层数均匀增加，结构完整的特点。这种膜对可见光透过性能良好，而且强烈地吸收紫外线[21]。其制作过程非常简单，聚阴离子溶液以聚苯乙烯磺酸钠（PSS）配制，TiO$_2$ 纳米粒子以 TiCl$_4$ 的 HCl 水溶液配制，并使其成为带正电荷的粒子。其成膜过程如图 5-6 所示。

这种制膜技术的关键是制得带特定电荷的能长时间稳定的无机纳米粒子的胶体溶液。他们制得的 TiO_2 的平均粒径为 3nm，分布范围为 2～4nm，可稳定存在至少 6 个月。用类似的方法他们还制得了矫顽力极低的纳米 Fe_3O_4/聚合物多层膜。

纳米超晶格结构的薄膜已有各种制作方法，如 Sol-Gel 法及化学气相沉积法（CVD）等，但这些方法的应用也会受到一定的限制，而且对超薄膜的厚度及多层结构很难做到纳米水平的控制。自组装膜技术就有可能提供一个制作纳米超薄膜的更为简捷的途径。

自组装膜在光电子学和电子器件、非线性光学、磁性材料、分子器件、生物技术、生物医学、传感器技术及分离技术等领域都有着广阔的应用前景[22]。

5.2.4 模板法制备 TiO_2 纳米管阵列

与以粉体、薄膜、无序纳米管等形式存在的 TiO_2 相比，TiO_2 纳米管阵列具有更大的比表面积和独特的光学和电学特性以及有利于电子或空穴传输的几何特征等优势，可望显著提高其光催化性能及光电转换效率。液相沉积模板法是近年来发展起来的一种制备 TiO_2 纳米管阵列的新方法，该方法不需要昂贵的仪器设备，条件温和，操作简单，并且所得薄膜与基体结合牢固。李纲等[23]尝试以铝基阳极氧化铝（AAO）膜为模板，在 $(NH_4)_2TiF_6$ 的水溶液中，通过水热液相沉积在铝基底上制备具有结晶型态的 TiO_2 纳米管阵列。

（1）AAO 膜的制备　首先将高纯铝片（纯度 99.999%，厚度 0.5mm）线切割成 30mm×20mm 的矩形片，然后在 500℃ 退火 4h 以消除残余内应力。将铝片依次经过无水乙醇除油，氢氧化钠除氧化膜，蒸馏水清洗等步骤后，再在无水乙醇和 $HClO_4$ 的混合液（体积比 4:1）中进行电化学抛光，得到光亮的镜面。

在常温条件下，采用两步阳极氧化法制备 AAO 模板。在传统的两电极体系中，以高纯石墨为阴极（大小 80mm×30mm），抛光过的铝片为阳极，电极的间距始终保持在 115mm 进行电解氧化。然后将一次氧化过的铝片在 1.8%（质量分数）H_2CrO_4 和 6.0%（质量分数）H_3PO_4 混合溶液中（体积比 1:1）浸泡 16h，去除表面第一次氧化形成的氧化膜。除膜后的铝片进行第二次阳极氧化，氧化条件与第一次氧化条件相同，只是氧化时间不同。最后在 30℃，5.0%（质量分数）的 H_3PO_4 溶液中扩孔，获得 AAO 模板。为了得到具有不同形貌和管径尺寸的 AAO 模板，在两种不同的电解质体系中（磷酸，草酸溶液）对铝片进行电解氧化，具体的实验参数和条件如表 5-1 和表 5-2 所示。

表 5-1　第一次阳极氧化两种电解液体系和阳极氧化条件参数

电解液体系	电解液浓度	电解电压/V	电解时间/h
磷酸体系	30g/L	120	1
草酸体系	0.3mol/L	40	6

表 5-2　第二次阳极氧化两种电解液体系和阳极氧化条件参数

电解液体系	电解液浓度	电解电压/V	电解时间/h	扩孔时间/min
磷酸体系	30g/L	120	2	10
草酸体系	0.3mol/L	40	6	30

（2）TiO_2 纳米管阵列的制备　将未去除铝基的 AAO 模板移至装有 0.1mol/L $(NH_4)_2TiF_6$ 的 500mL 聚四氟乙烯内衬的水热反应釜内（填充度 80%），在 140℃ 保温 90min。随后急冷取出，用蒸馏水和无水乙醇反复冲洗，自然风干。

图 5-7 是在不同电解质溶液中，采用两步阳极氧化法制备的 AAO 模板的场发射扫描电

镜（FE-SEM）照片。对于以磷酸作为电解质溶液得到的模板而言，如图 5-7（a）所示，其表面为连续的椭圆形多孔状，未出现孔的穿蚀合并现象，平均孔径约为 250nm，孔壁厚约 55nm。在视场范围内，孔较为均匀地分布在整个表面。断面照片［图 5-7（b）］表明，孔状结构具有管状特征，管与管之间共用管壁，相邻管间具有大致相互平行的孔道，管长约 9μm。从图 5-7（b）还可以看出，在局部区域有轻微的管道交叉现象，这可能与电解液的温度较高有关（23℃），有文献报道较低的电解液温度有利于制备出孔径均匀、孔道平行的 AAO 模板。图 5-7（c）和图 5-7（d）是在草酸电解质溶液中电解铝片得到的 AAO 模板的扫描电镜图。与磷酸体系中得到的 AAO 模板相比，其表面形貌更加均匀和有序。这些形貌均一的类圆形孔洞平均孔径约为 55nm。进一步观察发现，它们均由六个具有清晰边界、大小约为 50nm 的粒子构建的正六边形结构围成。断面照片显示［图 5-7（d）］，孔道与孔道之间高度平行，没有出现管道交叉的现象。其结构与表面一致，如同组成表面结构的一个个纳米粒子在纵向方向堆积而成，清楚地展示了自组装的特点。

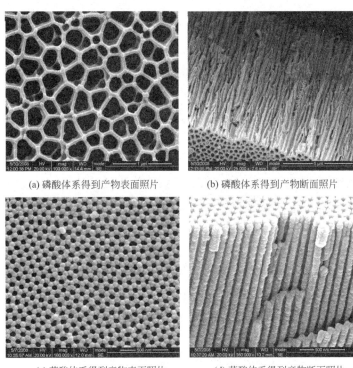

(a) 磷酸体系得到产物表面照片 (b) 磷酸体系得到产物断面照片

(c) 草酸体系得到产物表面照片 (d) 草酸体系得到产物断面照片

图 5-7 两步阳极氧化法制备的 AAO 模板的 FE-SEM 照片

考虑到草酸体系所得 AAO 膜的孔径太小，以其为模板不利于制备出表面开放的纳米管阵列，随后选取了磷酸体系中制备的 AAO 膜为模板。

将前述磷酸体系所得 AAO 模板，置于 $0.1mol/L$（NH$_4$）$_2$TiF$_6$ 溶液中水热处理，所得产物 TiO$_2$ 纳米管阵列的 FE-SEM 照片如图 5-8 所示。从表面看［图 5-8（a）］，产物的表面显示出与 AAO 模板表面相似的连续多孔状形貌。两者之间的差异仅表现为粗糙度的不同，AAO 模板的表面十分光滑，而水热处理所得产物的表面十分粗糙，由若干个平均粒度为 45nm 左右的类球形颗粒堆积连接而成。球形颗粒围成的孔径约为 180nm，孔壁厚约为 170nm。从断面看［图 5-8（b）］，与 AAO 模板管与管之间共用管壁的现象不同，照片清晰显示，在垂直于铝基底的方向上出现了不连续、相互分离的管状结构。管壁亦由众多平均粒度约为 25nm 的 TiO_2 微细颗粒堆积而成。由此说明采用 AAO 模板水热法处理制备的产物具有三重结构构造特征:若干微细 TiO_2 纳米颗粒堆积形成了单根的管,继而若干根相互平行的、分离的管在垂直于铝基底的方向上组成了 TiO_2 纳米管阵列。

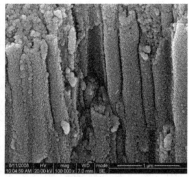

(a) 产物表面照片   (b) 产物断面照片

图 5-8 制备的 TiO_2 纳米管阵列的 FE-SEM 照片

综上所述,以两步阳极氧化法制备的铝基 AAO 膜为模板,以 $(NH_4)_2TiF_6$ 为沉积液,在 140℃ 水热条件下,通过 TiF_6^{2-} 与 AAO 膜的反应,原位沉积制备出 TiO_2 纳米管阵列。用这种方法制备的 TiO_2 纳米管阵列具有特殊的形貌,即表面的连续多孔状和内部的独立、分离管状结构。XRD 测试表明采用该法在不需要后续热处理的条件下,就能制备出具有锐钛矿晶型的 TiO_2 纳米管阵列,大大降低了非晶态纳米管的结晶温度,为模板法制备具有结晶形态 TiO_2 纳米管阵列开辟了新的途径。

进一步,李纲等[24]借助 FE-SEM、EDS、XPS 等测试手段探讨了这种特殊形貌 TiO_2 纳米管阵列的形成机理。当 AAO 模板浸入沉积液 $(NH_4)_2TiF_6$ 中时,由于沉积液输运至 AAO 膜表面比输运至孔道内受到更小的传质阻力,AAO 膜的表面将优先与 TiF_6^{2-} 发生反应。在此过程中,AAO 模板起到了 F^- 消耗剂的作用,驱动了 TiF_6^{2-} 的水解反应,析出的水解产物 $[TiF_{6-n}(OH)_n]^{2-}$ 及 $[Ti(OH)_6]^{2-}$ 随后能在所消耗 AAO 模板的位置上进一步缩聚,最终形成具有锐钛矿晶型的 TiO_2 纳米颗粒;与此同时,在毛细管力的作用下,TiF_6^{2-} 进入 AAO 模板的孔道与 AAO 模板发生反应,沿着管壁的外表面沉积出 TiO_2。形成的 TiO_2 纳米颗粒并不是完全致密的,颗粒之间可能存在着间隙,这就为 TiF_6^{2-} 进入模板的内部提供了条件。TiF_6^{2-} 越过开始生成的 TiO_2 颗粒后,沿垂直于模板管壁的方向(从外向里)和垂直于铝基底的方向(从上至下)继续与 AAO 模板反应,通过不断的模板消耗-水解产物沉积,模板再消耗-水解产物再沉积过程,便得到了纳米管阵列。

5.2.5 Si 掺杂 TiO_2 空心微球研究

近来,有许多关于 TiO_2 空心微球的制备及应用方面的研究。一方面,与以纳米晶形式存在的 TiO_2 相比,具有较大粒度的空心微球能够方便地被回收并被有效地重新使用。另一方面,与空心结构紧密相关的奇特的物理属性,如好的表面渗透性、较小的密度、大的比表面积、高的捕光效率等赋予了其在光催化方面更为诱人的前景。迄今为止,已经有多种方法被用来制备 TiO_2 空心微球,如模板法(硬模板或者软模板)、Ostwald 熟化法、化学诱导自转变法及 L-B-L 层层组装法等。在这些方法中,以胶体碳微球模板诱导法最令人瞩目。据报道，已经有多种无机空心微球通过胶体碳微球作为模板被成功地制备出来。这归因于这种方法步骤简单，并且可以通过调控模板的尺寸对目标产物的空心结构方便地加以控制。另外，胶体碳微球的表面是亲水的，布满了丰富的—OH 和—C＝O 基团，这也省却了其作为模板使用前必须进行的表面改性这一步骤。一般而言，这种以碳微球为模板的制备途径包含了连续的三步，即碳微球模板的合成，无机前驱物在碳微球模板表面的包覆和随后通过煅烧对模板的脱除。最近，Yu 和 Wang[25] 以氟钛酸铵为钛源，将其与葡萄糖溶液一起水热，继而将水热获得的沉淀物进行煅烧，得到了 TiO_2 空心微球。较之以往传统的三步合成途径，他们的合成路线减少为两步，即省却了将葡萄糖聚合得到的碳微球分离出来，而又重新分散在无机盐溶液中的步骤，整条路线更为简捷。他们的研究结果表明，采用此路线获得的前驱体在高于 400℃ 的温度下煅烧除碳后，得到的 TiO_2 空心微球是锐钛矿和金红石型的混晶结构。

为了获取具有高光催化性能的光催化剂，李纲等采用与 Yu 和 Wang 相似但是加以改进的一锅水热合成法制备出了 Si 掺杂的 TiO_2 空心微球[26,27]。

详细的实验过程如下：首先，在搅拌下，将设计量的 $(NH_4)_2SiF_6$ 和 8.58g $(NH_4)_2TiF_6$ 及 25.30g 葡萄糖溶解在 255mL 蒸馏水中，直到形成均一的溶液。葡萄糖，$(NH_4)_2TiF_6$ 和 $(NH_4)_2SiF_6$ 的摩尔比为 7∶2.3∶1。随后，将上述溶液移入体积为 365mL 带有聚四氟乙烯内衬的水热釜中，于 170℃ 保温 24h。待反应釜自然冷却到室温后，通过真空抽滤收集黑色产物。先用蒸馏水多次洗涤产物，再用无水乙醇淋洗一次。最后，将黑色产物在 80℃ 干燥。为了得到空心微球，在空气气氛中，将上述前驱体在 600℃ 保温 2h，以脱除碳模板。

图 5-9 给出了一锅水热合成法所得 Si 掺杂微球煅烧前后的 FE-SEM 照片。如图 5-9（a）

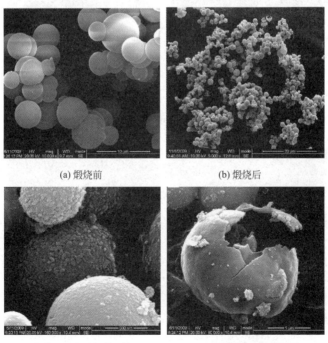

(a) 煅烧前　　　　　　　　　　　　(b) 煅烧后

(c) 煅烧后高倍数扫描电镜图　　　　(d) 煅烧后单个破损微球

图 5-9　Si 掺杂微球煅烧前后的 FE-SEM 照片

所示，在煅烧前，样品呈现出球状，分散性良好。球状粒子的大小介于 $2.0 \sim 7.5 \mu m$ 之间，平均粒度约为 $4.5 \mu m$。此外，还能观察到这些微球的表面都非常光滑。煅烧后，产物的尺寸显著地减小［图 5-9(b)］，这归因于热处理过程中碳模板的脱除和组成壳层的无机物的收缩。煅烧后微球的粒度介于 $0.5 \sim 3.0 \mu m$ 之间，平均粒度约 $1.5 \mu m$。从高倍数扫描电镜图中［图 5-9(c)］可以看到，热处理后，微球的表面由平均晶粒度约为 20nm 的初级粒子聚集而成。图 5-9（d）给出了一张单个破损的微球的典型 FE-SEM 照片，表明通过煅烧实心的前驱体微球可以方便地实现微球内部的空心化。

光催化实验研究结果表明，Si 的掺入能显著提高 TiO_2 空心微球的光催化效率，而且 Si 的掺入量对 TiO_2 空心微球的微结构和光催化性能均有影响。

按照 $R = n(NH_4)_2SiF_6/[n(NH_4)_2TiF_6 + n(NH_4)_2SiF_6] = 0.5$ 的摩尔计量比添加不同量的 $(NH_4)_2SiF_6$，得到 Si 掺杂量较高的 TiO_2 空心微球。图 5-10 给出了该样品的透射电镜照片。由图 5-10（a）可知，所得产物呈球状，分散性较好，粒度分布较宽，从 $0.2 \sim 2.0 \mu m$ 不等。进一步观察发现［图 5-10(b)］，这些球状物的边缘和中心的衬度有明显的差异，证实所得产物为空心微球。从图 5-10（c）可以清楚地观察到，这些微球均是由若干个细小纳米晶颗粒组成，说明通过一锅水热合成法合成得到的空心微球呈现出多晶特征。此外，还可以观察到，纳米晶颗粒间并不是致密的，而是存在着丰富的蠕虫状的无规孔道，显示出长程无序的介孔结构。图 5-10（d）是样品的高分辨透射电镜（HR-TEM）照片。从图中可以看到清晰的晶格条纹，说明组成空心微球的纳米晶发育较好。HR-TEM 照片显示这些纳米晶颗粒的粒度较小，约 8nm。

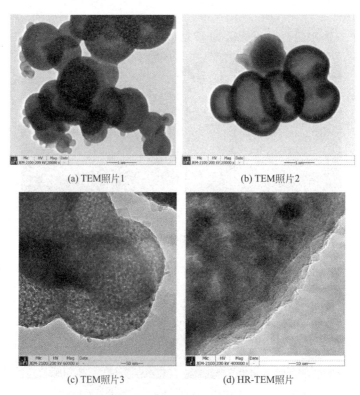

(a) TEM照片1　　　　　　　　　　(b) TEM照片2

(c) TEM照片3　　　　　　　　　　(d) HR-TEM照片

图 5-10　样品的 TEM 照片及 HR-TEM 照片

梁瀚方等[28]用类似的一锅煮方法分别制备 Fe_3O_4 和 $ZnFe_2O_4$ 粉体并以它们作为磁芯，

葡萄糖作模板剂，氟钛酸铵为钛源，通过水热法制备出 $Fe_3O_4/C/TiO_2$ 和 $ZnFe_2O_4/C/TiO_2$ 前驱体，煅烧后获得磁性 Fe_3O_4/TiO_2 和 $ZnFe_2O_4/TiO_2$ 空心微球。采用扫描电子显微镜（SEM）、X 射线衍射（XRD），X 射线光电子能谱（XPS）分析了产物的形貌、结构和化学组成，用振动样品磁强计（VSM）测试了样品的磁化强度。结果表明，以 Fe_3O_4 为磁芯得到的 Fe_3O_4/TiO_2 空心微球的比饱和强度是以 $ZnFe_2O_4$ 为磁芯得到的 $ZnFe_2O_4/TiO_2$ 空心微球的 20 倍。梁瀚方等还以亚甲基蓝溶液为降解模型，考察了磁芯 Fe_3O_4 添加量对 Fe_3O_4/TiO_2 空心微球在紫外光下的催化降解能力。结果显示，Fe_3O_4 的添加量对 Fe_3O_4/TiO_2 空心微球的光降解性能影响较小，且 Fe_3O_4/TiO_2 空心微球的紫外光降解能力均比纯 TiO_2 空心微球略低，但 Fe_3O_4/TiO_2 空心微球具有在外加磁场下易于回收的优势，具有潜在的应用前景。

5.2.6 多层结构氧化镍空心球的制备

氧化镍是一种重要的过渡金属氧化物，亦是一种 p 型半导体材料，它在许多新兴领域均有广泛应用，如催化剂、电极电容器材料、传感器、水处理材料等方面。空心球是一类新型纳米结构材料，具有高比表面积、低密度的特点，其性能在很多方面优于块体材料（bulk material）。因此，近年来研究人员越来越多地关注于氧化镍空心球材料的合成。已报道的合成氧化镍空心球的方法有模板法、溶剂热法、电化学沉积、溶胶-凝胶法、微乳液法、超声波法等。模板法中，碳质微球是比较常用的模板之一，它通常是由葡萄糖或蔗糖通过水热反应而得。不少文献均采用两步法制备空心球，即首先单独制备碳质微球，再将镍盐吸附或沉积在已制备的碳球表面，这样得到的产物形貌虽较好，但操作烦琐或原料浪费较大。与文献报道中常用的葡萄糖或蔗糖相比，淀粉的溶解性较差，形成碳球的条件也不同。刘昉等[29] 使用自然界中来源广泛的淀粉为碳源，并不单独合成碳球，而是将预处理后的淀粉溶液与可溶镍盐一起混合，并同时加入沉淀剂尿素，通过水热反应合成具有多层结构的前驱体，然后经煅烧获得具有多层空心结构的氧化镍球体。

（1）氧化镍制备 将 4.0g 淀粉加入 100mL 去离子水中，不停搅拌，并升温至 90℃恒温 1h，形成半透明均匀糊状淀粉溶液。将 2.9g 硝酸镍[$Ni(NO_3)_2\cdot6H_2O$]、0.18g 尿素[$CO(NH_2)_2$]加入上述糊状淀粉溶液中，充分混合后转移至水热釜内衬中密闭。水热釜在 180℃恒温 7h 后，将釜中沉淀物用去离子水和无水乙醇洗涤多次。洗后沉淀物在 60℃干燥 12h 得前驱体，把前驱体置于马弗炉中在 500℃煅烧 2h 得到最终产物氧化镍。

对前驱体的 TG-DSC 曲线进行分析。发现 TG 曲线中，前驱体受热后出现两个明显的质量损失过程：其一出现在大约 250℃以下范围内，这是样品失去自由水和结晶水的过程；其二出现在 250～500℃范围内，质量损失现象剧烈，这应是前驱体中有机碳质体（源于淀粉）的脱除和无机镍沉淀物（硝酸镍与尿素的反应产物）的分解造成的，500℃后无明显质量损失发生。在 DSC 曲线中，在 345℃和 490℃附近出现两个明显的吸热峰，前者对应于前驱体中无机镍沉淀物受热分解，后者对应于前驱体中有机碳质体受热脱除。在整个温度范围内，前驱体质量损失严重，这意味着前驱体中含有大量的有机碳质体，因此 490℃附近的吸热峰非常强烈，当碳质体受热分解为二氧化碳和水而被完全脱除后，样品最终仅为少量灰黑色粉末状物质。煅烧后最终产物的 XRD 谱表明，该样品是纯净的立方晶型 NiO（PDF No.78-0643），而且结晶情况良好。

比较前驱体和煅烧后的 NiO 的红外线光谱（FTIR），可以发现前驱体样品出现饱和

C—H 键的伸缩振动和弯曲振动峰，C＝O、C＝C、C—O 的伸缩振动峰，它们均来自于淀粉在水热过程中发生分子间或分子内脱水、缩合、芳构化等反应形成的有机碳质体。前驱体在煅烧后，碳质体完全脱除，相关基团的吸收峰全部消失，而在小于 500/cm 范围出现的强吸收峰则属于面心立方相 Ni—O 键的振动。

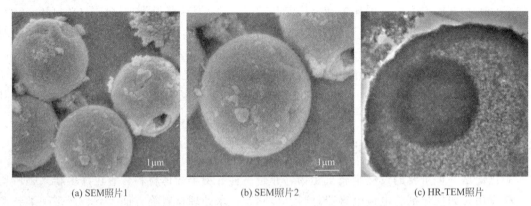

(a) SEM照片1　　　　　(b) SEM照片2　　　　　(c) HR-TEM照片

图 5-11　最终产物 NiO 的 SEM 照片和 HR-TEM 照片

图 5-11 表明所制备的 NiO 粉末由尺寸为 $2\mu m$ 左右的球形颗粒组成，颗粒表面平整。如图 5-11 (c) 所示，球形颗粒表面均匀，内部为空心结构，有趣的是，其内部还有一个尺寸约为 $1\mu m$ 的较小球体，小球的内部很可能也为空心结构。把外部较大的空心球看作"壳"，而把内部较小的空心球视为"核"，制备的 NiO 是具有壳-核结构的多层空心球。

（2）多层结构形成机理　水热法制备前驱体时，淀粉转变为不溶的有机碳质体，硝酸镍与尿素生成镍的沉淀物，两个过程同时进行。在水热环境中，碳质体通常会形成微米级的球形颗粒，而镍的沉淀物通常颗粒较小，在碳质体表面丰富的亲水基团的作用下二者结合，在一定条件下便会形成多层结构，整个过程如图 5-12 所示。

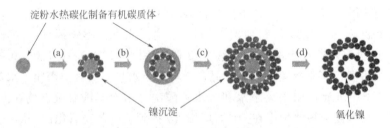

淀粉水热碳化制备有机碳质体

(a)　(b)　(c)　(d)

镍沉淀　　　　　　　　　氧化镍

图 5-12　多层结构的氧化镍的形成机理示意图

细小的镍沉淀物受碳质微球表面亲水官能团的吸引，均匀沉积在其表面，形成尺寸较小的前驱体球体（a）；同时，淀粉继续转化为碳质体，这部分碳质体将在之前形成的前驱体小球的外表面析出并增厚（b）；然后，细小的镍沉淀物又会受亲水基团的影响沉积在碳质体层上，形成尺寸较大的前驱体球体（c）。因此，当水热反应结束后，得到的前驱体具有从内向外为"碳-镍-碳-镍"的多层结构，经煅烧脱除碳质体后，便能得到具有多层结构的氧化镍空心球（d）。

5.2.7　介观尺度"组装与矿化"合成人工贝壳[30]

生物硬质结构材料通常由脆性的无机矿物和柔性的天然高分子组成，然而其力学性能却远远高于其单个组分材料以及由类似组分构成的人工复合材料。其奥秘在于这些天然生物结构材料拥有从微观到宏观多尺度的优化的有序分级结构。比如贝壳层中高度有序的"砖-泥"结构（见图 5-13[31]）赋予了其绚丽的色彩和优异的力学性能，从而使其受到材料学家的广泛关注。

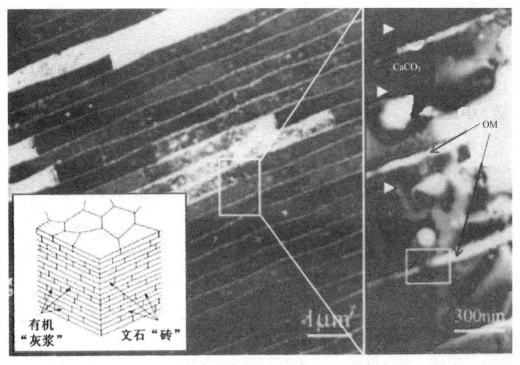

图 5-13　生物矿化的启示——贝壳的"砖-泥"分层建筑

通过仿生策略设计类似天然生物硬质材料的多级结构，将有望制备出具有卓越力学性能的"未来结构材料"。作为一种研究广泛的多级结构材料，天然珍珠层已经被人工模仿了数十年。由于现有人工方法很难像生物体一样获得高度有序的多级结构，同时还要受限于很低的效率，所以迄今为止，构筑宏观尺度的人工仿珍珠层结构材料仍然面临很多挑战。当前用于制备人工仿珍珠层结构材料的诸多方法（包括层层叠加技术、自组装技术、取向冷冻/磁场诱导成型-高温烧结技术）虽然一定程度上模仿了天然珍珠层的结构和力学性能，但却未能真正通过模仿天然贝壳矿化生长过程的方式构筑出人工仿珍珠层结构材料，并且这些方法的适用范围以及最终材料的厚度均受到限制。2016 年中国科学网报道了中国科学技术大学俞书宏课题组首次提出一种全新的介观尺度"组装与矿化"相结合的方案[32]，解决了多年来难以通过模拟生物体内天然材料生长过程的方法制备人工仿珍珠层结构材料的问题。通过高度模拟软体动物珍珠层的生长方式和控制过程，俞书宏课题组成功合成了宏观尺度仿珍珠层块体材料。不同于以前报道的仿珍珠层材料或仿生矿化方法得到的微观晶体，这是首次通过完整模拟天然珍珠层形成过程而获得的人工仿生结构材料，这种材料具有与天然珍珠层高度相似的化学组成和跨尺度的有序结构。

文章指出，天然贝类构筑珍珠层是通过在预先形成的层状有机框架中通过生物矿化过程实现的，而他们提出的方案正与此类似。首先通过取向冷冻构筑一个具有良好层状结构的壳聚糖框架，再将其乙酰化为较稳定的 β-几丁质框架，随后通过蠕动泵使得含有一定量聚丙烯酸和镁离子的碳酸氢钙溶液不断地循环通过该层状有机框架，并在其中进行原位矿化生长。在此过程中，文石以类似天然珍珠层生长的方式，在有机框架上随机成核并沿侧向外延生长，最终在每一层框架上均形成与天然珍珠层类似的泰森多边形结构。矿化后的材料经过丝蛋白溶液浸渍和热压处理便得到块状人工珍珠层结构材料。块状人工珍珠层结构材料具有与天然珍珠层高度类似的化学组分、无机含量、多级结构形式以及超常的断裂强度和断裂韧性。

这种宏观尺度块状人工珍珠层结构材料的制备方法原理简单，成本较低，易于调控材料的微、纳多级结构，有望用于设计和构筑各种具有优越力学性能的新型多级结构材料。

5.3 小结

利用有机大分子作模板剂控制纳米材料的结构是近年来 Sol-Gel 化学反应的新动态，通过调变聚合物的大小和修饰胶体颗粒表面能更有效地控制材料的结构性能[33,34]。人们注意到生物矿化进程中分子识别和分子自组装及复制构成了五彩缤纷的自然界，有意识地利用这一自然原理来指导特殊材料的合成。从前面介绍的纳米材料的合成可以看到这一设想已开始实现。

纳米材料合成技术正朝分子设计和化学"裁剪"方向发展。对纳米材料形成初期实行"裁剪"是材料领域的一大挑战，将 Sol-Gel 化学与模板技术相结合获得介观尺度的无机有机材料显然是一个前沿课题[1]。人们根据功能和性能的要求对结构和表面性质进行修饰，按一定方式经过"裁剪"，合成出预期的骨架结构和功能材料，利用仿生技术制备出形态和结构复杂多样的纳米材料。尽管目前这些合成机理尚有待于进一步证实和探索，但是相信不久的将来，通过软（soft）化学途径，更多的功能纳米材料将诞生，并由此影响人类的生活方式[35,36]。对膜模拟有兴趣的读者可参阅文献[37]。

参考文献

[1] 齐利民，马季铭.化学通报.1997，(5).
[2] 毛传斌，李恒德，崔福斋，等.化学进展.1998，10（3）.
[3] Mann S J. Mater. Chem. 1995，(5)：935-946.
[4] Heuer A H, Fink D J, Laraia V J, et al. Science. 1992，(255)：1098.
[5] Kresge C T, Heonowicz M E, Roth W J, et al. Nature. 1992，359，710-712.
[6] Beck J S, Vartuli J C, Roth W J, et al. J. Am. Chem. Soc. 1992，114，10834-10843.
[7] Huo Q S, Margolese D I, Stucky G D, et al. Nature. 1994，(368)：317-321.
[8] Raman N K, Anelerson M T, Brinker C J. J. Chem. Mater. 1996，(8)：1682-1701.
[9] Schacht S, Huo Q, Voigt-Martin I G, et al. Science. 1996，(273)：768-771.
[10] Monnier A, Schuter F, Huo Q, et al. Science. 1993，(261)：1299-1303.
[11] Huo Q, Feng J, Schuth F, et al. Chem. Mater. 1997，(9)：14-17.
[12] Khushalani D, Kuperman A, Ozin G A, et al. Adv. Mater. 1995，(7)：842-846.
[13] 王晓钟，窦涛，萧墉壮.化学通报.1997，11.
[14] Fendler J H. Chem. Rev. 1987，(87)：877-899.
[15] 朱荣，韦钰.功能材料.1993，24（2）：138.
[16] Fendler J H, Melderum F C. Adv. Mater. 1995，(7)：607-632.
[17] Bunker B C, Rieke P C, Tarusevich B J, et al. Science. 1994，(264)：48-55.
[18] Bell M, Yang H C, Mallonk T E. Materials Chemistry：An Emerging Discipline（eds, Interrante LV et al.）American Chemical Society，Washington D C，1995，211-230.

［19］Decher G. Science，1997，277：1232-1337.

［20］Fereira M，Rubner M F. Macromolecules. 1995，28（21）：7107-7114.

［21］Keller S W，Kim H N，Mallouk T E. J. Am Chem. Soc. 1994，116（19）：8817-8818.

［22］Liu Y J，Wang A，Claus R J. Phys. Chem. B. 1997，101（8）：1385-1388.

［23］李纲，刘中清，颜欣，等. 催化学报，2008，29（8）：680-682.

［24］李纲，刘中清，张昭，等. 催化学报，2009，30（1）：37-42.

［25］Yu J，Wang G J. Phys Chem Solids，2008，69（5-6）：1147-1151.

［26］Li G，Liu F，Zhang Z J. Alloys and Compd，2010，493（1-2）：L1-L7.

［27］李纲，刘昉，阳启华，等. 催化学报，2011，32（2）：286-292.

［28］梁瀚方，李纲，阳启华，等. 钛工业进展，2012，29（2）：19-23.

［29］刘昉，李涛英. 电子元件与材料，2016，35（6）：52-55.

［30］满都烟柳 材料人. http：//www. cailiao ren. com. 2016，8，19.

［31］Song F，Zhang X H，Bai Y L. Journal of Materials Research，2002，17（7）：1567-1570.

［32］Mao L B，Gao H L，Yao H B，et al. Science，2016，354（6308）：107-110.

［33］魏益海，倪筱，刘勇洲，等. 功能材料. 1998，29（S）.

［34］Zhmud B V，Sonnebeld J J. Non-Cryst. Solids，1996，（195）：16-27.

［35］Katagiri T，Mackawa T J. Non. Cryst Solids. 1991，（134）：183-190.

［36］孙继红，张晔，范文浩，等. 化学进展. 1999，11（1）：80-85.

［37］Fendler J H. 尖端材料的膜模拟. 江龙，译. 北京：科学出版社，1999.

第 *6* 章
微乳化技术

6.1 概述

一般乳状（浊）液的颗粒大小常在 $0.2\sim50\mu m$ 之间，在普通显微镜下就可观测到。1943 年，Hoar 和 Schulman 往乳状液中滴加醇，制得了透明或半透明、均匀并长期稳定的分散体系。此种分散体系中，分散相质点为球形，但半径非常小，通常在 $0.01\sim0.1\mu m$ 之间，是热力学稳定体系。在相当长的时间内，这种体系分别被称为亲水的油胶团（hydrophilic oleomicelles）或亲油的水胶团（oleophilic hydromicelles）[1]，亦称为溶胀的胶团或增溶的胶团[2]。直至 1959 年，Schulman 等才首次将上述体系称为"微乳状液"或"微乳液"（microemulsion）[3]。于是"微乳液"一词正式诞生。

自 Schulman 等首次报道微乳液以来，微乳的理论和应用研究获得了迅速的发展。尤其是 20 世纪 90 年代以来微乳应用方面的研究发展得更快。一些专著和综述性文章概述了微乳领域的理论和应用成果。我国的微乳研究始于 20 世纪 80 年代初期，在理论和应用研究方面也已取得相当的成果[4,5]。

在结构方面，微乳液有 O/W（水包油）型和 W/O（油包水）型，类似于普通乳状液。但微乳液与普通乳状液有根本的区别：普通乳状液是热力学不稳定体系，分散相质点大，不均匀，外观不透明，靠表面活性剂或其他乳化剂维持动态稳定；微乳液是热力学稳定体系，分散相质点很小，外观透明或近乎透明，经高速离心分离不发生分层现象。因此，鉴别微乳液的最普通方法是：对水-油-表面活性剂分散体系，如果它是外观透明或近乎透明的，流动性很好的均相体系，并且在 100 倍的重力加速度下离心分离 5min 而不发生相分离，即可认为是微乳液。含有增溶物的胶束溶液也是热力学稳定的均相体系，因此在稳定性方面，微乳液更接近胶束溶液。从质点大小看，微乳液正是胶束和普通乳状液之间的过渡物，因此它兼有胶束和普通乳状液的性质，并充分体现了自然辩证法的规律："一切差异都在中间阶段融合，一切对立都经过中间环节而互相过渡。"如前所述，从胶束溶液到微乳液的变化是渐进的，没有明显的分界线。要区分微乳液和胶束溶液目前还缺乏可操作的方法，除非人为地引入某个标准，因此在一些著作中对二者并不区分。但习惯上仍从质点大小、增溶量多少将二者加以区别。表 6-1 列出了普通乳状液、微乳液和胶束溶液的一些性质比较。

现在可以给微乳液下一个定义：微乳液是两种不互溶液体形成的热力学稳定的、各向同性的、外观透明或半透明的分散体系，微观上由表面活性剂界面膜所稳定的一种或两种液体的微滴所构成。

由于微乳液属热力学稳定体系，在一定条件下胶束具有保持稳定小尺寸的特性，即使破裂也能重新组合，这类似于生物细胞的一些功能如自组织性、自复制性，因此又将其称为智

表 6-1 普通乳状液、微乳液和胶束溶液的性质比较

外　观		普 通 乳 状 液	微 乳 液	胶 束 溶 液
		不　透　明	透明或近乎透明	一　般　透　明
性质	质点大小	大于 $0.1\mu m$，一般为多分散体系	$0.01\sim0.1\mu m$，一般为单分散体系	一般小于 $0.01\mu m$
	质点形状	一般为球状	球状	稀溶液中为球状,浓溶液中可呈各种形状
	热力学稳定性	不稳定,用离心机易于分层	稳定,用离心机不能使之分层	稳定,不分层
	表面活性剂用量	少,一般无需助表面活性剂	多,一般需加助表面活性剂	浓度大于 cmc 即可,增溶油量或水量多时要适当多加
	与油、水混溶性	O/W 型与水混溶,W/O 型与油混溶	与油、水在一定范围内可混溶	能增溶油或水直至达到饱和

注：有的文献称 W/O 型微乳液为反相胶束或反胶束。也有以颗粒直径来区分。颗粒直径小于 10nm 时，称反胶束，颗粒直径介于 $10\sim200nm$ 时称为 W/O 型微乳液。有人以 $R=n_W/n_S=10$ 作为反胶束和微乳液的分界线。$R<10$ 是反胶束，$R>10$ 是微乳液，其界限也不十分严格。这里 n_W 和 n_S 分别表示体系中水和表面活性剂的物质的量，mol[6]。

能微反应器。随着纳米材料科学的兴起，人们对这种微反应器及其制备纳米材料的研究日益重视。这种方法的实际装置简单，操作容易，并且有可能人为控制微粒的粒度。

关于微乳液的形成机理，在此仅介绍比较能直观说明微乳液稳定的负界面张力学说。其余可参考有关专著[7]。

关于微乳液的自发形成，Schulman 和 Prince 等提出了瞬时负界面张力形成机理[8]。这个机理认为，油/水界面张力在表面活性剂的存在下大大降低，一般为几个毫牛顿每米（mN/m），这样低的界面张力只能形成普通乳状液。但在助表面活性剂的存在下，由于产生混合吸附，界面张力进一步下降至超低（$10^{-3}\sim10^{-5}\,mN/m$）以致产生瞬时负界面张力（$\sigma<0$）。由于负界面张力是不能存在的，因此体系将自发扩张界面，使更多的表面活性剂和助表面活性剂吸附于界面使其体积浓度降低，直至界面张力恢复至零或微正值。这种由瞬时负界面张力导致的体系界面自发扩张，就形成了微乳液。如果微乳液发生聚结，则界面面积缩小，复又产生负界面张力，从而对抗微乳液的聚结，这就解释了微乳液的稳定。

6.2 微乳化技术制备纳米材料

6.2.1 反相胶束模型和内核水的特性[9]

胶束的结构处于动态平衡之中，受布朗运动的影响，胶束不断地碰撞而聚结成二聚体和三聚体，然后再重新分离成新的胶束。对于水-表面活性剂-烃体系的碰撞分离次数为 $10^6\sim10^7/(m^3\cdot s)$。瞬间二聚体、三聚体的形成很大程度上依赖于所采用的体系。由于二聚体和三聚体的形成会影响胶束直径的单分散性，进而影响所合成微粒的粒径单分散性，因此选择适宜的微乳液体系是智能微反应器的关键问题之一。

目前在反相胶束的结构模型中，较简单且被接受的是两相模型。该模型假设反相胶束为球形，胶束中内核水可分为自由水和结合水（受束缚水）两相并构成双电层，而且两种水可以迅速交换状态。结合水处于表面活性剂分子和自由水之间，因此又称结合水界面层，其性质主要由表面活性剂的极性和离子的性质决定。

胶束中水的摩尔含量可用 R 表示，为体系中水（W）和表面活性剂（S）的摩尔比，即 $R = n_W/n_S$。R 增大，"水池"尺寸增加，胶束也随之膨胀。研究表明，"水池"半径 r 与 R 线性相关。从几何模型可作如下解释，假设水滴是单分散的，其体积与水分子体积有关，其表面积与油水界面覆盖的表面活性剂有关；又假设每个表面活性剂固定且都参与形成油水界面，则 r 可由"水池"体积 V 和表面积 A 计算出

$$r = \frac{3V}{A}$$

设
$$V = NV_{aq}n_W, \quad A = N\sigma n_S$$

式中　　N——Avogadro 常数；

V_{aq}——水分子的体积，$V_{aq} = 3 \times 10^{-2} \text{nm}^3$；

σ——表面活性剂极性基的表面积，当 $R > 10$ 时，σ 为常数。

对 W/AOT（琥珀酸二异辛酯磺酸钠，Aerosol OT）/IOA（异辛烷）体系，$\sigma = 0.6 \text{nm}^2$，则"水池"半径 r 和 R 之间有如下近似关系

$$r = 1.5R$$

Thomas 等用动态光散射法证实，水核的大小直接与水油比相关，区域化的"水池"有利于对微粒生长的控制，并得到在较宽范围内有

$$r = 1.8R + 15$$

6.2.2　水核内超细颗粒的形成机理

利用反相胶束微反应器进行反应时，反应物加入方式主要有直接加入法和共混法两种。加料方式不同，反应物达到微反应场所的主要途径也就不同。相应的反应主要有渗透反应机理和融合反应机理。

以 A+B $\longrightarrow$ C↓+D 为模型反应，A、B 为溶于水的反应物质，C 为不溶于水的产物沉淀，D 为副产物。两种方法的机理如下。

（1）直接加入法——渗透反应机理　首先制备 A 的 W/O 微乳液，记为 $E(A)$，再向 $E(A)$ 中加入反应物 B，B 在反相微乳液体相中扩散，透过表面活性剂膜层向胶束中渗透，A、B 在"水池"中混合，并在胶束中进行反应。此时反应物的渗透扩散为控制过程。如烷基金属化合物加水分解制备氧化物纳米粒子及镉盐加硫化氢制备 CdS 纳米粒子即用此法。

（2）共混法——融合反应机理　混合含有相同水油比的两种反相微乳液 $E(A)$ 和 $E(B)$，两种胶束通过碰撞、融合、分离、重组等过程，使反应物 A、B 在胶束中互相交换、传递及混合。反应在胶束中进行，并成核、长大，最后得到纳米微粒。反应物的加入可分为连续和间歇两种。因为反应发生在混合过程中，所以反应由混合过程控制。如由硝酸银和氯化钠反应制备氯化银纳米粒子即可采用此法。

6.2.3　影响超细颗粒制备的因素

反相胶束或微乳液用来作为合成超细颗粒的介质，是因为它能提供一个特定的水核，水溶性反应物在水核中发生化学反应可以得到所要制备的超细颗粒。影响超细颗粒制备的因素主要有以下几点。

（1）反相胶束或微乳液组成的影响　对一个确定的化学反应来说，要选择一个能够增溶有关试剂的微乳体系，显然，该体系对有关试剂的增溶能力越大越好，这样可期望获得较高

收率。另外，构成微乳体系的组分（油相、表面活性剂和助表面活性剂）应该不和试剂发生反应，也不应该抑制所选定的化学反应。例如，为了得到 α-Fe_2O_3 超细微粒，当用 $FeCl_3$ 水溶液作为试剂时，就不宜选择 AOT 等阴离子表面活性剂，因为它们能和 Fe^{3+} 反应产生不需要的沉淀物。为了选定微乳体系，必须在选定组分后研究体系的相图，以求出微乳区。此外，超细颗粒的粒径与反胶束或微乳液的水核半径是由 R 决定的。胶束组成的变化将导致水核的增大或减小，水核的大小直接决定了超细颗粒的尺寸。一般说来，超细颗粒的直径比水核直径稍大，这可能是由于胶束间快速的物质交换导致不同水核内沉淀物的聚集所致。

（2）反应物浓度的影响　　适当调节反应物的浓度，可使制取粒子的大小受到控制。Pileni 等[9]在 AOT/异辛烷/H_2O 反胶束体系中制备 CdS 胶体粒子时，发现超细颗粒的直径受 $c(Cd^{2+})/c(S^{2-})$ 浓度比的影响，当反应物之一过量时，生成较小的 CdS 粒子。这是由于当反应物之一过量时，成核过程比等量反应要快，生成的超细颗粒粒径也就偏小。

（3）反胶束或微乳液滴界面膜的影响[10]　　选择合适的表面活性剂是进行超细颗粒合成的第一步。为了保证形成的反胶束或微乳液颗粒在反应过程中不发生进一步聚集，选择的表面活性剂成膜性能要合适，否则在反胶束或微乳液颗粒碰撞时表面活性剂所形成的界面膜易被打开，导致不同水核内的固体核或超细颗粒之间的物质交换，这样就难以控制超细颗粒的最终粒径了。合适的表面活性剂应在超细颗粒一旦形成就吸附在粒子的表面，对生成的粒子起稳定和保护作用，防止粒子的进一步生长。

6.3　微乳化法应用实例

6.3.1　超细镍酸镧的制备

作为用微乳化法制备超细颗粒的一个例子，现介绍近来由 Gan 等完成的由草酸盐制备镍酸镧（$LaNiO_3$）超细粉末的工作[11]。所选的沉淀反应是硝酸镧和硝酸镍的混合溶液和草酸的反应。首先制备两个微乳液 A 和 B。微乳（液）A 由非离子表面活性剂 NP-5（带 5 个环氧乙烷的壬基酚醚）、石油醚（PE，沸点 $60\sim80\,℃$）和含等摩尔量硝酸镧和硝酸镍（纯度均大于 99.9%）的混合水溶液组成。微乳（液）B 为 NP-5-石油醚-草酸水溶液体系。在室温不断搅拌的情况下使组成已知的微乳 A 和 B 混合。在反应 $6\sim7h$ 后，通过离心分离得到超细的金属草酸盐沉淀。用丙酮洗涤此沉淀物数次以除去 NP-5，在 $110\,℃$ 干燥过夜。所得到的浅绿色粉末经 $800\,℃$ 灼烧 $20h$ 后，慢慢地冷却到室温，即得到所需的 $LaNiO_3$ 细粉。

图 6-1 是微乳 A 和微乳 B 的三元相图。其中实线所划出的阴影部分是微乳 A 的单相区，它由 NP-5、石油醚和 $0.2mol/L$ 硝酸镧和 $0.2mol/L$ 硝酸镍水溶液组成。图中虚线划出的阴影部分是微乳 B 的单相区，它由 NP-5、石油醚和 0.5

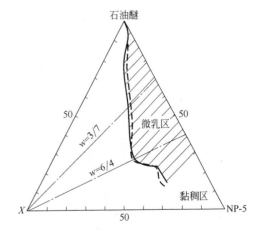

图 6-1　NP-5、石油醚、草酸水溶液相图（$28\,℃$）
微乳 A：实线边界阴影区，X 为 $0.2mol/L$ 硝酸镧和 $0.2mol/L$ 硝酸镍的混合水溶液微乳；
微乳 B：虚线边界阴影区，X 为 $0.5mol/L$ 草酸的水溶液

mol/L的草酸溶液组成。当NP-5/石油醚质量比 w 固定时，可从水溶液的一角做出直线。如图中 $w=3/7$ 的直线和 $w=6/4$ 的直线。该比值越大，意味着要求的表面活性剂越多。原则上讲，基于图6-1中阴影区域内的微乳A和微乳B，可以得到不同 w 值的各种组合的混合微乳液。通常，用有同样NP-5和石油醚组成的微乳A和微乳B混合时可得到稳定的混合微乳液。为了使金属草酸盐沉淀完全，微乳B应稍许过量。

Gan等研究了三个混合微乳体系。他们用的NP-5/石油醚质量比分别为3/7、5/5和6/4，混合微乳液的组成见表6-2。每个样品用四位数字表示，前两位数代表NP-5/石油醚质量比，后两位数代表微乳A和微乳B的水溶液质量分数。例如，样品M3705表示通过混合NP-5/石油醚质量比为3/7并含5%微乳A和微乳B的水溶液而得到的混合微乳体系。因为微乳A和微乳B都是透明的，混合生成草酸盐沉淀过程可用光学方法追踪，由拟弹性光散射（QELS）测定。

表 6-2　微乳 A 和微乳 B 的质量分数/%

混合微乳体系		公 共 组 分		微乳 A 水溶液	微乳 B 水溶液
		NP-5	石油醚		
$w=3/7$	M3705	28.5	66.5	5	5
	M3710	27.0	63.0	10	10
	M3715	25.5	59.5	15	15
$w=5/5$	M5510	45.0	45.0	10	10
	M5515	42.5	42.5	15	15
	M5520	40.0	40.0	20	20
$w=6/4$	M6410	54.0	36.0	10	10
	M6415	51.0	34.0	15	15
	M6420	48.0	32.0	20	20

由QELS测定结果可知，在 $w=6/4$ 微乳A水溶液中水相含量从10%增加到15%和20%时，微乳液滴直径相应地从4.9nm增加到8.2nm和10.8nm。一旦微乳A和微乳B被混合，通过镧、镍离子和草酸离子的相互碰撞和扩散，在微乳的水核中生成草酸镧和草酸镍颗粒，这个过程是很快的。由于微乳A和微乳B具有同样的NP-5/石油醚/水比例，仅仅是水核中溶解的试剂的量不同，它们混合而成的微乳应该也是稳定的。然而，在混合微乳的液滴中形成的超细颗粒仅仅由于被表面活性剂分子包覆而处于动力学意义上的稳定，它们间的聚结总是存在的。实际上，在微乳A和微乳B混合数小时后往往可以看到沉淀生成。这样的沉淀物容易在声能的作用下再度分散。

可以通过浊度测量来追踪混合微乳中草酸盐颗粒的生成。图6-2是一些混合微乳（ $w=3/7$ 和 $w=6/4$ ）的浊度随反应时间的变化情形。当水溶液的量一定时，表面活性剂含量低的微乳体系（图中M37系列）的浊度上升速率比表面活性剂含量高的微乳体系（图中M64系列）要快得多。这意味着被较高浓度的表面活性剂稳定了的微乳液滴可能减缓草酸盐颗粒的聚结速率。另外，在给定 w 值时，微乳体系的浊度随水相比例

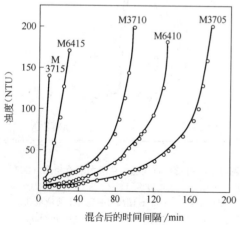

图 6-2　混合微乳的浊度随时间的变化

的增大而增加。例如在 M37 系列中，浊度上升速率的次序是 M3715＞M3710＞M3705。这是由于水相比例增加意味着试剂含量的增加，从而生成草酸盐颗粒的速率增加。

被研究的所有混合微乳体系至少在最初 2h 是稳定的，看不见任何沉淀物。混合微乳被连续搅拌过夜，然后沉淀物经离心分离回收。如果向微乳体系中加入少量甲醇或其他低碳醇，草酸盐沉淀可不经过夜立即生成。

用透射电镜观察到所有草酸盐颗粒的规格都在纳米级。从 M3715 和 M6415 的样品图可见，沉淀颗粒的外貌是均匀的球状物，平均粒径在 20nm。M6415 样品的颗粒度比 M3715 样品的稍小些。另外，延长混合时间似乎并不增加颗粒的粒度，这意味着草酸盐颗粒在微乳液的液滴中很快生成，它们被表面活性剂分子保护住，避免了液滴间可能的并合。但是，由于范德华引力，这种表面活性剂包覆的颗粒仍然可能聚结。而草酸盐颗粒由于相对密度大而最终沉析出来。

自从 Boutonnet 等[12] 在 1982 年首次成功地用肼的水溶液或者氢气在含有金属盐的 W/O 微乳中制备出单分散（粒径 3～5nm）的铂、钯、铑和铱的超细粒子以来，微乳介质用来制备纳米材料的方法已被尝试用来制备催化剂、半导体、超导体、磁性材料等。目前，这种制备方法的应用领域正在进一步扩大。

6.3.2 铑催化剂的制备

利用 W/O 微乳体系的特点制备多相反应催化剂，已有不少尝试和报道。最近，Kishida 等[13] 报道了用微乳制备 Rh/SiO_2 和 Rh/ZrO_2 载体催化剂的新方法，并研究了催化剂的加氢活性。

采用的微乳体系是 NP-5/环己烷/氯化铑水溶液。非离子表面活性剂 NP-5 在有机相中浓度是 0.5mol/L。氯化铑水溶液浓度是 0.37mol/L。微乳中水相的体积分数是 0.11。在 25℃时向上述微乳液中加入肼后即形成铑化合物的微粒。然后，向体系中加入稀的氨水使成为乳浊液。再加入正丁基醇锆或硅酸四乙酯的环己烷溶液，并在强烈搅拌下加热到 40℃，此时生成淡黄色沉淀，经离心分离和乙醇洗涤后，在 80℃干燥过夜并在 500℃灼烧 3h，接着在 450℃用氢气还原 2h。这样制得的催化剂样品命名为［ME］。

为了比较，还制备了另外三种催化剂：［DEP］、［IMP］和［IMP/ME］。［DEP］催化剂是将悬浮在微乳中的微粒在 70℃和 pH＝9 时沉积到氧化锆粉末上面制得的。此氧化锆则是由硝酸锆水溶液水解得到的氢氧化锆沉淀经灼烧得到的。［IMP］催化剂是用在 ZrO_2 和 SiO_2 载体上浸渍金属组分的经典方法制备的。［IMP/ME］催化剂是用上述微乳方法制得的 ZrO_2 和 SiO_2 载体上再浸渍氯化铑水溶液制成的。所有催化剂在使用前均经预还原。

用透射电子显微镜（TEM）观察催化剂的颗粒特征发现，催化剂 Rh(1.8％)-SiO_2［ME］中铑的粒径约为 3.2nm，且粒度均匀。而另一催化剂 Rh(2.0％)-SiO_2［IMP］中铑和载体 SiO_2 的颗粒不能分辨。因此只能用 CO 吸附估计该［IMP］催化剂上铑的粒度，结果为 1.1nm。用同样方法估计［ME］催化剂上铑的粒度是 4.5nm。两种方法测得的粒度差异暗示并非所有铑原子都暴露在载体表面。

各种催化剂的活性通过 CO_2 加氢反应来评估。用一个固定床微型反应器，压力 5.1MPa，CH_4 是唯一产物，评价结果见图 6-3。其中图 6-3（a）是 Rh/SiO_2 催化剂的性能比较。可见用微乳法制得的催化剂比用浸渍法制得的催化剂活性要高得多，反应温度低近 100℃。这可能和不同方法制得的催化剂上铑的形态不同有关。图 6-3（b）比较了几种

Rh/ZrO$_2$ 催化剂的性能。各催化剂的表面积（BET 测定）并无多大差别，催化剂活性次序是：[ME]>[IMP/ME]>[IMP]≈[DEP]，研究者认为 [ME] 催化剂的高活性是由于新的微乳制备方法引起的。

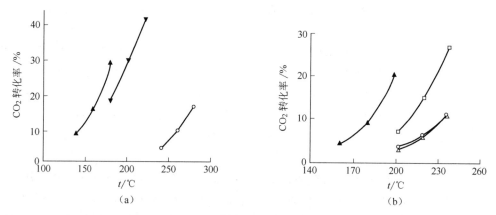

图 6-3　不同方法制得的载体铑催化剂活性比较（反应 2h 的结果）

(a) 铑/SiO$_2$ 催化剂，▲ Rh（2.5%）[ME]，▼ Rh（1.6%）[ME]，○ Rh（2.0%）[IMP]；
(b) 锆/ZrO$_2$ 催化剂，Rh（1.8%），▲ [ME]，□ [IMP/ME]，○ [IMP]，△ [DEP]

6.3.3　Y$_2$O$_3$-ZrO$_2$ 微粉的制备

文献[14]报道了采用乳液法制备 Y$_2$O$_3$-ZrO$_2$ 粉体，可以消除某些湿化学法制粉中形成的硬团聚粉体的现象。其工艺是将含有 3%（摩尔分数）Y$_2$O$_3$ 的 ZrO（NO$_3$）$_2$ 溶液逐渐加入到含有 3%（体积分数）乳化剂的二甲苯溶剂中，不断搅拌并经超声处理形成乳液。在这种乳液中，盐溶液以尺寸为 10～30μm 的小液滴形态分散于有机溶剂中。向乳液中通氨气，使分散的盐溶液小液滴凝胶化。然后将凝胶放入蒸馏瓶中进行非均相的共沸蒸馏处理。将经过蒸馏处理的凝胶进行过滤，同时加入乙醇清洗，目的是尽可能洗去剩余的二甲苯和乳化剂。滤干的凝胶放在红外灯下烘干，最后在 700℃ 条件煅烧 1h 即得到 Y$_2$O$_3$-ZrO$_2$ 粉体。其工艺流程描述如下。

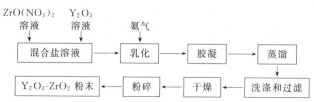

这种方法制备出平均晶粒尺寸为 13～14nm 的四方相 Y$_2$O$_3$-ZrO$_2$ 粉体。方法的特点是：生成的纳米级尺寸的晶粒可以团聚成形状较为规则，甚至是球形的二次颗粒；采用非均相共沸蒸馏法排除了凝胶中的残留水分，避免了粉体中硬团聚体的形成，所制备的粉体中的团聚属于软团聚现象。

6.3.4　微乳法与醇盐水解相结合制备 PbTiO$_3$ 超细粒子

前面几个例子使用的原料是金属无机盐溶液，形成 W/O 型乳液，金属离子在水核中水解、沉淀或凝胶化。若采用金属醇盐为原料，则称为微乳液与醇盐水解法相结合的方法，这也是制备多组分氧化物常用的方法之一。

微乳法与醇盐水解法相结合有三种通用的工艺。

① 先制成溶于有机溶剂中的复合醇盐或单组分醇盐，然后将其加入到制备好的 W/O 型微乳液中，使醇盐在水核中发生水解反应，形成前驱体粒子。

② 将醇盐与无反应又不相混溶的有机溶剂形成乳状液，然后加水使醇盐水解。

③ 水溶胶在有机液体中形成乳化液滴，再使之胶凝。

工艺的实质仍是醇盐在乳状液的水核中发生水解反应，以便控制生成微粒的大小和粒度分布。

北京大学马季铭等用微乳法与醇盐水解相结合的方法制备了 $PbTiO_3$ 超细粒子并研究了影响粒子大小的各种因素[15]。

该工艺是先制备 W/O 型微乳状液，将 TX-100 $\left[C_8H_{17}\text{—}\bigcirc\text{—}(OC_2H_4)_{10}OH\right]$ 与己醇按固定的质量比（4：1）混合，称之为两亲混合物，将此两亲混合物与环己烷以一定比例混合后，加适量水，略加摇荡即可得到透明的微乳状液——非离子型微乳。离子型微乳采用水/AOT/环己烷体系，在一定浓度的 AOT（$\underset{CH_2-COOC_8H_{17}}{NaO_3S-CH-COOC_8H_{17}}$）环己烷溶液中加适量的水，略经摇荡即可得到透明的微乳状液。

由等摩尔的乙酸铅和钛酸四丁酯在乙二醇和乙醚中反应得到铅钛复合醇盐[16]。将复合醇盐用乙酰丙酮（1：1摩尔比）螯合以减缓其水解速率，用适量的环己烷稀释后加到上述微乳液中，铅钛复合醇盐即以微乳中的水滴为核心水解，形成钛酸铅（PT）前驱体粒子。

对 PT 粒子的表征是通过动态光散射、小角 X 射线散射和电子显微镜分析完成的。

研究结果表明，在非离子型微乳体系中水与环己烷几乎完全不混溶，随着两亲混合物与环己烷之间比例的增加，水的增溶量增大。用水/表面活性剂的摩尔比（W ❶）来表征体系增溶水量时，W 值增加，微乳粒子（微乳中水滴粒子）的粒径增大。由于 PT 复合醇盐是以微乳粒子的水核为核心进行水解的，故 W 对 PT 粒子的大小有决定性的影响。当 W 值在 0.1～1.0 之间时，微乳中反应生成的 PT 粒子大小随 W 的改变在 10～150nm 之间变化。这一大小比微乳粒子本身的大小（2～5nm）高出许多倍，说明复合醇盐的水解聚结过程不可能完全限制在微乳粒子内部进行，水解中间产物的聚结反应可以同时在微乳粒子内部和微乳粒子之间进行。在表面活性剂浓度及水量都固定（W 值一定）的情形，改变醇盐的浓度，即改变水/醇盐摩尔比（R），发现 PT 粒子大小随 PT 醇盐浓度的减小而增大，即随 R 的增大而增大。这是因为复合醇盐总的水解反应过程可分为水解和聚结两个步骤，对于用螯合剂稳定的 PT 复合醇盐，水解速率很慢，成为粒子长大的控制步骤。R 的增大加快了水解反应的进行，从而使整个水解聚结反应过程加快，导致了较大粒子的生成。最后，采用离子型微乳来水解 PT 复合醇盐，同样可以制得粒度可控的 PT 前驱体，说明表面活性剂类型对粒子的形成和长大过程没有实质性的影响。但是，在 AOT 微乳中形成的 PT 前驱体粒子更小和更稳定，这可能是 AOT 比起 TX-100 来更能在油/水界面上密堆积，对微乳内相水核产生较强的空间限制作用，从而使生成的 PT 粒子粒度较小和稳定性较高。微乳法制备的 PT 粒子有聚结长大的趋势，这种趋势随微乳体系的 W 值的增大而增大，但稳定性随 W 值降低（表面活性剂用量增大）而逐渐提高。

---

❶ 此处文献作者用 W 代表水/表面活性剂摩尔比与本章前面所用 R 意义相同，而此文献中 R 是代表水/醇盐的摩尔比——编者注。

与醇盐直接水解制得的 PT 前驱体粒子相比，微乳法与醇盐水解相结合制得的超细粒子的聚结稳定性明显改善，得到大小比较均匀的分离的球形颗粒。

参考文献

[1] Friberg S，et al. In：Encyclopedia of Emulsion Technology Vol. 1，Basic Theory；Edited by Becher P，Chapter 4. Now York and Basel：Marcel Dekker. 1984.

[2] Shinoda K，Friberg S. Adv. Colloid Interface Sci. 1975，4，281.

[3] Schulman J H，Stoeckenius W，Prince L M. J. Phys. Chem. 1959，63，1677.

[4] 崔正刚，殷福珊. 微乳化技术及应用. 北京：中国轻工业出版社，1999.

[5] 李干佐，郭荣，等. 微乳液理论及其应用. 北京：石油工业出版社，1995.

[6] 王笃金，吴瑾光，徐光宪. 化学通报. 1995，(9)：1-5.

[7] 沈钟，王果庭. 胶体与表面化学. 第2版. 北京：化学工业出版社，1997.

[8] Prince L M. Microemulsions，Theory and Practice. Now York，Academic Press，1977.

[9] Pileni M P，Motte L，Petit C. Chem. Mater. 1992，4，338.

[10] 成国祥，沈锋，张仁伯，等. 化学通报. 1997，(3)：14-19.

[11] Gan L M，Chan H S O，Zhang L H，et al. Materials Chemistry and Physics. 1994，37，263.

[12] Boutonnet M，Kizling J，Stenius P，et al. Colloids Surf. 1982，5，209.

[13] Kishida M，et al. J. Chem. Soc. Chem. Commun. 1995，763.

[14] 高濂，乔海潮. 无机材料学报. 1994，9 (2)：217-220.

[15] 马季铭，等. 先进材料进展. 国家高技术新材料领域专家委员会编，北京：科学出版社，1995.

[16] Ma J，et al. Chem. Mater. 1991，(3)：1006.

第7章
外场作用下的无机合成（制备）技术

7.1 超声波在无机合成（制备）中的应用

7.1.1 超声波的作用效应及其特点[1~5]

超声波由一系列疏密相间的纵波构成，并通过液体介质向四周传播。在功率超声作用下，液体中某些区域形成局部的暂负压，使液体中的微气泡生长增大，随后又突然破裂，其寿命约 $0.1\mu s$，导致气泡附近产生强烈的激波（空化作用）。在其周期性震荡或崩裂过程中，空化泡周围极小的空间内产生出大约 $4000\sim5000K$ 和 $50MPa$ 的环境，而且温度随时间的变化率达 $10^9 K/s$。从而产生出非同寻常的能量效应，并产生速度约 $110m/s$ 的微射流，微射流作用会在界面之间形成强烈的机械搅拌效应，而且这种效应可以突破边界层的限制，从而强化界面间的化学反应过程和传递过程。

超声波在化学和化学工程中的应用，多集中于利用超声空化时产生的机械效应和化学效应，但前者主要表现在非均相反应界面的增大和更新，以及涡流效应产生的传质和传热过程的强化，后者主要归功于在空化气泡内的高温分解、化学键断裂、自由基的产生及相关反应。利用机械效应的过程包括固液萃取强化、吸附和脱附强化、结晶过程、乳化和破乳、膜过程强化、超声除垢、电化学、非均相化学反应、过滤、悬浮分离、传热以及超声清洗等。利用化学效应的过程主要包括有机物降解（用于处理污水）、高分子化学反应以及其他的自由基反应。实际上，在一个具体过程中往往两种效应都起作用。

在纳米粉体制备中液相法具有更强的技术竞争优势，因为与该工艺相关的工业过程控制与设备的放大技术较为成熟。由于沉淀反应几乎瞬时完成，为了得到粒度分布窄的超细沉淀颗粒，就要求强化传质过程，使反应物系统在很短的时间里尽量实现微观或介观均匀混合（见第3篇），避免二次成核，使晶体的生长和颗粒的团聚得到有效控制。因此，开发了微波技术、激光技术、爆轰技术、超重力技术以及超声技术等来达到上述要求。功率超声的空化作用和传统搅拌技术相比，更容易实现介观均匀混合，消除局部浓度不均，提高反应速率，刺激新相的形成，对团聚体还可以起到剪切作用。超声波的这些特点决定了它在超细粉体材料制备中的独特作用，可以期望它将是一种具有很强竞争力的新方法。

目前，市场上已经有应用于工业生产的大型超声波发生设备，这为超声技术用于超细粉体制备及其他应用奠定了基础。

7.1.2 超声雾化法制备金属颗粒

超声雾化是利用超声波的高能分散机制，先将超细粉末目标物的前驱体溶解于特定溶剂

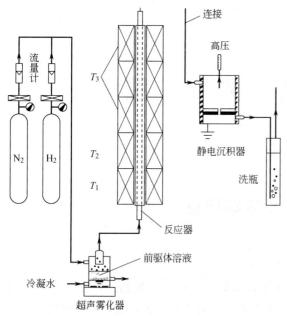

图 7-1　超声雾化热裂解实验设备与流程

中配成一定浓度的溶液，然后经过超声雾化器产生微米级的雾滴，前驱体被载气带入高温反应器中发生热分解，从而可得到均匀粒径的超细粉体材料，材料颗粒的大小可以通过母液浓度的调整得到控制。

Xia 等[6]将含有 NH_4OH 和 NH_4HCO_3 的 0.3mol/L 的 $NiCl_2 \cdot 6H_2O$ 溶液进行超声雾化热裂解实验。其实验设备与流程见图 7-1。实验设置了三个加热区：T_1（300℃），T_2（600℃）和 T_3（可变的 600 ～ 1000℃），超声雾化器的频率为 2.5MHz，陶瓷反应器长 1.0m，内径为 13mm，还有一个静电沉淀器。利用这套实验装置，他们进行了不同温度、不同氨镍比（$R = NH_3 \cdot H_2O/Ni$）的实验。实验结果表明：当 $H_2 : N_2 = 1 : 10$；$R = 9$，$c(NH_4HCO_3) = 0.3mol/L$ 时，在小心控制下，可获得粒径为 $0.5\mu m$、分布均匀的球形 Ni 颗粒（无孔固体）。配料中的 NH_4OH 和 NH_4HCO_3 改变了直接裂解反应（$NiCl_2 + H_2 \Longrightarrow Ni + 2HCl$）的途径，而且它们的添加量显著影响颗粒形貌。$NH_4OH$ 可改善 $[Ni(NH_3)_6]^{2+}$ 络合离子的雾化稳定性。若反应温度低于 1000℃，制备的 Ni 颗粒含有 NH_4Cl，会影响产品质量。不过，可将其 Ni 颗粒在 N_2 中加热除去 NH_4Cl（升华温度为 340℃）而得到纯 Ni 粉。

7.1.3　声化学合成胶态铁[7]

胶态铁磁材料引起人们的特别兴趣，是由于它们有很重要的技术应用，例如铁磁流体。磁流体在信息储存介质、磁制冷、声音复制和磁密封中得到应用。商业磁流体生产是在有表面活性剂的存在下，在球磨或振动磨中研磨磁铁矿（Fe_3O_4）几周完成的。化学法如有机金属化合物的热分解和金属气化制备磁流体法也应用于制备铁磁材料胶体。现在的新工艺是将高强度的超声波应用于声化学分解挥发性有机物金属化合物，生产稳定的铁磁流胶体。因为超声的空化作用可以稳定纳米大小的分子簇并阻止它们聚集，同时允许稳定的纳米胶体隔离（分散）。

文献 [7] 将 20mL 含 0.2mol 的 $Fe(CO)_5$ 和 1g 聚乙烯吡咯烷酮（PVP）的辛醇溶液，于 20℃在无氧的氩气氛中用超声辐照生成黑色胶体溶液。经透射电子显微镜（TEM）分析聚合物基质中的铁粒子的粒径为 3～8nm。除了使用 PVP 外，油酸也可作胶体稳定剂，其工艺为十六烷中溶解有 2mol/L 的 $Fe(CO)_5$ 和 0.3mol/L 油酸，在 30℃用超声辐照 1h，溶液由开始的黄色转变为黑色。将黑色溶液在 50℃蒸发 1h，除去未反应的 $Fe(CO)_5$，然后储存在一个惰性气氛的盒中。TEM 分析得到其平均粒径为 8nm 而且很均匀。两种工艺制出的铁胶体的粒径在纳米尺寸范围，具备纳米材料的特性，属超顺磁体（superparamagnetic）。其特征为无磁滞、矫顽力高、磁饱和强度高，适于磁流体的应用。

用高强度超声辐照挥发性金属有机化合物制备纳米金属胶体，使复杂的合成工艺变得简单易行。

7.1.4 超声波对钼酸铵溶液结晶的影响[8]

我国目前制备金属钼粉的企业一般以四钼酸铵为原料，四钼酸铵的分子式为 $(NH_4)_2Mo_4O_{13}$，含钼 61.12%，是由钼酸铵溶液加无机酸中和、结晶制得。无水四钼酸铵的晶型有三种：α 型、β 型和微粉型。α 型晶粒粗细不均，热稳定性差；β 型晶粒粗大均匀，热分解过程中不生成中间化合物，生产的钼粉加工性能好；微粉型是一种新型四钼酸铵，可制备高纯氧化钼和高质量钼粉，生产的钼粉适合轧制薄片。

制备四钼酸铵结晶的传统工艺条件如表 7-1 所示。

表 7-1 三种四钼酸铵的结晶工艺

工艺参数 \ 晶型	α 型	β 型	微粉型	工艺参数 \ 晶型	α 型	β 型	微粉型
温度 t/℃	80	30	30	烘干温度 t'/℃	80～90	50～60	60～70
终点 pH 值	2.2～2.3	2.3～2.5	1.5～1.8	烘干时间 τ'/h	2～4	1	2
反应时间 τ/h	2	24～36	0.17	加酸速度	稍慢	极慢	极慢

为了研究超声场对四钼酸铵结晶的影响，进行了传统工艺和加超声波新工艺的对比实验。比较两种工艺对反应速率和晶体形貌的影响，得到如下结论。

① 对于结晶速率较慢的钼酸铵溶液反应体系，超声场的影响非常显著，在同样条件下，无声场作用制得结晶为 β 型的四钼酸铵，声场作用制得的结晶为微粉型；同时声场作用下只需要十几分钟就可以完成反应，而无声场下则需要 1～2 天才能得到产物。

② 声场对钼酸铵结晶产物的晶型有显著影响，无声场作用下制得的样品大而不均匀，声场条件下得到的产品颗粒细而均匀。

这些研究结果证实了超声波对盐类结晶过程有很好的促进作用。

7.1.5 超声波场中硫酸氧钛水解的研究[9,10]

我国目前绝大部分钛白粉生产厂家均采用硫酸法生产钛白粉。钛液水解是硫酸法生产钛白粉工艺中最关键的一步，也是对操作条件要求最苛刻的一步。水解过程的好坏，对钛白粉粒子的粒径大小、粒度分布以及后续工序的过滤洗涤和煅烧均有很大的影响。

从水溶液析出晶体的过程，若在超声场中进行，由于超声波的空化作用产生的冲击波和高速射流能使晶团树枝状晶破碎和分散，使每一个晶体形成许多新的晶核，所以能加速有机和无机饱和溶液中晶体形成过程，增加成核速率，抑制晶体生长，控制晶粒的形貌而得到需要的细晶粒。同时，超声振动引起的空化产生的瞬时高温高压，可能影响结晶过程中原子的定向排列，使原子发生位移，使晶体中的局部不规则性增加，造成晶格的畸变。作者将超声波引入钛液的水解过程，探索其在超声波场作用下的结晶过程。

水解反应装置是将三颈烧瓶反应器置入 KQ-100DB 型超声清洗器（40kHz，100W）中。实验原料是某钛白粉企业提供的已除铁的硫酸氧钛溶液（总钛 260g/L，有效酸/总钛＝1.89）。将预热到 96℃ 的钛液加入到盛有 96℃ 的底水中时分别施加超声辐照（实际使用功率为 50W）0min、5min 或 15min，然后补加稀释水，使钛液:水＝240:140（体积比），在钛液沸腾温度下水解约 3h。水解结束后，真空（0.07MPa）过滤，用乙醇洗涤沉淀物。将沉淀物在 70℃ 干燥 6h，得到水合二氧化钛。对应不同的超声辐照时间取 3 个样品；再将它们在 650℃ 煅烧 2h，得到二氧化钛。

6 个样品用透射电子显微镜（TEM）观察形貌；用 X 射线衍射仪作 XRD 分析和用激光粒度仪测样品的粒度分布。研究发现：在硫酸氧钛水解初期引入超声辐照对水解产物晶体结构和形貌有影响。经受辐照 15min 的产物其晶体结构中的微应变较小、结晶度较高，但存在明显的晶格畸变，表现为锐钛矿四方晶胞的 c 轴缩短，导致轴比减小，单胞体积减小和晶粒度变小。这应是超声波的热机制、机械机制和空化机制综合作用的结果。在水合二氧化钛的煅烧脱水过程中，由于热力作用使原来的晶格畸变基本消失，恢复为正常良好结构，而且，储存的超声波能量与热力共同作用促使晶体粉化，煅烧产物的平均粒径明显小于未经超声辐照的产物。因此，可以预期，采用适当频率、振幅、声强的探头式的超声发生器，改进超声水解的工艺参数，有可能获得更小粒径和粒径分布窄的二氧化钛颗粒。

7.1.6　超声辐照合成超细 NiO 粉末

氧化亚镍是一种广泛应用于电池电极材料、磁性材料、催化剂等领域的重要无机材料。其制备方法通常有液相沉淀法、固相法、溶胶-凝胶法等，其中液相沉淀-热分解法由于设备简单、易于控制而广泛地应用于工业生产。在化学沉淀法制备前驱体的过程中，为了消除硬团聚，可采用有机物作为溶剂或洗涤液、引入阻聚剂进行转化、共沸蒸馏、冷冻干燥、喷雾干燥和超临界干燥等方法，但都存在能耗较大、成本高和难以用于工业化的缺点。

李娜等[11]以价廉的氯化镍（$NiCl_2$）为镍源，碳酸氢铵（NH_4HCO_3）为沉淀剂，采用液相沉淀-热分解法，引入超声场辅助合成制备 NiO 粉末，探讨超声场对前驱体碱式碳酸镍晶核形成和生长的影响，及对产物 NiO 形貌和尺寸的影响，同时考察不同的加料方式对产物粒度和纯度的影响。

（1）实验步骤　氯化镍和碳酸氢铵均为国产分析纯试剂，实验用水为去离子水。分别配制一定浓度（0.25~0.50mol/L）的氯化镍和碳酸氢铵溶液。将沉淀反应器置于 40℃ 恒温水浴中，在超声波（CPS-3 超声波粉碎机，上海声浦超声波设备厂）和磁力搅拌共同作用下，将氯化镍和碳酸氢铵溶液各 200mL 以不同的加料方式加入沉淀反应器中进行反应。镍盐/沉淀剂摩尔比控制为 1.0∶（2.0~2.5）。反应完毕后用 NaOH 溶液调节 pH 值到 8，并保持反应条件陈化浆液 10min。取出抽滤，用 pH=8 的稀氨水反复洗涤至滤液中无 Cl^-（$AgNO_3$ 检测），然后用少量无水乙醇淋洗。沉淀物于 70℃ 干燥 4h 以上，得浅绿色、蓬松的前驱体粉末，将其研磨后在马弗炉中煅烧，即得黑绿色的 NiO 粉末。

（2）反应原理　在 $NiCl_2$ 水溶液中加入沉淀剂 NH_4HCO_3 水溶液时发生如下沉淀反应

$$Ni^{2+} + CO_3^{2-} + 2OH^- \longrightarrow Ni_2(OH)_2CO_3(s)$$

根据热力学分析，Ni^{2+} 在 pH 值为 8 的时候沉淀为碱式碳酸镍，而如果 pH 值更高，将形成 $Ni(OH)_2$ 沉淀，而且溶液中残留 $Ni(NH_3)_n^{2+}$（$n=1\sim4$），降低产物品质和产率。

煅烧前驱体碱式碳酸镍得到产物 NiO，反应如下

$$Ni_2(OH)_2CO_3 \longrightarrow 2NiO + H_2O + CO_2$$

文献报道碱式碳酸镍在 300℃ 以上受热分解为 NiO，但是如果在氧化气氛中，400℃ 下煅烧将会得到 Ni_2O_3，因此在煅烧过程中应隔绝空气，避免 NiO 被氧化。

采用 Rise-2002 型激光粒度分析仪（济南润之科技有限公司）分析前驱体及 NiO 平均粒径及粒度分布；用 X'Pert Pro MPD 型 X 射线衍射仪进行产物的物相分析，并用 JSM-5900LV 扫

描电镜观察产物的形貌和大小。结果表明引入超声场后所得的前驱体碱式碳酸镍和最终产物氧化亚镍颗粒粒径都要比未引入超声场的小得多，粒度分布明显变窄。功率超声能通过改变反应体系中的过饱和度的不均匀来减小产物的尺寸和粒度分布，其空化效应对颗粒的剪切作用能使产物的形状更加趋于规整。在400℃下煅烧碱式碳酸镍前驱体1h，得到晶粒度为5～10nm（根据谢乐公式计算值），平均粒度为1.10μm的NiO粉末。功率超声的引入没有改变产物的面心立方晶型结构，但是使晶胞参数a值略微减小，并使产物晶粒度减小。

在考察的三种加料方式中，并加方式所得到的前驱体经过煅烧，得到的氧化亚镍的粒度最小，用761COMPACTVIC型离子色谱仪测定产物中杂质氯离子含量也最少。

7.2 微波辐照技术

微波辐照技术广泛应用于物料干燥、高技术陶瓷的烧结以及有机化学反应和无机化学反应。在此介绍陶瓷烧结和无机合成的实例。

7.2.1 微波加热反应原理[12,13,14]

所谓微波烧结或微波合成是指用微波辐照来代替传统的热源。微波烧结是基于材料本身介质损耗❶而发热。由于微波有较强的渗透能力，它能深入到样品内部，一般用微波都能做到表里一致，均匀加热。微波具有使物质内部快速加热，克服物料中的"冷中心"，易于自动控制与节能的特点。因而不仅在材料制备过程中应用，而且还应用于湿法冶金中的浸出过程[13]。

微波加热的本质是微波电磁场与材料相互作用。在微波加热时，物质吸收（或耗散）的微波功率P_{ab}为

$$P_{ab} = \sigma E^2 V = 2\pi f \varepsilon_0 \varepsilon_{eff}'' E^2 V \tag{7-1}$$

当材料吸收微波后，材料升温速率为

$$\frac{\Delta T}{\tau} = \frac{\sigma E^2}{\rho c_p} \tag{7-2}$$

式中　f——微波频率；

　　　E——电场强度；

　　　ε_0——真空介电常数；

　　　ε_{eff}''——有效的相对介电损耗因子；

　　　σ——材料热导率；

　　　ρ——材料密度；

　　　c_p——材料比热容；

　　　V——材料的体积；

　　　τ——升温时间。

从式（7-1）和式（7-2）可见：微波加热过程中σ和ρ主要影响升温速率。材料热

---

❶ 任何电介质在电场作用下，总是或多或少地把部分电能转变成热能而使介质发热。在单位时间内因发热而消耗的能量称为电介质介质损耗。若用tanδ来表示，其值越大，能量损耗也越大。

导率越大，升温速率越快；材料密度的增加则使升温速率减小。热导率与介质损耗有关，有的材料在某一临界温度以后，介质损耗随温度指数上升，这对烧结过程是有利的。

式（7-1）和式（7-2）所表述的关系告诉我们，微波烧结或微波合成是一个可以控制的过程，就是说，人们可以根据对产品性质的要求，通过对一系列参数的调整，人为地控制微波的传播，这是微波烧结合成与传统技术相比的一个显著优点。

7.2.2 微波辐照下的铁盐水解

Fe^{3+} 具有非同一般的水解特性，引起水解过程中存在 $Fe(OH)^{2+}$、$Fe(OH)_2^+$、$Fe_2(OH)_2^{4+}$ 一系列多核络合物，因而其水解是一个极为复杂的过程。这些络合物的熟化过程包含迅速发生的结构变化和缓慢生长两个阶段。这些羟基聚合铁逐步改变结构中的羟桥为氧桥，最后形成铁的氧化物。根据以往的研究结果表明，三价铁盐升温强迫水解制备的铁氧化物（含水）胶体粒子的物性、形状、大小对反应条件的变化十分敏感。陈化温度、陈化时间、初始溶液的浓度及 pH 值，甚至各储备液是否经过滤膜抽滤、所用玻璃容器是否严格清洗等都直接影响到最终产物粒子的结构、形貌和大小，而且所用 $FeCl_3$ 原始溶液的浓度一般很低。

文献［15］介绍的微波辐照制备单分散 α-Fe_2O_3 的工艺是将 $FeCl_3$ 和 $CO(NH_2)_2$ 混合溶液置于带回流的锥形烧瓶中，烧瓶置于圆筒的共振空腔中。微波辐照（2.45GHz，500W）一定时间后，将烧瓶置于94℃的恒温水浴中陈化。陈化后离心分离出固相，经稀 HNO_3 溶液（pH=3）洗涤，再真空干燥，即得产品。

此工艺与相同条件的水热法强制水解比较，有下列的优点：微波辐照能加快 Fe^{3+} 的水解速率；用适量尿素为沉淀剂，微波辐照既能使体系迅速升温，同时，又能促使尿素迅速电离和水解，从而使晶核大量地"爆炸式"萌发，制备出粒子直径在 $64\sim82$nm 范围内相当均匀的球形 α-Fe_2O_3 粉体。

另一实例是汤勇铮［16］在 HCl 介质中添加有机胺，在微波场中对 $FeCl_3$ 溶液进行水解反应。其工艺是配制 3.12×10^{-2} mol/L 的 $FeCl_3$ 溶液（A）；3.2×10^{-3} mol/L 的 HCl 溶液（B）。按三乙烯四胺（TETA，$C_6H_{18}N_4$）对 Fe^{3+} 的摩尔比在 $0\sim1$ 的范围称取一定量 TETA 放入 50mL 磨口锥形瓶中，然后加入 10mL（A）溶液，5mL（B）溶液，摇匀后将瓶放在水浴中，放置在微波炉内中心位置，高火加热。1min 左右水浴沸腾后，改中火加热以防止样品溢出，维持沸腾，微波辐照共 4min。取出锥形瓶后盖上瓶塞，放入 95℃ 恒温箱中陈化，两天后取出，沉淀，用丙酮洗至中性，将滤纸盖在盛产物的容器口，在室温下晾干。

试验结果表明，微波辐照可在很短时间内，促使体系中生成大量的晶核，因而大大缩短了陈化时间。TETA 的加入量对粒子的形状和大小有影响。不加 TETA 时的粒子为（100±10）nm 的假立方体。加入少量 TETA 可使粒子变小，但过多会使粒子的形状变为球形。

7.2.3 微波水解法制备超细 TiO_2 粉体

将微波技术用于水解反应中，微波能在几分钟内使体系迅速升温，水解成核可在瞬间萌发，使水解反应迅速发生，有利于从体系中形成更细小、均匀的粒子。微波除了致热作用外，还能使极性分子或离子发生极化。

刘忠士等［17］在 TiO_2 水解反应中引入微波加热新方法。其工艺是将偏钛酸用 H_2SO_4 溶解，然后用 NH_4OH 中和至 pH=5，过滤，滤饼用去离子水洗净，然后用稀 HCl、HNO_3、H_2SO_4 分别溶解洗净的滤饼，配制成一定浓度和酸度的钛溶液，一分为二。一份用传统的搅拌方法在 AGK 磁力搅拌加热器中进行反应，升温至沸腾，恒温 100min（需调低输出功率，保持沸腾）、冷却、抽滤、干燥。另一份放入微波炉中加热进行反应，沸腾后恒温 10min、冷却、抽滤，两个样品一起在 830℃煅烧 1h。

实验结果表明：在微波炉加热条件下，由于钛溶液在很短时间内快速升温，使 Ti^{4+} 水解形成晶核在瞬间萌发，并迅速水解。反应没有诱导期，避免了多次成核，因此生成的粒子细小而均匀，粒径约在 $3\sim4\mu m$，而传统加热水解法获得的粒径约在 $3\sim10\mu m$ 之间。

两种工艺在不同介质中获得的金红石含量如表 7-2 所示。

表 7-2　两种工艺在不同介质中获得的金红石含量

工 艺 方 法	金红石含量/%		
	HCl	HNO_3	H_2SO_4
传统水解法	8	10	3
微波水解法	50	48	13

TiO_2 的晶型转变是由无定性偏钛酸凝聚粒子环绕水解生成的核转变为锐钛型晶体，再由锐钛型晶体向金红石型转化，金红石化与水解生成的核有极大的关系。微波加热下产生的晶核更易于金红石化，因此，采用微波加热水解得到的产物可在较低温度下实现锐钛型向金红石的转化，既节能，又不至于因长时间加热而使晶粒过分长大。微波水解已成为制备超细均匀粉体的可行途径之一。

7.2.4　无机盐在多孔晶体上的高度分散

在化学，化学工程，材料科学的研究中常常遇到需要将一个相均匀分散在另一个相表面的问题。将具有催化活性的组分分散在载体上就成为担载催化剂。活性组分的分散度对于提高催化反应的活性和选择性都具有十分重要的意义。一般分散活性组分在载体上的方法有单分子层分散、离子交换和浸渍。

可采用微波技术实现无机盐在多孔载体上的分散[18]。在这里载体粉末（NaZSM-5）和结晶无机盐（$CuCl_2 \cdot 2H_2O$）两者的比例是 $CuCl_2 \cdot 2H_2O$/NaZSM-5（沸石）=0.1∶1。通过机械混合两种原料，将混合物置于微波炉中反应 $10\sim20min$。反应完毕后对产物进行 XRD 分析，XRD 衍射峰结果表明 $CuCl_2 \cdot 2H_2O$ 高度分散在 NaZSM-5 沸石的孔道中。

此外，对不同的系统，无机盐的临界分散容量与载体的表面积和无机盐的性质有关。与其他工艺相比，该微波技术具有下列优点：①在载体表面上可高负载无机盐；②微波处理时间短，可在 10min 达到高分散；③样品制备简单，避免了溶液搅拌、干燥和烧结；④无机盐很容易分散在多孔固体中，应用前景广阔。

7.2.5　微波辐照连续合成胶态纳米金属簇

自 20 世纪 90 年代以来，制备粒度分布窄的胶态纳米金属簇在催化、磁性材料和电子材料方面得到重要的应用。已研究了很多的制备工艺，但多数只能在实验室合成，少有能大量生产但又受批量生产的限制。对于工业化，连续流动操作是得到批量生产的理想方式。

Tu 等[19]利用微波辐照法连续合成聚合物稳定的金属纳米簇。其反应设备系统如图 7-2 所示。

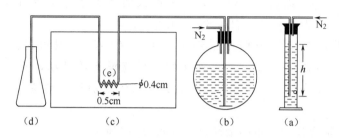

图 7-2   反应设备系统

(a) 压力调节器；(b) 金属盐容器 (3.0L)；(c) 微波炉 (2450MHz，VP750)；

(d) 接收器；(e) 螺旋管 (内径 2.5mm)

实验配料：1.036g 的 $H_2PtCl_6 \cdot 6H_2O$ (2.0mmol) 和 11.14g 的 PVP [$M_w = 40000$，0.1mol (单体基元)]，溶于盛有 2.25L 乙二醇的烧瓶 (b) 中，在强烈搅拌下滴加入 250mL 的 NaOH (0.64g，16mmol) 的乙二醇溶液，得到均匀黄色溶液。将烧瓶连接到微波炉加热系统。将 N_2 导入金属前驱物 (金属盐溶液) 的烧瓶中，产生一定的压力，使反应溶液稳定地流向螺旋管 (e)，改变液柱 (a) 的高度 h 能够调节反应体系在微波炉中被辐照的时间。经过辐射后形成的胶态溶液收集在接收器 (d) 中。

实验结果表明：连续微波合成的由 PVP 稳定的铂胶体粒子具有小粒径 ($d_{av} = 1.46nm$) 和窄的分布 (标准偏差 $\sigma = 0.25nm$)，优于稳定的微波合成 ($d_{av} = 2nm$，$\sigma = 0.32nm$)。还有一个优点是微波的热效应只对极性反应溶液起作用，快速均匀升温而不加热玻璃容器，这就避免了在玻璃容器的壁上生成胶态粒子。

7.2.6 Y,Ce-TZP 陶瓷的微波快速烧结

四方相氧化锆多晶陶瓷 (TZP 陶瓷) 在应用中具有一系列的优点。但是由于 ZrO_2 陶瓷本身的特点使无压烧结 TZP 陶瓷时烧结的时间长，效率低。根据微波加热的特点，文献 [20] 以 Y_2O_3、CeO_2 为添加剂制备的工业 ZrO_2 粉制备 TZT 陶瓷。探索微波烧结工艺中烧结温度、保温时间、升温速率等因素对陶瓷材料致密化的影响。

原料粉经喷雾干燥造粒，具有良好的流动性，直接进行干压成型，双向加压，成型压力为 100MPa，保压 1min。制成 5mm×6mm×40mm 的强度试条和 6mm×8mm×40mm 的韧性试条。

样品在作者自制矩形多模谐振腔 (其有效容积达 $7.8×10^{-2}m^3$) 中进行微波烧结。具体反应装置见文献 [21]。为了与微波烧结作对比，还进行了样品的常规烧结实验。该实验升温至 1550℃烧结十几小时后，保温 2h，然后随炉冷却。比较两种工艺烧成的试件，有以下特点：①用微波烧结 TZP 陶瓷，在烧结温度 1500℃，烧结时间为 15min 的条件下可使样品密度达到理想密度的 99.2%，与常规烧结所得样品密度接近；②微波烧结 TZP 陶瓷快速，产品致密，晶粒细小，有利于四方相氧化锆在高温下稳定存在；③微波烧结的 TZP 试件的抗弯强度为 1186MPa，断裂韧性为 14.7MPa·$m^{1/2}$，优于常规烧结的试件。

7.2.7　陶瓷微波加热过程的技术经济分析

目前，美国橡树岭国家实验室已设计成功了大规模微波工业装置。该装置可容纳长 1.2m、宽 0.6m 的部件，并可在 10min 内将部件加热到 2000℃。微波装置技术的发展大大地推动了微波在工业中的应用。

一门新技术是否能走向商业化，不仅取决于应用该技术所生产材料的性能，而且还取决于它的经济性。文献 [22] 对微波应用于材料过程的实用性和技术经济作了全面的分析。所得结论如下。

① 将微波应用于任何过程的决定必须基于对该过程的具体分析。除了考虑微波与不同陶瓷材料的相互作用特点外，通常应分析和比较的因素还有：能源价格、设备价格、所需材料的种类、技术优势、可能的产品性能改进、产品增值以及能够获得的资本投入、劳动力价格等。

② 成功的微波加热过程需要材料工程师、过程设计师和微波工程师的通力合作才能获得所期望的效益。

③ 微波过程的应用由于受到高的投资额及自身的低的电能源利用率的限制而受到影响。在大多工业应用中微波过程可能会节省能源外，还有如产品产量和质量的提高，节省时间和空间，节省过程造价等因素也可能是选择微波工艺的最好依据。在很多应用实例中，混合加热过程系统可以比单纯微波加热或常规加热过程节省得更多更好。

7.3　电场作用下的无机合成

在水溶液、熔融盐和非水溶剂中，通过电氧化或电还原过程，可以合成许多不同种类与不同聚合状态的化合物和材料，其主要内容有下列方面：

① 电解盐的水溶液和熔融盐以制备金属和某些合金镀层；

② 通过电化学氧化过程制备高价和特殊高价化合物；

③ 含中间价态和特殊低价元素化合物的合成；

④ C、B、Si、P、S、Se 等二价或多元素金属陶瓷型化合物的合成；

⑤ 非金属元素间化合物的合成；

⑥ 难用其他方法合成的混合价态化合物、簇合物、嵌插型化合物、非计量氧化物等。

电解合成反应在无机合成中的作用和地位日益重要，究其原因是因为电氧化还原过程与传统的氧化还原过程相比有以下一些优点：①在电解中能提供高速电子转移的功能，这种功能是一般化学试剂不能达到的；②合成反应体系及其产物不会被氧化剂（或还原剂）以及被相应的产物所污染；③由于能方便控制电极电势和电极材料，可选择性进行氧化还原过程；④由于电氧化还原过程的特殊性，因而能制备出其他方法不能制备的许多物质和聚集态[23]。

近年来，电化学由于新技术组合成新工艺，在材料制备中得到更重要的发展。

7.3.1　电化学溶解直接制备纳米 TiO₂

文献 [24] 介绍了一种电化学溶解直接制备纳米二氧化钛的工艺。将金属钛在阳极溶解，在含 $Et_4N \cdot Br$ 醇溶液中生成钛酸乙酯，再经水解步骤，生成 $TiO_2 \cdot nH_2O$，灼烧后即得锐钛矿型二氧化钛。

该工艺采用恒电位电解技术，表面活化处理后的钛片作阳极，电解液为 0.005mol/L 的 $Et_4N \cdot Br$ 醇溶液，控制温度为 50~70℃，电解电压控制在 2~4.6V（相对于饱和甘汞电极 SCE）之间进行电解。电解一段时间后，得到淡黄色溶液，实验均在无水条件下操作。为了防止钛酸乙酯水解，用乙酸滴至溶液变为澄清。将此溶液缓慢滴入高速搅拌的蒸馏水中，此时得到白色乳胶液，pH 为 5.02~5.30，再用氨水调节至 pH=9.44，高速搅拌成乳浊液后离心分离。将得到的下层絮状物，用乙醇稀释并调节 pH=5 左右，使其成为白色溶胶后真空干燥，得到分散很好的白色粉体，再在 720℃氧气氛下焙烧 1h，即得产品。

此法制备的纳米 TiO_2 呈球形单分散结构，平均粒径在 10nm 左右，晶型与结构具有一定的热稳定性。该工艺简单有效，成本低，在纳米材料的制备中有一定的应用前景。

此外，付丽[25]研究了钛白粉的硫酸法工业生产工艺，在硫酸氧钛溶液自生晶种水解过程中，引入 7V 电压的外加交流电场，考察了交流电场对硫酸氧钛溶液水解行为和产物性能的影响。研究发现，在硫酸氧钛溶液水解过程中引入外加电场，在水解初期能够促进晶核的形成和长大，且使偏钛酸表面产生更多细小颗粒，因而缩短了钛液变白时间，提高了钛液水解率。电场作用下产生的偏钛酸和二氧化钛的晶型仍为锐钛矿型，向金红石晶型转变温度在 700~900℃，电场作用使偏钛酸颗粒的结晶度更好，平均晶粒度更大。在水解前期，电场作用使偏钛酸中硫含量增多，在水解后期，电场作用使产物中硫含量减少，且偏钛酸中游离的硫酸根在 500~700℃温度区间脱除，在 535.5℃下脱除速率达到最大值，键合的硫酸根以双配位的形式吸附在产物表面，在 500~900℃温度区间脱除。电场作用原理可初步分析为电场作用下的离子迁移和局部温度升高加速了与钛离子配位的水分子的解离，二氧化钛胶粒沉淀加快，打破了原有的电荷密度和水解平衡，大大加速了水解进程。在含铁的钛液水解过程中，一方面电场作用使硫酸根在偏钛酸中的吸附减少，煅烧过程中脱硫较易进行；另一方面铁离子的存在可能使水解所得偏钛酸中混入了极少量的金红石相，且作为晶种诱导了偏钛酸煅烧时锐钛矿型二氧化钛向金红石型二氧化钛的转变。

7.3.2 纳米结构过渡金属簇的选择合成

一般湿化学法控制纳米结构粒径的方法是改变温度、溶液浓度、还原剂和溶剂等。研究表明，对于这个领域的合成化学中粒度的真实控制有很多相互作用。Reetz T 等[26]的研究表明，用电化学法能够合成纳米级过渡金属胶体，而只要调节电流密度就可以控制粒径大小。

实验装置是价格低廉的双电极，在 50~250mL 电解液中金属片作为牺牲阳极，被转移为金属原子簇。干的无氧氩气氛下的溶剂电解，电压不需要控制，支持电解质由四乙基铵盐（teraethyl ammonium salts）组成，作为金属簇的稳定剂。总的过程是金属在阳极氧化产生的金属阳离子运动到阴极还原为零价金属，由于存在稳定剂阻止了金属粒子的聚集。总的反应为

金属＋稳定剂——→铵稳定的胶态金属簇

实验开始是用 Pd 作阳极，Pt 作阴极，支持电解质为乙腈/四氢呋喃（4∶1）中含 0.1mol/L 四辛基溴化铵。电流密度为 0.1mA/cm²，应用电压为 1V（Vs 反电极）。获得＞95% 四辛基溴化铵稳定的钯簇。电流效率＞95%，该金属在混合溶剂中并不溶解，取出部分样品只需倾泻和在真空中干燥即得。

为了考查电流密度对粒径的影响，用 0.8~5mA/cm² 的电流密度重复以上实验，得到的结果如图 7-3 所示。从图 7-3 可见，增加电流密度，即增加过电位，胶体的粒径降低了。

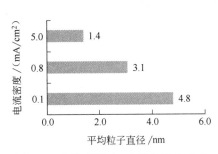

图 7-3 电流密度对 Pd 簇粒径的影响

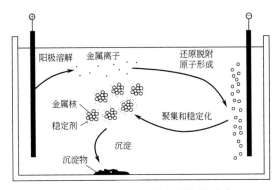

图 7-4 铵离子稳定的金属簇的形成

虽然探索形成胶态的精确机理比较困难，但一般图像可描述如下：在邻近阴极表面的铵离子区域还原的 Pd 离子形成脱附的原子，然后被铵离子稳定，如图 7-4 所示。

用同样的工艺，以四乙基铵盐作稳定剂，可制得粒径 2.2 和 4.5nm 的 Ni 簇。

该工艺产率高，没有不希望的副反应和硼（一般用硼氢化物作还原剂）杂质，产物容易分离，用改变电流密度的方法可控制粒径的大小。

7.3.3 电场对 γ-辐射制备银纳米晶形貌的影响

γ 射线辐照法的基本原理为水接受辐照后发生分解和激发

$$H_2O \xrightarrow{\gamma 射线} H_2, H_2O_2, H, OH, e_{aq}^-, H_3O^+ 等$$

其中 H 和 e_{aq}^- 活性粒子具有还原性。e_{aq}^- 的还原电位为 $-2.77eV$，具有很强的还原能力，可以还原除第一主族和第二主族以外的所有金属离子，其中氧化性自由基则可用异丙醇或异丁醇清除，如

$$OH + (CH_3)_2CHOH \longrightarrow H_2O + (CH_3)_2COH$$

水溶液中的 e_{aq}^- 即可以逐步把溶液中的金属离子还原为金属原子（或低价金属离子），然后生成的金属原子聚集成核，形成胶体，从胶体再生成纳米颗粒（如果胶体比较稳定可用水热法结晶），从溶液中沉淀出来。

Wang F 等[27]研究了电场作用 γ-辐射对还原金属粒子形貌的影响。其实验步骤是：0.02mol 的 AgNO₃ 溶于 80mL 蒸馏水中形成均匀溶液，再加 20mL 异丙醇，用氮鼓泡 30min 除去溶液中的氧。然后用 2.22×10^{15} Bq ^{60}Co 作 γ-射源，计量速度为 50GY/min 共 6h，总计量为 18kGY，辐照时，溶液置于电场中。在这研究中，两个平行的铜板相连一个常电压（2000V），得到一个静电场。电场强度估计为 400V/cm。实验用的玻璃瓶是绝缘体，不会有电流流入溶液。AgNO₃ 溶液不会发生电化学反应。为了对比进行了在相同条件下只是没有导入外电场的实验。

两种实验样品经 TEM 和 ED（electron diffraction）分析，有电场作用下得到的样品显示大的片状银纳米晶，银纳米晶的生长是定向的。而无外加电场得到的样品的 TEM 图形呈现出球形（准球形）纳米颗粒。

形成片状银纳米晶的原因可作如下的考虑。

γ-辐照下 Ag⁺ 的还原反应为

$$Ag^+ + e_{aq}^- \longrightarrow Ag$$

$$Ag + Ag^+ \longrightarrow Ag_2^+$$
$$Ag_2^+ + Ag^+ \longrightarrow Ag_3^{2+}$$
$$Ag_3^{2+} + Ag_3^{2+} \longrightarrow Ag_4^{2+} + 2Ag^+$$

最后这些银离子或银离子簇被水化电子还原再进一步聚集。若无外电场，离子簇的聚集速度因受热运动的影响在各个方面是相等的，只能得到球形纳米颗粒。当引入外电场，离子簇的运动受两方面的影响，热运动和定向的运动，定向运动产生于离子簇和外电场的相互作用。聚集速度在不同方向是不同的，沿着电场作用的聚集速度高于另外方向。聚集速度的差异，就导致获得定向生长的银纳米晶。由此，可得出定向纳米晶是电场与银离子（离子簇）相互作用的结果。

此工艺也可用于镍离子和铜离子在相似的条件得到定向纳米晶。

7.3.4　脉冲声电化学合成 PbSe

超声辐照对化学反应的影响是由于超声的空化作用，在空化泡的周围极小的空间产生高温和高压而加速反应。然而，最近已经对声化学和电化学相结合的潜在效应增加了研究。这些有益的效应包括加速传质、电极表面的脱气和清洁以及增加反应速率等，因而受到重视，形成声电化学工艺。

在脉冲电流作用下可生产高密度微细金属核。在超声波的冲击下，除去阴极上的金属颗粒，阻止晶粒长大，清洁了表面，由于搅拌金属离子再形成电双层，可得到化学纯的高表面积的细晶粉末，平均粒径为 100nm。

Zhu J J 等[28]利用图 7-5 的装置研究 PbSe 的制备，图 7-6 为声电化学波形图。表示声电极产生声脉冲后立即跟随一个电脉冲，电流脉冲为 $50mA/cm^2$，周期 $[t_{e(on)}/t_{e(off)}]$ 为 0.3s，超声脉冲强度为 60W，周期 t_s 为 0.2s。

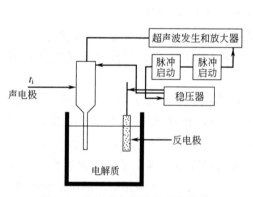

图 7-5　脉冲声电化学实验装置图

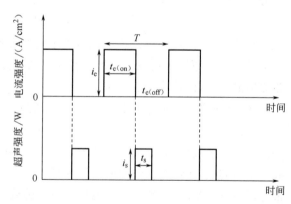

图 7-6　声电化学波形图

电解液的组成为：$Pb(Ac)_2$ 与 NTA 络合物水溶液和 Na_2SeSO_3 水溶液。混合后的最终浓度：0.02mol/L 的 $Pb(Ac)_2$、0.02mol/L 的 Na_2SeSO_3 和 0.04mol/L 的 NTA $[N(CH_2COONa)_3]$，pH=11。注意 pH 应>7，否则形成游离的 Se。电解质的体积为 50mL，一般沉积 30min，反应完毕后，离心分离，反复用蒸馏水和丙酮洗涤，在真空中干燥。

影响粒径的主要因素：

① 反应温度。当温度为 10、30 和 60℃时，颗粒大小分别为 10、12、13nm。可见低温下晶体生长较慢。

② 超声强度。超声强度越大，则除去沉淀物的效应越显著，因此减小了已存在晶核晶粒生长的机会。当无超声辐照，PbSe 在电极上形成膜。

③ 当电流脉冲为 0.1、0.3 和 1.0s 时，得到的 PbSe 颗粒大小为 10、12、16nm。

④ 仅有超声辐照而无电流时，根本不发生反应。电流密度若大于 $120mA/cm^2$，则样品的 XRD 谱图中会出现杂质的谱线。

总体说来，低温、短的脉冲间隔，高的超声强度导致 PbSe 颗粒的降低。

该工艺是生产 PbSe 简单而有效的方法。可以预见该工艺放大后可生产大量的纳米粒径大小的 PbSe。这些纳米颗粒可在光敏电阻器、光电发射体和光探测器中得到很好的应用。

7.3.5 超声与电沉积工艺制备磁性纳米粉末

采用电沉积法生产金属粉末的传统工艺，一般获得粉末直径为 $20\sim100\mu m$。为了减小粒径，已提出一些改进方法，如增加电解浴的搅拌强度，增加电流密度，脉冲反向电流沉积和加入有机电结晶阻滞剂等。但生产的纳米沉积物和微粉（平均粒径 $1\sim10\mu m$）常被电解质或阻滞剂所沾污。

文献 [29] 描述一个脉冲超声和脉冲电沉积组合的电脉冲技术。这个技术可以用来生产形状规则，结晶良好的 $10nm\sim10\mu m$ 大小分布的无污染沉积物和微粉。纯的、二元和三元铁合金、钴和镍纳米粉末都能得到。

超声与电化学组合的设备示意图如图 7-7 所示。实验步骤是先配好电解液，它含有 $0.48mol/L$ NH_4Cl，$0.48mol/L$ H_3BO_3，$0.01mol/L$ 柠檬酸，$0.017mol/L$ NaOH 和 $0.27mol/L$ 二价金属阳离子（如水合硫酸盐），电解液的 pH 值 3.8，浴池温度维持 60℃。对于制备纯金属粉，则可选择相应的金属作阳极。至于沉积合金粉末，则用一个铂

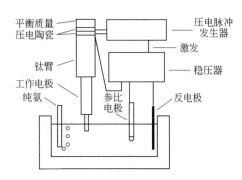

图 7-7 超声与电化学组合的设备示意图

电极作阳极，另用一个硫酸汞作参考电极。一般沉积 3h 后，悬浮液在 N_2 保护下用 $0.1\mu m$ 的 Millipore 或 $0.01\mu m$ Whatman 过滤器过滤。粉末用纯乙醇洗涤，室温下干燥，测粒径分布。

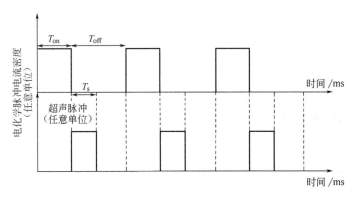

图 7-8 不同相的电化学和超声脉冲

不同相（out-of-phase）的电化学和超声脉冲的示意图见图 7-8。15min 后收集的纳米粉末的粒径分布见图 7-9。所得纯的或二元、三元合金粉经磁性测试。结果表明该工艺生产的

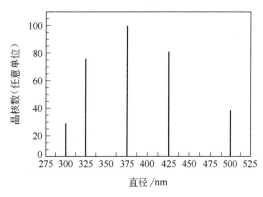

图 7-9 纳米粉末直径分布

纳米粉可作高性能纳米复合材料和高密度纳米复合材料。

7.3.6 仿生和电沉积组合制备分形结构金属铜

近几十年来，介孔材料的出现引起了材料科学者们的极大重视，并在各个领域得到广泛的应用。介孔材料是一类结构敏感性的材料，其具体的特性依赖于其特殊的结构特征。

分形结构❶具有许多传统理论无法解释的奇特性质，且被广泛地应用于物理、化学、生物等各个学科领域。为了将这一奇特结构应用于具体材料的制备，王瑞春等[30]借助仿生思维方法来获取一种新型的结构功能材料——分形结构功能材料。

他们的实验流程和方法如下所示。

预处理 ⟶ 化学沉积 ⟶ 电沉积 ⟶ 烧蚀、还原 ⟶ 热处理

选择具有天然分形结构的叉枝藻（是红藻门叉枝藻属的一种海藻），其特点为直立丛生，羽状分枝，枝呈扁平状或亚圆柱状。它的主要成分包括水、碳水化合物及胶质体，并且还附带一些复杂的夹杂物，不能直接用于化学沉积，为此必须先对海藻进行预处理，即清理和清洗以除去表面的有害物质。

镀前的预处理是敏化和活化，以便使基底表面吸附一层易氧化的物质，为活化处理时还原出金属颗粒，形成催化中心创造条件。

化学沉积是在样品表面的贵金属颗粒的催化作用下，通过化学反应，使需求的金属沉积到基体的表面，然后再进行电沉积，以使基体表面的铜层加厚到 $30\sim 50\mu m$。然后先进行干燥再在 $400\sim500℃$ 温度下烧蚀 $10min$，用 5% 的稀酸浸泡一定时间除去烧蚀后的残余物质，最后在氩气氛中、$400℃$ 下还原，热处理 $30min$ 左右便得到具有海藻状分形结构的铜金属材料，如图

图 7-10 具有海藻状分形结构的铜金属

7-10所示。作者用计盒维数法测量计算了金属铜材料在二维投影上的分形维数（D_{Cu}），结果为 $D_{Cu}=1.59$，表明具有较大的比表面积。

7.3.7 多孔氧化钛膜和纳米管阵列制备

钛及其合金表面的氧化膜有光敏、气敏、压敏、湿敏、光电等特性，在各种传感器、太阳能电池、光催化降解污染物、生物体植入材料（整形外科、牙科医术、心脏移植）等高新技术领域有着广阔的应用前景，已成为国内外学者竞相研究的热点之一。近年来，国内外学者采用阳极氧化法相继在纯钛及其合金表面制备出纳米多孔氧化膜。在常用钛合金

---

❶ 分形结构是一类极其破碎而复杂，但有自相似性和自放射性的体系。

Ti6Al4V 的研究中，王磊等[31]用（NH₄）₂SO₄/NH₄F 溶液为电解液，高纯石墨为阴极，采用阶段升压至预定电压后再恒压阳极氧化的方法在 Ti6Al4V 合金表面制备纳米多孔氧化钛膜。

实验所选用的基材为工业钛铝钒合金（Ti6Al4V）板材，厚度为 2mm，试样的尺寸均为 20mm×30mm。先用金相砂纸打磨试样至选定表面没有明显划痕，后在无水乙醇中超声清洗两次除去油污，再用蒸馏水冲洗，用松香和石蜡的混合物密封另一表面制作成阳极。用体积比为 1∶1∶3 的 HF、HNO₃、乳酸混合液对研究表面进行化学抛光 1min，后用蒸馏水冲洗干净。

选用两种电解液，分别是（NH₄）₂SO₄（1mol/L）＋NH₄F（0.5%，质量分数）的水溶液，pH＝5.4 和在此基础上添加柠檬酸调节 pH＝4.0 的电解液。以试样为阳极，高纯石墨为阴极，两极之间距离为 8cm，起始电压为 5V，每小时上升 5V，至预定电压后再恒压阳极氧化一定时间。电解过程中保持磁力搅拌，使体系温度和电解液组分均匀。

制备的 Ti6Al4V 合金表面制备纳米多孔氧化钛膜如图 7-11 所示。

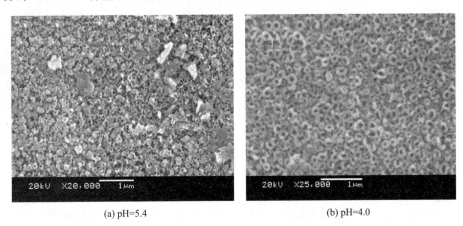

(a) pH=5.4　　　　　　　　(b) pH=4.0

图 7-11　Ti6Al4V 在 20V 恒压阳极氧化 6h 所得的多孔氧化钛膜的 SEM 照片

研究发现，电解液的 pH 值和后期恒压电压高低对纳米多孔氧化膜表面形貌影响非常大，氧化膜的孔径随氧化电压的升高而增大，电压过高会引起孔口破裂。当电解液 pH 值为 4.0，恒压电压为 20V 时，形成的孔均匀规整，孔内径约为 85nm。阳极氧化所得到的多孔氧化膜的组成为无定形的 TiO₂，进一步 500℃下热处理 2h 可以转变为锐钛矿型 TiO₂。

对氧化钛孔隙的形成机制研究表明，在分阶段电解升压过程中，作为阳极的钛合金表面首先钝化形成一层致密的氧化膜，在电解液中 F⁻ 作用下发生孔蚀，形成原始胚胎孔，然后胚胎孔处的氧化膜在电场力的支持下发生场致溶解，孔沿轴向发展，随后形成深孔。

但是，在（NH₄）₂SO₄/NH₄F 电解体系中制备得到的纳米管管壁不够光滑，管长有限，管径不够均一。自 2005 年以后，国内外学者将电解体系从水溶液转向有机溶液，制备得到的纳米管长度不断刷新，长度约达 1000μm、管壁光滑的 TiO₂ 纳米管被制备出来，长径比也相应地从个位数上升到五位数；而且采用的有机溶剂种类也越来越丰富，其中乙二醇是应用最广泛的溶剂，在以其为溶剂配制的电解液中制备得到的 TiO₂ 纳米管最长、形貌最好。不过以钛合金为原料的研究并不多见。选用广泛应用的钛合金 Ti6Al4V 为原料，Wang L 等[32]以添加一定量的 NH₄F 和蒸馏水的乙二醇（EG）溶液为电解液，石墨为阴极，阶段升电压至预定电压，恒压阳极氧化法在经过预退火处理（800℃热处理改变双相合金组织）的 Ti6Al4V 合金表面制备出均匀规整的纳米管阵列，较详细地讨论了外加电压、电解液中蒸馏

水含量和 NH_4F 浓度、电解时间及这四个因素的交互作用对 TiO_2 纳米管阵列形成和形貌的影响，并分析了在 $(NH_4)SO_4/NH_4F$ 体系和 $EG+NH_4F$ 体系中制备得到的 TiO_2 纳米管阵列的异同及其原因。

实验总结了最佳工艺参数：NH_4F 含量为 0.2%（质量分数）、蒸馏水含量为 4%（体积分数）、40V 恒压电解 1h 所制备得到的纳米管阵列，其表面形貌和结构在所作正交实验和追加实验中结果是最好的，氧化钛纳米管管长约为 $1.5\mu m$，管外径约为 100nm，长径比约为 15，表面 TiO_2 颗粒聚集体很少，而且经测试氧化钛纳米管阵列与 Ti6Al4V 合金基体的结合强度较好。钛合金纳米管阵列材料的扫描电镜照片如图 7-12 所示。

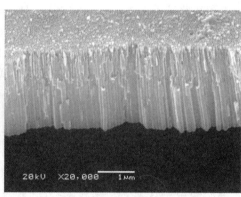

(a) 俯视图 (b) 侧视图

图 7-12　制备样品的 SEM 照片 [0.2%（质量分数）$NH_4F+4\%$
（体积分数）蒸馏水＋氧化电压 40V＋氧化时间 1h]

Wang L 等还探讨了纳米管阵列的光电性能和其在生物医学方面的应用。开路电压测试结果表明：在 $EG+NH_4F$ 体系中在 Ti6Al4V 合金表面制备得到的纳米管阵列的光电压最高，约为 0.2V；将经过热处理和预钙化处理过的纳米管阵列膜浸泡在 pH＝7.4 的饱和的磷酸钙溶液中 10d，XRD 表征结果证实纳米管阵列膜表面诱导得到羟基磷灰石，SEM 形貌分析表明生成的羟基磷灰石成片状簇拥在一起形成花苞模样[33]。

参考文献

[1] 冯若，李化茂．声化学及其应用．合肥：安徽科技出版社，1992.
[2] 李春喜，宋红艳，王子镐．石油学报（石油加工），2001，17（3）：86-87.
[3] 王君，韩建涛，张扬．现代化工．2002，31（4）：187-189.
[4] 张颖，林书玉，房喻．物理．2002，31（2）：80-83.
[5] 李春喜，王子镐．化学通报．2001，(5)：268-271，267.
[6] Xia B, Lenggoro IW, Okuyama K. J. of Mater Sci. 2001，36：1701-1708.
[7] Suslick K S, Fang M M, Hyeon T. J. Am. Chem. Soc. 1996，118：11960-11961.
[8] 吴争平，尹周澜，陈启元，等．稀有金属．2001，25（6）：404-410.
[9] 吴潘，张昭．电子元件与材料．2004，23（6）：28-31.
[10] 张昭，吴潘，王乐飞，等．中国有色金属学报．2005，15（2）.
[11] 李娜，刘昉，田从学，等．超声辐照合成超细 NiO 的研究．电子元件与材料，2007，26（3）：9-11.
[12] 金钦汉，戴树珊，黄卡玛．微波化学．北京：科学出版社，1999.
[13] 师昌绪，李恒德，周廉．材料科学与工程手册．北京：化学工业出版社，2004.
[14] Liu C P. Kinetics and New Technology in Nonferrous Metallurgy. Beijing：Metallurgical Industry

Press，2002.

[15] Dong，D C，Hong P J，Dai S S. Research Bulletin. 1995，30（5）：531-535.

[16] 汤勇铮，杨红，张文敏. 微波制备均分散氧化铁纳米粒子. 化学通报. 1998，（9）：52-54.

[17] 刘忠士，昝菱. 武汉大学学报（理学版）. 2001，47（2）：192-194.

[18] Xiao F S，Xu W，Qiu S，Xu R. Materials Science Letters. 1995，14：589-599.

[19] Tu W X，Liu H F. Chem. Mater. 2000，12：564-567.

[20] 樊旭东，谢志鹏，黄勇，等. 现代技术陶瓷. 1996，17（4-s）：731-735.

[21] 谢志鹏，黄勇，等. 硅酸盐学报. 1995，23（1）：7.

[22] 冯士明，钱茹. 现代技术陶瓷. 1998，19（3-s）：908-912.

[23] 徐如人，庞文琴. 无机合成与制备化学. 北京：高等教育出版社，2001.

[24] 周幸福，褚道葆，林昌健，等. 物理化学学报. 2001，17（4）：367-371.

[25] 付丽. 成都：四川大学，2015.

[26] Reetz M T，Helbig W. J. Am. Chem. Soc. 1994，116：7401-7402.

[27] Wang F，Ni Y H，Ge X W，et al. Chemistry Letters. 2002：196-197.

[28] Zhu J J，Aruna S T，Koltypin Y，et al. A Novel Method for the Preparation of Lead Selenide：Pulse Sonoelectrochemical synthesis of Lead selenide Chem. Mater. 2002，12：143-147.

[29] Delplancke J L，Dille J R J，Long G J. Chem. Mater. 2000，12：946-955.

[30] 王瑞春，郭敬东，周本濂. 分形结构金属铜的制备与分析. 材料导报. 2002，16（3）：65-66.

[31] 王磊，张昭，李纲，等. 功能材料，2009，40（6）：1053-1055.

[32] Wang L，Zhao T T，Zhang Z，et al. J. Nanosci. Nanotechnol. 2010，10（12）：8312-8321.

[33] 王磊. 成都：四川大学，2010.

第 1 篇思考题

1. 无机化合物精细化的技术有哪些？新材料发展的趋势如何？

2. 纳米科技的内涵是什么？为什么说纳米材料是纳米科技中最富有活力、最接近应用的组成部分？

3. 简述纳米材料的分类，举例说明纳米材料的性能和可能的应用。

4. 何谓单分散体系？用沉淀法制备单分散体系（固体微粒分散在溶液中）的必要条件是什么？

5. 说明界面化学的三个基本公式 Laplace 公式、Kelvin 公式、Young 方程的应用。

6. 在气体吸收塔中鼓泡吸收气体，问需要多大压力才可以使气体通过直径为 10^{-4} cm 的微孔鼓泡（已知 $25℃$ 时纯水的表面张力为 72.14 mN/m）。

7. 喷雾器慢慢地喷出微小液滴到空气中，水滴平均半径为 10^{-4} cm，求 1t 水在 $25℃$ 下等温雾化所需最小功与热量。已知：$\left(\dfrac{\partial \sigma}{\partial T}\right)_P = -0.16$，$25℃$ 时水的表面张力 $\sigma = 72.14$ mN/m，比热容为 1.0029 cm³/g。

［提示：表面张力也是表面自由焓，即 $\sigma = G^S$（S 为表面），由 $\mathrm{d}G = -S\mathrm{d}T + V\mathrm{d}P$ 可知，$S = -\left(\dfrac{\partial G}{\partial T}\right)_P$，所以表面熵 $S^S = -\left(\dfrac{\partial \sigma}{\partial T}\right)_P$，可逆热 $Q_r = TS^S A$］

8. 表面活性剂的分子结构特点是什么？为什么少量的表面活性剂能大大降低水溶液的表面张力？

9. 设某水溶液的表面张力随浓度的变化可以公式 $\sigma = 72 - 500C$ 代表（当 $C < 0.05$ mol/L）。试计算公式 $\Gamma = KC$ 中的常数 K，即溶质表面过剩随浓度而变的比例常数，温度是 $25℃$，表

面张力 σ 的单位是 mN/m。

10. 19℃时，丁酸水溶液的表面张力可表示为 $\sigma = \sigma_0 - \sigma_0 b \ln\left(1 + \dfrac{c}{a}\right)$，$\sigma_0$ 为纯水表面张力，等于 72.8mN/m，a，b 为常数，各等于 5.097×10^{-2} 与 0.180，试计算：

(1) $c = 0.200$ mol/L 时的 Γ_2；

(2) $c/a \gg 1$ 时的 Γ_2 值，并计算丁酸分子所占面积。

11. 请介绍 L-B 膜的特点和 L-B 技术在膜材料制备中的应用。

12. 在一次微电泳实验中，直径 1.0×10^{-6} m 的球形粒子分散在 0.1mol/L 的 KCl 水溶液中，在电场强度为 1000V/m 时，测得粒子移动速度为 15×10^{-6} m/s，试计算电泳淌度 μ 和电位近似值 ζ [真空中的介电常数 $\varepsilon_0 = 8.854 \times 10^{-12}$ F/m，设水的 $\varepsilon = 80$，黏度 $\eta = 0.001$ kg/(m·s)]。

13. 将平均直径为 280nm 的天然 $\alpha\text{-Fe}_2\text{O}_3$ 粒子用超声波分散到 pH=2 的水中形成溶胶，然后逐滴加入浓 KOH，在不同 pH 值下用电泳仪测得电泳淌度 μ 值 $[10^{-8}$ m²/(VS)] 如下。

pH	2.05	3.03	4.20	5.54	6.00	6.85	7.38	8.95	9.92	10.96	12.05
μ	3.14	3.25	2.51	1.39	0.64	−1.29	−2.39	−3.64	−3.96	−4.05	−3.96

(1) 该样品的 IEP 值（μ 值为零时的 pH 值）如何？

(2) 已知 $\eta = 0.89 \times 10^{-3}$ kg/(m·S)，$\varepsilon = 80$，计算 pH=12.05 时，粒子剪切面处的电位（ζ 电位）。

(3) 为何 pH>10 以后，μ 值随 pH 值增加而无多大变化？

14. 在一次微电泳实验中，直径 1.5μm 的球形粒子分散在 0.1mol/L 的 KCl 水溶液中，25℃，电位降为 10.0V/cm 时，粒子在 8s 内移动距离为 120μm，试计算：

(1) 粒子的电泳淌度；

(2) 双电层厚度 κ^{-1}；

(3) ζ 电位近似值。

15. 什么是固体表面改性？粉体改性的方法有哪些？

16. 简述溶胶-凝胶技术的基本原理和该技术在微粉、薄膜、多孔材料制备中的应用。

17. 为什么凝胶在干燥过程容易破裂？较好的干燥方法有哪些？

18. 生物矿化有什么特点？生物矿化分为哪几个阶段？什么是无机材料仿生合成技术？举例说明。

19. 与普通乳状液相比微乳液有什么特点？为何称它为智能微反应器？举例说明微乳化技术在材料制备中的应用。

20. 在材料制备中常用的外场有哪些？它们各有何应用？试举例说明。

21. 阐明外场与化学反应结合改善合成产物性质的原理。

第 2 篇

微粉制备工艺

第 *8* 章
微粉制备及其表征

粉体工业是我国一个基础原料产业，在国民经济中占有重要的地位。粉体材料包括陶瓷工业的待烧结粉料、化学工业的催化剂、电子工业的磁记录材料、电子陶瓷粉料、冶金粉体、染料颜料粉体、各种填料粉体等，尤其在化工与新材料领域中，以粉体为原料的产品约占一半以上。随着粉体制备技术的改进，各种高纯、超细、具有特殊性能的微粉已在电子、核技术、航空航天、冶金、机械、化工、医学和生物工程等领域得到了越来越广泛的应用。研究微粉的制备、性能和应用的超细粉体技术已成为一门跨学科跨行业的新兴技术。本篇介绍各种制备微粉的工艺。

8.1 微粉制备技术简介

微粉或称超细粉一般是粒径在 $10 \sim 0.1 \mu m$ 范围的多颗粒集合体，微粉的制备可采用由大到小微细化，即大块物料破碎成小块的粉碎法（break down）和由小到大，即由原子、分子聚集起来的构筑法（build up）两条途径。具体来讲有机械粉碎、气相沉积、液相沉淀等方法。

微粉制备工艺按照是否有化学反应发生可分为物理方法和化学方法两大类。例如传统的粉碎方法主要是通过各种机械粉碎来进行。这是使粉碎得很细的颗粒表面相互摩擦，进而由其表面产生微粉。它主要是通过媒介物质的搅拌研磨，或是将粗粉混入气流中，给混入高速气流中的粉体施加以强大的压缩力和摩擦力来进行表面的磨碎[1]。由于没有化学反应发生，过去机械粉碎被归为制备微粉的物理方法一类。但这种粉碎技术在不断研究的过程中进行了各种改进。现已发现机械力给颗粒输入了大量机械能，引起了晶格畸变、缺陷乃至纳米晶微单元出现等一系列物理化学变化。在新生表面上有不饱和价键和高表面能的聚集，呈现较强的化学活性[2]，使以机械力化学为基础的粉体改性研究和超细粉碎技术得到了越来越多的应用。而在化学合成的工艺中也常涉及物理过程和技术，例如干燥、超声波分散、微波加热等。这说明过去将微粉制备技术简单分为机械粉碎（物理方法）和化学合成方法两大类已不适合。目前倾向于将制备方法分为固相法、气相法和液相法，即按照反应物所处物相和微粉生成的环境来分类。

图 8-1 列出了制备微粉的主要工艺分类。从图 8-1 可以看出，微粉制备技术涉及物理、化学、化工、材料、表面、胶体等众多学科。随着科学技术的发展，为了适应各个领域对微粉的特殊需求，微粉的制备工艺也愈来愈多样化，从简单的机械粉碎到机械合金化技术，特别是通过物质的化学反应，生成物质的基本粒子——分子、原子和离子等经过成核生长和凝并而成长为超细粉末的化学合成法与物理技术相结合得到重视，使微粉制备技术的发展十分迅速。目前在实验室研究中已获得了一批具有先进水平的研究成果，为微粉的工业制备技术

打下了良好基础。

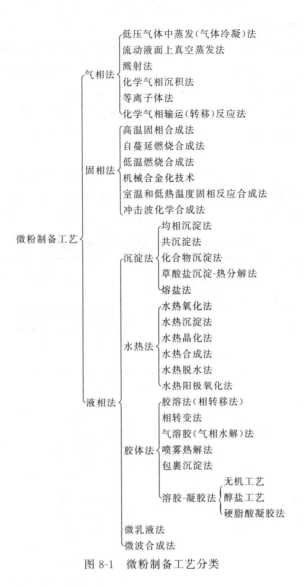

图 8-1　微粉制备工艺分类

8.2　粉料性能的表征[3]

微粉应具有一定的性能。随材料体系、制备工艺和用途的不同，对粉料的要求不完全相同。例如对精细陶瓷原料粉的要求可归纳出如下的共性。

① 超细。由于表面活性大及烧结时扩散路径短，用超细粉可在较低的温度下烧结，并获得高密度、细晶粒的陶瓷材料。目前精细陶瓷所采用的超细粉多为亚微米级（$<1\mu m$）。但实践表明，当陶瓷材料的晶粒由微米级减小到纳米级时，其性能将大幅度提高。

② 高纯。粉料的化学组成及杂质对由其制得的材料的性能影响很大。如非氧化物陶瓷粉料的含氧量将严重地影响材料的高温力学性能，氯离子的存在将影响粉料的可烧结性及材料的高温性能，功能陶瓷中某些微量杂质将大大改善或恶化其性能。为此要求精细陶瓷用粉料的有害杂质含量在 10^{-5} 以下，甚至更低。

③ 粉料的形态形貌十分重要。要求粉料粒子尽可能为等轴状或球形，且粒径分布范围

窄，采用这种粉料成型时可获得均匀紧密的颗粒排列，并避免烧结时由于粒径相差很大而造成的晶粒异常长大及其他缺陷。

④ 无严重的团聚。由于比表面积的增加，一次粒子的团聚成为微粉的严重问题。为此，粉料制备时必须采取一定的措施减少一次粒子的团聚或减小其团聚强度，以获得密度均匀的粉料成型体及克服烧结时团聚颗粒先于其他颗粒致密化的现象。

⑤ 粉料的结晶形态。对于存在多种结晶形态的粉料，由于烧结时致密化行为不同，或其他原因，往往要求粉料为某种特定的结晶形态。如对 Si_3N_4 粉料就要求 α 相含量越高越好。

因此，对粉料必须进行表征和检测。近年发展了许多新的粉料表征方法及检测设备，对粉料特性表征内容也越来越多。表 8-1 中列出了对陶瓷粉料的表征内容及其判定所用的仪器。这里仅介绍几项最重要或最新发展的表征内容及判定仪器。

表 8-1　陶瓷粉料的表征内容及所用仪器

分类和表征特性	所 用 仪 器
粒子形状	
粒径(包括结晶粒子粒径)	光学显微镜、粒径分布测定仪
粒径分布	电子显微镜、比表面积测定仪
粒子形状	X 射线衍射仪
密度	密度测定仪
微孔分布	微孔分布测定仪
团聚状态	
团聚程度	光学显微镜
团聚体尺寸	电子显微镜
团聚体形状	粒度分布测定仪
团聚体密度	密度测定仪
化学组成	
主要成分:种类、数量及非化学计量	X 射线荧光分析仪
微量成分(杂质):种类、数量、分布	中子放射分析仪
	原子吸收光谱仪
	(C、H、O、N)元素分析仪
	发射光谱分析仪
	电子显微镜 ICP 发射光谱分析仪
结晶学性质	
结晶性	热分析仪
结晶相:晶型、种类、数量	红外分光光度计
晶格常数	喇曼分光光度计
缺陷:种类、数量	X 射线衍射仪
晶格畸变	电子显微镜
表面性状	
比表面积	比表面积测定仪
表面电位	ζ 电位测定仪
表面自由能	热量计
粉末特性	
流动性	
堆积密度等	

（1）颗粒尺寸（粒径）及粒径分布　颗粒的大小用其在空间范围所占据的线性尺寸表示。球形颗粒的直径就是粒径（particle diameter）。非球形颗粒的粒径则可用球体、立方体或长方体的代表尺寸表示。其中，用球体的直径表示不规则颗粒的粒径应用得最普遍，称为当量直径（equivalent diameter）[4]。

通常称为粉体的是多颗粒的集合体，由大量单颗粒组成，一般将颗粒的平均大小称为粒度（particle size），习惯上可将粒径和粒度二词通用。

颗粒系统的粒径相等时（如标准颗粒），可用单一粒径表示其大小。这类颗粒称为单粒度体系或称单分散体系（monodisperse）。实际粉体大都由粒度不等的颗粒组成，是多粒度体系或称多分散体系（polydisperse）。为了知道多粒度体系中各个粒径范围的颗粒占总颗粒的分数，须用粒径分布（particle diameter distribution），又称粒度分布来表征，即是用简单的表格、绘图和函数形式表示颗粒群粒径的分布状态，常表示成频率分布和累积分布的形式。频率分布表示各个粒径相对应的颗粒百分含量（微分型）；累积分布表示小于（或大于）某粒径相对应的颗粒占全部颗粒的百分含量与该粒径的关系（积分型）。百分含量可用颗粒个数、体积、质量，此外还有长度和面积作为基准。如表 8-2 所示，频率分布和累积分布都采用了两种基准：个数基准和质量基准[5]。

表 8-2　颗粒的频率分布和累积分布[5]

粒径/μm	频率分布/%		累积分布/%			
	质量分数	颗粒分数	质　量　分　数		颗　粒　分　数	
			大于该粒径范围	小于该粒径范围	大于该粒径范围	小于该粒径范围
＜20	6.5	19.5	100.0	6.5	100.0	19.5
20～25	15.8	25.6	93.5	22.3	80.5	45.1
25～30	23.2	24.1	77.7	45.5	54.9	69.2
30～35	23.9	17.2	54.5	69.4	30.8	86.4
35～40	14.3	7.6	30.6	83.7	13.6	94.0
40～45	8.8	3.6	16.3	92.5	6.0	97.6
＞45	7.5	2.4	7.5	100.0	2.4	100.0

颗粒粒径的频率分布和累积分布也常表示成图形形式，如图 8-2 所示。用图形形式表示粒径分布比较直观。

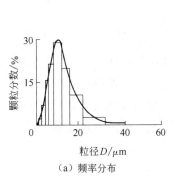

（a）频率分布

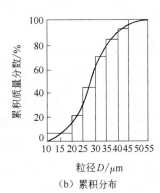

（b）累积分布

图 8-2　颗粒粒径的分布

粒度分布还常用粒度分布的函数：正态分布，对数正态分布等表示。

表征粉料粒径及粒径分布的主要测定方法及仪器见表 8-3。

表 8-3 粒径及粒径分布的测定方法[3]

方　法	测定范围 mm　　　　μm　　　　nm	粒　径	粒径分布	试样环境	原　理
筛分法	⊢─┤	几何学粒径	质量分布	干、湿	筛分
光学显微镜法	⊢─┤	几何学粒径	个数分布	干、湿	计数
电子显微镜法	⊢─┤	几何学粒径	个数分布	干	计数
重力沉降法	⊢─┤	有效粒径	质量分布	湿	沉降速度
离心沉降法	⊢─┤	有效粒径	质量分布	湿	沉降速度
光透过法	⊢─┤	有效粒径	面积分布	湿	沉降速度
激光散射法	⊢─┤	电磁波散射粒径	质量分布	干、湿	计数
X 射线小角度衍射法	⊢─┤	结晶粒子粒径	质量分布 计数分布	干	

对于小于亚微米级的超细粉料粒径的测定以电子显微镜法、激光散射法及 X 射线小角度散射及衍射法为佳，它们都可用于测定小至几个纳米的粒子。

表 8-4 中除 X 射线小角度衍射法外其他方法测定的粒径往往并不是粉料的一次粒子（指含有低气孔率的一种独立的粒子）的尺寸，而是团聚体（agglomerate，是由一次粒子通过表面力或固体桥键作用而形成的更大的颗粒，团聚体内含有相互连接的气孔网络）。为了使测量结果尽量接近粉料的一次粒子的尺寸，正确选择测量用超声波分散及表面活性物质十分重要。

由于测量方法不同，测得的粒径和粒径分布也有差别，应根据研究内容和目的，选择合适的颗粒尺寸测量及表征方法，可参阅文献［4］对颗粒尺寸测试、表征及分散作的详细介绍。

（2）比表面积　比表面积表征了包括粉料颗粒表面及表面缺陷、裂纹和气孔在内的单位质量粉料的总面积。最常用的比表面积测定方法为 BET（Brunauer-Emmett-Teller）气体吸附法[6]。

$\dfrac{p/p_0}{V(1-p/p_0)}=\dfrac{1}{V_m c}+\dfrac{c-1}{V_m c}\left(\dfrac{p}{p_0}\right)$，这就是著名的 BET 两个常数公式，$p_0$ 是饱和蒸气压，V 是吸附气体体积，根据实验数据用 $\dfrac{p/p_0}{V(1-p/p_0)}$ 对 p/p_0 作图，若得直线，说明该吸附规律符合 EBT 公式。通过直线的斜率和截距可计算出表面盖满一个单分子层时的饱和吸附量 V_m 和常数 c，进而由 V_m 和吸附分子截面积求出比表面积 s。

比较由比表面积 s 计算得到的当量粒径 D_{BET} 与用其他方法测得的粒径间的差别可以判断粉料的团聚程度或粉料的分散状况。当量粒径 D_{BET} 可用下式计算

$$D_{BET}=\frac{a}{\rho s}$$

式中　a——形状系数，粉料为等轴状时为 6；

　　　ρ——粉料密度。

（3）粉料粒子的几何形状　粒子的几何形状直接影响粉料的流动性及堆积性能、颗粒与流体的相互作用等。粉料粒子的形状与制备方法关系密切。精确地描述粒子的形状十分困难。文献［4］中对颗粒形状作了定性的描述，如表 8-4 所示。颗粒的形状因素应该作为决定颗粒性质的公式中的一个参数，为达此目的，还必须定量地测量并给出颗粒形状的定义。不同研究者提出了各种不同的形状系数以表征粒子的形状。研究及观察粉料粒子形状的主要方法是光学显微镜或电子显微镜法。

表 8-4　颗粒形状术语

颗　粒　形　状	术　　　语	颗　粒　形　状	术　　　语
球形	spherical	粒状	granular
立方体	cubical	棒状	rodlike
片状	platy-,discal	针状	needle-like,acicular
柱状	prismatic	纤维状	fibrous
鳞状	flaky	树枝状	dendritic
海绵状	sponge	聚集体	agglomerate
块状	blocky	中空	hollow
尖角状	sharp	粗糙	rough
圆角状	round	光滑	smooth
多孔	porous	毛绒的	fluffy,nappy

（4）粉料中团聚体的结构及特性　陶瓷粉料中的团聚体在烧结时往往先于其他粒子致密化，形成含有气孔的大粒子。在烧结的最后阶段，团聚体形成的大粒子周围的气孔往往不能被排除，严重地降低了材料的性能。团聚体的团聚强度随粉料的制备方法不同而改变。某些在高温下反应制备的粉料由于部分地烧结而形成的团聚体强度约达 800MPa，而其他方法制备的粉料的团聚强度又可能小于 1～5MPa。团聚体根据其团聚强度可分为软团聚及硬团聚。软团聚是指在一般成型压力下可以破坏其团聚结构的粉料，它们对于所制备的材料性能比硬团聚的影响要小。

由粉料的压缩特性可以测定粉料中团聚体的团聚强度。也可用压汞仪测定不同成型压力下成型体的孔径分布。随成型压力的提高，成型体的孔径分布由二级分布变化为一级分布，同样提供了有关粉料中团聚体强度的信息。

还可用团聚系数及孔系数 P_F 综合表征由一次粒子组成的团聚体的结构特征。孔系数 P_F 表征了团聚体与其中孔隙的关系，即团聚体本身的疏密度。P_F 越高，说明团聚体越疏松。

电子显微镜对粉料的直接观察除能得知粉料的粒径和形貌的信息外，还可了解团聚体的结构等信息。

（5）粉料的表面性状　随粉料粒径的减小，粉料表面所占比重越来越大，且表面结构更复杂，结构缺陷更严重。超细粉料的表面性状对材料的制备工艺及材料性能将产生很大影响。

非氧化物超细粉料由于表面活性极大，使其表面不可避免地存在着与氧的结合层。结合层的厚度以及氧与粉料表面的结合状态是目前关注的问题之一。X 射线光电子能谱仪（XPS）在材料的表面研究中得到广泛的应用。它可以获得表面几个原子层厚度的化学信息，表征所测元素的种类及其结合状态。与离子剥离技术相结合，XPS 还可以对粉料在深度方向上进行研究。如 Si_3N_4 粉料表面层的氧不只以一种状态存在。吸附氧占有相当比重，而以结合态存在的氧，在常温下并不像通常所认为的以 SiO_2 的形式存在，而是存在于一种复杂的氧氮化物（SiN_xO_y）中。Si_3N_4 粉经高温处理后其表层为 SiO_2，表层之下仍为 SiN_xO_y。

俄歇电子能谱仪（AES）同样可以对微粉的表面进行分析。其分析深度也是几个原子层。利用细聚焦入射电子束可以对约 50nm 的微区进行表面二维、三维以至四维（随时间变化）的化学元素定量分析。

透射电子显微镜（TEM）在高分辨率状态下可获得约 10nm 超细粒子的晶格像，对分析微粉的表面状态极为有用。与电子能量损失谱仪（EELS）相结合，可获得更多的有关粉粒的结构及表面化学信息。

由于表面的晶格畸变、缺陷、表面化学反应及吸附等常导致微粉表面荷电性的改变。研究微粉表面荷电性以及由微粉形成的悬浮体系的 ζ 电位对于认识及正确使用微粉十分重要。有关内容在第 1 篇第 3 章已作详述，这里不再重复。

（6）粉料的流动性　微粉的流动性是其工艺性能之一。为获得均匀的粉料成型体，要求超微粉具有良好的流动性。微粉的流动性与其粒子形状、团聚状况、粒子或团聚体表面粗糙程度等许多因素有关。虽然研究者们曾建议了各种不同指标来表征微粉的流动性，但至今尚无一个被大家共同接受的流动性指标。

（7）微粉的组分分析　由于超细粉的活性极大以及纯度的要求极高，给化学分析带来一定困难。除对粉料的主要化学组分的分析外，超细粉的杂质分析是很重要的。超细粉中的主要杂质有 O、Cl、C 及其他金属杂质。

氧测定的较好方法是中子激活法，将样品置于中子束中，使样品中的 O^{16} 吸收中子成为 O^{17} 同位素，测定具有放射性的 O^{17} 同位素的放射强度以确定样品中的氧含量。该方法由于需要中子源，应用受到限制。我国用脉冲库仑法测定超细粉中的氧含量，是一种简便有效的方法。

参考文献

［1］（日）一ノ瀬升，尾崎义治，贺集诚一郎．超微颗粒导论．赵修建，张联盟，译．武汉：武汉工业大学出版社．1991.

［2］盖国胜，徐政．粉体技术．1997，3（2）：41.

［3］高技术新材料要览编辑委员会．高技术新材料要览．北京：中国科学技术出版社，1993.

［4］卢寿慈．粉体加工技术．北京：中国轻工业出版社，1998.

［5］化学工程手册编辑委员会．化学工程手册（第 19 篇）．颗粒的形状．北京：化学工业出版社，1989.

［6］沈钟，王果庭．胶体与表面化学．第 2 版．北京：化学工业出版社，1997.

第9章
气相法

气相法多用于制备纳米级别的粒子或薄膜，而非一般的微粉。气相法合成纳米颗粒具有纯度高、粒度细、分散性好、组分易于控制等优点。由气体制备纳米颗粒，按构成物质的基本粒子是否由化学反应形成大致可分为物理方法（主要指蒸发-凝结法）和化学方法（主要指化学气相沉积法）。

9.1 低压气体中蒸发法（气体冷凝法）[1,2]

蒸发-凝结技术又称为惰性气体冷凝技术（inert gas condensation，IGC）。此方法早在1963年由 Ryozi Vyeda 及其合作者提出，即通过适当热源使可凝物质在高温下蒸发，然后在惰性气体氛围下骤冷从而形成纳米微粒。由于颗粒的形成是在很高的温度梯度下完成的，因此得到的颗粒很细（可小于10nm），而且颗粒的团聚、凝聚等形态特征可以得到良好控制。该方法的装置不仅可用来制备纳米微粒，还可以在这个真空装置采用原位加压法制备具有清洁界面的纳米材料。

1984年 Gleiter 等采用的惰性气体凝聚原位加压成型制备纳米材料的装置示意图如图9-1所示。它包括电阻加热的蒸发源，液氮内冷却的纳米微粉收集器，刮落输运系统及原位加压成形（烧结）系统。以上各部分全部包含在能实现高真空的反应室中。真空度可达10^{-5}Pa以下，通入高纯度的载气达数百个帕的压强。纳米金属载气是惰性气体氦或氩。

将金属前驱体蒸发时，在靠近加热源的过饱和区域内，金属原子聚集成原子团簇。蒸发源和液氮内冷收集器之间的温差，使载气流向收集器并挟带原子团簇驻集到收集器表面，原子团簇的再聚产生晶态或非晶态的纳米微粉。与此同时，前驱体和载气之间发生化学反应。目前，大多采用自然载气气流，亦可以采用强迫载气气流，容易得到更细和更均匀的纳米微粉。PTFE（聚四氟乙烯）刮板将收集器上的纳米微粉刮落，微粉进入漏斗并被导入模具中，加压系统使之原位加压成型。成型过程在高真空（10^{-6}Pa）下完成，以

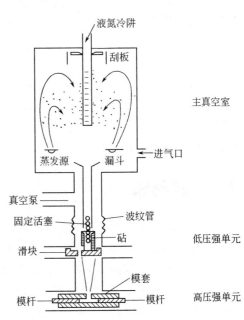

图 9-1 气体凝聚原位加压成型制备
纳米材料装置示意图

保持晶粒间界洁净无污染。成型压力达数个季帕。

纳米纯金属如 Pd、Cu、Fe、Ag、Mg、Sb 及纳米陶瓷如 CaF_2 等的惰性气体凝聚和原位加压成型已成功实现。

9.2 流动液面上真空蒸发法（VEROS）[3,4]

流动液面上真空蒸发法（vaccum-evaporating at running oil surface，VEROS）的基本原理是在高真空中蒸发的金属原子在流动的油面内形成极细的超微粒子。产品为含有大量超微粒的糊状油。图 9-2 为制备装置的剖面图。

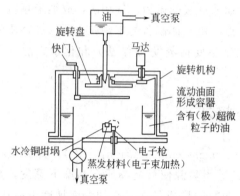

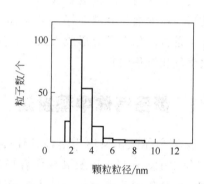

图 9-2　流动液面上真空蒸发法（VEROS）
制备极超微粒的装置图

图 9-3　VEROS 法制备的纳米微粒粒径分布

高真空中的蒸发是采用电子束加热，当水冷铜坩埚中的蒸发原料被加热蒸发时，打开快门，使蒸发物镀在旋转的圆盘下表面上，从圆盘中心流出的油通过圆盘旋转时的离心力在下表面上形成流动的油膜，蒸发的原子在油膜中形成了超微粒子。含有超微粒子的油被甩进了真空室沿壁的容器中，然后将这种超微粒含量很低的油在真空下进行蒸馏，使它成为浓缩的含有超微粒子的糊状物。

此方法的优点有以下几点：①可制备 Ag、Au、Pd、Cu、Fe、Ni、Co、Al、In 等超微粒，平均粒径约 3nm，而用惰性气体蒸发法是难以获得这样小的微粒的；②粒径均匀，分布窄（图 9-3）；③超微粒分散地分布在油中；④粒径的尺寸可控，即通过改变蒸发条件来控制粒径的大小，例如蒸发速度、油的黏度、圆盘转速等。圆盘转速高，蒸发速度快，油的黏度高均使粒子的粒径增大，最大可达 8nm。

9.3 溅射法[3,4]

在半导体领域中，为满足化合物系统的成膜要求。一种得到广泛应用的制备方法是真空中的溅射成膜方法。溅射成膜法是物理成膜方法（PVD）中最有效的手段。

此方法的原理如图 9-4 所示，用两块金属板分别作为阳极和阴极，阴极为蒸发用的材料，在两电极间充入 Ar 气（40～250Pa），两电极间施加的电压范围为 0.3～1.5kV。由于两电极间的辉光放电使 Ar 离子形成，在电场的作用下 Ar 离子冲击阴极靶材表面，使靶材原子从其表面蒸发出来形成超微粒子，并在收集超微粒子的附着面上沉积下来。粒子的大小及尺寸分布主要取决于两电极间的电压、电流和气体压力。靶材的表面积愈大，原子的蒸发速度愈高，超微粒的获得量愈多。

有人在更高压力空间中使用溅射法（电弧等离子体，arc plasma）制备超微颗粒。在这一方法中，由于靶的温度较高，表面熔融了。该法是以环状的蒸发材料为阴极，在它和与此相对的阳极之间有 15% H_2＋85% Ar 混合气体气氛和 13kPa 的压力下加上直流电压，产生放电，由熔化了的蒸发材料（靶）表面开始蒸发。蒸发生成的超微粒子通过上部的空心阳极，到达上部黏附面上沉积下来，用刀刮收集超微粒子。

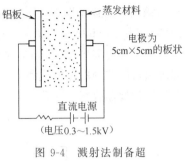

图 9-4　溅射法制备超微粒子的原理

用溅射法制备纳米微粒有以下优点：①可制备多种纳米金属，包括高熔点和低熔点金属，而常规的热蒸发法只能用于低熔点金属制备；②能制备多组元的化合物纳米微粒，如 $Al_{52}Ti_{48}$，$Cu_{91}Mn_9$ 及 ZrO_2 等；③通过加大被溅射的阴极表面可提高纳米微粒的产出量。

9.4　化学气相淀（沉）积法

9.4.1　化学气相淀积简介[5]

化学气相沉积（chemical vapor deposition，CVD）技术可广泛用于特殊复合材料、原子反应堆材料、刀具和半导体微电子材料等多个领域。自 20 世纪 80 年代起，等离子体CVD（plasma assisted CVD）技术又逐渐用于粉状、块状材料和纤维等的合成，并成功制备了 SiC、Si_3N_4 和 AlN 等多种超细颗粒。

化学气相沉积是指利用气体原料在气相中通过化学反应形成基本粒子并经过成核、生长两个阶段合成薄膜、粒子、晶须或晶体等固体材料的工艺过程。它作为超细颗粒的合成具有多功能性、产品高纯性、工艺可控性和过程连续性等优点。由于 CVD 可以在远低于材料熔点的温度下进行纳米材料的合成，因此在非金属粒子和高熔点无机化合物的合成方面几乎取代了 IGC 方法。最初的 CVD 反应器是由电炉加热的，这种热 CVD 技术虽可合成一些材料的超细微粒，但由于反应器内温度梯度小，合成的粒子不但粒度大，而且易团聚和烧结，这也是热 CVD 合成纳米颗粒的最大局限。

在此基础上人们又开发了多种制备技术，其中较普遍的是 CVD 技术。它利用等离子体产生的超高温激发气体发生反应，同时利用等离子体高温区与周围环境形成巨大的温度梯度，产生急冷作用得到纳米颗粒。由于该方法气氛容易控制，可以得到很高纯度的纳米颗粒，它也特别适合制备多组分、高熔点的化合物［如 Si_3N_4＋SiC、Ti(NC) 和 TiN＋TiB_2 等］。另外激光CVD（laser CVD）技术合成纳米颗粒也是近年来研究相当活跃的课题。

9.4.2　化学气相沉积 TiO_2[5]

TiO_2 具有卓越的颜料性能、较高的折射指数和稳定的物理化学性质。超细化后的 TiO_2 更具有粒子凝聚少、分散性好、可见光透光性好、吸收紫外线能力强等优点，适用于高级油漆、涂料、化妆品、催化剂和精细陶瓷等。利用 CVD 技术，可以制得组成、结构、粒度可控的 TiO_2 超细粒子。

该实验装置流程图见图 9-5。高纯氮气（99.999%）作为惰性稀释气体，分别通过可以控温的 $TiCl_4$ 和 H_2O 的汽化器，将其蒸汽携带进反应器。反应器的进口浓度由汽化器的温度调节控制。反应器内径 35mm，加热段长 600mm，石英玻璃制造。反应器通过管式电阻炉加热，温度由反应器内的热电偶测定。反应停留时间由气体流速和/或加热段长度控制。产物 TiO_2 粒子用膜过滤器收集（膜孔径 $0.1\mu m$）。

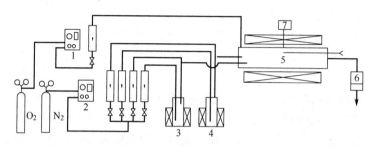

图 9-5 化学气相沉积 TiO_2 实验流程

1—O_2 纯化器；2—N_2 纯化器；3—$TiCl_4$ 汽化器；4—H_2O 汽化器；

5—反应器；6—捕集器；7—温度控制器

反应结束后，对产物粒子粒度、形貌及物相进行了分析。另外对粒子还作了差热分析和红外光谱分析。

对实验结果分析讨论如下。

（1）反应器温度分布　反应器轴向温度分布如图 9-6 所示。高温恒温区长度为 400mm。使反应物进料口位于恒温区，可使反应主要发生在恒温区域。反应器内的流动为平稳的层流（$Re=6\sim11$）。

（2）反应参数对粒径的影响　TiO_2 粒子的生成过程可表示为

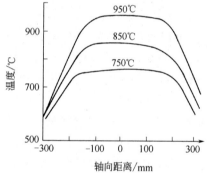

图 9-6 气相沉积反应器轴向温度分布

$$TiCl_4(g)+O_2(g) \Longrightarrow TiO_2(g)+2Cl_2(g)$$
$$n\,TiO_2(g) \Longrightarrow (TiO_2)_n(s)$$

TiO_2 的粒径 d_p 及分布取决于成核速率 R_N 和粒子生长速率 R_G 的相对大小，d_p 随 R_G/R_N 的增加而变大。R_N，R_G 在给定的温度下，均是气体分压的函数。

$$R_N=K_N\exp\left(\frac{-E_N}{RT}\right)p^m(TiCl_4)p^n(O_2) \tag{9-1}$$

$$R_G=K_G\exp\left(\frac{-E_G}{RT}\right)p^p(TiCl_4)p^q(O_2) \tag{9-2}$$

式中　K_N，K_G——成核和生长的速率常数；

E_N，E_G——成核和生长的活化能。所以 d_p 随反应速率、气体浓度的变化而变化。

① 分压的影响。d_p 随 $TiCl_4$ 的分压 $p(TiCl_4)$ 的增加而变大；随氧分压 $p(O_2)$ 的增加而变小，至 $p(O_2)=64kPa$ 时，粒径已经基本不变。另外，随着水分压 $p(H_2O)$ 的增加，粒径存在一最小值。在 $p(H_2O)=0.8kPa$ 时，$d_p=50nm$。因为水作为 TiO_2 粒子成核促进剂，低浓度时，随 $p(H_2O)$ 的增加，成核数目增加，故 d_p 下降；浓度高时，成核数目达到一极限值，再增加 $p(H_2O)$ 时，过量的水只会使粒子团聚，使 d_p 变大。

② 反应温度的影响。d_p 随反应温度的升高而迅速下降。因为升高温度，反应速率增加，提高了 TiO_2 的气相过饱和度使成核数目增加，则 d_p 下降。

③ 停留时间的影响。随停留时间的增加，d_p 稍有增大。粒径变化不大的原因，可能是粒子由多孔变为少孔或无孔的缘故。

（3）产物的形貌　TEM 观察到合成的 TiO_2 为球形。

（4）产物的相转变　进行 DTA 和 XRD 分析表明，升温开始至 260℃之间有一吸热峰，是 TiO_2 粒子中吸附水的脱水峰；在 920℃ 出现一个放热峰，表明有相变发生。为了解释放热过程，在放热峰后选择一个温度，在 950℃ 时将 TiO_2 粒子（850℃合成）焙烧 2h，再将样品用 XRD 分析，经与标准图谱比较，发现此时的样品属金红石型，而未经热处理的 TiO_2 粒子属锐钛矿型。因此可以推断 920℃ 的放热峰是锐钛矿向金红石转变时放热所致。

9.4.3　碳纳米管的制备

目前，碳纳米管的制备方法很多，常用的有石墨电弧法[6]、化学催化热分解（CVD）法[7]等。CVD 法是目前较为成熟的、有望实现大规模生产碳纳米管的方法。

朱海滨等[8]利用无水乙醇分解制备碳纳米管，他们以片层结构的分子筛基体上分布 Fe 颗粒为催化剂，其实验装置如图 9-7 所示。取少量催化剂粉末均匀分布在石英舟底部，将石英舟皿放置在电热炉的恒温区，在氮气的保护下加温，氮气的流量控制在 150mL/min。当温度升到反应温度时，停止氮气，通入乙醇蒸气，乙醇蒸气的流量通过调节乙醇蒸发炉的温度加以控制，反应 15min 后，停止乙醇蒸气，在氮保护下降温。

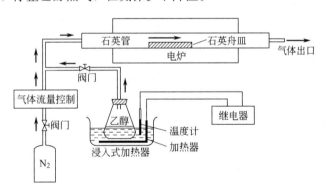

图 9-7　CVD 法制碳纳米管实验装置图

实验结果表明：反应温度为 800℃制得的碳纳米管的管壁较直，缺陷较少，内径较大，更利于填充其他物质。

该工艺实验设备简单，易于放大和对实验条件进行优化，有望实现大批量生产。

9.5　激光诱导化学气相沉积（LICVD）[4]

依靠光的激发，引起气体及液体的化学反应是光化学反应。利用激光制备超细微粒的基本原理是利用反应气体分子（或光敏剂分子）对特定波长激光束的吸收，引起反应气体分子激光光解（紫外光解或红外多光子光解）、激光热解、激光光敏化和激光诱导化学合成反应，在一定工艺条件下（激光功率密度、反应池压力、反应气体配比和流速、反应温度等），超细粒子可在空间成核和生长。例如用连续输出的 CO_2 激光（波长 $10.6\mu m$）辐照硅烷气体分子

（SiH₄）时，硅烷分子容易热解。

$$SiH_4 \xrightarrow{h\nu(10.6\mu m)} Si(g)+2H_2$$

热解生成的气相硅 Si(g) 在一定温度和压力条件下开始成核和生长，粒子成核后的典型生长过程包括：

① 反应物向粒子表面的运输过程；

② 在粒子表面的沉积过程；

③ 化学反应（或凝聚）形成固体过程；

④ 其他气相反应产物的沉积过程；

⑤ 气相反应产物通过粒子表面的运输过程。

粒子生长速率可用下式表示

$$\frac{d\upsilon}{dt}=\frac{V(Si)k_R\beta(SiH_4)c(SiH_4)}{1+\beta(SiH_4)c(SiH_4)} \tag{9-3}$$

式中　$c(SiH_4)$——SiH₄ 分子浓度；

　　　　k_R——反应速率常数；

　　　$\beta(SiH_4)$——Langmuir 沉积系数；

　　　　$V(Si)$——分子体积。

当反应物 100％ 转换时，最终粒子直径为

$$d=\left(\frac{6}{\pi}\times\frac{c_0M}{N\rho}\right)^{1/3} \tag{9-4}$$

式中　c_0——硅烷初始浓度；

　　　　N——单位体积成核数；

　　　　M——硅的分子量；

　　　　ρ——生成物密度。

在反应过程中，Si 的成核速率大小 $10^{14}/cm^3$，粒子直径可控制在小于 10nm。通过工艺参数调整，粒子大小可控制在几纳米至 100nm，且粉的纯度高。

激光制备纳米粒子装置一般有两种类型：正交装置和平行装置。在正交装置中，激光束与反应气体的流向正交，使用方便，易于控制，工程实用价值大（图 9-8）。用波长为 $10.6\mu m$ 的二氧化碳激光，最大功率为 150W，激光束的强度在散焦状态为 $270\sim1020W/cm^2$，聚焦状态为 $1050W/cm^2$，反应室气压为 $8.11\sim101.33kPa$。激光束照在反应气体上形成了反应火焰。经反应在火焰中形成了微粒，由氩气携带进入上方微粒捕集装置。

用激光合成微粉，由于反应空间可取在离开反应器壁内任意部位，所以该方法没有除反应物以外的杂质混入，可制备超纯微粉。另外，因为该方法能提供一个与周围环境绝热的、相当均匀的高温反应空间，所以合成条件容易控制，能合成单分散性的微粉。

用 SiH₄ 除了能合成纳米 Si 微粒外，还能合成

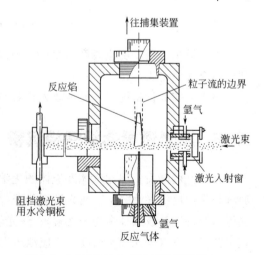

图 9-8　LICVD 法合成纳米粒子装置

SiC 和 Si$_3$N$_4$ 纳米微粒，粒径可控范围为几纳米至 70nm，粒度分布可控制在正负几纳米以内。合成反应如下

$$3SiH_4(g) + 4NH_3(g) = Si_3N_4(s) + 12H_2(g)$$
$$SiH_4(g) + CH_4(g) = SiC(s) + 4H_2(g)$$
$$2SiH_4(g) + C_2H_4(g) = 2SiC(s) + 6H_2(g)$$

式中，g 为气态；s 为固态。

所得到的微粒都是球形的。Si 的平均粒径约为 50nm，Si$_3$N$_4$ 的平均粒径为 10～20nm，SiC 的粒径为 18～26nm。所得到的 Si 和 Si$_3$N$_4$，其氧含量在 0.1％（质量分数）以下，属高纯粉末；而 SiC 微粉则为富 Si 或富 C。所有的颗粒都凝聚成链状。由于纳米微粒比表面大，表面活性高，表面吸附强，在大气环境中，上述微粒对氧有严重的吸附（约 1％～3％），粉体的收集和取样要在惰性气体环境中进行。对吸附的氧可在高温下（＞1273K）通过 HF 或 H$_2$ 处理而脱除。

9.6   等离子体化学及其在微粉制备中的应用

9.6.1   物质的第四态——等离子态[9]

1879 年英国物理学家克鲁克斯在研究了放电管中"电离气体"的性质之后，第一个指出物质存在一种第四态。物质的这一新的存在形式是经气体电离产生的由大量带电粒子（离子、电子）和中性粒子（原子、分子）所组成的体系，因总的正、负电荷数相等，故称为等离子体。继固、液、气三态之后列为物质的第四态——等离子态。

为什么把等离子态视为物质的又一种基本存在形态，是因为它与固、液、气三态相比无论在组成还是在性质上均有本质的区别，即使与气体之间也有明显的差异。第一，气体通常是不导电的，等离子体则是一种导电流体又在整体上保持电中性。第二，组成粒子间的作用力不同，气体分子间不存在净电磁力，而等离子体中的带电粒子间存在库仑力，并由此导致带电粒子群的种种特有的集体运动。第三，作为一个带电粒子系，等离子体的运动行为明显地会受到电磁场的影响和约束。需要说明的是，并非任何电离气体都是等离子体。只有当电离度大到一定程度，使带电粒子密度达到所产生的空间电荷足以限制其自身运动时，体系的性质才会从量变到质变，这样的"电离气体"才算转变成为等离子体。

9.6.2   产生等离子体的常用方法和原理[9]

为了使气体进入等离子体状态，必须使气体电离，气体电离是粒子间相互碰撞的结果。在技术上可以用不同的方法产生电离，其中最主要的是热电离、放电电离和辐射电离。具体的方法有气体放电法、光电离法、激光辐射电离、射线辐照法、燃烧法和冲击波法等。在化工工艺中较广泛地采用气体放电来获得等离子体。

气体放电法就是在电场作用下获得加速动能的带电粒子特别是电子与气体分子碰撞使气体电离，加之阴极二次电子发射等其他机制的作用，导致气体放电形成等离子体。按所加的电场不同可分为直流放电、高频放电、微波放电等。目前，实验室和生产上实际使用的等离子体绝大多数是用气体放电法产生的，尤其高频放电用得最多。

等离子体制粉法是一种很有发展前途的超细粉体制备新工艺。该法原材料很广泛，

可以是气体和液体料，还可以是固体和颗粒材料。产品十分丰富，包括金属氧化物、金属氮化物、碳化物等各种重要的粉体材料。其规模化生产前景广阔，已引起工业界的极大重视。

9.6.3　直流电弧等离子体法制备超微镍金属粉[10]

超微镍粉是广泛应用的磁性微粉之一。它具有很高的表面活性，良好的导电和导热性，它在电池电极、活性催化剂、导电浆料及层状电容器等领域有重要的应用价值。超微镍粉的制备方法很多，现介绍直流电弧等离子连续制备法。

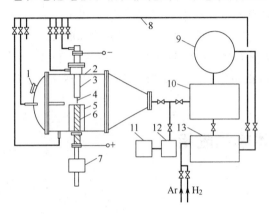

图 9-9　直流电弧等离子体法金属
超微粉生成炉原理图

1—观察窗；2—生成室；3—水冷铜阴极；4—钨棒；
5—水冷铜阳极；6—金属棒；7—推料机构；
8—气体管道；9—气体循环泵；10—捕集室Ⅰ；
11—旋转泵；12—罗茨泵；13—捕集室Ⅱ

直流电弧等离子体法的金属超微粉生成炉由水冷双重壁超微粉生成室、加热用电极、加热电源、供料系统、气体循环系统、超微粉捕集系统，抽气系统及冷却水循环系统所组成，如图 9-9 所示。该装置是在一个大气压下的（H_2+Ar）混合气氛中，用电弧等离子体熔化金属，利用氢气对金属的超微粒子化作用来制备金属超微粉。当装置抽空后，充入（H_2+Ar）混合气体至 0.1MPa，在钨棒 4 和金属棒 6 之间引燃电弧时就产生金属超微粉。生成的超微粉在气流的作用下输送到捕集室。文献［10］报道的实验工艺条件和结果如下。

① 金属超微粉生成炉在一个大气压的（H_2+Ar）混合气氛中连续制备 Ni 超微粉的最佳工艺条件为：电弧电流 200A，H_2 分压比 ［即 $p_{H_2}/(p_{H_2}+p_{Ar})$ ］为 60%，水平气流 6m^3/h。

② Ni 超微粉的产率随着电弧时间增长而逐渐降低。

③ Ni 微粉的形貌接近球形，平均粒径为 52.5nm。

9.7　低温等离子体化学法

由于 TiO_2 在各工业部门有广泛的应用，用途不同对 TiO_2 粉体的要求也不尽相同。纳米级 TiO_2 超细粉因其性能优异引起科技工作者的关注。陈祖耀等[11]从改进低温等离子体化学法出发，以无水 $TiCl_4$ 为源在纯氧中合成了粒径约为 10nm 的非晶态超细粉。

9.7.1　实验装置

制备纳米级 TiO_2 超细粉的起始物为上海金山兴塔化学试剂厂生产的无水 $TiCl_4$ 和市售钢瓶氧经纯化和干燥处理。

图 9-10 为低温等离子体化学法制备纳米级 TiO_2 超细粉的实验装置示意图。整个实验装置主要由竖式反应器、源区和产物收集区 3 部分组成。硬质玻璃管和真空活塞构成一真空反应室，GPO2-A 型高频感应加热设备（功率和频率分别为 200W 和 10～15MHz）通过反应

室外一对瓦形铜电极供给高频感应电场，整个反应系统与普通真空系统相连，源区中的氧气流量由浮子流量计给出，盛有无水 $TiCl_4$ 液体的玻璃容器置于杜瓦瓶内，它们在恒温下提供无水 $TiCl_4$ 蒸气并通过微调针阀进入反应室。反应区内的真空度和温度由热偶真空规和镍铬-康铜热电耦测量。

实验的基本操作步骤为：把反应室抽空后接通高频电源，反应管内即产生暗紫色辉光，此时通入氧和无水 $TiCl_4$，反应立即开始。为了使反应停止，首先应停止通入反应物质，然后加大氧气流量清洗反应系统，最后才能切断电源收集反应产物。所得产物应收入用干燥的氢氧化钾作干燥剂的保干器内保存。

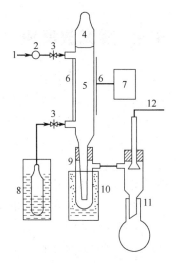

图 9-10　低温等离子体化学法制备纳米级 TiO_2 超细粉实验装置

1—来自纯化系统的 O_2；
2—过滤球；3—截止阀；4—磨口；
5—玻璃反应室；6—瓦形铜电极；
7—GPO2-A 高频感应加热装置；
8—盛有无水 $TiCl_4$ 的恒温器；
9—冷凝器；10—冰水冷阱；
11—超细粉收集装置；
12—接真空系统

9.7.2　实验结果分析

（1）获得纳米级 TiO_2 超细粉末的边界条件及其产物的鉴定　反应物浓度对产物形态和粒径的影响研究表明，只有当无水 $TiCl_4$ 的流量大于 $25mL/min$，即反应物浓度足够大时，才能得到粉末状产物，否则产物为薄膜或薄膜加超细粉末，而且与此相配的氧流量为 $160mL/min$。一般情况下，如果使用外径为 $60mm$、长约为 $400mm$ 的反应室，则一次可以方便地收集到 TiO_2 超细粉末约为 $1.2g/h$，比相应的横式反应装置（外径 $65mm$，长约 $900mm$ 的反应室）的 $0.1g/h$ 大 10 多倍。如果在反应物中加入极少量的无水 $SnCl_2$，产率会显著增加，这可能是 SnO_2 较易成核之故。

经 X 射线衍射分析，产物为非晶态 TiO_2 超细粉末。TEM 分析表明大多数粒子成球状，表现为块状的聚集团，制样时能分散。它们是由平均粒径小于 $10nm$ 的颗粒组成。

（2）产物的热处理及其对晶粒度/粒径和晶型转变的影响　将上述初始产物进行 TG-DTA 分析。结果表明，产物在从室温至 $400℃$ 的升温过程中有显著的失重，在 $100℃$ 左右失重比率最大。对应 DTA 曲线中的一个吸热峰，XPS 分析指出，热处理使氯损失。由此可见，在低于 $200℃$ 下热处理，既能除去杂质氯，同时又使产物保持粒径不大的非晶状态。

此外，在 DTA 曲线接近 $350℃$ 的地方，有一明显的小放热峰，意味着非晶态已转化为晶态。在升温过程中相应的 X 射线谱表明 $200℃$ 时粒子已开始晶化为锐钛矿型结构，$300℃$ 时为纯锐钛矿型 TiO_2，$400℃$ 时已有金红石相出现，$900℃$ 时产物为锐钛矿和金红石两种结构的混合物，但以后者为主。

（3）$TiCl_4$ 反应物流量对 TiO_2 超细粉粒径的影响　将初始产物经 $400℃$ 氧气中热处理 4h 后测定其平均粒径。反应物流量为 $75mL/min$。获得的产物，其平均粒径为 $20nm$ 左右，而且随着 $TiCl_4$ 蒸气流量的增大，经相同的热处理时间后平均粒径线性降低。

（4）非晶 TiO_2 超细粉在电子辐照下的稳定性　非晶 TiO_2 产物在弱电子束照射下，颗粒逐渐长大并且逐步晶化。经预先热处理后晶化的 TiO_2 粒子在电子束辐射下，其粒径长大速率相对减慢。

9.8 辉光放电法[9,12]

非晶硅是一种优良的半导体材料，用途极广，可用于制作太阳能电池、电光摄影器件、光敏传感器、热电动势传感器及薄膜晶体管（TFT）等，其中最重要的是太阳能电池。下面介绍非晶态硅膜的制备。

非晶态硅可由蒸发、溅射、辉光放电、化学气相沉积等方法制备。目前主要的制备方法是利用 SiH_4 及 SiF_4 气体辉光放电法。辉光放电有直流和交流辉光放电两种。直流辉光放电法沉积的硅膜质量较差，很少采用。交流射频功率向反应室的输入有不同的耦合方式，如图 9-11 所示。采用内电极的电容耦合式较好，反应沉积区空间电场分布比较均匀，容易制备出大面积均匀的 a-Si：H（非晶态硅-氢合金）膜。辉光放电法是借助于等离子体辉光放电将通入反应室的硅烷分解，产生包含离子、中性粒子、活性基团和电子等组成的等离子体，它们在衬底表面发生化学反应，生成 a-Si：H。沉淀过程中有大量复杂的化学反应，并且随具体的沉积条件而变。总的反应式可简单表示为

$$SiH_4 \longrightarrow a\text{-}Si：H + H_2$$

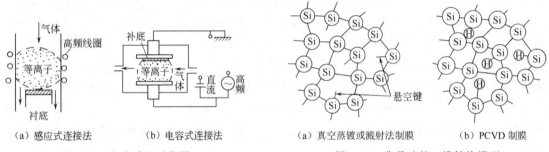

（a）感应式连接法　　（b）电容式连接法

图 9-11　辉光放电示意图

（a）真空蒸镀或溅射法制膜　　（b）PCVD 制膜

图 9-12　非晶硅的二维结构模型

辉光放电法所制备的非晶硅是氢化的，氢化非晶硅薄膜具有比未氢化非晶硅薄膜好得多的性能。其主要原因是氢对悬空（挂）键的饱和，这就减少了禁带中的缺陷态密度，如图 9-12 所示。但是，氢原子并不是在非晶硅网络已经形成后为了饱和悬空键才结合进去的，更不是氢含量越大越好。实验表明，在氢含量约 10% 的膜中的氢主要以氢化物 SiH 组态（Si—H 键）存在，这时禁带中缺陷密度不高。在氢含量达 30% 以上的膜中，大量氢以二氢化物组态存在，这使缺陷密度大大提高。可见，a-Si：H 膜的各种性能与氢含量，Si—H 组态及缺陷密度密切相关，这些情况又直接取决于沉积的工艺条件与具体的设备结构等。

用高频辉光放电 PCVD 法制作非晶硅膜时，典型的 PCVD 装置和非晶硅太阳能电池结构如图 9-13 所示。SiH_4 是主要原料气体。乙硼烷和磷化氢用作掺杂剂。$SiH_4 + B_2H_6$ 放电时沉积 p 型非晶硅半导体层；$SiH_4 + PH_3$ 放电时则沉积 n 型半导体层。SiH_4 单独放电时得到的是 i 型半导体。

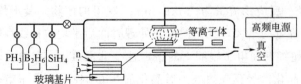

图 9-13　制备非晶硅太阳能电池的 PCVD 装置

衬底一般采用：①玻璃；②ITO（铟锡氧化物 $SnO_2 \cdot In_2O_3$）；③不锈钢；④Mo、Al、Ge、Si 诸类半导体材料。实验表明，在 450℃ 以下最好的衬底材料是不锈钢板、Nb、Ta、V、Ti、Cr、Mo 等材料。

一般的辉光放电条件是气体压力为 1.333~133.3Pa，高频输出为 1 至数百瓦，生长速度为 1~60μm/h。

非晶态硅-氢合金的形成条件见表 9-1。

表 9-1 非晶态硅-氢合金的形成条件

项　　目	指　　标
衬底温度/℃	200~400
频率/MHz	13.56
高频输出功率/W	20~50
气体压力/Pa	53.32
n 层	5~10nm(PH_3/SiH_4=0.6%~3.6%)
i 层	500~700nm(100% SiH_4 或用 H_2 或 Ar 稀释的 SiH_4)
p 层	约 30nm(B_2H_6/SiH_4=0.3%~2%)
流量/(mL/min)	100
生长速度/(μm/h)	1

9.9　化学气相输运（转移）反应法

9.9.1　化学气相输运反应法简介[13]

所谓化学输运反应，是指一种固体或液体物质 A，在一定温度下与一种气体物质 B 反应，生成气相产物 C，这个气相产物在体系的不同温度区又能发生逆反应，重新得到 A。

$$a\text{A(s 或 l)} + b\text{B(g)} \Longrightarrow c\text{C(g)}$$

例如，金属镍粉（粗）在 80℃ 时与一氧化碳反应，生成气态的四羰基合镍。200℃ 时，四羰基合镍又可以分解为单质镍和一氧化碳。经输运反应后得到的精镍，其纯度可达 99.99% 以上。

$$\text{Ni(s)} + 4\text{CO(g)} \underset{200℃}{\overset{80℃}{\rightleftharpoons}} \text{Ni(CO)}_4\text{(g)}$$

在这里气体一氧化碳称为输运（转移）介质或输运剂。80℃ 的温度区域称为源区，源区发生输运（转移）反应（向右进行）。温度为 200℃ 的区域称沉积区，在这里发生沉积反应（向左进行），Ni 重新沉积出来。其中输运剂一氧化碳在反应过程中没有消耗，只是对 Ni 起反复输运作用。这是化学气相输运与化学气相沉积不同的地方，化学气相输运法也称气体输运化学法或气相外延法。

化学输运反应类型很多，可举例如下。

（1）利用卤素作输运试剂的输运反应

例如

$$\text{Zr} + 2\text{I}_2 \Longrightarrow \text{ZrI}_4\text{(g)} \quad 280~1450℃$$

$$\text{Ti} + 2\text{I}_2 \Longrightarrow \text{TiI}_4\text{(g)} \quad 200~1400℃$$

$$ZnS + I_2 = ZnI_2 + \frac{1}{2}S_2(g) \quad 900 \sim 800℃$$

利用碘化物热分解法制取高纯难熔金属 Ti、Zr 是人们最早知道的化学输运反应。

化学气相输运温度可以大大低于物质的熔点或升华温度，因而它用于高熔点物质或高温分解物质的单晶制备，化学气相输运法制备 ZnS、ZnSe 单晶完善性高，晶体尺寸大，如 ZnS 为 8mm×8mm×5mm，ZnSe 为 10mm×10mm×5mm，晶体的气相生长法，已成为目前所创立的数十种晶体生长法中应用最多、发展最快的方法。

（2）利用氯化氢或易挥发性氯化物的金属输运

例如利用氯化氢进行的金属输运反应有

$$Fe + 2HCl = FeCl_2(g) + H_2 \quad 1000 \sim 800℃$$
$$Co + 2HCl = CoCl_2(g) + H_2 \quad 900 \sim 600℃$$

利用易挥发性氯化物进行的输运反应有

$$Be + 2NaCl(g) = BeCl_2(g) + 2Na(g)$$
$$Si + AlCl_3(g) = SiCl_2(g) + AlCl(g)$$

（3）通过形成中间价态化合物输运

$$Ti + 2TiCl_3(g) \underset{1000℃}{\overset{1200℃}{\rightleftharpoons}} 3TiCl_2(g)$$

$$Ge + GeI_4 = 2GeI_2(g)$$

（4）其他化学反应

$$Fe_2O_3 + 6HCl = Fe_2Cl_6(g) + 3H_2O \quad 1000 \sim 750℃$$

化学输运反应有着广泛的应用，除了提纯物质、生长大的单晶之外，应用化学输运反应还可使许多物质的合成更方便。

9.9.2 化学气相输运法制备 GaAs 薄膜[13]

由周期表Ⅲ和Ⅴ族的主族元素形成的Ⅲ-Ⅴ族化合物半导体是很受重视的一类半导体材料。目前除硅以外，以砷化镓和磷化镓为代表的Ⅲ-Ⅴ族半导体是研究和应用最广泛的半导体材料。这类材料在结构特点和性能方面有一些与元素半导体锗、硅相似的地方，但是它们还具有元素半导体所没有的许多有价值的优良性能。不少Ⅲ-Ⅴ族化合物半导体材料具有比硅更宽的禁带宽度、较高的载流子迁移率、较短的载流子寿命以及较好的电性能稳定性。有的Ⅲ-Ⅴ族化合物半导体属于直接带隙半导体并且具有多能谷导带的能带结构，故它们用于制造微波器件和光电子器件具有更多的优点。因此，Ⅲ-Ⅴ族化合物半导体材料的应用主要在于研制高频、高速微波器件和高功率、低噪声的光电器件。

现将砷化镓的制备介绍如下。

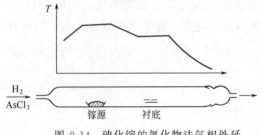

图 9-14　砷化镓的氯化物法气相外延

砷化镓的制备在工业生产上主要采用气相化学输运法（亦称气相外延法，）即采用 Ga-AsCl_3-H_2 体系的氯化物输运法。

氯化物法外延生长用的反应管用两段式电阻炉加热，使反应管中镓源区和沉积区处于两个不同的温区。如图 9-14 所示。

反应操作为向反应管中输入反应气体

AsCl$_3$＋H$_2$，使之在镓源区发生如下的还原反应

$$AsCl_3 + \frac{3}{2}H_2 = \frac{1}{4}As_4 + 3HCl$$

和砷与镓生成砷化镓的反应

$$Ga + \frac{1}{4}As_4 = GaAs$$

以及

$$GaAs + HCl = GaCl + \frac{1}{2}H_2 + \frac{1}{4}As_4$$

可见，AsCl$_3$ 是砷源，又是 HCl 源，向放有衬底的沉积区提供的是 GaCl，气相组分输运到温度较低的沉积区，扩散到衬底表面，然后发生第 3 个反应的逆反应

$$GaCl + \frac{1}{2}H_2 + \frac{1}{4}As_4 = GaAs + HCl$$

生成的 GaAs 沉积在衬底上并成为结晶。

反应管中也可以不用 Ga 而用 GaAs 作镓源，可使源区气相组成更稳定并提高外延膜的电学性能。气相外延中典型源区温度为 800～900℃，沉积区衬底温度为 700～800℃。由于原材料 Ga、AsCl$_3$ 和 H$_2$ 气体纯度很高，用氯化物法容易制得高纯的 GaAs 外延薄膜。此外，这一生产过程也较易控制。

参考文献

[1] 孙志刚，胡黎明. 化工进展. 1997，(2)：21-24.

[2] 潘颐，吴希俊. 材料科学与工程. 1993，11 (14)：16-25.

[3] （日）一ノ濑升，尾崎义治，贺集城一郎. 超微颗粒导论. 赵修建，张联盟，译. 武汉：武汉工业大学出版社，1991.

[4] 张立德，牟季美. 纳米材料学. 沈阳：辽宁科学技术出版社，1994.

[5] 姚光辉，李春忠，胡黎明. 华东化工学院学报. 1992，18 (4)：450-454.

[6] Ebbesen T W, Ajayan P M. Nature. 1992，358.

[7] Yacaman M J, Yoshida M M, Rendon L. Appl. Phys. Lett. 1993，62 (6)：657.

[8] 朱海滨，李振华，刘子阳，等. 物理化学学报. 2004，20 (2)：191-193.

[9] 赵化侨. 等离子体化学与工艺. 合肥：中国科技大学出版社，1993.

[10] 孙维民，金寿日，杨贺，等. 中国颗粒学会颗粒制备与处理专业委员会编，第四届全国颗粒制备与处理学术会议论文集，1995 年 11 月，徐州.

[11] 陈祖耀，赵于文，钱逸泰，等. 功能材料. 1992，23 (2)：83-89.

[12] 熊家林，贡长生，张克立. 无机精细化学品的制备和应用. 北京：化学工业出版社，1999.

[13] 申喜新，杨邦朝，姜节俭，等. 电子薄膜材料. 北京：科学出版社，1996.

第 *10* 章
固 相 法

10.1 固相反应的特征

10.1.1 固相反应的一般原理[1]

固相反应是指那些有固态物质参加的反应，可以归纳为下列几类：

① 一种固态物质的反应，如固体物质的热解、聚合；

② 单一固相内部的缺陷平衡；

③ 固态和气态物质参加的反应；

④ 固态与液态物质间的反应；

⑤ 两种以上固态物质间的反应；

⑥ 固态物质表面上的反应，如固相催化反应和电极反应。

一般说来，反应物之一必须是固态物质的反应，才能叫固相反应。

固体原料混合物以固态形式直接反应大概是制备多晶形固体最为广泛应用的方法。在室温下经历一段合理的时间，固体并不相互反应。为使反应以显著速率发生，必须将它们加热至很高温度，通常是 $1000 \sim 1500 ℃$。这表明热力学与动力学两种因素在固态反应中都极为重要：热力学通过考查一个特定反应的自由焓变化来判定该反应能否发生；动力学因素决定反应发生的速率。例如，从热力学考虑 MgO 与 Al_2O_3 反应能生成 $MgAl_2O_4$，实际上在常温下反应极慢。仅当温度超过 $1200 ℃$ 时，才开始有明显反应，必须在 $1500 ℃$ 下将粉末混合物加热数天，反应才能完全。可见动力学因素对反应速率有影响。

液相或气相反应动力学可以表示为反应物浓度变化的函数，但对有固体物质参与的固相反应来说，固态反应物的浓度是没有多大意义的。因为参与反应的组分的原子或离子不是自由地运动，而是受晶体内聚力的限制，它们参加反应的机会是不能用简单的统计规律来描述的。对于固相反应来说，决定的因素是固态反应物质的晶体结构、内部的缺陷、形貌（粒度、孔隙度、表面状况）以及组分的能量状态等，这些是内在的因素。另外一些外部因素也影响固相反应的进行，例如反应温度、参与反应的气相物质的分压，电化学反应中电极上的外加电压，射线的辐照，机械处理等。有时外部因素也可能影响到甚至改变内在的因素。例如，对固体进行某些预处理时，如辐照、掺杂、机械粉碎、压团、加热，在真空或某种气氛中反应等，均能改变固态物质内部的结构和缺陷状况，从而改变其能量状态。

与气相或液相反应相比较，固相反应的机理是比较复杂的。固相反应过程中，通常包括下列几个基本的步骤：

① 吸着现象，包括吸附和解吸；

② 在界面上或均相区内原子进行反应；

③ 在固体界面上或内部形成新相的核，即成核反应；

④ 物质通过界面和相区的输运，包括扩散和迁移。

在各个步骤中，往往有某一个反应步骤进行得比较慢，那么整个反应过程的反应速率就受这一步反应所控制，叫做速率控制步骤（rate determining step）。

10.1.2 高温固-固相反应的特征

两种固态反应物 A 和 B 相互作用生成一种或多种生成物 A_mB_n。在这种非均相的固相反应过程中，生成物把初始的反应物 A 和 B 隔开了，因此，反应之所以能够继续进行下去，必须是由于反应物不断地穿过反应界面和生成物质层，发生了物质的输运。所谓物质输运，是指原来处于晶格结构中平衡位置上的原子或离子在一定条件下脱离原位置而作无规则的行走，形成移动的物质流。这种物质流的推动力是原子和空位的浓度差以及化学势梯度。物质输运过程是受扩散定律制约的。

固-固相反应中，固态反应物的显微结构和形貌特征对于反应有很大的影响。例如，物质的分散状态（粒度）、孔隙度、装紧密度。反应物相互间接触的面积对于反应速率影响是很大的。因为固相反应进行的必要条件之一是反应物必须互相接触，将反应物粉碎并混合均匀，或者预先压制成团并烧结，都能够增大反应物之间接触面积，使原子的扩散输运容易进行，这样会增大反应速率。例如，Fe_2O_3 和 NiO 作用生成镍铁氧体 $NiFe_2O_4$ 的反应是在 700℃下进行的，但是如果使用共沉淀的镍和铁的草酸盐作为原料，即使在 300℃进行热分解，就会有 40% 的反应物发生反应，生成 $NiFe_2O_4$。当反应物被粉碎细、被分解或者其结构正在被破坏的时候，或者当反应物处于相变温度时，反应物的活性特别大。例如由 CoO 和 Al_2O_3 合成 $CoAl_2O_4$，当把反应温度规定在 1200℃时，由于这时相当于 $\gamma\text{-}Al_2O_3$（立方）→$\alpha\text{-}Al_2O_3$（六方）的相转变温度，所以合成反应进行得特别快。

10.1.3 高温固相反应机理和反应动力学

10.1.3.1 早期的扩散模型

Singh 和 Ali 研究了 CaO 和 Al_2O_3 合成 $CaAl_2O_4$ 的固相反应动力学。Nizami 和 Iqbal 研究了氧化钙和二氧化硅反应生成硅酸钙[2]。根据固-固反应特征，最初的产物在交界面上形成，随后反应物通过产物层扩散而使早期形成的晶核长大。

反应机理如图 10-1 所示。现假设一个单向性过程，产品层厚度（Y）的增长速率与反应时间（t）成反比。因此

$$\frac{dY}{dt} = \frac{Dk}{Yt'} \tag{10-1}$$

式中　D——扩散系数；

　　　k——边界条件 $t=0$、$Y=0$ 时的积分常数。

对式（10-1）积分即得

$$Y^2 = 2kD\ln t$$

若在时间 t 时未反应的原料的体积为 V，则

$$V = \frac{4}{3}\pi(r_0 - Y)^3$$

式中，r_0 为反应物颗粒的起始半径。

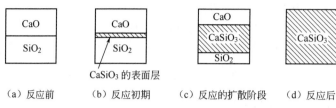

（a）反应前　　　（b）反应初期　　　（c）反应的扩散阶段　　　（d）反应后

图 10-1　扩散模式下 CaO 和 SiO_2 之间的固-固反应

若在 t 时间的反应分数为 x，未反应的原料的体积可表示为

$$V = \frac{4}{3}\pi r_0^3 (1-x)$$

因此，反应动力学公式可表示为

$$\left[1-(1-x)^{\frac{1}{3}}\right]^2 = \frac{2kD}{r_0}\ln t \tag{10-2}$$

式（10-2）表明原始反应物的颗粒的半径对反应速率的影响是很大的，当然还有 D。

另一个研究形成硅酸钙的动力学方程是相界面控制反应方程，是对式（10-2）的改进，有

$$1-(1-x)^{\frac{1}{3}} = \frac{kt}{r^2} \tag{10-3}$$

以 $1-(1-x)^{\frac{1}{3}}$ 对 t 作图，从直线斜率即可求 k。在式（10-2）和式（10-3）中，都是假设反应物质的活性正比于反应物质 $(1-x)$。利用式（10-3）和阿累尼乌斯方程可计算反应的表观活化能。

10.1.3.2　核生长模型

按照核生长模型，固-固反应的生长是在其体内产物的成核，这涉及形态的维数和空间成核的导向以及反应物质体积内的分布，考虑到这些因素，可导出

$$k = \frac{1}{t^m}\ln(1-x)^{-1} \tag{10-4}$$

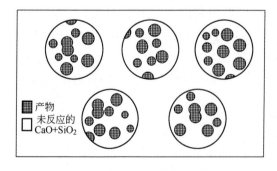

■产物
□未反应的
　CaO+SiO2

图 10-2　核生长模型

式中，m 为表明成核速率和生长核的几何形状的参数，已报道的 m 取值范围是 $0.5\sim4.0$。

图 10-2 是按照这个模型的 CaO 和 SiO_2 分子进行反应的机理。

作者在从谷壳硅（将谷壳在电炉中 500℃ 高温处理 8h 获得的石灰，含 92.0% 的 SiO_2，然后再经过湿化学和热处理后含 98.5% 纯 SiO_2）和石灰石（55.9% 的 CaO）合成硅灰石（$CaSiO_3$）的研究中对两种模型进行了对比。

以 $\left[1-(1-x)^{\frac{1}{3}}\right]^2$ 对时间的对数 $\ln t$ 作图得到的是曲线，而以 $\ln(1-x)^{-1}$ 对 t^m 作图得到直线关系。表明固-固反应发生是按照成核生长模型进行的。当 CaO 和 SiO_2 开始固-固反应生成 $CaSiO_3$，可看作成核随时间继续生长。这样在反应物基体内，产生更多、更新鲜的核并且已经存在的核继续生长，直到反应完全。

作者假设式（10-4）中的 $m=1$，求出不同温度下的 k，再经过阿累尼乌斯方程求出活

化能为 114.86kJ/mol。而其他作者以 CaO 和 SiO_2（石英）为原料合成的 $CaSiO_3$，测得活化能为 326kJ/mol。这说明用无定形谷壳硅的反应活性强于结晶石英。

10.2 固相法合成单相 $Ba_2Ti_9O_{20}$ 粉体[3]

$Ba_2Ti_9O_{20}$ 陶瓷，由于具有优异的微波介电性能，它主要用于制作微波电路元件，因而引起人们的广泛关注。但是，在制备 $Ba_2Ti_9O_{20}$ 时，人们发现难以获得单相 $Ba_2Ti_9O_{20}$ 粉体。采用传统固相反应工艺（$BaCO_3$＋TiO_2）或用水解沉淀法、溶胶-凝胶法、氢氧化物共沉淀法来制备，其合成或分解产物均为 $BaTi_2O_5$、$BaTi_4O_9$、$Ba_2Ti_9O_{20}$、$BaTi_5O_{11}$ 等的混合物，未能获得单相 $Ba_2Ti_9O_{20}$ 粉体。Choy 等[4]应用柠檬酸盐法，经 1100℃、1h 分解，获得了单相 $Ba_2Ti_9O_{20}$ 粉体。除了用 $BaCO_3$、TiO_2 为原料外，人们亦尝试着用 $BaTiO_3$、TiO_2 为原料。人们对难以获得单相 $Ba_2Ti_9O_{20}$ 的问题进行了机理的研究，有的作者提出 Ti 离子的扩散是速率限制因素，有的作者提出成核速率是限制生成 $Ba_2Ti_9O_{20}$ 的因素，因 $Ba_2Ti_9O_{20}$ 具有高的表面能和界面能，它影响了 $Ba_2Ti_9O_{20}$ 的成核速率等。

姚尧等选用 $BaTiO_3$ 和 TiO_2 为原料，采用传统固相合成工艺，研究单相 $Ba_2Ti_9O_{20}$ 粉体的固相合成条件及探索影响 $Ba_2Ti_9O_{20}$ 生成的因素。

原料为 $BaTiO_3$［99.9%（质量分数）］和 TiO_2［99.9%（质量分数）］，按 $BaTiO_3$＋3.5TiO_2 配料，经球磨混合后，混合物于不同温度（800～1150℃）和保温时间（1/60～1/64h）进行固相合成反应。反应产物采用日本理学 RAX-10 型 X 射线衍射仪作物相分析，采用日本岛津 EPMA-8705QH2 型扫描电镜观察 $BaTiO_3$、TiO_2 及合成粉体的颗粒尺寸与形貌。

（1）固相合成产物的相分析 表 10-1 为 XRD 相分析的部分结果。图 10-3 表示合成温度为 1000℃ 和 1050℃ 时，随着保温时间的增加，$BaTiO_3$＋3.5TiO_2 系中的物相变化。

表 10-1 不同合成（或分解）温度，$BaOTiO_2$（Ti/Ba＝4.5）系的相分析

温度/℃	时间/h	物　　　　　相
800	4	$BaTiO_3$，TiO_2
850	4	$BaTiO_3$，TiO_2，$BaTi_4O_9$
900	4	$BaTi_4O_9$，$BaTiO_3$，TiO_2，$BaTi_5O_{11}$，$Ba_2Ti_9O_{20}$
950	4	$BaTi_4O_9$，$Ba_2Ti_9O_{20}$，$BaTi_5O_{11}$，TiO_2
1000	4	$BaTi_4O_9$，$Ba_2Ti_9O_{20}$，$BaTi_5O_{11}$，TiO_2
1000	48	$Ba_2Ti_9O_{20}$
1050	4	$Ba_2Ti_9O_{20}$，$BaTi_5O_{11}$，$BaTi_4O_9$
1100	4	$Ba_2Ti_9O_{20}$
1150	4	$Ba_2Ti_9O_{20}$

由表 10-1 和图 10-3 可知以下几点。

① 合成温度低于 850℃，固相合成反应不进行。

② 温度为 850℃，$BaTi_4O_9$ 开始生成。随着合成温度升高，$BaTi_4O_9$ 量快速增加。当固相合成温度为 900℃，保温 4h 时，$BaTi_5O_{11}$ 开始生成。随着合成温度进一步提高，$Ba_2Ti_9O_{20}$ 量增加，$BaTi_4O_9$ 及 $BaTi_5O_{11}$ 量在经历极大值后下降。升温至 1100℃，保温 4h 可使合成完全，生成单相 $Ba_2Ti_9O_{20}$。

③ $BaTi_4O_9$ 和 $BaTi_5O_{11}$，尤其是 $BaTi_4O_9$，是生成 $Ba_2Ti_9O_{20}$ 必需形成的中间产物。

④ 合成温度在 1000～1150℃ 范围内，通过改变保温时间（4～32h），均可获得单相

$Ba_2Ti_9O_{20}$ 粉体，且随着合成温度的提高，生成单相 $Ba_2Ti_9O_{20}$ 所需时间变短。

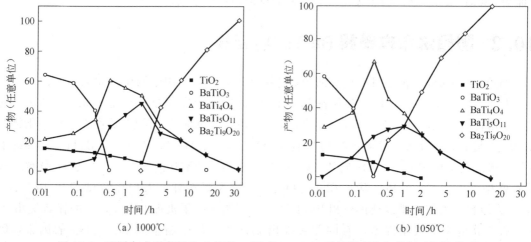

图 10-3　不同合成温度下 BaO-TiO_2（Ti/Ba＝4.5）系的相变化与保温时间的关系

（2）单相 $Ba_2Ti_9O_{20}$ 粉体的 SEM 观察（图略）　由 SEM 照片可知：固相合成温度低，合成后粉体颗粒细小，固相合成温度升高，则粉体颗粒很快长成长柱状，且发育完整。一般，在固相合成反应完全的情况下，选择低的合成温度，有利于下一步获得致密度高的陶瓷材料。对于制备 $Ba_2Ti_9O_{20}$ 粉体，合成温度为 1000～1050℃最合适。

（3）影响 $Ba_2Ti_9O_{20}$ 生成的因素　表 10-1 列出的相分析表明：采用传统固相反应制备工艺（$BaTiO_3$＋$3.5TiO_2$）在完全生成单相 $Ba_2Ti_9O_{20}$ 之前，必定产生一系列中间化合物，如 $BaTi_4O_9$ 及 $BaTi_5O_{11}$ 等。中间化合物的出现也说明了与 $BaTi_4O_9$、$BaTi_5O_{11}$ 相比，$Ba_2Ti_9O_{20}$ 确实难以生成，高的表面能、界面能及结构应力引起高的势垒是影响 $Ba_2Ti_9O_{20}$ 生成的一个重要因素。

但是，若采用柠檬酸盐法，在分解温度 1100℃、1h 条件下，就能获得单相细颗粒 $Ba_2Ti_9O_{20}$ 粉体，可见制备工艺也很重要。柠檬酸盐法的成功是柠檬酸盐法保证了 Ba、Ti 组成的均匀性。另外以 $BaCO_3$、TiO_2 为原料，也不能获得单相 $Ba_2Ti_9O_{20}$ 粉体，而是多相混合物。其原因是 $BaCO_3$ 具有高的分解温度（＞1100℃），在高温合成温度下（≥1150℃），导致生成的中间化合物迅速生长，晶粒粗化而失去继续反应的活性。基于以上原因，姚尧等采用 $BaTiO_3$、TiO_2 为原料，而且其粒度均＜$1\mu m$，特别是 TiO_2 颗粒更为细小。细颗粒原料经球磨仔细混合及制备工艺中各步骤注意 Ba、Ti 组成均匀性，最终得出合成温度为 1000～1150℃，4～32h 的保温条件时，均能获得单相 $Ba_2Ti_9O_{20}$ 粉体。所得粉体能烧结成致密的无晶粒异常生长的单相陶瓷。

因此，制备 $Ba_2Ti_9O_{20}$ 粉体时除固相高的界面能、表面能、结构应力等因素影响 $Ba_2Ti_9O_{20}$ 的生成外，制备工艺中 Ba、Ti 组成的均匀性亦是影响 $Ba_2Ti_9O_{20}$ 生成的另一重要因素。

10.3　自蔓延燃烧合成法

10.3.1　自蔓延高温合成技术[5]

自蔓延高温合成（self-propagating high-temperature synthesis，SHS），美国和日本又

常称之为燃烧合成（combustion synthesis），是制取无机化合物耐高温材料的一种新方法。它利用生成化合物时释放的反应热和产生的高温，使合成过程独自维持下去直至反应结束，从而在很短时间内合成所需的材料。

相对于常规生产方法，这种合成方法具有许多优点：

第一，节能省时，反应物一旦引燃就不需外界再提供能量，因此耗能较少，而且反应速率快，加工时间一般在秒分级，设备也比较简单；

第二，反应过程中燃烧波前沿的温度极高，可蒸发掉挥发性的杂质，因而产物通常是高纯度的；

第三，升温和冷却速度很快，易于形成高浓度缺陷和非平衡结构，生成高活性的亚稳态产物。

这些优点是十分显著的，因而这种方法近年来在国际上日益受到重视，迅速发展起来。

10.3.2　自蔓延燃烧合成氮化铝[6]

SHS方法虽然有许多优点，但是存在自然反应难以控制等缺点，因此探讨外部因素对反应的影响，得到理想的制备工艺，是 SHS 技术的关键。江国健等采用 SHS 技术对合成氮化铝进行了研究。实验方法和结果如下。

以 Al 粉为原料，通过 $Al + N_2 \rightarrow AlN$ 的反应制备 AlN。Al 粉的粒度为 24.9μm；化学组成见表 10-2。

表 10-2　铝粉的化学组成

元　素	Al	O	Si	Fe	C	Ca	Mg	其他
质量分数/%	99.1	<0.8	0.089	0.0375	0.05	0.009	0.008	痕量

(1) 稀释剂的量对燃烧反应的影响　铝氮化是强放热反应，纯 Al 粉在氮化过程中释放出大量的热。但 Al 熔点低（673℃），Al 易熔融，形成动力学障碍，阻止反应继续进行。结果是使 Al 粉结成铝块，其表面是氮化很不完全的黑色铝，产物含氮量低，成分不均匀。解决的办法是加入部分反应产物 AlN（作为稀释剂和晶种）或惰性物质，由此吸收反应热，使温度降低及使熔铝分散。

实验结果表明，随着稀释剂量的增加，反应的最高温度降低，这是稀释剂 AlN 吸收氮化热引起的。

添加稀释剂降低最高温度和蔓延速率，使产品中结合氮量增加，并使其在压坯上分布的均匀性提高。另外它还起到调整粉体坯孔隙率的作用。稀释剂对产物组分的影响，体现在氮含量的增加上。高纯氮化铝的氮质量分数是 33.5%。当稀释剂质量分数为 20% 时，氮含量仅有 30.8%；当稀释剂质量分数为 50% 时，氮含量为 32.42%，但加大稀释剂的量可能因为没有足够的热量使反应难以自维持而熄灭。

(2) 氮气压对燃烧反应的影响　氮化反应受热力学和动力学两方面因素的控制。从热力学角度来看，增加气体压力实际上是增加反应驱动力，这样导致最终转化率的增加；另外由于与氮化物燃烧相关的绝热温度很高，所以产物相的热力学稳定性就变得重要起来，氮化物一经形成，只有在供输的氮气压力超过氮化物分解压力下，才能稳定存在。实验表明，只添加产物相作为稀释剂，虽然降低了燃烧温度，但是仍得不到 100% 的转化率。如果在加了稀释剂的同时还辅以高压氮气，则就有可能实现完全转化，因此需要在高氮压下才可能完全生成氮化铝粉。

（3）添加剂对燃烧反应的影响　　在原料配比中，除加入 AlN 作稀释剂外，还要添加一种惰性添加剂（疏松剂，一种卤化物，如卤化铵）来降低燃烧温度。惰性添加剂对气固反应有特别的作用。因为 SHS 合成的产物是块状的，假如不加添加剂，一方面粉末烧成块状，气体很难渗透到反应物内部；另一方面这样合成的产物致密性很大，硬度很高，需要机械设备才能粉碎。如果加入添加剂，那么在反应过程中，由于添加剂本身挥发或产生气体，在粉末中扩散，产物就不会结块，而是呈疏松状，极易磨细。

在 9MPa 氮气压力下，在添加剂量为 6%（质量分数）时，燃烧产物氮含量最高，氮含量可达 33.2%（质量分数），接近氮化铝中含氮标准。但添加剂量太大，燃烧温度下降，反而不利于氮化，结果产物中含氮量也会降低。

在综合最佳条件的基础上，他们合成了含氮量为 33.5%（质量分数）的氮化铝粉末，并将研究结果应用于南通申海氮化物公司规模化生产。

用作疏松剂的 NH_4Cl 虽可使得产物疏松，易于破碎，但它也增加了体系中水蒸气量。

在自蔓延过程中，NH_4Cl 在燃烧波的预热区发生分解

$$NH_4Cl(s) \longequal NH_3(g) + HCl(g)$$

分解出的 NH_3 和 HCl 气体与燃烧区的 Al 蒸气反应生成 H_2

$$Al(g) + NH_3(g) \longequal AlN(s) + \frac{3}{2}H_2(g)$$

$$2Al(g) + 6HCl(g) \longequal 2AlCl_3(g) + 3H_2(g)$$

生成的 H_2 可与氮气中的杂质氧气反应生成 H_2O。此外，NH_4Cl 因吸潮带入的水分也在预热区转变成水蒸气，而水蒸气正是 AlN 高温氧化的催化剂，故促使 AlN 中氧含量的增加。

若添加炭黑或用经 200℃、4h 真空部分碳化的蔗糖作碳源，碳的存在可降低体系中水蒸气量，使 NH_4Cl 对产物中含氧量的促进作用受到抑制。尤其是部分碳化的蔗糖在自蔓延过程中发生碳化，可获得较大的表面积，使其能较明显地抑制 AlN 中氧含量的增加。这些已为王华彬等的研究结果所证实[7]。

10.3.3　ATO 纳米粉体的燃烧合成

锑掺杂氧化锡（Antimony-doped tin oxide，ATO）是一种新型多功能材料，具有耐高温、耐腐蚀、机械稳定性好的特点而被广泛应用。目前 ATO 材料的合成方法仅局限于传统的固相合成法、液相共沉淀法、水热法等，但都存在一些不同的问题。

张建荣等[8]采用燃烧合成法制备 ATO。将一定量的硝酸（氧化剂）和柠檬酸溶解于去离子水中，再将计量的柠檬酸锑和柠檬酸锡溶解于其中形成透明的溶液［摩尔比 $n(Sb):n(Sn)=1:20$］，将体积比为 1:1 的氨水滴加到上述溶液中，至 pH=7，得到淡青色溶液。将该溶液在 100℃ 脱水，在水分蒸发过程中，溶液逐渐转变成溶胶、凝胶。将凝胶移至马弗炉中以 300℃ 进行热处理。凝胶逐渐膨胀，最后形成灰黑色多孔絮状物，再在 600℃ 焙烧 2h，即得蓝色 ATO 粉体。

产品经 XRD 分析，图谱中未发现任何 Sb 化合物相，表明在此条件下 Sb 原子完全进入 SnO 晶格，形成了 Sb 取代 Sn 原子的结构。

在工艺条件中，柠檬酸与硝酸的比例对所得 ATO 粉体的性能影响较大，当该比例从 0.16 增大到 0.6 时，粉体的晶粒尺寸最小，为 12.9nm，比表面积最大，为 54.9m^2/g，粉

体呈分散状态。该工艺过程简单，不需要洗涤，从而缩短了合成周期，提高了粉体的品质，特别适用于多组分纳米粉体的合成。

10.4 低温燃烧合成法

低温燃烧合成（low temperature combustion synthesis，LCS）是简便、快捷制备超细粉和纳米粉的有效手段之一。LCS 是相对自蔓延高温合成而提出的。这种方法保留了 SHS 的简便，快捷的优点，同时弥补了 SHS 的不足。它的特点是：起火温度低（300～500℃）且不需要专门的点火装置；燃烧过程中产生大量气体，易于制得超细粉体；可通过控制加热速率、原材料种类和加入量以及控制添加剂等来控制燃烧过程进而控制粉体特性。下面以合成氧化铝为例介绍低温燃烧合成法[9]。实验方法如下。

以水合硝酸铝 $[Al(NO_3)_3 \cdot 9H_2O]$ 为氧化剂，以尿素 $[CO(NH_2)_2]$ 为燃料，根据推进剂化学理论计算氧化剂和燃料的配比[7]，即 $Al(NO_3)_3 \cdot 9H_2O : CO(NH_2)_2 = |+4-2+1 \times 4| : |+3-2 \times 9| = 6 : 15 = 1 : 2.5$（摩尔比）=2.5 : 1（质量比）。按生成 2g 的 α-Al_2O_3 计算配料，加水 15mL 配制成溶液，分别于 160、200、300、400 和 500℃点火进行低温燃烧合成。溶液先发生沸腾，冒烟后起火燃烧，得到疏松、泡沫状粉料。实验结果如下。

① 不同点火温度的影响。表 10-3 中列出了不同点火温度的实验结果。

表 10-3 不同点火温度下低温燃烧合成 α-Al_2O_3 的实验现象与结果

点火温度/℃	实 验 现 象	火焰持续时间/s	产物质量/g	X射线物相分析	火焰温度/℃
160	沸腾 25min 后冒烟,但未燃烧				
200	沸腾 19min 后冒烟,生成泡沫,但未燃烧			非晶	
300	沸腾 4min 后冒烟,1min37s 后燃烧	19	1.85	α-Al_2O_3	约1200
400	沸腾 3min30s 后冒烟,1min35s 后燃烧	17	1.9	α-Al_2O_3	约1200
500	沸腾剧烈,2min15s 后冒烟,1min28s 后燃烧	17	1.5	α-Al_2O_3	约1200

从表 10-3 可以看到，在 300～500℃均有点火孕育期（如 300℃的 1min 37s，而 500℃为 1min 28s），随点火温度提高，这个孕育期呈缩短趋势。而一旦点火，燃烧火焰温度几乎与点火温度无关，均在 1200℃左右，并且均得到了 α-Al_2O_3 产物。火焰持续时间以 300℃点火的最长，估计与点火前物料的冒烟分解，以及沸腾剧烈时溶液飞溅损失有关。这点从 500℃点火的试样仅得到 1.5g 产物也得到证实。随着点火温度的提高，溶液沸腾状态加剧，物料分解反应也加快，尤其在 500℃时，物料损失较大。由此可见，一定的燃料/氧化物配比下，存在一个适宜的点火温度。

② 低温燃烧合成与直接煅烧硝酸铝相比，具有节能、简便和快速的优点，所得粉末为 α-Al_2O_3，晶粒尺寸为 2～5μm。

10.5 机械合金化技术及应用

10.5.1 机械化学和机械化学反应[10,11]

物理化学通常可以根据其能量的转换关系或其效应及性质来划分分支学科，例如有热化学、电化学、磁化学、光化学、声化学和放射化学。所谓机械化学是研究物质在机械能的作用下所发生的化学和物理化学变化。

机械合金化（mechanical alloying）是一个常温下进行非平衡固态反应过程。由于在高能球磨过程中引入了大量的位错、晶界等缺陷，以及严重的应变和纳米级的微结构，使得机械合金化中的固态反应的热力学、动力学不同于普通固态反应。人们将机械合金化中固态反应称为机械化学反应（mechanochemical reaction）。

一般而言，机械合金化过程中因球磨介质的摩擦碰撞导致的局部温升只有 450～573K，固相反应能够在这样低的温度就能完成，可能与下列因素有关：①粉末在钢球的挤压、剪切作用下，发生变形→冷焊→破碎，这一过程反复进行，导致反应组元以新鲜洁净化的原子接触，这些反应组元物的原子间的距离很短，甚至与晶格结点之间的距离相当，因此，这些原子反应所需的扩散距离已缩短；其次，粉末不断细化、纳米化，细化的颗粒有更开放的表层，有利于原子的扩散。②球磨使晶体产生大量的缺陷，晶粒纳米化，界面所占的体积分数很高，为原子提供了快速迁移的通道网络；而且由于晶粒很小，界面的成核格点浓度很高，致使物质具有高扩散系数和短反应距离。因此，这种纳米尺度的界面固相反应得以在较低温度下进行。

这种使粉末的组织结构细化，最后达到不同组元原子互相掺入和扩散，发生反应的结果，能够获得常规方法难以获得的非晶合金、金属间化合物、超饱和固溶体等材料。

10.5.2　机械合金化技术的应用

（1）铁酸锌纳米晶的机械化学合成[12]　尖晶石型铁酸盐是一类重要的催化剂。20 世纪 90 年代初又发现了氧缺位的该类化合物具有使 CO_2 还原成 C 的优良催化性能。因此，有关铁酸盐的制备及性能研究一直是化学工作者感兴趣的课题。同时，尖晶石型铁酸盐又是一类重要的磁性材料，因而也是材料科学工作者研究的重要领域。传统的固态铁酸盐材料一般是通过 α-Fe_2O_3 与其他金属氧化物（或碳酸盐等）在高温条件下的固态化学反应而得（即反应烧结法），而纳米铁酸盐粉体一般均是利用湿化学方法制备的。

高能球磨法（即机械合金化）主要用于制备纳米合金材料及金属与陶瓷系材料，通过机械化学反应合成纳米复合材料。现介绍以 α-Fe_2O_3 和 ZnO 粉体为原料，通过机械化学反应合成铁酸锌纳米晶的方法。实验方法如下。

将原料 α-Fe_2O_3（纯度＞99.5%）和 ZnO（纯度＞99.5%）粉体分别过 200 目筛，以 1∶1 的摩尔比将两者混合均匀。合成反应在 100mL 的不锈钢球磨罐中进行，罐内装 60 个直径为 8mm 的硬质钢球。钢球与原料的质量比为 20∶1。室温（约 25℃）下在 QM-LF 行星式球磨机中进行高能球磨，球磨机转速为 200r/min，球磨达一定时间后停机取样，并进行性能测试。为了将球磨所得样品的性能与常规热化学方法所得样品进行比较，用上述同样的原料及比例将 α-Fe_2O_3 与 ZnO 混合均匀，放入坩埚中，在 800℃恒温反应 2h，在空气中自然冷却，所得样品用 H 表示。物相分析和性能测试结果如下。

①用 X 射线衍射（XRD）分析，球磨所得产物的物相图谱，与 800℃条件下反应生成的 $ZnFe_2O_4$ 图谱相似，且结晶程度良好，说明球磨 70h 后由于机械研磨作用，α-Fe_2O_3 已与 ZnO 反应生成了具有尖晶石型结构的铁酸锌，即

$$\alpha\text{-}Fe_2O_3(s) + ZnO(s) \xrightarrow{\text{研磨}} ZnFe_2O_4(s)$$

利用 Scherrer 公式计算得晶粒的平均尺寸为 14nm。

② Mossbauer 谱表明 H（热化学合成）样品为顺磁性，即为平衡的正尖晶石结构。而球磨合成的 $ZnFe_2O_4$ 纳米晶具有非正型分布的尖晶石结构（部分 Fe^{3+} 进入了尖晶石 AB_2O_4 结构的 A 位），为超顺磁性，纳米晶内存在着较多的缺陷。

（2）机械合金化技术合成纳米 α-Si_3N_4 材料[13] Si_3N_4 是一类极重要的性能优异的高温结构陶瓷。已知通过气相合成法、激光法合成纳米 Si_3N_4 粉末，但由于制粉效率低、产量小、合成温度高（>1300℃）、成本昂贵而大大限制对纳米 Si_3N_4 的结构、性能和应用方面的研究，而且合成的纳米粉末中都会含有一定量的 β-Si_3N_4，对其力学性能提高不利。因此，高效率批量合成高质量的 α-Si_3N_4 是这一研究领域亟待解决的首要任务。现介绍的是研究硅粉在室温氮（或氨）气中通过机械合金化途径与氮发生反应制备纳米 Si_3N_4 陶瓷粉末的方法。

所用原料硅粉的纯度为 99.8%，粒径范围为 $100\sim200\mu m$，在自行安装设计的密封系统中进行高能球磨。球磨机为 QM-IF 行星轮式，选用 $\phi100mm$ 的不锈钢罐和淬火钢球作磨具和磨料。球磨前首先将密封系统的空气抽空，然后注入 0.2MPa 的氮气或氨气。磨球和硅粉的质量比为 10:1。为了防止高能球磨过程中粉末温升过高，长时间球磨时，每磨 4h，停机 1h，直到预定的球磨时间。在球磨各阶段，在氮气保护下进行结构分析，然后将样品在真空炉中于 800℃下保温 6h 再进行结构分析。

硅粉在氮气或氨气中球磨 300h 后，产物的 XRD 谱图中开始出现了 α-Si_3N_4 的衍射峰。这是由于硅在不断细化形成纳米晶材料过程中，新鲜的、高反应活性的界面不断增多所导致的系统能量提高，使氮的扩散、渗入得以在界面上充分进行，最终反应生成了 α-Si_3N_4。但此时生成的 α-Si_3N_4 的量比较少，如表 10-4 所示。实验测定有大量的氮被吸附在硅粉中，高达 30%～45%。将它们在真空炉中于 800℃ 处理 6h 后，如表 10-5 所示，发现在氨气中高能球磨的试样几乎全部转化为纳米 α-Si_3N_4。

表 10-4 经 300h 球磨后粉末的物相组成及晶粒尺寸

研磨气氛	相组成的质量分数/%				平均粒径 /nm
	α-Si_3N_4	Si_2N_2O	Si	Fe	
N_2	4.8	11.3	78	0.96	8.6
NH_3	7.2	0	92	0.74	10.2

表 10-5 经 300h 球磨的硅粉在真空炉中处理后物相组成及晶粒尺寸

研磨气氛	相组成的质量分数/%				平均粒径 /nm
	α-Si_3N_4	Si_2N_2O	Si	Fe	
N_2	54.2	15.6	28	1.0	92.3
NH_3	94	0	4	0.95	81.6

从两种气体来看，在氮气中，高能球磨前硅表面形成的氧化膜在球磨过程中与氮反应生成 Si_2N_2O 保护层，阻止氮的进一步扩散，因而反应产物中含有大量未反应的游离硅。在氨气中可以避免生成 Si_2N_2O，明显降低未反应硅的含量。

10.6 液相共沉淀——固相烧结制备 YIG 铁氧体

磁光材料与器件是既在磁场作用下光学性能发生变化，又在光作用下磁性能发生变化的一类功能材料和器件。自 1956 年，贝尔实验室的狄龙（Dillon J F）等利用透射光，在偏光显微镜下观察到了钇铁石榴石（YIG）单晶材料中的磁畴结构，从此揭开了磁光效应大量应用的序幕。尤其是 1960 年第一台激光器问世以后，新的磁光材料和器件不断被研制成功，许多磁光性质和现象被进一步发现，磁光效应的研究和应用走上了快速发展的道路。在目前已发现的磁光材料中，钇铁石榴石（YIG）磁光材料由于其物理化学性能优良、比法拉第旋转角较大、磁优值大、且在近红外波段吸收小，已成为研究最多、应用最广泛、也最具发展前景的磁光材料之一。

大规模的集成电路和便携式通信工具的快速发展，要求微波器件向微型化、小型化、片式化甚至集成一体化方向发展，这就要求研究人员能够实现 YIG 材料的低温烧结。这是因为运用 YIG 制备一些微波器件时的烧结温度一般要高于 1400℃，远远超过了一些常用金属电极的熔点，因此，降低 YIG 的烧结温度，使烧结温度低于金属电极的熔点，增加器件与整机的匹配程度，成为近年来的一大研究热点。同时烧结温度过高还会导致 YIG 材料的晶粒尺寸的长大，而过大的晶粒尺寸会影响磁性材料矫顽力的大小，当 YIG 的晶粒尺寸小于其临界尺寸时，将进入超顺磁状态。因此，降低 YIG 的烧结温度也将有利于增加其磁光性能。要实现 YIG 铁氧体的低温烧结，主要从离子取代、使用添加剂、精细制粉及改变烧结工艺四个方面入手。其中通过精细制粉获得超细颗粒的粉料，增大粉体的比表面积，使粉体获得更多的表面能，可降低固相反应温度，从而降低烧结致密化温度。因此通过物理或化学的方法获得超细粉体成为降低 YIG 材料烧结温度的一种应用比较多的手段。利用物理粉碎的方法一般粉体尺寸只能达到 $0.5\mu m$，而利用湿化学法制备的粉料其粒径可以达到纳米级。液相共沉淀法制备的二组分复合粉体具有均匀性好、工艺简单、成本低等优点，但液相共沉淀法获得的前驱体在沉淀时易形成团聚，在干燥过程中容易形成硬团聚，导致前驱体粉末分散性差，粒径大，粒径分布宽，不利于复合氧化物的生成。黄波涛等[14,15]通过对共沉淀法制备 $Y_3Fe_5O_{12}$ 超细粉工艺的研究，改善前驱体的热性能和 $Y_3Fe_5O_{12}$ 的烧结性能。具体实验步骤如下。

（1）取适量的配制好的 0.1mol/L 硝酸铁和硝酸钇溶液，按 5：3 的摩尔比混合形成原料液放入分液漏斗中，缓慢滴加到盛有 100mL 沉淀剂（沉淀剂为具有一定 pH 值的氨水溶液）的烧杯中。在原料液的滴加过程中，同时向沉淀剂中滴加适当浓度的稀氨水溶液，以保证沉淀过程中 pH 值保持与要求的一致，此外，分别添加三类表面活性剂作为分散剂。整个反应过程中用磁力搅拌器强烈搅拌溶液，同时监测体系的 pH 值。原料液滴加完后持续搅拌 0.5h，即得到含 YIG 前驱体胶体粒子的溶液。

研究发现，在 pH=9.5 沉淀，制备的前驱体粉体分散性最好；用 DYY-1C 稳压电泳仪测试 YIG 前驱体胶体粒子的带电性，在共沉淀过程中前驱体胶体粒子对表面活性剂的吸附以特性吸附为主，添加表面活性剂对粉体的分散性有一定的改善作用，阳离子表面活性剂——十六烷基三甲基溴化铵（CTAB）对 YIG 前驱体胶体粒子分散性的改善要优于阴离子表面活性剂——十二烷基硫酸钠（SDS）和非离子表面活性剂 P123。

（2）结合 TG-DTA 和 XRD 对分散性得到改善的前驱体粉体的热性能及其在不同温度下的相变情况作了进一步的分析。控制沉淀 pH 值为 9.5，同时加入少量 CTAB，采用共沉淀法制备的 YIG 前驱体在 758℃左右煅烧可以直接合成结晶度较好的立方结构 YIG，并没有其他杂相和斜方结构的 YIG 形成；相对于未添加表面活性剂制备的 YIG 前驱体，添加了表面活性剂 CATB 制备的 YIG 前驱体在 758℃附近发生固相反应合成立方相 YIG 的过程中能量交换较小，表明反应更容易进行；YIG 粉体的平均晶粒尺寸随煅烧温度的升高呈线性增大，YIG 前驱体在 800℃下煅烧 1.0h，得到的 YIG 粉体的平均晶粒尺寸为 37.1nm，其结晶度达到 89.38%。升高煅烧温度，其结晶度虽然有少许提高，但平均晶粒尺寸也会增大，同时粉体之间出现的烧结现象也越严重，不利于后序工艺中的粉末压制成型及烧结，选择 800℃为 YIG 前驱体的煅烧温度较为理想。

（3）加入适量一定质量分数的聚乙二醇作黏结剂，在压强为 400MPa 下压制的 YIG 压坯，在 1250℃下保温 3.0h，烧结体晶界清晰，晶粒尺寸分布均匀，结构致密，测得其密度为 5.16g/cm³，已非常接近 YIG 的理论密度 5.17g/cm³。这个烧结温度比一般纯 YIG 的烧结温度降低了 150℃以上，且保温时间缩短为 3.0h。获得的 YIG 烧结体的饱和磁化强度 Ms 达到 23.72A·m²/kg，居里温度 t_c 为 315℃，有较好的磁学性能。这说明液相沉淀法获得细的前驱体粉末非常有利于随后的固相烧结反应。

参考文献

[1] 苏勉曾. 固体化学导论. 北京：北京大学出版社，1987.

[2] Nizami M S, Iqbal M Z. J. Mater. Sci. Technol. 2001，17（2）：243-246.

[3] 姚尧，赵梅瑜，吴文骏，等. 无机材料学报. 1998，13（5）：808-812.

[4] Choy J H, Han Y S S. J. Am. Ceram. Soc，1995，78（5）：1169-1172.

[5] 吴忍耕，韩杰才，李光福. 材料导报. 1994，（6）：5-7.

[6] 江国健，庄汉锐，李文兰，等. 现代技术陶瓷. 1998，19（3-s）：208-213.

[7] 王华彬，韩杰才，郑永挺，等. 硅酸盐学报. 2000，28（1）：15-19.

[8] 张建荣，高濂. 无机化学学报. 2004，20（7）.

[9] 李汶霞，殷声，王辉. 现代技术陶瓷. 1998，19（3-s）：26-29.

[10] 熊仁根，游效曾，董浚修. 化学通报. 1995，（4）：7-10.

[11] 吴年强，林硕，叶仲屏，等. 材料导报，1999，13（6）：12-14.

[12] 姜继森，高濂，杨燮龙，等. 高等学校化学学报. 1999，20（1）：1-4.

[13] 杜伟坊，杜海清. 无机化学学报，1996，12（1）：7-10.

[14] Huang B T, Ren R, Zhang Z, et al. Journal of Alloys and Compounds. 2013，558：56-61.

[15] 黄波涛. 成都：四川大学，2013.

第11章
液 相 法

在液相中进行的微粉制备方法包括沉淀法、水热法、胶体法、溶胶-凝胶法、微乳液法等。溶胶-凝胶法和微乳液法作为新工艺已在第1篇中作了详细的介绍，本章重点介绍沉淀法、水热法和胶体法的基本原理和工艺。

11.1 沉淀法

在溶液状态下，将成分分子混合，往溶液中加入适当的沉淀剂来制备前驱体沉淀物，再将此沉淀物进行煅烧就成为微粉，这是沉淀法的一般做法。用沉淀法制备微粉是传统的湿化学制粉工艺之一。

溶液中的沉淀物可以通过过滤与溶液分离。因此，制得的沉淀物应易于过滤。存在于溶液中的离子 A^+ 和 B^-，当它们的离子浓度积超过其溶度积 $[A^+][B^-]$ 时，A^+ 与 B^- 之间就开始结合，进而形成晶格，于是，由晶格生长和在重力作用下发生沉淀，形成沉淀物。一般而言，当颗粒粒径大到 $1\mu m$ 以上就形成沉淀物。产生沉淀物过程中的颗粒成长有时在单个核上发生，但常常是靠细小的一次颗粒的二次凝集。一次颗粒粒径变大有利于过滤。沉淀物的粒径取决于核形成与核成长的相对速率。即如果核形成速率低于核成长速率，那么生成的颗粒数就少，单个颗粒的粒径就变大。对制备微粉而言，既希望沉淀物易于过滤，又希望生成的固相颗粒大小均匀一致，避免宽分布的颗粒集合体，这就需要控制核形成和核成长速率，其原理已在第1篇第2章作了介绍，至于工程问题，将在第3篇加以介绍。

11.1.1 沉淀反应的加料方式

用沉淀法制备微粉，影响因素很多。沉淀形成的条件与粉体特性之间的关系是一个比较复杂的问题，除了前述晶体形成和成长外，还涉及传质过程、表面反应、粒子的细孔结构等。沉淀条件不同，将得到不同沉淀物，产生不同性能的粉体。

在中和沉淀时，加料顺序可分为"顺加法""逆加法""并加法"。把沉淀剂加到金属盐溶液中，统称为"顺加法"，把金属盐溶液加到沉淀剂中，统称为"逆加法"，而把盐溶液和沉淀剂同时按比例加到中和反应器中，则统称为"并加法"。用"顺加法"中和沉淀时，由于几种金属盐沉淀的最佳条件（pH值）不同，就会先后沉淀，得不到均匀沉淀物。若采用"逆加法"中和沉淀时，按要求的最大 pH 值配制沉淀剂溶液，则在整个沉淀过程中 pH 值的变化不大，因碱浓度变化10倍，才降低一个 pH 值。"逆加法"易实现几种金属离子同时沉淀，但是沉淀剂可能过量，较高的 pH 值也引起两性氢氧化物重新溶解。为了避免"顺加法"和"逆加法"的不足，可以采用"并加法"。当然，各种不同的体系和对最终产品的性能的要求，会有不同的加料方式。

11.1.2 均相沉淀法

一般沉淀法是金属盐溶液与沉淀剂相混合而生成沉淀。采用顺加、逆加或并加的加料方式，即使在搅拌条件下也难免会造成沉淀剂的局部浓度过高，因而使沉淀中极易夹带其他杂质和造成粒度不均匀。为了避免这些不良后果的产生，可在溶液中加入某种试剂，在适宜的条件下从溶液中均匀地生成沉淀剂，例如在中和沉淀法中采用尿素（碳酸二酰胺）水溶液。在常温下，该溶液体系没有什么明显变化，但当溶液加热到 70℃ 以上时，尿素就发生如下的水解反应

$$(NH_2)_2CO + 3H_2O \rightleftharpoons 2NH_4OH + CO_2 \uparrow$$

这样在溶液内部生成了沉淀剂 NH_4OH。若溶液中存在金属离子，例如 Al^{3+}，即可生成 $Al(OH)_3$ 沉淀，将 NH_4OH 消耗掉，不致产生局部过浓现象。当 NH_4OH 被消耗后，尿素 $(NH_2)_2CO$ 继续水解，产生 NH_4OH。因为尿素的水解是由温度控制的，故只要控制好升温速度，就能控制尿素的水解速率。这样可以均匀地产生沉淀剂，从而使沉淀在整个溶液中均匀析出。这种方法可以避免沉淀剂局部过浓的不均匀现象，使过饱和度控制在适当的范围内，从而控制沉淀粒子的生长速度，能获得粒度均匀、纯度高的超细粒子，这种沉淀方法就是均相沉淀法。

（1）均相沉淀剂尿素　均相沉淀法常用的沉淀剂是尿素 $(NH_2)_2CO$。为了有效地使用尿素作沉淀剂，先对尿素在高温条件下的水解作详细分析。

$(NH_2)_2CO$ 在水中按下式电离

$$(NH_2)_2CO \rightleftharpoons NH_4^+ + NCO^- \tag{1}$$

在酸性溶液中 NCO^- 很快水解

$$NCO^- + 2H^+ + H_2O \rightleftharpoons NH_4^+ + CO_2 \tag{2}$$

但在中性或碱性溶液中，NCO^- 的水解反应为

$$NCO^- + 2H_2O \rightleftharpoons NH_4^+ + CO_3^{2-}（中性） \tag{3}$$

$$NCO^- + OH^- + H_2O \rightleftharpoons NH_3 + CO_3^{2-}（碱性） \tag{4}$$

NCO^- 的水解反应实际上受 NH_4^+ 离子离解平衡的控制

$$NH_4^+ \rightleftharpoons NH_3 + H^+ \qquad \lg k = -9.25$$

当溶液的 pH＞9.25 时，溶液中主要以 NH_3 形态存在，而当 pH＜9.25 时，主要以 NH_4^+ 形态存在。

对于反应式（1），在 100℃ 时，1mol/L $(NH_2)_2CO$ 水溶液中仅有 1.3％ 的 $(NH_2)_2CO$ 转化为 NH_4^+ 和 NCO^-。因此，当尿素的用量较小时，只能起到中和溶液中 H^+ 的作用，若要生成碳酸盐化合物则必须增大尿素的用量。即是说，用尿素作均相沉淀剂时，生成的沉淀物不仅与溶液的 pH 值有关，而且与尿素的用量有关。Janekovic A 和 Matijevic E J[1] 曾报道了以 $CdCl_2$ 溶液为原料，用尿素作沉淀剂时的两种情况。

① 2.0×10^{-3} mol/L $CdCl_2$ + 0.02mol/L $(NH_2)_2CO$，在 90℃ 下陈化 16h，最终溶液的 pH 为 5.5，所得产物为 $Cd(OH)Cl\{K_{sp}[Cd(OH)Cl] = 1.1 \times 10^{-10}\}$；

② 1.0×10^{-3} mol/L 的 $Cd(NO_3)_2$ 和 2.0mol/L 的 $(NH_2)_2CO$，在 65℃ 下陈化 16h，得到的产物为纯的 $CdCO_3[K_{sp}(CdCO_3) = 5.2 \times 10^{-12}]$。

这些实验研究表明，要得到 $CdCO_3$ 沉淀物，CO_3^{2-} 的离子浓度是很重要的。文献 [1] 获得单分散的，约 $1\mu m$ 大小的菱形 $CdCO_3$ 晶体的最佳工艺条件为 $5.0mol/L$ 的尿素和 $1.0\times10^{-3}mol/L$ 的 Cd 盐，即将 $40mL$ 在 $80℃$ 预热 $24h$ 的 $10mol/L$ 尿素溶液与同体积的 $2.0\times10^{-3}mol/L$ $CdCl_2$ 溶液（室温）混合均匀而制得 $CdCO_3$。当反应溶液的总体积增加到 $250mL$、$500mL$ 时，产物均有相当好的再现性。反应是非常迅速的，$250mL$ 的 $10.0mol/L$ 尿素溶液被迅速加入到 $250mL$ $2\times10^{-3}mol/L$ $CdCl_2$ 溶液中，用磁性搅拌子混合 $10s$，混合后大约 $2min$，整个溶液即开始变得浑浊，大约 $10min$ 以后均匀的粒子沉淀下来形成沉淀物，在这段时间里溶液的 pH 维持在 9.2 基本不变。

用 $(NH_2)_2CO$ 均相沉淀法生成的 $CdCO_3$，可用来制备纯的稳定的 CdO。由于 CdO 在水溶液中不稳定，故不可能从水溶液中生成 CdO。将均相沉淀所得的单分散均匀的 $CdCO_3$ 在高于 $300℃$ 的温度下，在惰性气流中（如 Ar，防止分解出的 CO_2 再与 CdO 反应）热裂解，即可得到晶形不变，大小为 $1\mu m$ 左右的 CdO 粒子。

在上述实验中，以尿素为沉淀剂的镉盐均相沉淀法，依所用尿素的浓度不同，可有 Cd(OH)Cl（在低 pH）和 $CdCO_3$（在高 pH 下）两种沉淀产物。若是铝盐溶液经添加尿素加热水解，生成的沉淀物却是 $Al(OH)_3$。这说明沉淀物的不同，不仅与尿素的浓度有关，还与金属离子的本性有关。此外，它还与盐类的阴离子有关。阴离子在均匀溶胶制备中对产物的形貌也有较大的影响[2]，但由于现象复杂而且与体系和实验条件有关，尚未能得到普遍的结论。

（2）均相沉淀法制氧化钇前驱体　Sordelet D 和 Akine M J[3]用均相沉淀法从尿素热分解水溶液得到了单分散的氧化钇前驱物，并对影响产物形貌的因素进行了研究。研究结果表明如下。

① 钇盐浓度的影响。若 Y^{3+} 的浓度达到 $0.075mol/L$，则颗粒形貌偏离球形，形成团聚体。

② 尿素浓度的影响。当 $c[(NH_2)_2CO]/c(Y^{3+})$ 比增加，则产率增加，当 $c[(NH_2)_2CO]/c(Y^{3+})=30$ 时，产率可达到理论值。

③ 陈化时间的影响。当 $c(Y^{3+})=0.025mol/L$，$c[(NH_2)_2CO]=0.27mol/L$ 时，需要陈化 $360min$ 才能达到理论产率，而当 $c[(NH_2)_2CO]$ 增大到 $0.54mol/L$ 时，仅 $120min$ 即可接近理论产率。颗粒大小随陈化时间延长而增大。

④ 支持阴离子的影响。按标准沉淀工艺，用硝酸根或氯根所得的粒子皆为球形，它们是不发生络合的离子，并且是非常弱的碱，对颗粒的形成，没有不同的影响。此外，醋酸根则表现出对颗粒形貌影响，但其作用尚不清楚。

⑤ CO_2 形成的影响。在本研究中，不像 Al^{3+} 与 $(NH_2)_2CO$ 反应生成 $Al(OH)_3$ 沉淀，那里的 OH^- 是由尿素分解产生的。本研究则表现出尿素分解产生 CO_3^{2-} 是主要的。为了考察 CO_2 形成的重要性，用蚁胺（甲酰胺 $HCONH_2$）代替尿素进行实验。蚁胺按下式发生水解反应

$$HCONH_2 + H_2O \Longleftrightarrow HCOOH + NH_3$$

这里虽然有 NH_3 生成，但在含有 Y^{3+} 的溶液中并无沉淀形成，甚至用高过量的蚁胺和长时间煮沸也都不形成沉淀，说明蚁胺 $HCONH_2$ 水解虽有 NH_3 形成，但由于酸性相当强的甲酸（$HCOOH$）的生成，故不能使溶液中的 Y^{3+} 生成沉淀物。

用尿素 $(NH_2)_2CO$ 热分解使溶液中的 Y^{3+} 形成的沉淀，经化学分析可粗略表示为

$YOHCO_3$，表明了尿素热分解产生 CO_3^{2-} 是关键性的。用三氯乙酰胺 CCl_3CONH_2 代替尿素，与钇盐溶液混合加热，在 $70\sim80℃$，产生 CO_2 剧烈起泡，并立即形成沉淀物，不过这些颗粒的形貌与采用尿素作沉淀剂的不同。改变三氯乙酰胺和钇盐的浓度也可能得到球形颗粒，只是不如用尿素的那样均匀一致，粒子形貌上的差异很可能是由于三氯乙酰胺和尿素之间在分解速率上的不同所造成。

由均相沉淀法得到的 $YOHCO_3$ 沉淀是无定形的。经 TGA（热重分析）/DTA（差热分析）研究，沉淀物在受热时经历两个阶段的热分解，在接近 $180℃$ 时首先形成仍是无定形的 $Y_2O_2CO_3$，然后在 $610℃$ 以上时形成立方晶形的 Y_2O_3

$$2YOHCO_3 \xrightarrow{180℃} Y_2O_2CO_3 + H_2O + CO_2$$

$$Y_2O_2CO_3 \xrightarrow{610℃} Y_2O_3 + CO_2$$

11.1.3 草酸盐热分解法

草酸盐热分解法制备金属氧化物超细粉末具有工艺路线短，设备条件简单，成本低，产品纯度高，质量稳定，结晶颗粒细等优点，在实际生产中有着广泛的应用。这里简单介绍草酸盐热分解法的工艺原理。

(1) 金属草酸盐的制备　Ca^{2+}、Sr^{2+}、Ba^{2+}、Th^{4+}、稀土等能生成微溶性草酸盐沉淀，而 Fe^{3+}、Al^{3+}、Zr^{4+}、$Nb(V)$、$Ta(V)$ 等与 $C_2O_4^{2-}$ 生成可溶性络合物。因此用钙、锶、钡、稀土等的可溶性盐溶液与草酸 $H_2C_2O_4$〔或草酸铵 $(NH_4)_2C_2O_4$〕溶液直接反应，即可得到金属草酸盐结晶，并与原料中所含的 Fe^{3+} 等杂质相分离，其反应如下

$$M^{2+} + C_2O_4^{2-} + mH_2O \Longrightarrow MC_2O_4 \cdot mH_2O \downarrow$$

其中，M^{2+} 代表 Ca^{2+}、Sr^{2+}、Ba^{2+} 等二价金属离子。

(2) 草酸盐的热分解　草酸盐受热时先脱去结合的水，然后与氧结合生成金属氧化物和二氧化碳。

$$MC_2O_4 \cdot mH_2O \xrightarrow{脱水} MC_2O_4 + mH_2O$$

$$MC_2O_4 + \frac{1}{2}O_2 \xrightarrow{热分解} MO + 2CO_2$$

在缺氧的条件下，会部分分解出一氧化碳气体，而且金属氧化物结晶容易产生晶格缺陷。

$$MC_2O_4 \xrightarrow{热分解} MO + CO_2 + CO$$

因此，焙烧应在氧化气氛中进行。

各种金属草酸盐的脱水、热分解温度可以从有关手册资料中查出，也可根据所制得的草酸盐的 TGA-DTA 图中求得。加热焙烧的温度必须高于热分解温度。若温度差 ΔT 的值较小，可减少结晶的长大和晶粒间的团聚，制得颗粒粒径较小，分散性好的超细粉。但若 ΔT 值过小则容易因颗粒受热不均匀而引起草酸盐分解不完全，引起产品纯度低。虽然延长焙烧时间可能使草酸盐完全分解，但会产生局部晶粒长大。同样，增大温度差 ΔT，也必然会使结晶颗粒的粒径长大。

其次，对于某些可能生成不同价态的金属氧化物的金属草酸盐，焙烧气氛中氧气浓度必然会影响到金属离子的价态。例如 $NiC_2O_4 \cdot 2H_2O$ 在不同气氛、不同温度、不同焙烧时间下可获得不同含镍量的超细粉，Ni_2O_3 或 Ni_3O_4。

文献［4］报道，将草酸盐沉淀 $ZnC_2O_4 \cdot 2H_2O$ 在 400℃下焙烧 1.5h，可制得粒径约为 $0.03\mu m$ 的 ZnO 超细粉末，其颗粒大小均匀、分散度好。

11.1.4 配合物分解法

均分散粒子的制备关键是成核与生长两个阶段分开进行，即控制实验条件，确保一次爆发成核，防止再次成核，在第一批晶核形成后，过饱和溶液的浓度应维持在既能保证晶核生长，又能保证低于再次成核所需离子数值。

Takiyama 采用配合物分解法制备了均分散的 $BaSO_4$ 粒子。他首先让 Ba^{2+} 与 EDTA 钠盐在缓冲溶液中生成钡的络离子，然后加入 $(NH_4)_2SO_4$ 和 H_2O_2 溶液，钡络离子 (BaY_4^{2-}) 被 H_2O_2 分解后释放出 Ba^{2+} 并与溶液中的 SO_4^{2-} 结合成大小基本相同的纺锤形 $BaSO_4$ 粒子，故该法又称为 Takiyama 法。

王世权等用配合物法考察了均分散 $BaCO_3$ 粒子的制备条件[5]。

试剂 $BaCl_2$、EDTA、NH_4Cl、$(NH_4)_2CO_3$、H_2O_2、氨水，均为分析纯。溶液用二次蒸馏水配制，所有溶液均经过 4 号玻璃砂芯漏斗过滤，以除去不溶杂质。

即按计算量将准确配制的溶液依 $BaCl_2$、EDTA、NH_4OH-NH_4Cl 缓冲溶液、$(NH_4)_2CO_3$ 和 H_2O_2 的顺序加入具有玻璃塞的锥形瓶中，混合均匀。反应液中 $BaCl_2$、EDTA 及 $(NH_4)_2CO_3$ 等物质的量和浓度应相同，其起始值均在 $0.02\sim0.178mol/L$ 的范围内。缓冲溶液（pH＝10）的加入量占反应混合物总体积的 5%，H_2O_2 的加入量占反应混合物总质量的 6%。将盛有反应液的锥形瓶置于 (80 ± 0.1)℃的恒温槽中，瓶中溶液逐渐由清变浑浊。反应一定时间后，将锥形瓶从恒温槽中取出，立即放入冰水中骤冷，然后离心分离除去母液，并用二次蒸馏水洗涤沉淀数次。用电子显微镜观测 $BaCO_3$ 粒子的大小和形貌。

当 $BaCl_2$、EDTA 及 $(NH_4)_2CO_3$ 等物质的量和浓度相同，且初始浓度在 $0.02\sim0.178mol/L$ 范围内时，由配合物法制备的均分散 $BaCO_3$ 为哑铃形粒子。

所安排的加料顺序是不能任意改变的。因为 Ba^{2+} 与 EDTA 要在 pH＝10 的缓冲溶液中才能形成稳定的络离子，在形成络离子之后再加入 $(NH_4)_2CO_3$，不至于立即生成 $BaCO_3$ 沉淀，而是在加入 H_2O_2 使络离子分解后才形成 $BaCO_3$ 沉淀。

11.1.5 化合物沉淀法

（1）化合物沉淀及特点[6]　在微粉制备中，使混溶于某溶液中的所有离子完全沉淀的方法称为共沉淀方法。共沉淀法中的沉淀生成情况，能够利用溶度积通过化学平衡理论来定量地讨论。沉淀剂多采用氢氧化物、碳酸盐、硫酸盐、草酸盐等。对于氢氧化物，显然 pH 值是重要的参数。像草酸盐之类，当 OH^- 不直接进入沉淀的情况下，它的解离也受 pH 值强烈影响。然而，溶液中沉淀生成的条件因不同金属离子而异，这在合成微粉上，成为共沉淀法的一个缺点。即在同一条件下沉淀的金属离子的种类很少，一般来说，让组成材料的多种离子同时沉淀是非常困难的（除热力学因素外还有动力学因素）。溶液中金属离子随 pH 值的上升，按满足沉淀条件的顺序依次沉淀下去，形成单一的或几种金属离子构成的混合沉淀物。例如，利用氧化钇、氧化镁、氧化钙等靠共沉淀法来合成稳定氧化锆原料的情况。由于锆离子与起稳定剂（稳定剂作用见第 16 章结构陶瓷部分）作用的各离子（Y^{3+}、Mg^{2+} 和 Ca^{2+}）的沉淀 pH 值相差很大，所以当向混合盐溶液中加入氢氧化钠或氨水之类含有碱基团的物质时，沉淀是分别发生的，沉淀物是水合氧化锆微粒与稳定剂氢氧化物微粒的混合沉淀物。为了避免共沉淀方法本质上存在的分别沉淀倾向，可以采用提高沉淀剂的浓度的反加法，激烈的搅拌等。这些操作虽然在某种程度上能防止分别沉淀，但是，在使沉淀物向产物化合物转变而进行加热反应时，就不能保证其组成的均匀性，因为这在本质上仍是固相反应，要达到使合成粉体在一个一个粒子水平上的稳定化是困难的。靠共沉淀方法来使微量成分均匀地分布在主成分中，参与沉淀的金属离子的沉淀 pH 差值大致上应在 3 以内。对于共沉淀法来说，一般认为，当构成产物微粉的金属元素其原子数之比大致相等时，沉淀物组成的分布均匀性只能达到沉淀物微粒的粒径层次上。但是，在利用共沉淀法添加微量成分的时候，由于所得到的沉淀物粒径无论是主成分，还是微量成分，几乎都是相同的，所以，在这种情况下，并没有实现微观程度上的组成均匀性。即共沉淀法在本质上还是分别沉淀，其沉淀物是一种混合物。弥补共沉淀法的缺点并在原子尺度上实现成分原子的均匀混合方法之一是化合物沉淀法。

在化合物沉淀法中，溶液中的金属离子是以具有与配比组成相等的化学计量化合物形式沉淀的。而且，组分离子是在离子水平相混合，充分接触条件下发生反应的。因而，当沉淀颗粒的金属元素之比就是产物化合物的金属元素之比时，沉淀物具有在原子尺度上的组成均匀性。但是，对于由两种以上金属元素组成的化合物，当金属元素之比按倍比法则，是简单的整数比时，保证组成均匀性是可以的，而当要定量地加入微量成分时，保证组成均匀性常常很困难。靠化合物沉淀法来分散微量成分，达到原子尺度上的均匀性，如果是利用形成固溶体的方法就可以收到良好效果。不过，形成固溶体的系统是有限的，再者，固溶体沉淀物的组成与配比组成一般是不一样的。所以，能利用形成固溶体的方法的情况是相当有限的。而且要得到产物微粉，还必须注重溶液的组成控制和沉淀组成的管理。作为化合物沉淀法的合成例子，已经对草酸盐化合物做了很多试验。例如由 $BaTiO(C_2O_4)_2 \cdot 4H_2O$、$BaSn(C_2O_4)_2 \cdot 0.5H_2O$、$CaZrO(C_2O_4)_2 \cdot 2H_2O$ 分别合成 $BaTiO_3$、$BaSnO_3$、$CaZrO_3$ 等。此外也有报道利用 $LaFe(CN)_6 \cdot 5H_2O$ 之类氰化物得到 $LaFeO_3$ 的。

利用草酸盐沉淀法生产 $BaTiO_3$ 是化合物沉淀法的一个实例。盐混合溶液由 $BaCl_2$ 和 $TiCl_4$ 组成，此混合盐溶液与草酸溶液反应即产生 $BaTiO(C_2O_4)_2 \cdot 4H_2O$ 化合物沉淀，是 $BaTiO_3$ 的前驱体，简称 BTO。BTO 经热处理后才得最终化合物 $BaTiO_3$ 微粉，其热反应为

$$BaTiO(C_2O_4)_2 \cdot 4H_2O = BaTiO(C_2O_4)_2 + 4H_2O$$

$$BaTiO(C_2O_4)_2 + \frac{1}{2}O_2 = BaCO_3（无定形）+ TiO_2（无定形）+ CO + 2CO_2$$

$$BaCO_3（无定形）+ TiO_2（无定形）= BaCO_3（结晶）+ TiO_2（结晶）$$

$$BaCO_3（结晶）+ TiO_2（结晶）= BaTiO_3 + CO_2$$

可见 $BaTiO_3$ 并不是由沉淀物 $BaTiO(C_2O_4)_2 \cdot 4H_2O$ 微粒的热解直接合成，而是先分解为碳酸钡和二氧化钛之后，再通过它们之间的固相反应来合成的。因为由热解而得到的碳酸钡和二氧化钛是微细颗粒，有很高的反应活性，所以这种合成反应在 450℃ 的低温下就已开始。不过，要得到完全单一相的钛酸钡，就必须加热到 750℃。值得注意的是，在这期间的各种温度下，很多中间产物参与了钛酸钡的生成，而且这些中间产物的反应活性也不同。所以，$BaTiO(C_2O_4)_2 \cdot 4H_2O$ 沉淀所具有的良好的化学计量性就丧失了。几乎所有利用化合物沉淀法合成微粉的过程中，都伴随有中间产物生成，因而，中间产物之间的热稳定性差异越大，所合成的微粉组成不均匀性就越大。总的来说，化合物沉淀法是一种能够得到组成均

匀性优良的微粉的方法，不过由于要得到最终化合物微粉，还要将这些前驱体微粉进行加热处理。在热处理之后，微粉沉淀物是否还保持其组成的均匀性尚有争议。

文献［7］对草酸盐共沉淀法制备钛酸钡的前驱体进行了详细的差热、热重分析研究。基于下面的两个原因，采用化合物沉淀法也不容易得到理想钛酸钡。

① 草酸钛酰钡 $BaTiO(C_2O_4)_2$ 是水合草酸氢钡 $[Ba(HC_2O_4)_2 \cdot nH_2O]$ 被 $Ti(OH)_3^+$ 嵌入的化合物，其结构发生了畸变。

② 当 pH=7，在草酸溶液中共沉淀钡和钛离子，得到 $BaC_2O_4 \cdot 0.5H_2O$ 和 $TiO(OH)_2 \cdot 1.5H_2O$ 的混合物。

（2）化合物沉淀法制 ABO_3 型化合物粉末　草酸盐沉淀是最常用的化合物沉淀法之一，多年来一直在不断探索和改进，国内外学者对其工艺过程和基础理论做了大量研究，并运用该方法制备了多种性能优良的微粉。

ABO_3 型化合物（例如 $BaTiO_3$ 和 $SrTiO_3$）或多种 ABO_3 型化合物的固溶体，例如 $Pb(Nb_{2/3}Mg_{1/3})O_3$，因其具有高的介电常数、压电性而广泛应用于电容器、传感器、PTC（正温度系数热敏电阻）和有关电子元器件的生产，正日益受到人们的重视。下面介绍合成超细钛酸锶的工艺。

文献［8］报道，为了避免使用四氯化钛精确计量和制备四氯化钛溶液可能产生水解的困难，改用钛酰草酸钾 $[K_2TiO(C_2O_4)_2]$ 代替四氯化钛与硝酸锶进行反应生成钛酸锶（$SrTiO_3$）的前驱化合物沉淀工艺。其反应

$$Sr(NO_3)_2 + K_2TiO(C_2O_4)_2 \Longrightarrow SrTiO(C_2O_4)_2 \downarrow + 2KNO_3$$

操作步骤：先制备 0.1mol/L $K_2TiO(C_2O_4)_2$ 溶液（pH≈3.1~3.3），室温下保持在分液漏斗中。另在烧杯中配制 0.1mol/L $Sr(NO_3)_2$ 溶液，（pH≈3.5），在连续搅拌下将 $K_2TiO(C_2O_4)_2$ 溶液滴加到 $Sr(NO_3)_2$ 溶液中，使析出 $SrTiO(C_2O_4)_2$ 沉淀。

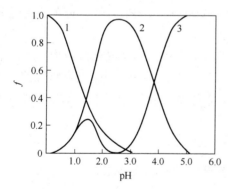

图 11-1　钛化合物分布
1—$TiOC_2O_4$；2—$TiO(C_2O_4)_2^{2-}$；
3—$TiO(OH)_2$

反应进行所需的 pH 值是根据 $TiCl_4$ 溶于草酸中钛物种随 pH 变化的分布图[9]来选择的。从该分布图（图 11-1）可以看出，各钛物种在总钛中所占的比率随溶液的 pH 变化，即各物种的稳定性与溶液的 pH 密切相关。当 pH=0 时，沉淀的物种几乎全为 $TiO(C_2O_4)$，而当 pH 增加时，简单的 $TiO(C_2O_4)$ 物种的比率降低很快，$TiO(C_2O_4)_2^{2-}$ 在 pH≈2.5~3 之间比率接近 100%。在 pH=3.5~4 范围，$TiO(OH)_2$ 与 $TiO(C_2O_4)_2^{2-}$ 共存。当 pH>5 以后，钛完全形成 $TiO(OH)_2$ 沉淀。根据 $SrTiO(C_2O_4)_2$ 生成反应的要求，Ti 物种应主要以 $TiO(C_2O_4)_2^{2-}$ 形态存在，因此制备的钛酰草酸钾溶液的 pH 约等于 3.1，然后将此溶液滴加到 pH=3.5 的硝酸锶溶液中，随后测得溶液的 pH 是 3.1。在这样的 pH 环境中，钛物种主要以施主 $TiO(C_2O_4)_2^{2-}$ 络离子形态存在，与溶液中的受主 Sr^{2+} 发生反应，生成的沉淀物主要是 $SrTiO(C_2O_4)_2$，其含量可大于 95%。但也有可能形成极少量的、其量可变化的羟基草酸盐 $SrTiO(OH)_2 \cdot C_2O_4$ 的组分或钛离子嵌入在草酸氢锶的晶格中而不易排出的物相。

生成的 $SrTiO(C_2O_4)_2$ 沉淀用水洗涤，其滤液用通常的湿化学测试检测不出钛离子和锶

离子，可见这两种离子主要形成不溶性的双草酸盐物种。

一般水溶液中析出的 $SrTiO(C_2O_4)_2$（STO）带有 4 分子结晶水，再经干燥灼热即得 $SrTiO_3$ 粉末，其热分解过程如下

$$SrTiO(C_2O_4)_2 \cdot 4H_2O \xrightarrow{25\sim250℃} SrTiO(C_2O_4)_2 + 4H_2O$$

$$SrTiO(C_2O_4)_2 + \frac{1}{2}O_2 \xrightarrow{250\sim475℃} SrCO_3 + TiO_2 + CO + 2CO_2$$

$$SrCO_3 + TiO_2 \xrightarrow{475\sim750℃} SrTiO_3 + CO_2$$

按照上述分解过程计算出的失重与热分析实验结果相吻合。将制得的 STO 粉末在 $>550℃$ 灼烧 6h，得到了均匀的、多数为球形的立方晶系 $SrTiO_3$ 粉末，没有微结构缺陷或空隙，其粒径约为 $0.4\mu m$。产物的红外光谱与报道的多晶 $SrTiO_3$ 完全一致。

这种新的化学合成工艺与用 $TiCl_4$ 为原料的工艺相比，有下列优点。

① 可用廉价的钛和锶的可溶盐为原料，沉淀出活性 STO，避免了使用 $TiCl_4$ 的困难。

② 活性 STO 可在较低温度下分解生成超细的均匀的立方晶 $SrTiO_3$ 粉末。

11.1.6　从熔盐中沉淀

前述的沉淀反应均是在水溶液中进行的。一般从水溶液中生成的沉淀多系无定形的，例如金属阳离子水解生成无定形的氢氧化物沉淀 $Me(OH)_2$，或写作含水氧化物形式 $MeO \cdot nH_2O$，沉淀再经高温热处理才能得到结晶良好的氧化物微粒。在高温下，熔融的盐也可作为沉淀反应发生的介质，而且得到结晶良好的产物。

文献 [10] 介绍熔盐法制备掺钇的二氧化锆粉末的实验研究。

实验原料为分析纯的锆盐 $Zr(SO_4)_2 \cdot 4H_2O$，钇盐 $Y_2(SO_4)_3 \cdot 8H_2O$ 或 $YCl_3 \cdot 6H_2O$，用 $NaNO_3$（熔点是 306.8℃）作为熔剂。为了考察阴离子 Cl^-、Br^- 和 CO_3^{2-} 对产物晶粒度的影响，还用了少量 $NaBr$ 和 Na_2CO_3 作为添加剂，Cl^- 则来自 $YCl_3 \cdot 6H_2O$。此外，还在反应过程中引入了超声波，以考察超声振动对产物晶粒度的影响。

将一定摩尔比的锆盐和钇盐以及约 4 倍重的熔剂 $NaNO_3$ 在一个硼硅酸玻璃试管内充分混匀后，放入一个设定了升温、保温程序控制的炉内加热，升温速度为 8℃/min，直到 450℃，保温 30min 结束反应。在反应过程中除了水蒸气外，有大量棕色气体逸出，试管内有白色沉淀物生成。反应结束后将反应混合物倾出，用水洗去可溶性物质，将固体产物放入干燥皿中干燥（室温下），即得到掺 Y 的 ZrO_2 粉末。

进行的热重实验表明，所发生的化学反应可以表示为

$$Zr(SO_4)_2 + 4NO_3^- = ZrO_2 + 2SO_4^{2-} + 4NO_2\uparrow + O_2\uparrow$$

$$Y_2(SO_4)_3 + 6NO_3^- = Y_2O_3 + 3SO_4^{2-} + 6NO_2\uparrow + \frac{3}{2}O_2\uparrow$$

将产物粉末的 XRD 谱图在衍射角 $2\theta = 30°$ 处（此处 $d = 2.949$，四方 ZrO_2 的特征峰）宽化，根据 Scherrer 方程计算出 ZrO_2 的晶粒度

$$L_{hkl} = \frac{k\lambda}{\beta_{\frac{1}{2}}\cos\theta} \tag{11-1}$$

式中，k 为常数，为 0.89；λ 为 X 射线波长；θ 为布拉格衍射角；$\beta_{\frac{1}{2}}$ 即为半峰高处的宽度。

从粉末的 X 射线衍射谱图可以看出，掺钇的 ZrO_2 的主晶形为四方晶型，Cl^-、Br^- 和 CO_3^{2-} 等阴离子对晶粒度的影响分别列在表 11-1 和表 11-2 中，超声振动的影响如表 11-3 所示。

表 11-1 Cl^- 对 ZrO_2 晶粒度的影响

样品号	反应物（钇盐）	Y_2O_3/ZrO_2（摩尔比）	晶粒度/nm
6	$YCl_3 \cdot 6H_2O$	1.5/98.5	9.11
4	$YCl_3 \cdot 6H_2O$	2.5/97.5	9.10
14	$Y_2(SO_4)_3 \cdot 8H_2O$	2.5/97.5	10.92
7	$YCl_3 \cdot 6H_2O$	3/97	10.62
1	$Y_2(SO_4)_3 \cdot 8H_2O$	3/97	12.74
2	$YCl_3 \cdot 6H_2O$	5/95	9.80
13	$Y_2(SO_4)_3 \cdot 8H_2O$	5/95	10.91
3	$YCl_3 \cdot 6H_2O$	15/85	6.82
5	$Y_2(SO_4)_3 \cdot 8H_2O$	15/85	11.94

表 11-2 Br^- 和 CO_3^{2-} 对 ZrO_2 晶粒度的影响

样品号	添 加 剂	Y_2O_3/ZrO_2（摩尔比）	晶粒度/nm
7	—	3/97	10.62
8	Na_2CO_3	3/97	7.35
9	$NaBr$	3/97	11.41

表 11-3 超声振动对 ZrO_2 晶粒度的影响

样品号	反应物（钇盐）	Y_2O_3/ZrO_2（摩尔比）	振动时间/min	晶粒度/nm
4	$YCl_3 \cdot 6H_2O$	2.5/97.5	—	9.10
12	$YCl_3 \cdot 6H_2O$	2.5/97.5	3	3.07
14	$Y_2(SO_4)_3 \cdot 8H_2O$	2.5/97.5	—	10.92
11	$Y_2(SO_4)_3 \cdot 8H_2O$	2.5/97.5	3	3.07

研究结果表明，从熔盐介质中沉淀 ZrO_2，反应速率快、工艺简单、产物晶粒度小。引入 Cl^-、CO_3^{2-} 等阴离子作为表面活性离子可降低产物的晶粒度。超声波振动的影响是相当显著的，3min 的超声振动，使晶粒度减小到 3nm。经超声振动得到的产物的 XRD 衍射峰有明显的变化，其作用还有待进一步研究。但是，从熔盐介质中沉淀的颗粒，由于熔盐的黏度很大，易发生严重的团聚现象，采用高温离心分离和改进洗涤干燥方法也许有助于改善团聚现象。

11.2 水热法

11.2.1 引言

水热法是指在密闭体系中，以水为溶剂，在一定温度和水的自身压强下，原始混合物进行反应制备微粉的方法。由于在高温、高压水热条件下，特别是当温度超过水的临界温度（647.2K）和临界压力（22.06MPa）时，水处于超临界状态，物质在水中的物性与化学反应性能均发生很大变化，因此水热化学反应大异于常态。一些热力学分析可能发生的、在常温常压下受动力学的影响进行缓慢的反应，在水热条件下变得可行。这是由于在水热条件下，可加速水溶液中的离子反应和促进水解反应、氧化还原反应、晶化反应等的进行。例如，金属铁在潮湿空气中的氧化非常慢，但是，把这个氧化反应置于水热条件下就非常快。在98MPa，400℃的水热条件下，用1h就可以完成氧化反应，得到粒度从几十到100nm左右的四氧化三铁粉末。

一系列中温、高温高压水热反应的开拓及其在此基础之上开发出来的水热合成已成为目前众多无机功能材料、特种组成与结构的无机化合物以及特种凝聚态材料，如超微颗粒、溶胶与凝胶、无机膜和单晶等愈来愈广泛且重要的合成途径，因而水热法目前在国际上已得到迅速发展，日本、美国和国内一些研究单位致力于开发全湿法冶金技术，水热加工技术制备各种结构、各种功能的陶瓷晶体粉末。

按照所进行的反应可将微粉的水热制备分为9种方法：①水热氧化；②水热沉淀；③水热晶化；④水热合成；⑤水热分解；⑥水热脱水；⑦水热阳极氧化；⑧埋弧活性电极法（RESA）；⑨水热力化学反应。

其中⑦和⑧两种方法是在水热条件下进行的电化学反应，而⑨水热力化学反应则是在反应中引入了机械研磨作用。

用水热法制备微粉，由于是在超过100℃和10^5Pa的高温高压下进行反应，所以耐高温高压容器，即高压釜是必需的，以维持所需的温度和压力。近年来高压釜的种类、密封方法都有了迅速的发展和改进。同时，从实验条件的观点，如像腐蚀性、温度、压力和长的持续时间来看，制作高压釜的材料也是十分重要的。

下面举例说明几种水热制备方法。

11.2.2 水热沉淀

金属氢氧化物沉淀可以用一个普遍的方程式表示为

$$M^{z+}(aq) + zOH^-(aq) \rule[0.5ex]{1.5em}{0.4pt} M(OH)_z(s)$$

在生成沉淀之前，中间可溶物种生成

$$f[M(H_2O)_b]^{z+} + gOH^- \rule[0.5ex]{1.5em}{0.4pt} [M_f(H_2O)_{bf-g}(OH)_g]^{(fz-g)+} + gH_2O$$

正是这些可溶物种是核的前驱物并影响到粒子的长大。上述方程式都涉及来自外源的碱，而在升高温度下的电解质溶液的强制水解（forced hydrolysis）却依赖于键合水分子的去质子化，在原位置形成氢氧化物基团

$$f[M(H_2O)_b]^{z+} \rule[0.5ex]{1.5em}{0.4pt} [M_f(H_2O)_{bf-g}(OH)_g]^{(fz-g)} + gH^+$$

这种强制水解也造成均相成核，生成单分散的（含水）金属氢氧化物溶胶。Matijevic和他的小组在这方面做了大量的研究工作[2]，在温度更高的水热条件下，可以在几个小时的短时间内获得超微细金属氧化物，而Matijevic的实验时间则多是以天计算的。

用尿素作均相沉淀剂在常温下得到金属碳酸盐或碱式盐沉淀，或氢氧化物沉淀，这些前驱物再经过高温煅烧后转变为金属氧化物。利用高温高压下的水热沉淀处理，可直接得到纳米级、结晶良好的金属氧化物。例如Somiya等用$ZrOCl_2 \cdot 8H_2O$，$YCl_3 \cdot 6H_2O$和$(NH_2)_2CO$为原料，用水热沉淀法制备掺Y_2O_3的ZrO_2粉末3Y-PSZ（含3％Y_2O_3部分稳定的氧化锆），其实验步骤如图11-2[11]所示。

晶粒度为11.6nm，结晶良好的3Y-PSZ粉末通过在220℃、7MPa下5h的水热处理而

获得。其晶粒度是用 Scherrer-Warrens 方程按 ZrO_2 的（111）线的半峰宽确定的。当水热处理的温度从 160℃上升到 220℃时，晶粒度从 15.0 降到 11.6nm。用 BET 法测定的比表面为 $100m^2/g$。

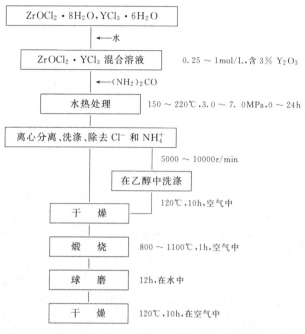

图 11-2　水热均相沉淀法的工艺流程

水热处理制得的粉末由亚稳立方晶 ZrO_2 和少量单斜 ZrO_2 组成。单斜相的含量随水热条件温度的增加而减少，亚稳立方晶 ZrO_2 经过 800℃以上的煅烧转型成四方晶相。

11.2.3　水热合成

钛酸盐陶瓷为多组分化合物，其传统制备方法一般都经过高温固相反应。采用水热合成法可避免高温固相反应，结晶在水热合成过程中同时进行，产物的结晶性良好。中国科学院过程工程研究所用水热合成技术在水介质中以较低的合成温度（200℃左右）和较短的时间（1~2h），完成金属氧化物脱水、合成和晶化等过程，直接得到它们的晶体粉末[12]。

一般合成 $BaTiO_3$ 是以四氯化钛或钛醇盐作为钛的原料。以四氯化钛为原料时，最终产品中的 Cl^- 不易除尽，用钛醇盐水解又易引入有机杂质。中国科学技术大学钱逸泰等[13]用 H_2O_2 氧化-水热处理联用法制备高纯超微 $BaTiO_3$ 粉末。由于采用高纯金属钛为原料可避免杂质的引入，因而可得高纯产品。

金属钛在氨水溶液中用 H_2O_2 氧化形成钛的过氧化物溶液（TiO_4^{2-}），此过氧化钛溶液与 $Ba(OH)_2$ 溶液在 140℃水热处理 6h，能生成 $BaTiO_3$ 粉末，其反应为

$$Ti + 3H_2O_2 + 2OH^- \xrightarrow{\text{氧化}} TiO_4^{2-} + 4H_2O$$

$$TiO_4^{2-} + Ba^{2+} + H_2O \xrightarrow{\text{水热反应}} BaTiO_3 + H_2O_2$$

第一个反应是在装有 30% 的 H_2O_2 的聚四氟乙烯容器中加入一定量的金属钛，以 NH_3 的通入量控制反应速率来进行的。当金属钛全部溶解后过滤，即得到黄色的透明溶液。将此溶液置于高压釜内，加入过量 $Ba(OH)_2$ 溶液，于 140℃水热处理 6h，进行第二个反应。由

于 Ba(OH)$_2$ 是过量的，因此反应后得到的白色絮状物要经过醋酸溶液和蒸馏水充分洗涤，以除去多余的 Ba(OH)$_2$。将白色絮状物置于真空干燥器中抽真空 2h，放置 12h，最终产物保存在装有 P$_2$O$_5$ 的干燥器中，经 X 射线衍射分析为纯 BaTiO$_3$ 相。采用过量的 Ba(OH)$_2$ 的原因是如果 Ba/Ti$<$2，粉末中有锐钛矿生成。只有当 Ba/Ti$>$2 时，才能得到 BaTiO$_3$ 纯相。BaTiO$_3$ 粒子的平均粒径为 55nm。所有反应都在聚四氟乙烯容器中进行，避免了 Si 的引入，此工艺所得产物也不需高温焙烧和长时间的研磨。

11.2.4　水热力化学反应

Yoshimura 等用一个带有聚四氟乙烯旋片和研磨球的高压釜制备钡铁氧体[14]。1∶8 的 Ba(OH)$_2$ 和 FeCl$_3$ 溶液与 NaOH 溶液混合，将 OH$^-$ 浓度恒定在 3mol/L，在 200℃、2MPa 水热条件下处理，直到 24h，研磨球的数目是 200～700 个，搅拌速度最高达 107r/min。装置如图 11-3 所示。

虽然起始物料是无定形的，但在 200℃、2MPa 下 4h 没有混合研磨球的水热处理和在 200℃，37r/min，用 200 个研磨球水热研磨混合中均生成了钡铁氧体 BaO·6Fe$_2$O$_3$。详细研究两个样品的 X 射线衍射谱后发现，在低角度一边有弱的晕圈，这暗示了样品中残留了尚未晶化的物料的无定形组分。在水热研磨混合中生成的钡铁氧体还有二级相变生成的 BaO·Fe$_2$O$_3$。根据 X 射线衍射定量分析，BaO·Fe$_2$O$_3$ 的比例随所用球的数目增加而增加，随较快的旋转速度而增加，达到约 3%（质量分数）的恒定水平。

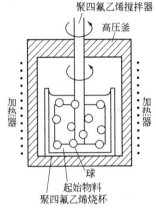

图 11-3　用于水热力化学反应的实验装置简图

从生成的钡铁氧体的透射电镜显微照片观察，钡铁氧体是六角平板状，在 200℃、2MPa 水热 4h 得到的平均粒径是 170nm，厚度是 10nm，纵横尺寸比是 17；而在同样的水热条件，但有 700 个研磨球，转速为 107r/min 时得到的产物平均粒径是 40nm，厚度仍是 10nm，纵横尺寸比变为 4，这意味着用研磨球的方法产生了较小的颗粒尺寸。

在水热条件下的研磨混合主要影响成核的速率；当球的数目或转速增加时，可预料成核速度增加，这就是水热条件下研磨混合产生较小颗粒的原因。

11.2.5　超临界水中水热晶化

水热法可从酸性金属盐溶液生产金属氧化物，若在高压釜中保持 373K 和大气压下氧化，颗粒的性质可通过水热晶化来控制。由于酸性条件下金属离子水解的反应速率不够高，又因为反应温度低，并不能总得到金属氧化物。若再在高温高压下处理氧化物溶胶，则可使金属氢氧化物脱水和再结晶。然而，当陈化时间超过几小时，由于间歇操作和慢的表面反应将使颗粒长大。

若金属盐溶液能快速加热到水热处理的温度，则水解反应和生成小的金属氧化物晶核可在一个反应器中同时发生。因此，高的细化速率亦如快的水解速率。

当水的温度和压力高过临界点（T_c=647.3K 和 p_c=22.11MPa）即为超临界水。超临界水的性质如密度、黏度、扩散系数、介电常数都因高温和高压而发生了很大的变化，有利于控制水解和陈化环境。控制反应环境可同时控制颗粒的大小、晶体结构和形貌。用预热水

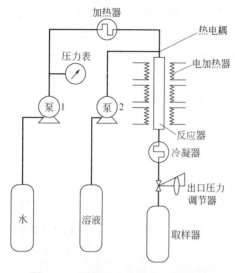

图 11-4 超临界水热晶化工艺设备

的办法就可快速加热溶液[15]。其工艺设备如图 11-4 所示。作者试验了十种金属盐溶液,其浓度在 0.0066~0.16mol/L 范围内,加料速度为 0.8~2.2mL/min。在反应器加料口,溶液与已加热到 723~763K 的蒸馏水(2.5~6g/min)混合。溶液很快加热到反应温度(673K),水解立即发生。反应如下。

水解反应:

$$M(NO_3)_x + x H_2O \rightrightarrows M(OH)_x + x HNO_3$$

脱水反应:

$$M(OH)_x \rightrightarrows MO_{\frac{x}{2}} + \frac{x}{2} H_2O$$

此反应也可用于其他阴离子。

实验结果表明:

① 所有铁盐水解生成的 α-Fe_2O_3、Fe_3O_4 均为球形颗粒,粒径约 50nm;

② $Co(NO_3)_2$ 水解生成粒径为约 100nm 的八面体的 Co_3O_4;

③ $Ni(NO_3)_2$ 水解产物为棒状 NiO;

④ $TiCl_4$ 水解产物为粒径约 20nm 的棱柱形斜方钙钛矿 TiO_2,等等。

所有实验的温度为 400℃,压力为 35MPa,由于高温下反应,反应速率特别快。例如 $Fe(NO_3)_2$ 系统,在混合后即发生颜色的变化,估计小于 1s。这是由于反应物在超临界水中的扩散系数高。其工艺特点还在于预热高温水与盐溶液相混合,很快达到高温,脱水反应在金属氢氧化物长大之前就发生了。一般的反应时间也小于 2min,在超临界水中可快速连续生产金属氧化物。

由于高温高压水热合成设备比较昂贵,水热合成目前在我国还较薄弱,仅在低温水热合成与一些材料的高温水热晶体生长上得到应用。但是,可喜的是,水热合成在材料制备中的应用已引起许多人的关注,随着科学与生产对特种结构与性能材料的需求,水热法的应用范围会越来越广泛。

11.2.6 模板辅助水热合成法

磷酸铁锂($LiFePO_4$)是目前最具开发和应用潜力的新一代锂离子正极材料之一,因其存在锂离子扩散速率慢和电导率低等缺点,致使其高倍率放电性能较差,这些缺点严重制约了 $LiFePO_4$ 材料的实际应用以及发展。碳掺杂或包覆是目前提高 $LiFePO_4$ 材料电导率最常用也是最有效的方法之一,使用碳材料既改善了活性材料颗粒间的电接触,又为晶体的生长提供了晶核生长点,抑制了晶粒的生长,达到控制粒径的目的,同时碳还可以作为一种还原剂,可以避免 Fe^{2+} 被氧化为 Fe^{3+} 而形成杂质。添加少量的碳不会明显减少材料的密度和体积,但却大大提高材料的电导率,明显改善材料的电化学性能,且碳的来源广泛,价格低廉,无论是碳粉末还是碳的衍生有机物均可以在反应过程中热裂解而形成碳。不过,碳的量以及碳的加入方式对碳包覆 $LiFePO_4$ 的性能影响很大。碳的结构以及分布的均匀性也会最终影响 $LiFePO_4$/C 复合材料的电化学性能。

(1)以葡萄糖或蔗糖为包覆碳源的 $LiFePO_4$/C 复合材料的合成 在采用包裹沉淀-水热

转化制备 $LiFePO_4$ 粉体[16]的基础上,李向锋等研究了葡萄糖作为碳源,利用葡萄糖在水热环境下水解、聚合以及碳化形成的碳球对 $LiFePO_4$ 颗粒进行原位碳包覆[17]。如图 11-5 所示,葡萄糖通过水解、聚合以及碳化形成很多由碳环构成的空心碳球,碳球可以均匀地包覆在 $LiFePO_4$ 颗粒表面;另外,形成的碳球可以作为 $LiFePO_4$ 的球化剂和晶粒生长抑制剂:碳包覆层包覆在 $LiFePO_4$ 颗粒表面,阻止 $LiFePO_4$ 晶粒的进一步长大,同时也为其球形化提供了模板,最终形成颗粒细小、球形化良好且具有均匀碳包覆层的 $LiFePO_4/C$ 复合材料。为了进一步降低 $LiFePO_4/C$ 的生产成本,也可以采用蔗糖作为碳包覆的碳源,其水热环境下形成碳球的机理和葡萄糖相似。

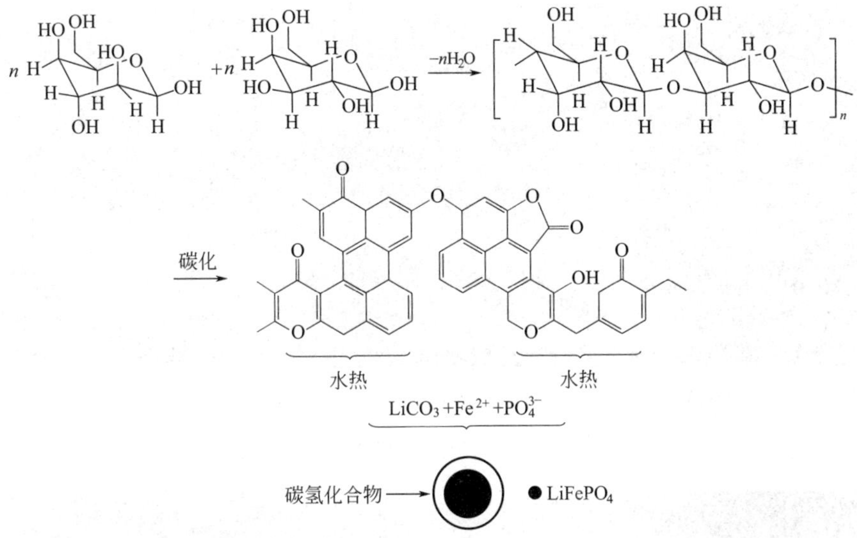

图 11-5 具有核壳结构的 $LiFePO_4/C$ 形成机理

按化学计量比 $Li^+ : Fe^{2+} : PO_4^{3-} : VC = 1 : 1 : 1 : 0.1$ 准确称取碳酸锂（Li_2CO_3）、六水合硫酸亚铁铵［$(NH_4)_2Fe(SO_4)_2 \cdot 6H_2O$］、磷酸氢二铵［$(NH_4)_2HPO_4$］和抗坏血酸（VC）各 1.478g、15.686g、5.282g 和 0.704g,同时加入葡萄糖溶液作为碳源。将合成前驱体的反应器置于恒温加热磁力搅拌水浴锅中,当水浴的温度稳定在 100℃时,向反应器中加入反应物 Li_2CO_3 固体,然后加入 $(NH_4)_2HPO_4$ 溶液［称取的 $(NH_4)_2HPO_4$ 溶于 40mL 去离子水中］,在磁力搅拌作用下,使两种反应物均匀混合成浆料,然后加入 $(NH_4)_2Fe(SO_4)_2 \cdot 6H_2O$ 的溶液［称取的 $(NH_4)_2Fe(SO_4)_2 \cdot 6H_2O$ 溶于 80mL 去离子水中,同时加入VC］,最后加入一定浓度的葡萄糖溶液。调节悬浊液的pH值,使其稳定在 pH=7,并使其在磁力下搅拌 3min,得到均匀的包裹沉淀前驱体,悬浊液的总体积为 160mL,其中葡萄糖浓度分别为 0mol/L、0.05mol/L、0.125mol/L 和 0.25mol/L。得到的包裹沉淀前驱体迅速转移至 200mL 水热反应釜,密封水热反应釜,将其置于烘箱中,在 170℃下水热反应 7h。

水热反应完成后,将反应釜移出烘箱,冷却至室温,打开水热反应釜,将生成物过滤,得到的滤饼用去离子水调浆洗涤两遍,无水乙醇调浆洗涤一遍,重新过滤得到纯净滤饼,最后滤饼于 120℃真空干燥 4h,得到黄褐色 $LiFePO_4/C$ 前驱物。干燥后的产物在玛瑙研钵研磨后在 N_2 气氛下 500℃焙烧 1h,750℃焙烧 4h,得到黑色 $LiFePO_4/C$ 复合材料。

将葡萄糖溶液改为蔗糖溶液作为碳源,其余步骤完全相同,加入的蔗糖溶液的浓度分别为 0mol/L、0.025mol/L、0.0625mol/L 和 0.125mol/L,得到黑色 $LiFePO_4/C$ 复合材料。

图 11-6 为 0mol/L 和 0.125mol/L 葡萄糖浓度下合成并煅烧后的 $LiFePO_4/C$ 产物的 SEM 图。与前驱物相比，经煅烧后颗粒的形貌并没有明显的变化，但是颗粒边缘变得圆滑，$LiFePO_4$ 晶体结构得到进一步改善，颗粒尺寸略有增加。为了进一步验证 $LiFePO_4/C$ 产物的核壳结构以及探索碳包覆层的均匀程度，将本实验范围内制得的最佳球形化样品（葡萄糖浓度 0.125mol/L）进行透射电镜（TEM）观察。如图 11-7 所示，以葡萄糖为碳源合成的样品 LFP/G3 颗粒形貌呈球形，实现了 $LiFePO_4$ 颗粒的球形化；同时从图中可清楚看到 $LiFePO_4$ 颗粒表面有一薄层碳膜，$LiFePO_4$ 颗粒作为核体，碳膜作为壳层，形成具有核壳结构的 $LiFePO_4/C$ 复合材料，实现了 $LiFePO_4$ 颗粒的原位碳包覆。

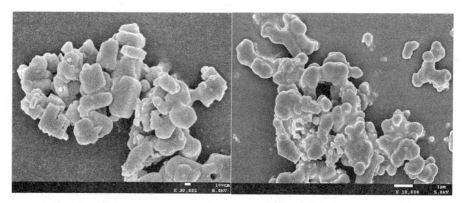

(a) 葡萄糖浓度0mol/L　　　　　　　　(b) 葡萄糖浓度0.125mol/L

图 11-6　不同葡萄糖浓度下合成的 $LiFePO_4/C$（煅烧后）SEM 图

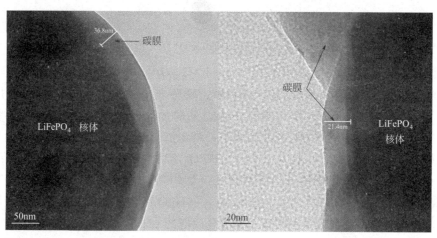

(a) 标尺50nm　　　　　　　　(b) 标尺20nm

图 11-7　煅烧后样品（葡萄糖浓度 0.125mol/L）的 TEM 图

从样品煅烧前后的 XRD 图谱对比可以看出，煅烧后的结晶度有较大的提高，同时并未检测出杂相峰，也未发现包覆碳的衍射峰，可能是样品中碳含量较低或包覆碳的形态为非晶态。样品中的碳含量随着原料葡萄糖浓度的增大而增大，当葡萄糖浓度为 0.125mol/L 时，样品中的碳含量达到了 4.603%（质量分数）。

以葡萄糖为碳源采用原位碳包覆法合成球形化 $LiFePO_4/C$ 复合材料，在实验条件范围内，适宜的葡萄糖浓度为 0.125mol/L；葡萄糖浓度过低，样品的球形化效果不佳；葡萄糖浓度过高会加剧样品的团聚现象。最佳 $LiFePO_4/C$ 样品的粒径为 200～500nm，其结晶性好、球形化良好，且 $LiFePO_4$ 表面的碳包覆较均匀，用该样品组装电池，在首次充放电过程中，放电容量达到 160.0mAh/g（0.1C），5.0C 充放电倍率下，放电比容量仍具有 60.1mAh/g，同时在循环伏安测试中表现出良好的循环性和稳定性。

以蔗糖为碳源采用原位碳包覆法同样可以合成球形化 $LiFePO_4/C$ 复合材料，在实验条件范围内，适宜的蔗糖浓度为 0.0625mol/L；最佳 $LiFePO_4/C$ 样品的粒径为 200～400nm，其结晶性好、球形化良好，且 $LiFePO_4$ 表面的碳包覆较均匀，用该样品组装电池，在首次充放电过程中，放电容量达到 154.9mAh/g（0.1C），5.0C 充放电倍率下，放电比容量仍具有 98.6mAh/g，同时在循环伏安测试中表现出良好的循环性和稳定性。

（2）以葡萄糖/碳纳米管为碳源的 $LiFePO_4/C$ 复合材料的合成　进一步地，李向锋等添加碳纳米管采用该工艺方法合成了一种具有"葡萄串"形三维导电碳网络的磷酸铁锂复合正极材料[18]。

按化学计量比 $Li^+ : Fe^{2+} : PO_4^{3-} : VC = 1 : 1 : 1 : 0.05$ 准确称取 Li_2CO_3、$(NH_4)_2Fe(SO_4)_2 \cdot 6H_2O$、$(NH_4)_2HPO_4$ 和抗坏血酸各 4.618g、49.017g、16.507g 和 1.101g，同时称取葡萄糖 7.506g 和改性羟基化多壁碳纳米管（MWCNTs）0.50g。称取的 $(NH_4)_2Fe(SO_4)_2 \cdot 6H_2O$ 溶于 200mL 去离子水中，同时加入 VC 和葡萄糖；称取的 $(NH_4)_2HPO_4$ 溶于 100mL 去离子水中；将称取的改性羟基化碳纳米管加入 100mL 去离子水中，然后置于 50℃水浴中，超声分散 1h 得到均匀分散的碳纳米管分散液。将合成前驱体的反应器置于恒温加热磁力搅拌水浴锅中，当水浴的温度稳定在 100℃时，向反应器中加入反应物 Li_2CO_3 固体，然后加入 $(NH_4)_2HPO_4$ 溶液，在磁力搅拌作用下，使两种反应物均匀混合成浆料，然后加入 $(NH_4)_2Fe(SO_4)_2 \cdot 6H_2O$、VC 和葡萄糖的溶液，最后加入改性羟基化碳纳米管分散液。调节悬浊液的 pH 值，使其稳定在 pH=7，并使其在磁力下搅拌 3min，得到均匀的包裹沉淀前驱体，悬浊液的总体积为 500mL。得到的包裹沉淀前驱体迅速转移至 1L 高压反应釜中，密封反应釜开始反应，在反应温度 170℃下水热反应 7h。

水热反应完成后，当反应釜冷却至室温后，打开高压反应釜，将生成物过滤，得到的滤饼用去离子水调浆洗涤两遍，无水乙醇调浆洗涤一遍，重新过滤得到纯净滤饼，最后滤饼于 120℃真空干燥 4h，得到黄褐色 $LiFePO_4/C$ 前驱物。干燥后的产物经玛瑙研钵研磨后在 N_2 气氛下 500℃煅烧 1h，750℃煅烧 4h，得到黑色 $LiFePO_4/C$ 复合材料。

图 11-8 为不同碳源合成 $LiFePO_4/C$ 样品的 SEM 图。如图所示，同时采用葡萄糖和 MWCNTs 为碳源时获得的 $LiFePO_4/C$ 复合材料[图 11-8(c)]兼有葡萄糖为碳源[图 11-8(a)]和 MWCNTs 为碳源[图 11-8(b)]时获得产物的形貌，为二者的耦合。

(a) 葡萄糖为碳源　　　　　　　　(b) MWCNTs为碳源　　　　　　　(c) 葡萄糖和MWCNTs为碳源

图 11-8　不同碳源合成 $LiFePO_4/C$ 样品的 SEM 图

对样品的 HR-TEM 分析揭示了所得样品的特殊结构（图 11-9）。葡萄糖在磷酸铁锂表面原位水热聚合碳化形成均匀的碳包覆层，同时 MWCNTs 作为连接导线，均匀嵌插在碳包覆层之间形成具有"葡萄串"形（图 11-10）的三维导电碳网络的磷酸铁锂复合正极材料。

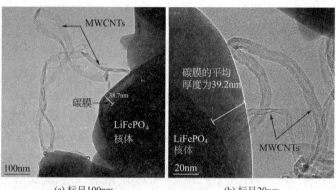

(a) 标尺100nm　　　　　　(b) 标尺20nm

图 11-9　以葡萄糖和 MWCNTs 为碳源合成的 LiFePO$_4$ 样品的 HR-TEM 照片

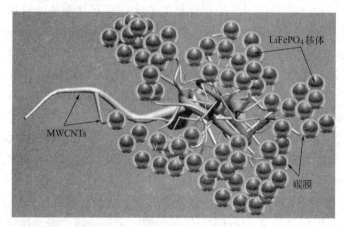

图 11-10　"葡萄串"结构模型示意图

在改良水热法合成 LiFePO$_4$ 纯相化合物的基础上，以 MWCNTs 作为连接碳源，以葡萄糖或蔗糖在水热条件下水解碳化形成的碳球作为包覆碳源，可实现 MWCNTs 嵌插在包覆碳层中，形成一种具有"葡萄串"结构且具有三维导电网络的 LiFePO$_4$/C 复合材料。其在 0.1C 放电倍率下比容量高达 160.5mAh/g（接近理论容量 170mAh/g），10C 时放电比容量仍达到 100.6mAh/g，在循环伏安和交流阻抗电化学测试中表现出优异的电化学性能[19]。

11.2.7　纳米线硅酸钙的水热合成

随着氟化工生产的发展，氟及其相关产品的生产和使用日益增多，也带来含氟副产物的处理问题。在氟化工领域，工业上以 H$_2$SiF$_6$、Na$_2$SiF$_6$ 或 (NH$_4$)$_2$SiF$_6$ 为原料制备氟盐所副产的含氟二氧化硅是一种危险固体废物，属于国家危险废物名录中的 HW32 无机氟化物废物（废物代码 900-026-32），目前尚无有效利用的方法，多数是堆场堆放，由于雨水等因素所释放的可溶性氟化物对生态环境造成极大破坏。

朱新华等[20]以氟化工副产的含氟二氧化硅为硅质原料，以氢氧化钙为钙质原料通过水热反应达到固定游离氟的目的，同时制备出具有高比表面积的纳米线网状硅酸钙作吸附剂，研究了水热制备过程中游离氟的迁移固定速率，以及固定后氟的二次溶出率；通过对制备产物的物相、形貌特征、比表面积等性质进行表征，考察了制备体系钙硅的物质的量之比$[n(Ca)/n(Si)]$、水热反应温度、水热反应时间等因素对制备硅酸钙的比表面积和形貌的影响，达到了固定游离氟的目的，同时制备出高比表面积纳米线网状硅酸钙。

游离氟固定及制备硅酸钙的工艺描述如下。

氟化工副产物含氟的二氧化硅的比表面积为$8.1m^2/g$，SiO_2质量分数约90%，可溶性氟化物含量为10%左右，与氢氧化钙混合后进行水热反应。实验按照一定$n(Ca)/n(Si)$分别称取二氧化硅和氢氧化钙，将其在去离子水中混合，液固质量比为$10:1$。先将混合物超声分散$2\sim3min$形成悬浮液，然后转入聚四氟乙烯内衬的水热反应釜，在一定温度下恒温水热反应一段时间，结束后立即取出自然冷却至室温。将反应釜内的悬浮液经真空过滤、分别用去离子水和无水乙醇洗涤后的沉淀物再置于烘箱内于$120℃$干燥$10h$，得到硅酸钙样品。采用正交实验考察不同因素水平的影响。

将含氟硅质原料加入一定体积的水中，搅拌形成悬浮液时，固体原料中的可溶性氟化物溶解完全进入水体系，而二氧化硅常温下在水中的溶解度很小（$0.012g/100mL$），加入氢氧化钙（$20℃$时的溶解度为$0.16g/100mL$）后，液相体系中的氟离子、钙离子和极少量的二氧化硅结合形成氟硅酸钙（$CaSiF_6$）和溶度积更小的氟化钙（CaF_2，$Ksp=2.7\times10^{-11}$）。由于生成难溶的CaF_2和$CaSiF_6$沉淀，水热过程中游离氟的固定速率很快，短时间内即可达99.7%以上，且随着反应的进行氟没有再次溶出。根据溶液中氟含量的测定和实验配料，折算成含氟二氧化硅原料中溶出的可溶性氟化物为$0.3mg/g$左右，水热后溶液体系中的氟化物浓度低于$14.29mg/L$，达到我国污水排放标准的要求。

正交实验发现，$n(Ca)/n(Si)$、水热反应温度以及水热反应时间均会对硅酸钙吸附材料的比表面积产生一定影响。图11-11是在不同$n(Ca)/n(Si)$，于$140℃$水热反应条件下制备的硅酸钙样品的SEM照片，不同$n(Ca)/n(Si)$条件制备的硅酸钙形貌存在明显差异。当$n(Ca)/n(Si)$为0.7时，产物形成较单一的纳米线网状结构[见图11-11(c)]，线径为$30nm$左右；当$n(Ca)/n(Si)$大于或小于0.7时，形成的产物中出现多种形貌，且纳米线网状多孔结构明显减弱[见图11-11(a)、(b)和(d)]。进一步研究发现，当$n(Ca)/n(Si)$由0.4增大到0.7时，产物形貌逐渐由层状向完整的纳米线网状转变，当$n(Ca)/n(Si)$增大至0.9时形貌向不规则棒状转变。这可能是因为产物形貌与其在特定环境下形成的物相结构有关，不同$n(Ca)/n(Si)$条件下形成的产物形貌存在差异。

有研究表明，在适当的$n(Ca)/n(Si)$时，硅酸钙凝胶具有类似羟基硅钙石（jennite）或$1.4nm$的雪硅钙石（tobermorite）的层状结构，$[SiO_4]^{4-}$四面体是其主要结构单元，它们之间相互连接聚合构成硅酸钙凝胶的基本框架，在这种层状结构中，$[SiO_4]^{4-}$四面体链因$n(Ca)/n(Si)$的不同会部分丢失使得结构发生变化。结合图11-11进行分析，当$n(Ca)/n(Si)$较低时，Ca^{2+}对硅氧四面体结构破坏作用较弱，产物仍保持层状结构；随着$n(Ca)/n(Si)$的增大，产物中Ca^{2+}含量逐渐升高，Ca^{2+}逐渐进入到产物结构中将$[SiO_4]^{4-}$四面体链中的Si—O键打断，由于产物的无序状态，Si—O键也是随机断裂，分割为长度较短的链向四周延伸形成网状结构；而当Ca^{2+}进一步增加时，很可能继续破坏网状结构中Si—O键，使网状支架解体，产物形貌由网状向棒状转变，$n(Ca)/n(Si)$为0.7时所得产物最适合用作吸附材料。

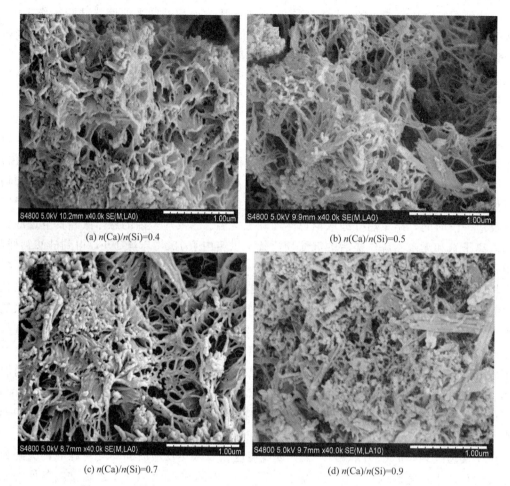

(a) $n(Ca)/n(Si)=0.4$ (b) $n(Ca)/n(Si)=0.5$

(c) $n(Ca)/n(Si)=0.7$ (d) $n(Ca)/n(Si)=0.9$

图 11-11   不同 $n(Ca)/n(Si)$ 条件下制备硅酸钙的 SEM 照片（140℃）

    图 11-12 是在 $n(Ca)/n(Si)=0.7$，不同温度下制备的硅酸钙产物的 SEM 照片。结合图 11-12和图 11-11（c）可知，不同温度制备的产物形貌也不同。温度为 120℃ 和 160℃ 时得到的产物具有一定孔道结构，但网状孔道结构不良，网状结构上覆盖了较多的球形颗粒，且团聚比较严重，不适合作为良好的吸附材料，140℃ 的水热条件比较利于形成所需形貌结构的产物。

(a) $T=120℃$ (b) $T=160℃$

图 11-12   不同温度下制备硅酸钙的 SEM 照片 $[n(Ca)/n(Si)=0.7]$

由钙硅物质的量之比和水热反应温度对制备材料形貌影响的分析可知，$n(Ca)/n(Si)$ 是影响材料形貌的最主要因素，其次是水热反应温度。实验分析得出最佳 $n(Ca)/n(Si)$ 为 0.7，水热反应温度控制在 140℃，水热反应时间为 8h。

不同 $n(Ca)/n(Si)$，于 140℃ 水热条件下制备的硅酸钙有不同的比表面积。样品的比表面积随着 $n(Ca)/n(Si)$ 的增加先增大后减小，且在 0.7 时达到最大，为 122.5 m^2/g，这与该条件下得到的产物具有纳米线网状结构 [图 11-11(c)] 有关。对不同温度下制备出的硅酸钙比表面积测试结果表明，低温有利于得到比表面积较大的产物。

作者还以制备出的硅酸钙作为水体除磷材料，探讨了不同制备条件对硅酸钙吸附性能的影响，对磷吸附而言，适宜的纳米线硅酸钙制备条件：$n(Ca)/n(Si)$ 为 0.7，水热反应温度为 140℃，水热反应时间为 8h。该硅酸钙对水体中磷酸盐具有优良的吸附性能，其 Ca^{2+} 交换率高达 95.8%，饱和吸附量达到 125.7mg/g 以上，吸附后水体中的残余磷浓度低于 0.3mg/L，可达到我国污水综合排放一级标准。吸附磷以后，硅酸钙转变为羟基磷灰石和氟磷灰石，是一种粒径较小的棒状晶体，其比表面积高达 128.4 m^2/g，可进一步作为污水中重金属离子，如镉离子（Cd^{2+}）去除的吸附剂。该吸附剂最大镉吸附量为 67.6mg/g，且吸附速率快，30min 内可达到吸附饱和；较低的初始镉浓度有利于提高磷灰石吸附效率，缩短饱和吸附时间，Cd^{2+} 去除率高达 99.6%，吸附后溶液中 Cd^{2+} 的残余浓度达到我国污水排放综合标准[21]。

11.3 胶体法

胶体法的基本特征是，合成粉料的各种前驱体在溶胶状态下混合均匀，固相微粒从溶胶中析出。该法的优点在于通过溶胶混合可将多种组分非常精确地混合均匀，最终合成粉料的化学成分得以精确控制。缺点是产率较低，而且所用的原料价格一般比较昂贵。

11.3.1 胶溶法（相转移法）

胶溶法或称相转移法，是近年来用于制备透明金属氧化物纳米级超微粒子的新方法。此方法是在水溶液中制备出带正电性的金属氧化物水溶胶后，用阴离子表面活性剂 DBS（十二烷基苯磺酸钠）使微粒具有亲油性，然后用有机溶剂萃取进入有机相而变成有机溶胶，再经回流脱水后减压蒸馏除去有机溶剂，即得到覆盖有表面活性剂的水合金属氧化物微粒。由于微粒表面吸附有表面活性剂，既能抑制核的生长又能防止它的凝聚，可得到分散性较好的超微粒子体系。由于工艺过程中金属氧化物从水相向有机相转移，故又称相转移法。

选用表面活性剂须有下列的要求：
① 良好的水溶性；
② 化学稳定性；
③ 对粉末粒子的润湿性，显著降低表面张力的能力；
④ 在粉末热处理过程中能被除掉。
表面活性剂的用量不要大于或远大于临界胶束浓度（CMC）（见第 1 篇）。
文献［22］报道用相转移法制备超微粒子氧化铬的工艺过程如下：

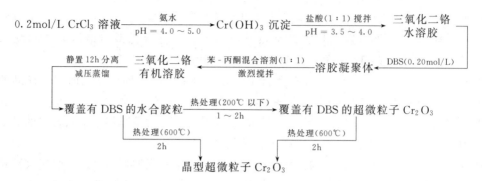

pH 值和 DBS 用量对萃取率（水相中铬进入有机相的分率）的影响如表 11-4 和表 11-5 所示。

表 11-4　pH 值对萃取率的影响

样　品	1	2	3	4
pH 值	2.5	3.5	4.0	5.0
萃取率/%	49	91	86	46

表 11-5　DBS 用量与萃取率的关系

DBS 加入量/mL	18	20	23	25	27	30
萃取率/%	71	81	89	88	80	77

从表 11-4 可以看出，当 pH＝3.5～4.0 时萃取率最高，DBS 对溶胶粒子的包覆性最佳。这是因为酸度小的时候，不能使胶体粒子带有效正电荷，从而影响 DBS 的包覆，致使萃取率较低。当酸度过大时，DBS 又趋向于和 H^+ 结合，发生水解，也影响 DBS 对胶体粒子的包覆。

用 20mL 的 0.2mol/L $CrCl_3$ 制得的水溶胶（pH 值为 3.5）加不同体积 0.2mol/L 的 DBS。DBS 对萃取率的影响结果如表 11-5 所示。从表 11-5 可以看到 DBS 的用量存在一极值。DBS 的作用是产生位阻效应，防止胶粒间的凝聚和长大。因此，当 DBS 用量少时，由于不能完全包覆微粒，使得萃取率低而且有机溶胶的稳定性差。随着 DBS 用量增加，萃取率增大并达到一极大值，这时，单层包覆完全。当 DBS 继续增大时，由于表面活性剂形成双层吸附，使微粒疏水性降低，导致萃取率下降。同时，表面活性剂用量增加还会使乳化作用增强，给萃取带来不利。

该工艺是由水溶胶转移到有机相，形成有机溶胶，因此有机溶剂的选择至关重要。在萃取过程中，水合金属氧化物-表面活性剂-有机溶剂的溶解度参数 SP 之间有重要关系。对于水合氧化铬，用 SP 值大于 9.3 的有机溶剂能完全萃取，得到绿色透明的有机溶胶。若在 SP 值大于 7.8 的有机溶剂中，加入甲醇或丙酮等极性大的具有脱水作用的有机溶剂组成混合溶剂，也能完全萃取。这里采用体积比为 1∶1 的苯-丙酮混合溶剂进行萃取。

三氧化二铬有机溶胶经减压蒸馏，得到覆盖有 DBS 层的超微粒子，经 200℃ 热处理 2h，得到的产物是非常规则的珠形无定型超微粒子，随着热处理的温度升高，超微粒子由无定型向晶型转变。经 600℃ 热处理 2h，可以得到六方晶型的 Cr_2O_3 超微粒子，其平均粒径为 6nm。

11.3.2 相转变法

相转变法（phase transformation method）是制备超微粒子的重要方法之一。相转变，即最初形成的一种固体其后转变为另外一种固体。这种转变包括化学组成变化而其形态不变，或者晶粒形状改变而其化学组成仍然与原始物相同，最终，组成和形态两者都可能改变。这种转变是在适宜的条件下，经过一定时间和温度下陈化而发生的。有些情况下转变是自然发生甚至未被察觉，但另外一些情况是，如此的转变导致了生产特殊性质的颗粒。后者可利用高温、氧化、还原等过程来处理最初的物体，以达到改变它们的组成、形状和大小的目的[23]。最典型的相转变例子是 $\alpha\text{-}Fe_2O_3$ 转变为 $\gamma\text{-}Fe_2O_3$[24]，即由赤铁矿转变为磁赤铁矿，晶型发生改变，而其形貌不变，仍为针状。

（1）湿化学法合成四氧化三锰粉末[25]　四氧化三锰（Mn_3O_4）粉末为磁性材料和敏感电子陶瓷的主要掺杂成分。生产这种粉末的传统工艺多属火法工艺。

$$MnCO_3 + \frac{1}{2}O_2 \xrightarrow{\text{加热}} MnO_2 + CO_2$$

$$3MnO_2 \xrightarrow{535℃} Mn_3O_4 + O_2$$

在 500℃ 以上（空气中），Mn 氧化物转变过程为

$$MnO_2 \xrightarrow{550℃} \alpha\text{-}Mn_2O_3 \xrightarrow{970℃} \beta\text{-}Mn_3O_4 \xrightarrow{1160℃} \gamma\text{-}Mn_3O_4 \xrightarrow{1250℃} MnO$$

即在高温下降低氧分压使 MnO_2 脱氧还原生成 Mn_3O_4。这些方法不仅能耗高，不经济，而且制得的粉末纯度低，活性不高，粒度等物理性能也难达到电子工业要求。

以二价锰盐为原料，湿化学法合成 Mn_3O_4 粉末，须经过沉淀-氧化-合成 3 个步骤。

① $Mn^{2+} + 2OH^- \Longrightarrow Mn(OH)_2$

② $2Mn(OH)_2 + \frac{1}{2}O_2 \xrightarrow{\text{加热}} 2MnOOH + H_2O$

③ $2MnOOH + Mn(OH)_2 \xrightarrow{\text{加热}} Mn_3O_4 + 2H_2O$

第二步也即相转变反应。

由于在加热条件下，$Mn(OH)_2$ 会逐渐氧化，若不严格控制氧化的条件，则从 $MnO_{1.3}$ 变化到 $MnO_{1.9}$，所得产物是一混合物。因此，控制反应体系的酸度，氧化气氛和温度是制备纯 Mn_3O_4 的关键。

为了分析酸度和氧化条件，制作了 $Mn\text{-}NH_3\text{-}H_2O$ 系 $E\text{-}pH$ 图如图 11-13 所示。该图表明了用氨水作沉淀剂时应控制的酸度和氧化条件。图中虚线为用 NaOH 沉淀时的条件。用 NaOH 可使 Mn^{2+} 沉淀完全，但产物必须仔细洗涤以除去残留的 Na^+，还有钠盐必须回收。用氨水作沉淀剂的优点是价廉，NH_4^+ 易

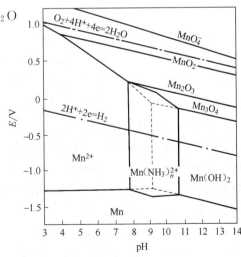

图 11-13　$Mn\text{-}NH_3\text{-}H_2O$ 系 $E\text{-}pH$ 图（25℃）
$[c(Mn)_T = 10^{-3} mol/L, c(NH_3)_T = 3mol/L]$

洗涤，产物中不引入阳离子杂质，母液为含少量锰的铵盐溶液，可考虑作为农肥。但是 Mn 沉淀不易完全，氧化较难。

以硫酸锰（$MnSO_4 \cdot H_2O$）为原料、氨水或氢氧化钠为沉淀剂，空气氧化，反应温度为 60～80℃，控制氧化气氛和反应终点。将沉淀物过滤、蒸馏水洗涤，100℃下干燥，得到锰的氧化物粉末。图 11-14 为其 X 射线衍射谱图，样品（a）和（b）分别用 NaOH 和 NH_3 作沉淀剂制得。

图 11-14（a）和（b）所示谱线与 Mn_3O_4 标准物的衍射谱线数据（表 11-6）完全一致，证明两个产物均为纯的体心四方晶系 Mn_3O_4 粉末。样品（a）是在电磁搅拌加热器上制得，仅靠搅拌引入空气，氧化慢，反应时间长，其谱线衍射峰锐表明粉末晶型生长较好。样品（b）则是在空气搅拌器中反应生成的，由于采用压缩机将空气鼓入，氧化快，反应时间短，其谱线衍射峰低说明生成的粉末晶型还不够完善，但粒度较前者更细，SEM 测定，粒度小于 $0.5\mu m$。

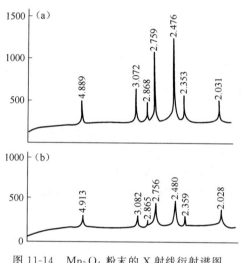

图 11-14 Mn_3O_4 粉末的 X 射线衍射谱图

表 11-6 Mn_3O_4 标准物的衍射谱线数据

$d/\text{Å}$	I/I_1	hkl
4.924	30	101
3.089	40	112
2.881	17	200
2.768	85	103
2.487	100	211
2.463	20	004
2.0369	20	220
1.7988	25	105
1.5762	25	321
1.5443	50	224

注：$1\text{Å}=0.1\text{nm}$。

与传统的火法生产比较，用湿化学相转变合成的四氧化三锰粉末纯度高，粒度细，反应活性好，是磁性材料和敏感陶瓷的优良掺杂粉体。

除了用空气作为氧化剂外，也可以使用硝酸盐作氧化剂，硝酸根在液相与 $Mn(OH)_2$ 充分作用，有利于传质。何佳等[26]以硫酸锰为原料通过沉淀-氧化工艺制备四氧化三锰的研究中采用硝酸铵为辅助氧化剂，制备了高纯度的四氧化三锰粉末。实验操作如下。

硫酸锰在氨水中水解沉淀为氢氧化锰：先将 220mL 由浓氨水按体积 1:9 稀释后的氨水溶液加入到置于 60℃ 水浴锅中的三颈瓶中，然后在磁力搅拌下滴加 200mL 浓度为 113g/L 的硫酸锰溶液（工业生产浓度），继续搅拌反应 0.5h，生成氢氧化锰浆料（反应结束时悬浮液的 pH 值为 8.5），抽滤洗涤。

氧化氢氧化锰制备四氧化三锰：将洗涤后的滤饼加入适量去离子水调浆，液固质量比约为 10:1，并加入少量的硝酸铵作辅助氧化剂，同时加入氨水调节悬浮液的 pH 值为9.0，用小型气泵通入空气（6L/min）氧化数小时后，产物经抽滤洗涤，在 120℃的真空干燥箱中干燥 4h，制得样品。

检测结果表明，将硫酸锰的水解产物氢氧化锰经液相氧化制备出了粒径约为 100nm 的 Mn_3O_4 粉末，锰含量达到 71.11%，含硫量为 0.023%，符合软磁铁氧体用四氧化三锰的国家标准（GB/T 21836—2008）。以氨水为沉淀剂，采用反加料方式可以避免钠离子的引入和碱式硫酸锰的生成，锰的沉淀率可达到 90% 以上。利用空气对氢氧化锰进行液相氧化时，添加硝酸铵，其 NO_3^- 起着催化氧化的作用。

（2）沉淀转化法制氧化铋粉末[27]　　α-Bi_2O_3 粉末是电子元器件中用途很广的掺杂粉体材料，要求纯度高，活性好，粒度小而且粒度分布窄。传统工艺是用硝酸铋溶液水解生成硝酸氧铋（$BiONO_3$），然后在 600℃焙解生成 α-Bi_2O_3，此工艺造成氮氧化物有害气体需要进行治理，而且生成的 α-Bi_2O_3 粒度粗大，不均匀。

以硝酸铋溶液为原料，用化学沉淀法制备氧化铋粉末，可依据热力学分析与计算，做出 Bi-NO_3^--H_2O 系 pNO_3^--pH 图（pNO_3^- 即 $-\lg aNO_3^-$）（图 11-15）来进行分析。从图 11-15 可知，当 pH 值很低时，Bi^{3+} 即发生水解生成 $BiONO_3$ 沉淀，当 pH 值升高后，$BiONO_3$ 可转化为 Bi_2O_3。因此，从 $Bi(NO_3)_3$ 向 Bi_2O_3 转化可通过加大量碱中和，升高溶液 pH 值，使其按 $Bi(NO_3)_3 \rightarrow BiONO_3 \rightarrow Bi_2O_3$ 的路线一步完成，也可以分两步走（二步法）

水解

$$Bi^{3+}+NO_3^-+H_2O \Longrightarrow BiONO_3 \downarrow +2H^+$$

过滤，将滤饼 $BiONO_3$ 粉碎调浆使成悬浮液，加碱进行第二步相转化。

转化

$$2BiONO_3+2OH^- \Longrightarrow Bi_2O_3 \downarrow +H_2O+2NO_3^-$$

二步法的优点在于，第一步水解后过滤除去了 $Bi(NO_3)_3$ 溶液可能带来的金属离子杂质（Bi^{3+} 水解的 pH 值很低，其他金属离子尚留在溶液中），而且由于降低了溶液中硝酸根的浓度，使 $BiONO_3$ 转化为 Bi_2O_3 所需的 pH 值降低。如图 11-15 所示，$BiONO_3$ 与 Bi_2O_3 的平衡线为一斜线，pNO_3^- 越大，即 $c(NO_3^-)$ 越小，转化所需的 pH 低。二步法虽然增加了一次过滤操作，但是可以减少碱的消耗，提高纯度，降低成本。详细的热力学分析与计算可参阅文献 [27]。

从 $BiONO_3$ 相转化为 Bi_2O_3 相的反应过程可以用固膜扩散控制的未反应芯模型表示，如图 11-16 所示。

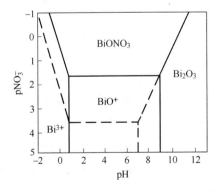

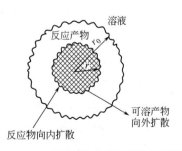

图 11-15　Bi-NO_3^--H_2O 系的 pNO_3^--pH 图
25℃，$c(Bi^{3+})=10^{-6}$mol/L 和 $c(Bi^{3+})=10^{-4}$mol/L（虚线）

图 11-16　通过反应产物的扩散为速率控制步骤时局部化学反应的颗粒

根据影响粒度的动力学因素分析，在公斤级放大实验中采用二步转化法，得到的产物经过滤洗涤，干燥脱水，在 300℃ 煅烧，得到了 Bi_2O_3 质量分数＞99.5%，费氏粒度（F.S.S.S）$<2\mu m$，X射线衍射证实为纯 α-Bi_2O_3 粉末。

SEM检测表明，第一步水解得到的 $BiONO_3$ 为针状，经第二步相转变得到的 Bi_2O_3 也是针状，即形貌在相转变过程中未发生变化。

如果不采用二步转化法，用碳酸盐沉淀 Bi^{3+} 成 Bi 的碳酸盐，再经煅烧得到的 α-Bi_2O_3 粉末就是球形粒子了。

用化学沉淀法制备的 α-Bi_2O_3 粉末，避免了传统工艺硝酸氧铋焙解时放出的氮氧化物有害气体，煅烧温度降低至 300℃，能得到纯度高、粒度小、符合电子陶瓷掺杂粉体质量要求的产品。

11.3.3 气溶胶法（气相水解法）

（1）气溶胶法合成 TiO_2 超细颗粒　气溶胶法是用雾化器将相应的溶液喷成雾状，在反应器中再与共同反应的蒸气接触，发生反应，生成金属氧化物粉末，而且是球形粒子。从前驱体是液相和生成溶胶的角度，把该方法放在胶体法中讨论。该方法也可列入气相法中讨论。实现这种工艺的前提条件是：

① 粒度分布窄的反应物液滴能与另一反应物的蒸气发生化学反应；

② 合理设计的气溶胶发生器或产生分散气溶胶液滴的喷雾器。

其过程就是雾滴在反应器中蒸发、反应、形成微细粉末。最典型的例子就是钛醇盐与水蒸气反应生成二氧化钛的工艺[28]，其反应方程式为

$$Ti(OR)_4 + 2H_2O \Longrightarrow TiO_2 + 4ROH$$

实验装置流程图如图 11-17 所示。高纯氮气（99.999%）经纯化后分成四路进入反应器。一路进入 $Ti(OR)_4$（分析纯）汽化器，携带 $Ti(OR)_4$ 蒸气从中心喷管进入主反应器（或参照反应器）；一路通过水汽化器将水蒸气带入反应器中部；另两路分别进入反应器稀释饱和气流。

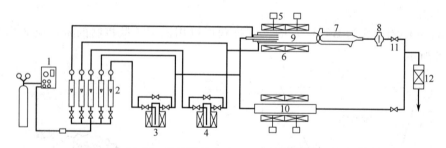

图 11-17　气溶胶法合成 TiO_2 超细颗粒流程

1—纯化器；2—转子流量计；3—$Ti(OR)_4$ 汽化器；4—H_2O 汽化器；5—温控系统；6—加热器；

7—热泳动过滤器；8—膜过滤器；9—主反应器；10—参照反应器；11—截止阀；12—尾气转化器

反应器分成两段。一段是混合段，热氮气流携带反应物经喷嘴喷出，在该段中同冷氮气混合，形成 $Ti(OR)_4$ 气溶胶颗粒；另一段是水解反应段，$Ti(OR)_4$ 在该段与水蒸气混合，发生水解反应，形成 TiO_2 超细微粒。

所得超细 TiO_2 为球形多孔粒子，温度升高，粒径减小。$T<420℃$ 时，粒径 $d=$ 206nm。所得到的 TiO_2 在温度低于 420℃ 时，为无定形，在 420℃，TiO_2 由无定形向锐钛矿型转变。

建立了表征颗粒与生长的多段全混反应器串级模型，较好地解释了实验现象和结果。

（2）气溶胶法合成氧化铝球[6,29]　一般情况下，最后产物颗粒的粒径除了与反应温度有关外，还与最初醇盐液滴的原始大小及携（载）带气体的流速有关。

图 11-18 是用来合成氧化铝球的气溶胶法装置图。合成方法是铝醇盐的蒸气通过分散在载体气体中的氯化银核后冷却，生成以氯化银为核的铝的丁醇盐气溶胶。这种气溶胶由单分散液滴构成。让这种气溶胶与水蒸气反应来实现水解，从而成为单分散性氢氧化铝颗粒，将其焙烧就得到氧化铝颗粒。

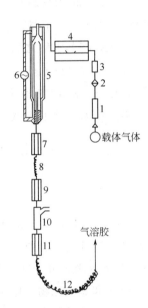

图 11-18　气溶胶法制氧化铝的装置

1—干燥剂；2—微孔过滤器；3—流量计；4—电炉；

5—锅炉；6—泵；7，9，11—冷凝器；

8，12—加热器；10—水解器；

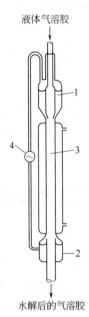

图 11-19　采用降膜式的醇盐水解器

1—上液馏；2—下液馏；

3—降膜玻璃管；4—泵

载体气体氦经过氯酸镁和硫酸钙柱 1 干燥和微孔过滤器 2 过滤后，通过电炉 4 而载上氯化银核。电炉的炉心处放着高硼硅酸盐玻璃舟，将氯化银置于舟内，并保持在一定温度范围（595～650℃）。从电炉出来的氦气通过一发生丁基醇铝蒸气的锅炉 5，被丁基醇铝饱和。气体流速为 $500～2000cm^3/min$，锅炉温度为 $122～155℃$，醇盐蒸气压≤133.322Pa。被醇盐蒸气饱和的载体气体由冷凝器 7 冷却而生成气溶胶。将这种在气体中溶胶化了的醇盐在约 130℃的加热器 8 中完全汽化之后，再一次用冷凝器 9 凝缩。冷凝器的温度保持在 25℃。载于氦气内的醇盐液体经再次凝缩之后就变为只含有这种醇盐的溶胶。气溶胶在水解器 10 中与水蒸气混合，为了使水解反应进行完全，让混合物通过于 25℃保温的冷凝器 11，然后在加热到 300℃的玻璃管中完全固化，并收集到微孔过滤器上。

水解装置有各种结构，图 11-19 是被称为降膜（falling film）类型装置的模型图。这种方法是让水膜连续地沿着恒温降膜玻璃管 3 的表面落下来，所以称为降膜类型。水靠泵沿着上液馏和下液馏之间环流，气溶胶通过从入口进、再从出口出的过程被分解。

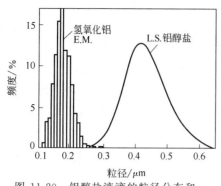

图 11-20 铝醇盐液滴的粒径分布和
水解后的氢氧化铝的粒径分布

载体气体氮气的流速为 1000mL/min，氯化银核发生炉的温度为 610℃，锅炉温度 122℃，再加热器的温度为 130℃，在此条件下所生成的丁基醇盐液滴的粒径分布和将其水解之后得到的氢氧化铝的粒径分布表示在图 11-20 中。液滴粒径的分布是用光散射法测定的，氢氧化铝的粒径分布是由电子显微镜照片确定的。由图可知，水解之后所生成的固体颗粒尺寸要比其直接前驱体即液滴的尺寸小。丁基醇铝液滴的最可几粒径为 0.42μm，将其水解之后生成的化合物的最可几粒径为 0.17~0.18μm。生成的化合物如果是软水铝石或是硬水铝石，其密度也就分别为 3.01g/cm³ 和 3.44g/cm³，则最可几粒径从 0.42μm 相应变为 0.186μm 或 0.178μm，这与实验结果非常一致。这是因为水解生成的颗粒是一水合物的水软铝石或水硬铝石所致。

11.4 喷雾热解法

喷雾热解法（spray pyrolysis）是近年来新兴的一种超细粉末制备技术。该法是采用液相前驱体的气溶胶过程，兼具传统液相法和气相法的优点，如产物纯度高、粒子形态均匀可控，过程完全连续和工业化潜力大等。因此，喷雾热解法被广泛应用于分子簇、纳米粒子、空心或多孔粒子、纤维和薄膜多种产物形态和金属、金属氧化物和非氧化物、巴氏球及复合材料等多种化合物组成的材料的制备。其原理是将含所需要正离子的某种金属盐溶液喷成雾状送入加热到设定温度的反应室内，通过化学反应生成微细的粉末颗粒。以下以超声喷雾联合微波热解法制备 ITO 粉体为例说明。

氧化铟锡（tin doped indium oxide，ITO）是重要的半导体材料，是由 In_2O_3：SnO_2 质量比为9：1组成的铟锡氧化物。由于四价锡掺杂在氧化铟晶格中而具有低电阻率、高红外光反射率和高可见光透过率的优越特性，被广泛应用于显示器、太阳能电池、透明导电材料和细胞追踪剂等领域。整个 ITO 产业链的基础是 ITO 粉体的制备，目前制备 ITO 粉体的方法主要有溶剂热合成法、溶胶-凝胶法、化学共沉淀法、微乳液法、喷雾-燃烧法等。这些制备方法可能存在设备要求高、纯度不易控制和节能降耗不明显等缺点。喷雾热解法则是指通过直接加热前驱体溶液雾滴而使雾滴内溶质闪速干燥热解形成超细粉体的气溶胶技术，工艺过程简单，具有一步完成、节能减排、可连续化生产和产量大等优点。已报道的喷雾热解法研究主要集中在超声喷雾制备高纯超细的实心粉体颗粒、空心微球和薄膜上，而且这些研究采用的均是传统加热方法，通过热辐射由外到内逐渐传导加热，存在热利用率低、能量消耗高、加热不均匀等缺点。考虑加热对象是雾滴，且雾滴吸收微波性能很好，利用微波加热具有选择性加热、加热均匀、雾滴表面与内部整体加热和加热速度快等优越特征，周朝金等[30]采用超声喷雾联合微波热解，并在前驱体溶液中添加络合剂柠檬酸（实现高效分散悬浮液滴，使得液滴不容易发生边际融合），一步制备出纯度高、分散性好、粒径小、粒径分布均匀的氧化铟锡粉体。

按浓度称取对应质量的 $InCl_3 \cdot 4H_2O$ 和 $SnCl_2 \cdot 2H_2O$ 溶解于去离子水中，溶解过程中滴加添加剂柠檬酸形成一定浓度的络合前驱体溶液。加入到超声波喷雾器中进行造雾，以空气作为载气，将雾化液滴通入微波管式加热炉中热分解生成 ITO 粉体，并在载气的带动下进入石英玻璃收集瓶中冷凝沉降收集，产生的含 HCl 尾气经两级碱液吸收后无污染排空。超声波喷雾联合微波热解法工艺流程如图 11-21 所示。

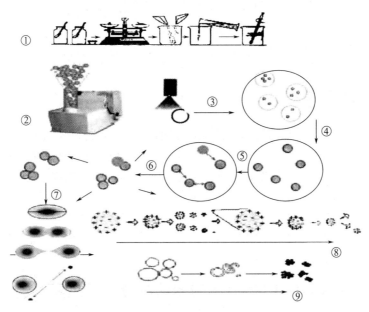

图 11-21　超声波喷雾联合微波热解法制备 ITO 粉体的工艺流程图

该工艺流程主要包括以下几个步骤：①前驱体溶液的配置；②超声波喷雾机造雾；③雾滴运动传质；④运动过程中存在分散现象；⑤液滴相互之间存在引力；⑥液滴在融合时受热快速蒸发；⑦当液滴表面张力占优势时融合在一起进行热解反应，当液滴受到库伦斥力影响而等于表面张力到达临界变形时开始分裂，当库伦斥力完全大于表面张力时液滴完全分裂；⑧分裂后的液滴循环分裂并在分裂中不断进行反应；⑨液滴发生反应主要为蒸发、干燥、热解、形核、结晶、烧结等最终形成球形粉体。

通过对不同温度下制备的粉体进行扫描电镜显微和能谱分析，明确了温度会影响产品纯度和团聚效果，温度低于 610℃ 时会存在含 Cl 元素杂质，高温下易形成二次烧结且团聚现象明显。通过对添加柠檬酸之后制备的粉体进行扫描电镜显微和 XRD 分析，表明柠檬酸添加后在高温下不影响产品纯度，但柠檬酸添加量会影响产品的形貌和分散性。少量柠檬酸加入会增加破壳粉体，柠檬酸含量增加会出现不规则形貌粉体。如图 11-22 所示。

通过优化实验条件参数，在浓度为 0.01mol/L 的 $InCl_3 \cdot 4H_2O$ 和 $SnCl_2 \cdot 2H_2O$ 混合前驱体溶液中添加柠檬酸 0.004g/L，超声波频率 1.7MHz，雾化量为 0.2L/h，载气流速 0.5L/min，微波热解温度 650℃，加入 200 目滤网条件下制备了分散性好、纯度高、尺寸分布小且均匀的超细实心球形氧化铟锡（ITO）粉体，该法在制备球形粉体方面具有广阔应用前景。

| (a) 不加入柠檬酸 | (b) 柠檬酸加入量0.002mol/L | (c) 柠檬酸加入量0.004mol/L |

图 11-22　不同柠檬酸加入量在 650℃ 时制备得到的 ITO 粉体的 TEM 图

11.5　包裹沉淀法

大多数电子陶瓷是含有两种以上金属元素的复合氧化物，如铁电、压电陶瓷材料中的 $BaTiO_3$、$PbTiO_3$、$PbZrO_3$、$KNbO_3$、$Pb(Mg_{\frac{1}{3}}Nb_{\frac{2}{3}})O_3$、$Pb(Ni_{\frac{1}{3}}Nb_{\frac{2}{3}})O_3$ 等。电子陶瓷的性能主要取决于它们的显微结构和材料组分。显微结构在相当程度上是由粉体的特性所决定的。一般的高温固相合成法很难得到高纯、均匀、超细、易于烧结的粉料。这里介绍一种液相包裹法，其特色是组成中的一种组分为固相活性基体，其余均为液相组分，通过加入沉淀剂使生成的沉淀均匀附着在固相表面，一起沉淀下来，生成均匀的混合物，再经干燥、煅烧，即得到所需的粉料。

11.5.1　*α*-Al₂O₃-ZrO₂（Y₂O₃）粉末的制备

氧化锆增韧陶瓷是 20 世纪 70 年代发展起来的一类很有前途的新型结构陶瓷材料。主要利用氧化锆的相变特性来增加陶瓷材料的抗断裂韧性和抗弯强度，使其具有良好的力学性能、低的热导率和良好的耐温度急变性。这类增韧氧化物陶瓷已经开始在很多领域得到比较广泛的应用。

制备无有害杂质元素、聚集状态良好、结构水含量很低的氧化锆粉体是制备高性能氧化锆陶瓷的关键之一。由于氧化锆陶瓷都含有一定数量的稳定剂，如 Y_2O_3、CeO_2、MgO 等，因此，为了获得烧结温度低的高性能氧化锆陶瓷粉体，常用的制备方法是共沉淀法，即将氯氧化锆或其他锆盐，以及用作稳定剂的相应盐类水溶液充分混合后，用氨水沉淀。沉淀物再经过过滤、漂洗、干燥、粉碎（造粒）等工序后压制成粉体。若需要在粉体内同时含有其他添加剂，如 Al_2O_3、SiC 等，也可以在共沉淀之前以固相形式加入，即以固相添加剂（微粉状）作为活性基体，使其他成分沉淀在表面生成均匀混合物的包裹沉淀法。

徐真祥等[31]制备 α-Al_2O_3-ZrO_2（Y_2O_3）粉体，就是以 α-Al_2O_3 为固相添加剂。α-Al_2O_3 是由异丙醇铝在 1250℃ 经 1h 煅烧而得到的，其粒径为 $0.1\sim0.2\mu m$，比表面积为 $12m^2/g$。将 α-Al_2O_3 粉末悬浮在锆、钇混合盐溶液中进行包裹沉淀，可获得组分均匀、烧结活性高的超细 α-Al_2O_3-ZrO_2（Y_2O_3）粉体，其工艺流程如下。

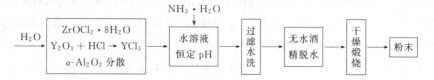

值得注意的是在本方法中如何选择盐溶液的 pH 值。

包裹法得到均匀粉末的首要条件是作为核的固相在液相溶液中能均匀分散而不聚沉。在这里要考虑 α-Al_2O_3 的悬浮稳定性，而悬浮稳定性与溶液的 pH 值密切相关。α-Al_2O_3 粉末的稳定性可从其在电场作用下测得的电位 ζ 确定。α-Al_2O_3 的电位 ζ 与 pH 的关系如图 11-23 所示。从图可以看出，当溶液的 pH 为 1～4 时，电位 ζ 高，α-Al_2O_3 粒子的悬浮稳定性高，当 pH＞8 时，α-Al_2O_3 粒子的电位 ζ 低，稳定性差。pH=9.4 时，电位 ζ 为零，9.4 是 α-Al_2O_3 的等电点，此时粒子之间的静电斥力为

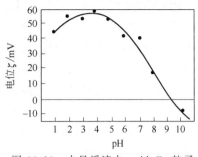

图 11-23 水悬浮液中 α-Al_2O_3 粒子的电位 ζ 与 pH 的关系

零，最易聚沉。因此在前面所示的工艺流程中，将 α-Al_2O_3 分散在 pH 为 1.5 左右的 $ZrOCl_2$ 和 YCl_3 混合溶液中，α-Al_2O_3 粒子表面电荷产生斥力，从而获得了稳定的悬浮液。若选择在 pH=8.5 的混合盐溶液中悬浮 α-Al_2O_3 粒子然后进行包裹沉淀，则因接近 α-Al_2O_3 的等电点，电位 ζ 低，斥力小，粒子的稳定性差，最终获得的粉体组分均匀性就不如在酸性介质中分散得好。

11.5.2 包裹法合成磷酸铁锂的研究

磷酸铁锂目前多采用碳酸锂（或氢氧化锂）、磷酸氢铵和亚铁盐为原料，将三种原料均匀混合后在惰性气氛（如 Ar、N_2）下高温煅烧而得，此即为高温固相合成。液相合成方法则是将含锂源化合物、铁源化合物、磷源化合物溶液混合后采用高温高压水热合成 $LiFePO_4$，由于锂化合物溶解度大，往往原料锂的配比都是过量的。为了减少不必要的锂资源浪费，降低成本而获得高性能的电极材料，与普通采用可溶性锂盐为原料的水热法过程不同，李向锋等[32]介绍了采用不溶性锂盐 Li_2CO_3 为锂源，按照化学计量比合成 $LiFePO_4$ 的包裹沉淀-水热转化工艺（改良的水热法），并讨论了物相转变的机理。

该法是由两个步骤组成的：包裹沉淀合成核壳型前驱体的反应和水热转化前驱体为单一物相 $LiFePO_4$ 的反应。一方面利用包裹沉淀的优点，形成具有核壳结构的沉淀前驱物，有利于减少锂盐的损失；另一方面利用水热转化法的优点，提供一个高温高压特殊的物理化学环境，有利于形成颗粒细小、形貌规则的 $LiFePO_4$ 粉体材料。

（1）包裹沉淀前驱体的合成和水热转化 按化学计量比 Li^+：Fe^{2+}：PO_4^{3-}：VC=1：1：1：0.1 准确称取 Li_2CO_3、$(NH_4)_2Fe(SO_4)_2 \cdot 6H_2O$、$(NH_4)_2HPO_4$ 和抗坏血酸（VC）。将合成前驱体的反应器置于恒温加热磁力搅拌水浴锅中，当水浴的温度稳定在 100℃时，向反应器中加入反应物碳酸锂固体，然后加入 0.50mo/L 的磷酸氢二铵溶液［称取的 $(NH_4)_2HPO_4$ 溶于 40mL 去离子水中］，在磁力搅拌作用下，使两种反应物均匀混合成浆料，最后加入称取的六水合硫酸亚铁铵的溶液［称取的 $(NH_4)_2Fe(SO_4)_2 \cdot 6H_2O$ 溶于 80mL 去离子水中，同时加入称取的 VC］，调节悬浊液的 pH 值，使其稳定在 pH=7，并使其在磁力搅拌下搅拌 3min，得到均匀的包裹沉淀前驱体。

将包裹沉淀前驱体转移至水热反应釜，密封水热反应釜，在 180℃恒温条件下水热反应 16h。然后，将水热反应釜移出烘箱，冷却至室温，将生成物过滤，得到的滤饼用去离子水调浆洗涤两遍，无水乙醇调浆洗涤一遍，重新过滤得到纯净滤饼，最后滤饼于 120℃真空干

燥 4h，得到浅灰色 $LiFePO_4$ 粉末。

XRD 测试表明，获得的样品为正交晶系橄榄石结构的 $LiFePO_4$（JCPDF 40-1499），未发现明显的杂质峰。

（2）包裹沉淀-水热转化反应的机理研究　为了研究反应的进程，通过测定不同反应时间下水热体系溶液中 Li^+ 的浓度和沉淀产物的物相组成来确定 Li_2CO_3 在前驱物和水热体系中的存在形式，以及对各个阶段的物相组成进行分析，探索包裹沉淀-水热转化反应的机理。

将前驱体转入水热反应釜于 180℃ 烘箱中处理不同时间，取出水热反应釜骤冷后用原子吸收光谱仪（AAS）测定溶液中 Li^+ 的浓度，结果绘于图 11-24 中。从图 11-24 中可以看到，在 0~2h 期间，溶液中 Li^+ 浓度变化很大，有一个迅速上升和下降的变化过程，而此后 Li^+ 的浓度逐渐降低，说明在反应的初始阶段，Li_2CO_3 发生了溶解过程，随着反应的进行，进入溶液的 Li^+ 参与反应而被消耗，16h 后降至原始量的 10% 以下（与产物的收率数据接近）。

实验获得的包裹沉淀前驱体的 XRD 谱图（图 11-25 中 0h 样品）表明前驱体主要由 $NH_4FePO_4 \cdot H_2O$（JCPDF 45-0424）和 Li_2CO_3（JCPDF 01-0996）组成，而且 $NH_4FePO_4 \cdot H_2O$ 的衍射峰强度较 Li_2CO_3 高很多。说明在包裹沉淀过程中，以固体活性基体（Li_2CO_3）为核，Fe^{2+}（铁源）和 PO_4^{3-}（磷源）发生沉淀反应，生成 $NH_4FePO_4 \cdot H_2O$ 沉淀均匀附着在 Li_2CO_3 固体表面，形成具有核壳结构的包裹沉淀颗粒。核壳结构可在前驱体的透射电镜（TEM）图像（图 11-26）中证实。壳体组分的电子能谱分析（EDS）结果通过分析计算表明，核壳结构的壳体组分中，铁元素和磷元素的摩尔比例接近 1:1，证实了具有核壳结构的包裹沉淀的壳体组分主要为 $NH_4FePO_4 \cdot H_2O$。

对水热 2h 的产物进行物相组成分析，如图 11-25 中 2h 样品所示。经过 2h 的水热处理，前驱体的组成发生了变化，除了 $NH_4FePO_4 \cdot H_2O$ 和 Li_2CO_3 外，还产生了 $LiFePO_4$ 新相。

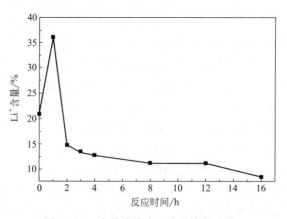

图 11-24　水热溶液中 Li^+ 浓度的变化

根据图 11-24、图 11-25 和图 11-26，同时结合工艺过程涉及的反应物性质和发生的主要化学反应对整个反应过程分析如下。

① $HPO_4^{2-} \rightleftharpoons H^+ + PO_4^{3-}$

② $NH_4^+ + Fe^{2+} + PO_4^{3-} \longrightarrow NH_4FePO_4 \downarrow$

③ $Li_2CO_3 \rightleftharpoons 2Li^+ + CO_3^{2-}$

④ $Li^+ + NH_4FePO_4 \longrightarrow LiFePO_4 + NH_4^+$

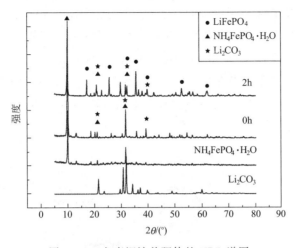

图 11-25　包裹沉淀前驱体的 XRD 谱图

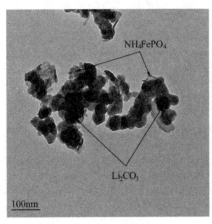
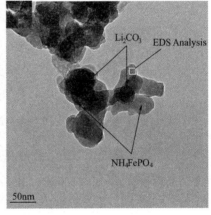

(a) 标尺100nm　　　　　　　　　　　(b) 标尺50nm

图 11-26　包裹沉淀前驱体的 TEM 图

在包裹沉淀阶段，主要发生沉淀反应②，PO_4^{3-}来自HPO_4^{2-}离解（反应①），随着 PO_4^{3-} 的消耗，体系中 H^+ 增加，会促使 Li_2CO_3 离解（反应③），因此在水热处理开始时已有部分 Li^+进入溶液，此时溶液中锂含量达到原料配比锂量的 20％（见图 11-24）。

在水热转化阶段，在 0～1h 期间，溶液中 Li^+ 的浓度有一个明显上升过程（见图 11-24）。分析原因，一是由于在 Li_2CO_3 表面沉淀的 $NH_4FePO_4 \cdot H_2O$ 并不致密，反应①产生的 H^+引起 Li_2CO_3 发生离解反应③，增加了沉淀前驱体中部分固体 Li_2CO_3 溶解；二是因为在水热转化反应初始阶段，反应体系尚未达到预定的温度，存在一个降温过程（包裹沉淀前驱体合成温度为 100℃）而造成部分 Li_2CO_3 溶解（Li_2CO_3 的溶解度随温度的降低而增大，100℃时溶解度 0.71％，0℃ 时 1.52％），水热 1h 时溶液中锂含量达到原料配比锂量的36.3％。在 1～2h 期间，Li^+ 的浓度迅速降低，这是因为水热体系已经达到稳定状态，溶解的 Li^+ 部分以沉淀方式析出（因体系温度升高），同时部分溶解的 Li^+ 会在前驱物外壳界面与 NH_4FePO_4 反应，置换出 NH_4FePO_4 中的 NH_4^+，生成 $LiFePO_4$（反应④）（图 11-25 证实了 2h 产物中 $LiFePO_4$ 和 Li_2CO_3 存在）。

水热转化 2h 以后，溶液中残余的 Li^+ 主要进行生成 $LiFePO_4$ 的反应④而逐渐消耗。同时，核壳沉淀物外层沉淀的 Li_2CO_3 和核壳沉淀物的芯层 Li_2CO_3 都会与 $NH_4FePO_4 \cdot H_2O$ 发生反应④生成 $LiFePO_4$，由于存在两个反应界面，大大加快了形成 $LiFePO_4$ 的反应速率，反应过程仍然可能是通过 Li_2CO_3 溶解产生 Li^+ 而与 $NH_4FePO_4 \cdot H_2O$ 发生取代进行的。

随着水热转化反应的进一步进行，Li_2CO_3 逐渐消失以及溶液中 Li^+ 浓度进一步降低，沉淀颗粒按照 $LiFePO_4$ 的晶体结构逐渐生长，生成 $LiFePO_4$ 晶体。

整个反应的具体进程如图 11-27 描述。

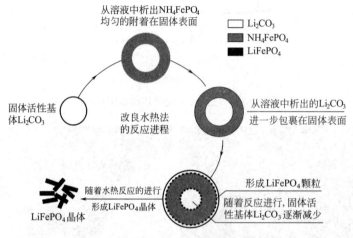

图 11-27　改良水热法的反应进程示意图

以相对廉价的不溶性锂盐 Li_2CO_3 为锂源采用改良水热法，通过包裹沉淀得到前驱体，然后在水热条件下物相发生转变，生成纯相 $LiFePO_4$ 粉体材料，相比于以可溶性锂盐采用传统水热法合成 $LiFePO_4$，节省了锂盐的用量，降低了 $LiFePO_4$ 的成本。与高温固相合成相比，大大减少了混合研磨时间和高温反应时间，有利于获得活性高的粉体材料。

11.6　醇-水盐溶液加热法

11.6.1　醇-水盐溶液加热法的基本原理[33]

一种无团聚、球形、粒度分布窄的粉末对于陶瓷的成型和烧结来说是最理想的原料，满足这种需要的原料粉的制备方法很多，其中最成功的是 Sol-Gel 法。而一些用金属盐作前驱体的水基工艺，如强制水解法和均相沉淀法都存在一些问题，如反应物的浓度很低和反应时间太长等。

锆醇盐为前驱体的 Sol-Gel 法虽能获得球形 ZrO_2，但用于反应的醇盐浓度＜0.1mol/L。采用金属盐水基方法难以产出球形且粒度分布窄的 ZrO_2 粉体。有人将异丙醇大量加到水溶胶中可得球形 ZrO_2，但其粒度分布宽。这里介绍的醇-水盐溶液加热法是从浓盐溶液中产生无团聚的、球形的、粒度分布窄的 ZrO_2 颗粒的新工艺，流程如图 11-28 所示。乙醇（EtOH）、1-丙醇（1-PrOH）、2-丙醇（2-PrOH）和 2-甲基-2-丙醇（t-BuOH）被用来作对比研究。

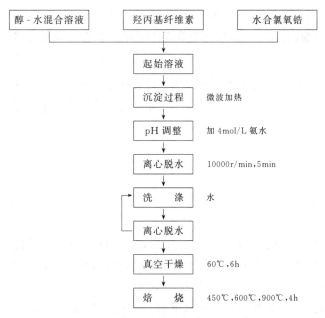

```
┌──────────────┐   ┌──────────────┐   ┌──────────────┐
│ 醇-水混合溶液 │   │ 羟丙基纤维素 │   │  水合氯氧锆   │
└──────┬───────┘   └──────┬───────┘   └──────┬───────┘
       └──────────────────┼──────────────────┘
                  ┌────────┴────────┐
                  │   起始溶液       │
                  └────────┬────────┘
                  ┌────────┴────────┐
                  │   沉淀过程       │  微波加热
                  └────────┬────────┘
                  ┌────────┴────────┐
                  │   pH 调整        │  加 4mol/L 氨水
                  └────────┬────────┘
                  ┌────────┴────────┐
                  │   离心脱水       │  10000r/min,5min
                  └────────┬────────┘
             ┌───→┌────────┴────────┐
             │    │   洗  涤         │  水
             │    └────────┬────────┘
             │    ┌────────┴────────┐
             │    │   离心脱水       │
             └────└────────┬────────┘
                  ┌────────┴────────┐
                  │   真空干燥       │  60℃,6h
                  └────────┬────────┘
                  ┌────────┴────────┐
                  │   焙  烧         │  450℃,600℃,900℃,4h
                  └─────────────────┘
```

图 11-28　醇-水盐溶液加热法工艺流程

（1）有机溶剂对沉淀过程的影响　当一定量的乙醇加到水盐溶液中，盐溶液变得过饱和，同时发生沉淀，其原因是乙醇的介电常数很低，导致溶液的溶剂化能力和混合溶液的溶解能力下降。另外，混合溶剂加热时，溶液的介电常数随温度升高而降低，也发生盐的沉淀析出。

不同的醇溶液的介电常数是不同的，但都随温度升高而降低。用作试验的所有起始溶液在 3℃ 都是清亮的，当加热时，各在一定温度变得浑浊。这个温度就定义为起始溶液的沉淀温度，对不同起始溶液来说其沉淀温度是不相同的，但是在各沉淀温度的介电常数值却是相似的。这表明锆酰盐在醇-水混合溶液中的溶解度与溶剂的介电常数有关。

醇-水比值（R/H）对沉淀过程的影响实验研究表明，随 R/H 增加（2～6）沉淀温度降低，然而每一沉淀温度的介电常数值均约为 25。以异丙醇为溶剂，$R/H=6$，大约在室温可发生沉淀反应，而当 R/H 太低时，就不可能得到沉淀。另外某些溶剂，如甲醇，即使温度达到沸点，也不能产生沉淀。

这些结果说明溶剂混合物的种类和组成对沉淀过程有重大的影响。可以认为，降低溶解度应归功于在起始溶液中加入醇并升高温度。

（2）溶剂对粉末形貌的影响　溶剂混合物的种类也影响产物颗粒形貌。例如，从乙醇-水混合物中所得产物初始颗粒很细小但形成软团聚；从含 t-BuOH 混合溶剂所得颗粒为大的球形而且分布宽；另外从含有 1-PrOH 和 2-PrOH 混合溶剂所得颗粒是小球形而且分布窄。这种形貌上的差异可从考虑决定胶体稳定性的参数得到解释。按照第 1 篇第 3 章 DLVO 理论，两个粒子之间的总相互作用能 V_T 可用下式表示

$$V_T = -\frac{Ar}{12H_0} + \frac{\varepsilon r}{2}\psi^2 \exp(-\kappa H_0) \tag{11-2}$$

由于水和直链醇的 A 值相近（约 10^{-20}J），在此无影响。粒子表面电位与电解质浓度有关，电解质浓度又确定 κ。在本体系中，除了从起始盐离解出的 HCl，并无其他电解质存在于溶

液中。在此情况下，粒子之间的相互作用能垒就主要由表面电位和介电常数确定。

每一个溶剂混合物的沸点，介电常数和 ZrO_2 粒子在各混合溶剂中的 Zeta 电位列于表 11-7 中。

表 11-7　溶剂混合物的沸点，介电常数以及 ZrO_2 在每一混合溶剂中的 Zeta 电位

溶剂种类	沸点/℃	ε（沸点时）	粒子的 Zeta 电位(20℃)/mV
EtOH-水	78.6	23.5	−40
1-PrOH-水	88.2	17	−20.2
2-PrOH-水	80.3	16.5	−37.4
t-BuOH-水	82	10	−40

注：实验条件 $R/H=5$。

Zeta 电位和介电常数显著影响电斥力。在此，EtOH-水混合溶液甚至在沸点时的 ε 也很高且 Zeta 电位是很高的负值。从这一混合溶液形成的初始粒子是稳定的，也不会聚团生长。因为粒子有很高的电斥力使之不会聚团生长。虽然 ZrO_2 粒子在 t-BuOH-水混合溶液的 Zeta 电位（−40mV）很高，但溶液的介电常数很低，从这一溶液中形成的粒子是不稳定的，易聚集，因为势垒 V_T 是低的。1-PrOH-水和 2-PrOH-水混合溶液的介电常数相差不大。然而从 Zeta 电位看，在含 1-PrOH 溶液中的较含 2-PrOH 的为低，从 2-PrOH 混合液得到的二次粒子较从 1-PrOH 混合溶液中的粒子大些。这说明 Zeta 电位与介电常数一样影响粒子间的电斥力和最终产物的形貌。然而为了更清楚地说明最终产物的形貌，Zeta 电位的测定应在沉淀反应历程的原位测定。

（3）羟丙基纤维素（HPC）作为分散剂的影响　从 1-PrOH 和 2-PrOH 混合溶剂制备出的粒子是一些相当均匀但颈部缠在一起的团聚体，这意味着粒子相互作用的位能不能抗拒团聚。为了阻止这种团聚，需要在粉末形成时用电的或位阻作用去稳定。高分子稳定剂 HPC 能用来控制这种胶态相互作用位能。羟丙基纤维素（HPC）分散剂的优点：①在静电稳定性上，HPC 提供热力学而不是动力学稳定性；②HPC 物理地吸附在粒子上，阻止了粒子生长期间的团聚；③HPC 分子并不作为异相成核的位置。当用 2-PrOH 为溶剂，$R/H=5$，$ZrOCl_2$ 的浓度为 0.2mol/L 时，随 HPC 浓度的增加，粒子尺寸降低。一般 HPC 的浓度取 $1×10^{-3}g/cm^3$ 为好。

（4）粉末特性　粉末经 TG/DTA 测试表明：在空气中加热到 1200℃ 总失重为 22.5%，相当于 $Zr(OH)_4$ 或 $ZrO_2·2H_2O$ 的理论失重 22.61%。然而在 20～200℃ 之间有大的吸热峰和失重，相当于失去物理吸附水，大约在 460℃ 有一尖锐的放热峰，相当于 ZrO_2 发生晶化的放热。

从含有 HPC 的 2-PrOH-水混合溶剂得到的前驱物粒子在约 600℃ 灼烧 4h，粒子尺寸减小了，可能是因为脱水。但球形仍保持，其粒度约为 $0.2\mu m$。

前驱物是无定形的，在 450℃ 或 600℃ 灼烧 4h，得到四方和单斜相的混合物。粉末中的四方相在 900℃ 转变为单斜相。

用含 1-PrOH 或 2-PrOH 的 $ZrOCl_2$ 溶液，经微波加热，可以产生球形且粒度分布窄的 ZrO_2 前驱物，随起始溶液的温度增加而发生沉淀的原因是由于降低了溶液的介电常数而使溶质溶解度降低。表面电位与介电常数一样也显著影响最终产物的形貌。少量的 HPC 对合成无团聚的粉末是有效的。用该方法制备出的前驱物是无定型的，在 900℃ 灼烧 4h 后，粉

末仍为球形，晶型为单斜晶相。

11.6.2 醇-水盐溶液加热法制备纳米 ZrO_2（3Y）粉体

采用醇-水溶液加热法已成功制备出 ZrO_2 粉末。李蔚等[34]进一步研究了用该法制备掺 Y 的 ZrO_2，将 97%（摩尔）ZrO_2＋3%（摩尔）Y_2O_3 记为 ZrO_2（3Y）。

将标定好的 $ZrOCl_2 \cdot 8H_2O$ 和 $Y(NO_3)_3 \cdot 6H_2O$ 按 97%（摩尔）ZrO_2＋3%（摩尔）Y_2O_3 的比例加入乙醇-水溶液中，加入适量 PEG（聚乙二醇）作为分散剂。将此溶液置于恒温水浴中加热至预定温度并保温适当时间直至溶液转变为白色凝胶。将凝胶取出，在机械搅拌的同时，滴入氨水直至 pH＞9 后，水洗凝胶多次除去 Cl^-，再用醇洗 3 次脱水。将醇洗后的凝胶在 120℃的烘箱中烘 12h，最后经 600℃煅烧得到纳米 ZrO_2（3Y）粉体。

另将与前等量的 $Y(NO_3)_3 \cdot 6H_2O$ 溶解在相同体积的乙醇-水溶液中，将此溶液置于恒温水浴中加热至预定温度，并保温适当时间，以观察其间的变化。

（1）沉淀反应过程　$ZrOCl_2 \cdot 8H_2O$ 单独在醇-水溶液中加热时，就会产生沉淀，对沉淀的热分析研究表明，其化学组成为 $Zr_4O_2(OH)_8Cl_4$，这表明发生了以下反应

$$4ZrOCl_2 + 6H_2O \Longrightarrow Zr_4O_2(OH)_8Cl_4 + 4HCl$$

当 $Y(NO_3)_3 \cdot 6H_2O$ 单独在醇-水溶液中加热时，即使加热达 6h，仍不会有沉淀产生，在这一过程中，溶液的 pH 从 5.21 下降到 4.96，这表明在酸性条件下 $Y^{3+} + 3H_2O \longrightarrow Y(OH)_3 + 3H^+$ 水解反应难以发生，故没有沉淀产生。

因此，$ZrOCl_2 \cdot 8HCl$ 和 $Y(NO_3)_3 \cdot 8H_2O$ 一同溶于醇-水溶液中加热时，溶液中 $ZrOCl_2 \cdot 8H_2O$ 发生水解反应生成 $Zr_4O_2(OH)_8Cl_4$ 胶粒，并逐渐聚合形成凝胶状沉淀。在这期间，Y^{3+} 自由分散在凝胶中。由于加热过程是均匀进行，没有外部的干扰，Y^{3+} 这种分散是比较均匀的。接着，当氨水加入后，$Zr_4O_2(OH)_8Cl_4$ 凝胶将水解完全转变成 $Zr(OH)_4$ 凝胶，而 $Y(NO_3)_3$ 则转变成 $Y(OH)_3$，依然均匀分散在凝胶中。当凝胶被烘干，煅烧时，$Zr(OH)_4$ 脱水变成 ZrO_2 粉体，而 $Y(OH)_3$ 也脱水成为 Y_2O_3，并渗入到 ZrO_2 颗粒中使之以四方相的形式稳定下来。实际上，煅烧温度越高，这一渗入就越容易进行，从而使 ZrO_2 颗粒更容易从单斜相转变成四方相。因此随着温度的上升，单斜相逐渐减少直至最终消失。

（2）加热温度对反应的影响　实验结果表明：当加热温度低于 60℃时，没有沉淀产生。在 60℃以上，随加热温度升高，沉淀产生所需时间减少，结合醇-水溶液介电常数随温度的变化曲线可知，溶液产生沉淀时的介电常数在 25 左右。

（3）加热时间对反应过程及粉体的影响　加热时间对所得粉体的粒径和比表面积的影响研究表明：加热时间对粒径影响不大，但粉体的比表面积随加热时间的延长而增大。因加热时间过短时，粉体的团聚严重。加热时间为 5h 的粉体的比表面积为 $65m^2/g$。

加入氨水调 pH 值的时间不宜太早，$ZrOCl_2$ 的水解反应未完全就加入氨水易产生团聚。当反应 4h 后，$ZrOCl_2$ 水解反应已达 97% 以上，再继续反应 1h，胶粒的成核、生长和聚集的过程也有足够的时间完成。同时，PEG 分子也能较好地将沉淀分散，此时溶液中的 $ZrOCl_2$ 的反应率已达 99.5%，此时再加入氨水，就不会影响沉淀的均匀性，从而使产生的团聚体较少。

粒度测试表明，随着反应时间的增加，所得胶团的有效直径减小（从 1h 的 585.9nm 降

低到 5h 的 316.1nm），粒度分布变窄。

醇-水溶液加热法制备的 ZrO_2（3Y）粉体，由于 Y_2O_3 均匀地分布在 ZrO_2 中使 ZrO_2 以四方相的形式被稳定。采用这一工艺应注意选取适当的加热温度和足够长的时间，即必须使溶液的介电常数小于一定数值才能产生沉淀反应，并使反应完全，减少团聚的产生而获得分散性好的粉体。

11.6.3　溶剂热合成分级叶片簇状纳米氧化铝

氧化铝由于具有强的耐磨性、好的热稳定性、优良的电绝缘性和高的化学稳定性，使得其在陶瓷、电子、催化及吸附等领域有着广泛的应用，而分级构造的纳米器件能够将材料的普通性能和纳米级别时的特殊性能结合起来，目前学术界对不同形状的分级构造纳米氧化铝器件的合成及应用较为关注。溶剂热和水热合成法具有化学可操作性和可调变性强、合成的产物结晶度高、均匀性和分散性好、粒度及形貌容易控制等特点，汤睿等[35]报道了一种采用乙醇-水的混合液为溶剂的溶剂热过程，制备出了一种分级叶片簇状构造的纳米氧化铝，并采用 PEG20000 作为造孔剂，在大大提升产物比表面积（达到 $283m^2/g$）的同时并没有改变产物颗粒的形貌。在此基础上作者进一步研究了分级叶片簇状纳米氧化铝的热稳定性和晶面取向的调控[36]。

(1) 材料合成　硝酸铝[$Al(NO_3)_3 \cdot 9H_2O$]、尿素[urea, $(NH_2)_2CO$]、无水乙醇、聚乙二醇（PEG，分子量 $M=20000$）和浓硝酸均为分析纯级试剂，实验中所用蒸馏水为自制。取一定量的 $Al(NO_3)_3 \cdot 9H_2O$（其最终浓度为 0.5mol/L）和尿素溶入 5mL 的蒸馏水中，使 $Al^{3+}:(NH_2)_2CO=1:4$（物质的量之比），然后用配置好的硝酸溶液（1:1，体积比）调节 pH 值至 1，再用无水乙醇稀释至 50mL，搅拌均匀形成无色透明溶液 A。将无色透明溶液 A 移入聚四氟乙烯内衬的水热釜中，水热釜置入恒温电热干燥箱中 100℃恒温反应 15h（一段溶剂热），然后快速升温至 180℃恒温反应 24h（二段溶剂热），取出反应釜冷却至室温，将得到的沉淀抽滤，用无水乙醇洗涤 3 次，然后 80℃下真空干燥 2h，得到前驱体 S-0，将 S-0 在马弗炉中 600℃下煅烧 2h 得到蓬松的白色粉末。

为研究实验条件对结果的影响，进行了一系列单因素实验：向无色透明溶液 A 中添加 2g PEG20000，搅拌均匀后移入水热釜中，得到前驱体 S-1；不经过一段溶剂热，直接于 180℃处理 24h，得到前驱体 S-2（0，1，2 为条件的编号）。

随后，通过 SEM、XRD、FT-IR 和 N_2 吸附-脱附等温线等手段对所得产物进行的表征，研究了溶剂热方式及 PEG20000 添加剂对产物形貌和结构的影响。

图 11-29 (a)[(a-1)和(a-2)]，(b)，(c)[(c-1)和(c-2)]分别是 S-0，S-1，S-2 经 600℃煅烧以后所得样品的 SEM 照片。所有样品颗粒的整体构造均为簇状，厚度为纳米级别的多个叶片的一端团聚在一起构成簇状形貌的整体构造。簇状物长度在 $2\mu m$ 左右且分散性较好。由图(a-2)和(b)可知，PEG 的存在与否对产物形貌没有太大影响，这里溶液中大量的乙醇分子可能阻碍了 PEG20000 分子舒展成长链，使其无法作为纤维状形貌的模板，从而无法改变产物的形貌。对比图 11-29(a)和(c)可以发现，S-0 和 S-2 经煅烧所得产物的形貌存在一定的区别。小倍数 SEM 照片(a-1)和(c-1)看上去虽然都是簇状形貌，但图(c-1)中产物簇所包含的叶片比图(a-1)中产物簇所包含的要多，这必然会使得两者的精细结构有所不同。图(a-2)中的小图显示几片叶片的一端团聚在一起形成的精细结构呈现茶叶状，而图(c-2)中的小图则显示的是大量叶片的一端团聚在一起形成的精细结构呈现菊花状。正是这种精细结构的

(a-1) S-0, 标尺5μm　　(a-2) S-0, 标尺1μm　　(b) S-1, 标尺1μm

(c-1) S-2, 标尺5μm　　(c-2) S-2, 标尺1μm

图 11-29　前驱体 S-0，S-1 和 S-2 经 600℃ 煅烧所得样品的 SEM 照片

差异使得图(a-2)产物的自然堆积比图(c-2)的要松散。在产物应用过程中，不同的精细结构必然会具有不同的性质，因此精细结构可控性的意义也就不言而喻。

采用低温 N_2 吸附-脱附等温线研究了 S-0 和 S-1 经 600℃ 煅烧以后所得样品的低温 N_2 吸附-脱附等温线。两个样品的吸附-脱附平衡等温线的类型均为 IUPAC（国际纯粹化学与应用化学联合会）所定义的Ⅳ型，说明产物含有介孔。当相对压力高于 0.9 时，曲线陡然递增，并没有出现 S 形状，这说明产物中还包含孔径在 20nm 以上的孔。由这两种类型孔的密度分析可知，孔径小于 20nm 的孔是由纳米晶粒堆积而成，大于 20nm 的孔是由叶片堆积而成。结合前面的分析不难得出：产物由片状或板状纳米晶粒、厚度为纳米级别的叶片和微米级簇状物 3 个级别所构成；纳米晶粒堆积成叶片并形成大量 4nm 左右的孔，多个叶片的一端聚在一起呈簇状并形成一些大于 20nm 的孔。

虽然两个产物的孔类型和构造几乎相同，但它们的比表面积和孔结构参数却差别较大（表 11-8）。

表 11-8　前驱体 S-0 和 S-1 经 600℃ 煅烧所得样品的孔结构参数

样品	$S_{BET}/(m^2/g)$	$V_t/(cm^3/g)$	D_a/nm
S-0 煅烧	166	0.3	5.45
S-1 煅烧	283	0.63	6.50

注：S_{BET} 为比表面积；V_t 为孔体积；D_a 为平均孔直径。

有 PEG 参与反应所得产物 S-1 的比表面积、孔容和孔径都要大于没有 PEG 参与反应所得产物 S-0 的相关数据。这是由于在乙醇-水溶液中，虽然 PEG20000 的分子无法舒展成长链状，但这种大分子在沉淀过程中却是很好的占位剂，600℃ 煅烧引起 PEG20000 分解消失，留下其所占的空间形成孔，这就大大提高了产物的比表面积和孔参数。

（2）结构调控　氧化铝除了应用于环境治理以外，在石油化工领域作为催化剂载体而被广泛应用，其形态、孔道结构、表面性质对反应效率有很大的影响。作为催化剂载体的普通活性氧化铝是由纳米微晶无序堆积而形成的无规则块体材料，虽然在使用过程中要进行造粒、压片等宏观规整化处理，但是微观结构的无序性使得其在反应过程中与反应介质的传递、吸附等效果表现较为单一和普通，同时还存在结构热稳定性较差，弯曲、复杂、较深的孔道很难有效利用，表面性质不易调变等问题。而分级结构纳米氧化铝有序的结构会使其在反应过程中与反应介质表现出较好的传质效果，次级纳米单元的存在使得孔道表面化，大大提高了孔道的利用率，同时在表面性质的可控调变和结构的热稳定性等方面具有巨大的潜质，因此对其合成及性能的研究是改善氧化铝性能的有效途径，对催化而言具有重大的意义。

① 热稳定性的调控。虽然通过 PEG20000 合成的分级叶片簇状纳米氧化铝在 600℃ 煅烧后具有 283m²/g 的高比表面积，但是当煅烧温度提升至 800℃ 时，其比表面积降低至 96m²/g，为了调控其热稳定性，选用正硅酸乙酯（TEOS）作为硅源，向产物中掺杂 Si 以期提高其热稳定性。即在进行高温溶剂热之前，向水热釜中添加不同数量的 TEOS，使得 Si 的物质的量分别为 Al 的 1％、5％、10％ 和 20％，样品编号分别为 S-1％、S-5％、S-10％、S-20％（表 11-9）。

表 11-9　不同 Si 掺杂量的样品经过 800℃ 煅烧所得产物的比表面积及总孔容

样品	S-1％	S-5％	S-10％	S-20％
$S_{BET}/(m^2/g)$	96	116	127	120
$V_p/(cm^3/g)$	0.35	0.34	0.34	0.26

注：V_p 为总孔容。

表 11-9 展示了在 800℃ 的高温条件下，掺杂不同数量硅所得样品的比表面积和总孔容数据。当 Si 掺杂量为 1％ 时，与没有掺杂 Si 的样品相比其比表面积并没有被改善；当 Si 掺杂量为 5％ 或 10％ 时，产物的比表面积均被提升到 120m²/g 左右。这些与上述孔径分析的结果相一致，但是当 Si 掺杂量高达 20％ 时，其比表面积并没有被提升，这很有可能是因为 Si 的含量太高，其并没有完全掺入 γ-Al_2O_3 的晶格而形成了 SiO_2，形成的 SiO_2 堵塞了部分孔道从而使得比表面积无法被提升。Si 对样品热稳定性的调控，是由于在 γ-AlOOH 结晶的过程中，Si 应该首先进入 γ-AlOOH 的晶格，然后在 γ-AlOOH 相变为 γ-Al_2O_3 的过程中 Si 成为了 γ-Al_2O_3 晶格中的点阵点，而 Si—O 的键能（798kJ/mol）大于 Al—O 的键能（512kJ/mol），从而增强了产物次级纳米叶片中 γ-Al_2O_3 微晶的稳定性。

② 晶面取向调控。晶面取向调控是材料表面性质调控的一个重要手段。在分级叶片簇状纳米氧化铝的合成过程中，晶面的定向生长与表面活性剂的诱导前驱体结晶有很大关系，作者分别采用十二烷基磺酸钠（SDS）和十六烷基三甲基溴化铵（CTAB）两种表面活性剂，在进行高温溶剂热之前，向水热釜中添加所选的表面活性剂。样品编号分别为：S-SDS 和 S-CTAB。

图 11-30 显示经过不同表面活性剂诱导结晶所得产物的次级纳米叶片的 TEM 照片及选区电子衍射（SAED）谱图，图上出现一套衍射斑点，说明产物次级纳米叶片维持织构结构，利用 γ-Al_2O_3 的晶体对称性对衍射斑点进行标定，样品 S-SDS 煅烧后，产物次级纳米叶片的宽度方向，晶粒沿着倒易向量（040）方向堆积，垂直于次级纳米叶片的晶向为 [10-1]；样品 S-CTAB 煅烧后，产物次级纳米叶片的宽度方向，晶粒沿着倒易向量（31-1）方向堆积，垂直于次级纳米叶片的晶向为 [11-2]。这说明通过表面活性剂可以调控样品的晶面取向。

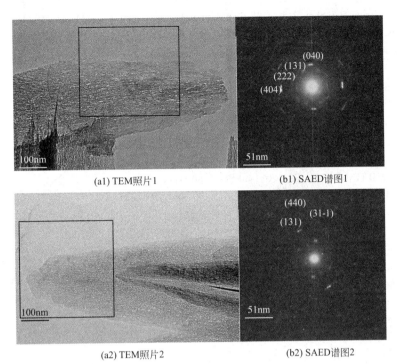

(a1) TEM照片1　　　　　　　　　(b1) SAED谱图1

(a2) TEM照片2　　　　　　　　　(b2) SAED谱图2

图 11-30　600℃煅烧 S-SDS（a1～b1）及 S-CTAB（a2～b2）24h 所得产物的
次级纳米叶片的 TEM（a）照片和 SAED（b）谱图

参考文献

[1] Janekovic A，Matijevic E J. Colloid & Interface Sci.，1985，103（2）：436-447.

[2] Matijevic E，Scheiner P J. Colloid & Interface Sci.，1978，63（3）：509-524.

[3] Sordelet D，Akine M J. Colloid & Interface Sci.，1988，122（1）：47-59.

[4] 徐功骅，等. 第一届中国精细陶瓷粉体制备与处理学术会议论文集. 北京：1994.

[5] 王世权，王泽新. 高等学校化学学报.1994，15（2）：283-284.

[6] （日）一ノ瀬升，尾崎义治，贺集城一郎著. 超微颗粒导论. 赵修建，张联盟，译. 武汉：武汉工业大
学出版社，1991.

[7] Fang T T，et al. J. Am. Ceram. Soc. 1990，73（11）：3363-3367.

[8] Potdar H S，et al. J. Mater. Res. 1992，7（2）：429-434.

[9] Schrey F. J. Am. Ceram. Soc.，1965，48（8）：401.

[10] Zhang Z et al，Rare Metals，1995，14（2）：91-95.

[11] Somiya S，et al. In：Ceramic Microstructure'86，ed. Pask J A & Evans H G. Plenum Press，1987，
465-474.

[12] 胡嗣强，黎少华. 化工冶金.1994，15（2）：152-166.

[13] 钱逸泰，陈乾旺，陈祖耀. 应用化学.1993，10（3）：32-34.

[14] Yoshimura M，et al. J. Ceram. Soc. Int. E d.，1989，97，14-19.

[15] Adschiri T，Kanazawa K，Arai K. J. Am Ceram. Soc. 1992，75（4）：1019-1022.

[16] 张昭，李向锋，胡云龙，等. 制备磷酸铁锂的方法. 中国，ZL201210290313.6.

[17] Li X F，Zhang Z，Liu F，et al. Advance Materials Research，2013，787：58-64.

[18] Li X F，Zhang X，Zhang Z. Ionics，2014，9：1275-1283.

[19] Li X F，Luo D M，Zhang X，et al. Journal of Power Sources. 2015，291：75-84.

[20] 朱新华，张昭，沈俊. 环境科学与技术，2013，36（12）：114-116.

[21] Zhu X H，Zhang Z，Shen J. J. of Wuhan University of Technology-Mater. Sci. Ed. April 2016，Volume31，issue 2，321-327.

[22] 马文英，方佑龄，赵文宽．无机盐工业．1993，(5)：11-13.

[23] Matijevic E，et al. Pure & Appl. Chem. 1988，60 (10)：1479-1491.

[24] 过壁君．磁性薄膜与磁性粉体．成都：电子科技大学出版社．1994.

[25] 张昭，彭少方．第四届全国颗粒制备与处理学术会议论文集．1995.

[26] 何佳，张昭．无机盐工业，2014，46 (3)：45-49.

[27] 彭少方，雷慧绪，等．第一届中国精细陶瓷粉体制备与处理学术会议论文集．1994.

[28] 胡黎明，郑柏忠，古宏晨，等．华东化工学院学报．1992，18 (4)：433.

[29] Ingebrethsen B J，Matijevic E. J. Aerosol Sci. 1980，11，271.

[30] 周朝金，郭胜惠，张利华，等．材料导报，2016，30：10-14.

[31] 徐真祥，等．第二届全国超细颗粒及其表面科学学术讨论会论文集．1991，328-331.

[32] Li X F，Hu Y L，Liu F，et al. J. WUHAN UNIV. TECHNOL. -Mater. Sci. Ed. 2015，30 (2)：223-230.

[33] Moon Y T，Park H K，Kim D K，et al. J. Am. Ceram. Soc. 1995，78 (10)：2690-2694.

[34] 李蔚，高濂，郭景坤．无机材料学报．2000，15 (1)：16-20.

[35] 汤睿，张昭，杨晓娇，等．无机化学学报，2011，27 (2)：251-258.

[36] 汤睿．上海：华东理工大学，2012.

第2篇思考题

1. 叙述粉料的主要性能和通常采用的测试仪器。

2. 气相法制粉体和薄膜有哪些方法？各有何特点？

3. 机械粉碎与固相反应法制备粉体各有什么特点？

4. 介绍高温固相反应机理，除了温度外哪些因素有利于加快固相反应？

5. 试说明液相法制备微粉的特点。

6. 结合第2章，将沉淀过程中"成核"和"生长"分开的可能措施有哪些？

7. 什么是化合物沉淀法？

8. 试介绍水热法的几种类型。

9. 举例说明相转移法和相转变法的区别。

10. 溶剂热法制备粉体的原理是什么？

第3篇

新兴无机化学品制备工艺和研究进展

第12章
精细陶瓷

12.1 概述[1~9]

12.1.1 精细陶瓷的分类

陶瓷是中华文化的杰出成就之一，以至于"陶瓷"的英文"china"与"中国"是同一个词。我们的祖先在 8000 年前，用泥土塑成各种器皿的形状，再在火堆中烧制成坚硬的可重复使用的陶器。它是具有一定强度，但含有较多气孔的未完全烧结的制品。由于在原料上采用了含铝较高的瓷土，釉的发明及高温技术的改进三方面因素的促进，使陶器步入瓷器的台阶，这是陶瓷史上一个很重要的进程。

近年来，由于科学技术迅速发展，特别是能源、电子技术、空间技术、计算机技术的发展，对具有特殊性能材料的需求日益增加，而某些陶瓷材料恰恰具有这些特殊性能，因此，近几十年来这类陶瓷材料的研究与开发取得了长足的进展。这类陶瓷无论在原料、工艺或性能等方面都与传统陶瓷有较大的差异。对这类材料的称谓也因不同国家而异，英国认为"技术陶瓷"（technical ceramics）较恰当；美国人常将其称为"先进陶瓷"（advanced ceramics）、"高性能陶瓷"（high performance ceramics）、"高技术陶瓷"（high technology ceramics）、"特种陶瓷"（special ceramics）；日本人则常以"精细陶瓷"（fine ceramics）命名。从本质上说，所有这些名称都具有相同或相近的含义。我国文献中有称高技术陶瓷、先进陶瓷和精细陶瓷的，不过较多的称精细陶瓷。"精细陶瓷"的精确定义尚无定论，但通常认为精细陶瓷是"采用高度精选的原料，具有精确控制的化学组成，按照便于控制的制造技术加工的，便于进行结构设计，并具有优异特性的陶瓷"。精细陶瓷的产生是由以下 7 个因素促成的：①在原料上，从传统陶瓷以天然矿物原料为主体发展到用高纯的合成化合物；②陶瓷工艺技术上的进步，在传统陶瓷工艺基础上发展和创造出新的工艺技术；③陶瓷科学理论上的发展，为陶瓷工艺提供了科学上的依据和指导，使陶瓷工艺从经验操作到科学控制，以至发展到在一定程度上可根据实际使用要求进行特定的材料设计；④显微结构上的进步，使人们更清楚地了解陶瓷材料的精细结构及其组成，从而可控制地做到工艺-显微结构-性能关系的统一，对陶瓷技术起到指导作用；⑤陶瓷材料性能的研究使新的性能不断出现，大大开拓了陶瓷材料的应用范围；⑥陶瓷材料的无损评估技术的发展，加强了使用上的可靠性；⑦相邻学科的发展对陶瓷科学的进步起到了推动作用，如材料化学与化工对陶瓷材料的发展，起了重要的作用[7]。

精细陶瓷从性能上可分为结构陶瓷和功能陶瓷两大类。结构陶瓷是以力学性能为主的一大类陶瓷。特别适用于高温下应用的则称为高温结构陶瓷。功能陶瓷则主要利用材料的电、磁、光、声、热和力等性能及其耦合效应，如铁电、压电陶瓷、正或负温度系数陶瓷、敏感陶瓷、快离子导体陶瓷等，以及主要从电性能上考虑有绝缘陶瓷、介电陶瓷、半导体陶瓷、导体陶瓷以及高临界温度 T_c 的超导陶瓷。表 12-1[6]列出了一些精细陶瓷的功能及应用。

表 12-1　精细陶瓷的功能及其应用举例

按功能分类	功能	氧化物陶瓷		非氧化物陶瓷	
		材　料	应　用	材　料	应　用
力学功能	研磨和耐磨性	Al_2O_3，ZrO_2	磨料，砂轮	B_4C，金刚石，CBN，SiC，Si_3N_4	磨料，砂轮，轴承
	切削性	Al_2O_3，Al_2O_3-TiC	刀具	WC，TiC，Sialon	刀具
	高强度	陶瓷纤维，Al_2O_3	复合材料	Si_3N_4，SiC，Sialon陶瓷纤维	发动机部件，燃气机叶片
	润滑性			C，$MoSi_2$，HBN	固体润滑剂，脱膜剂
电磁功能	绝缘性	Al_2O_3，BeO，MgO，MgO-SiO_2	基片，绝缘体电容器	SiC，AlN，BN，Si_3N_4	基片，绝缘体
	介电性	TiO_2，$CaTiO_3$，$MgTiO_3$，$CaSnO_3$			
	导电性	Na-β-Al_2O_3，$LaCrO_3$，ZrO_2	电池，发热元件	SiC，$MoSi_2$	发热原件
	压电性	$BaTiO_3$，$Pb(Zr,Ti)O_3$	振荡器，点火元件		
	磁性	$(Zn,Mn)Fe_2O_4$，$(Ba,Sr)O\cdot6Fe_2O_3$	磁芯		
半导体功能	热敏性	NiO，FeO，CoO，MnO，CaO，Al_2O_3，SiC，$BaTiO_3$	温度传感器，过热保护器		
	光敏性	$LiNbO_3$，$LiTaO_3$，PZT，$SrTiO_3$，LaF_3，ZnS(Cu,Al)	光传感器		
	气敏性	SnO_2，In_2O_3，ZnO，γ-Fe_2O_3，NiO，CoO，Cr_2O_3，TiO_2，$LaNiO_3$，CoO-MgO，ZrO_2，ThO_2	气敏元件，气体警报器		
	湿敏性	LiCl，ZnO-LiO，TiO_2，$NiFe_2O_4$，$MgCr_2O_4+TiO_2$，ZnO，Al_2O_3	湿敏传感器，湿度计		
	压敏性	ZnO		SiC	压敏传感器
光学功能	荧光性	$Eu_2Al_2O_3$	激光器	GaP，GaAs，GaAsP	激光二极管，发光二极管
	透光性	Al_2O_3，MgO，BeO，Y_2O_3	钠蒸气灯灯管透光电极	含 AlON，N，玻璃	窗口材料
	透光偏振性	PLZT(压电陶瓷)	偏光元件		
	光波导性	SiO_2	光纤维，照相机		
	反光特性	CoO	聚光材料	TiN，TiC，CaF_2	聚光材料，热反射玻璃
热学功能	耐热性	Al_2O_3，ThO_2，MgO，ZrO_2	耐热结构材料，耐火材料	SiC，Si_3N_4，HBN，C	耐热结构材料
	隔热性	氧化物纤维，Al_2O_3，ZrO_2 空心球，Al_2O_3-SiO_2	隔热材料	C，SiC	隔热材料
	导热性	BeO	基板，散热器件	C，SiC，AlN，BeC，LaB_6，NbC	基板
生物、化学功能	生物适应性	α-Al_2O_3，$Ca_3(PO_4)_2$，$Ca_5(PO_4)_3OH$	人工骨，人工牙	玻璃碳，热解碳	人工关节，人工骨
	吸附性	SiO_2，Al_2O_3，沸石	催化剂载体		
	催化作用	SiO_2，Al_2O_3，沸石，Pt-Al_2O_3，铁氧体，堇青石，TiO_2 系 γ-Al_2O_3	控制化学反应，净化排出气体		
	耐腐蚀性	Al_2O_3，ZrO_2	化学装置，热交换器	HBN，TiB_2，Si_3N_4，Sialon，C，SiC，B_4C，AlN，TiN	化学装置，热交换器，热电耦保持套，坩埚
与原子能有关的功能	核反应	UO_2，ThO_2	核燃料	UC	核燃料
	吸水中子	Sm_2O_3，Eu_2O_3，Gd_2O_3	控制材料	B_4C	控制材料
	中子减速	BeO	减速剂	C，BeC	减速剂，反射剂
	其他			C，SiC	包覆材料
				C，SiC，Si_3N_4，B_4C	热核反应堆材料
超导功能		Y-Ba-Cu-O Ca-Sr-Ba-Cu-O Bi-Pb-Sr-Ca-Cu-O	超导体		

注：CBN——立方 BN；Sialon——$Si_3N_4+Al_2O_3$ 形成的陶瓷，亦称赛龙；HBN——六方 BN；PLZT——锆钛酸铅镧。

12.1.2 研究精细陶瓷的意义及方法

近十几年来，以生物技术、能源技术、信息工程和材料科学为代表的新技术革命在世界范围内方兴未艾，其中材料科学作为其他技术科学的物质基础，无疑在新技术革命中占有举足轻重的地位。精细陶瓷的研究与开发潜力远大于其他材料，这主要表现在以下几个方面：①精细陶瓷具有多方面的、优异的综合性能以及广泛的实用价值；②精细陶瓷的功能可通过某些特定的方法和手段来改变，从而实现材料结构与功能的可设计性；③从资源上讲，精细陶瓷的主要原料为 Al_2O_3、SiO_2、MgO、TiO_2、PbO、BaO 等，在地球上储量丰富，价格便宜，易于获得；④精细陶瓷的发展历史较短，研究的深度与广度远不及金属和高分子材料，因此发现新材料，获得新功能的比率很高。

现代材料科学研究表明，陶瓷功能（一般是在工程结构、器件和工业产品中应用时而测定）的实现，主要取决于它所具有的各种性能（通常是用力学、热学、电学、光学或化学的术语来表述），而在某一类性能范围中，又必须针对具体应用，去改善和提高某种有效的性能，以获得有某种功能的陶瓷材料。一般说来，要从性能的改进来改善陶瓷材料的功能，需从两方面入手：①从材料的组成上直接调节，优化其内在品质，包括采用非化学式计量、离子置换、添加不同类型杂质、使不同相在微观级复合、形成不同性质的晶界层等；②通过改变外界条件，即改变工艺条件以改善和提高陶瓷材料的性能，达到获得优质材料的目的。一般工艺条件是指原料粉料的物理化学性质和状态、加工成型方法和条件、烧成制度和烧结状态，以及成品的加工方法和条件等。无论是改变组成或是改变工艺，最终都是通过材料微观结构的变化，才能体现宏观的功能变化。因此，要想达到自控设计材料，或者进行局部性能改善，必须综合考虑组成、工艺、微观结构等诸多因素，这是个系统工程。图 12-1 表示了陶瓷功能与组成、工艺、性能和结构的关系。

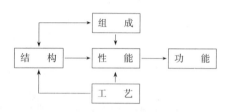

图 12-1　陶瓷功能与组成、工艺、性能和结构的关系

精细陶瓷的研究内容主要是：研究和提高现有材料的性能；发掘材料的新功能；探索和开发新材料；研究与发展材料制备技术与加工工艺。随着对相关领域研究的深入，陶瓷科学逐渐同冶金学、物理学、化学与化工等学科相互交叉渗透，从而逐步构建其完整的科学体系。

12.1.3 精细陶瓷的制备工艺简介[1,6]

精细陶瓷制备工艺包括粉体制备、成型和烧结三个主要步骤。关于精细陶瓷粉体制备的介绍在第 2 篇已经详述，这里不再重复，这里重点介绍成型和烧结。

12.1.3.1 精细陶瓷成型方法[3,6,9]

精细陶瓷的成型技术与方法对于制备性能优良的制品具有重要的意义。与传统陶瓷比较，精细陶瓷的成型技术与方法更加丰富和广泛，且具有不同的特点。成型方法和技术的选择是根据制品的性能要求、形状、产量和经济效益等因素而决定。

（1）成型前的原料处理　原材料进行处理的目的是调整和改善其物理、化学性质，使之适应后续工序和产品的性能要求。这包括改变粉末的平均粒度和粒度分布，改变粉末颗粒的形状、流动性和可塑性，改变晶型，去除吸附气体和低挥发性杂质，洗去因各种原因引入的夹杂等。原料是否需要进行处理和进行哪些处理，要根据具体情况决定。

① 原料煅烧。原料煅烧的目的是：a. 去除原料中易挥发的杂质、化学结合和物理吸附的水分、气体、有机物等，从而提高原料的纯度；b. 使原料颗粒致密得以使晶体长大，这样可减少在以后烧结中的收缩，提高产品合格率；c. 完成同质异晶的晶型转变，形成稳定的结晶相，如 β-Al_2O_3 煅烧成 α-Al_2O_3。

② 原料的混合。在精细陶瓷的制备中，常常需要使用两种以上的原料，这就需要混合。有时虽然是一种原料，但要加入一些微量添加剂，也需要混合。混合的好坏直接影响到产品的性能。特别是被混合物料的密度、配料比相差悬殊，或物料性质十分特殊时，就增加了混料的难度。混合可以干混也可湿混。湿混的介质可以是水、酒精或其他有机溶剂。

混合可在各类球磨机、混料机中进行。球磨机则除了混合外，还可附加以磨细功能，甚至使被混合物料之间发生"合金化"。

③ 塑化。是指在物料中加入塑化剂使物料具有可塑性的过程。在传统陶瓷中，黏土本身就是一种很好的塑化剂，而无需另加塑化剂。但精细陶瓷粉末往往不具有塑性，因此成型前需加入一定的塑化剂。塑化剂指使坯料具有可塑能力的物质。有两大类：无机塑化剂和有机塑化剂。实际上塑化剂由黏结剂、增塑剂和溶剂三种物质组成。

选择塑化剂要根据成型方法、物料性质、制品性能要求、塑化剂的价格以及烧结时塑化剂是否能排除及排除温度范围来决定。

④ 制粒。为了获得良好的烧结性能和提高产品的最终性能，常常需要选用极细的原料粉。但粉末愈细，流动性愈差，这不仅不利于自动压制，而且粉末不能均匀地填充模腔的每一个角落。同时，粉末细，松装密度小，装模体积大。为此，成型前常常需要制粒。常用的制粒方法可分为三类：普通制粒法、压块制粒法和喷雾制粒法。

（2）主要的成型方法　陶瓷成型过程的实质是使陶瓷粉料均匀而尽可能致密地充满所设计好的空间，以便形成一个均匀密实并且具有一定强度的坯体。从减少收缩和变形的目标考虑，要求素坯中固相含量尽量高，固相各处分布均匀，亦即素坯中空隙的大小和分布均匀一致。

① 钢模压制。模压成型时，通过模冲对装在钢模内的粉末施加压力，压制成一定尺寸和形状的瓷坯，卸压后，坯块从阴模中脱出，一般采用的压力为 40～100MPa，该法一般适用于形状简单、尺寸较小的制品。同时，钢模压制容易实现自动化。

② 等静压制。用单向加压成型因压力不均匀难以保证质量。等静压成型是对粉末（或颗粒）施加各向同性的压力，一边压缩一边成型的方法，因此需要用适当的弹性体材料制成模型，使流体压力均匀作用于所谓模型表面，故称静水压成型或等静压成型。在常温下成型时，称冷等静压成型；在几百度到 2000℃ 温度内成型时，称为热等静压成型。

此种成型方法优点：a. 能压制有凹形、空心、细长件及其他复杂性状的零件；b. 摩擦损耗小，成型压力较低；c. 压力从各个方向传递，压坯密度分布均匀，压坯强度高；d. 模具成本低廉。等静压的缺点是：压坯尺寸和形状不易精确控制，生产率低不易实现自动化。

③ 凝胶注模成型法[4]。凝胶注模成型的基本原理与过程：首先将陶瓷粉末分散于含有有机单体和交联剂的水溶液或非水溶液中，制备出低黏度、高固相体积分数的浓悬浮体

（＞50％），然后加入引发剂和催化剂，将悬浮体注入非孔的模型中，在一定温度条件下，引发有机单体聚合成三维网络凝胶结构，从而导致浆料原位凝固成型为坯体。坯体脱模经干燥后强度很高，可进行机加工。此工艺显著的优点：坯体均匀，坯体密度高，坯体强度高，净尺寸成型复杂形状的零部件。

④ 直接凝固注模成型技术[5]。瑞士苏黎世联邦高等工业学院 Gauckler 实验室把生物酶与胶体化学和陶瓷工艺等相结合，发明了直接凝固注模成型技术（Direct Coagulation Costing，DCC），成功地制备出各种复杂形状的高致密陶瓷部件。

本法是首先制备出高固相体积分数（一般＞55％）、分散良好、流动性好的悬浮体或泥浆，根据胶体化学稳定性的要求，就是调节介质的 pH 使陶瓷泥浆料中的 ζ 电位处于最大值，使微粒呈分散状态。DCC 成型技术是利用生物酶催化反应来控制陶瓷泥浆料的 pH 值和电解质浓度，使其 ζ 电位为零。微粒表面所带的电荷为零而在原位凝固成型。图 12-2 是 DCC 成型流程图。其优点是工艺简单、易于操作，坯体具有一定的强度，不存在脱脂环节，成型的坯体结构均匀，固相体积分数高。

⑤ 薄膜成型法。现代技术需要许多薄而平坦的陶瓷零件，如集成电路基板、电容器和混合电路，上述成型法无法满足这些要求，因此必须发展新的成型技术。膜成型技术有流延成型和轧制成型等。

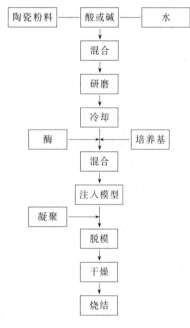

图 12-2　DCC 成型流程图

流延成型：是将由原料粉末、有机粉末和有机黏合剂类、增塑剂、悬浮剂、溶剂或水构成泥浆在流延中以一定厚度涂于输送带上，通过干燥使溶剂蒸发而成坯带的方法。由于粉浆中加入黏合剂、增塑剂，因而具有能进行切片、层合加工的性能。该技术已用于生产集成电路片、电容器、电阻和传感器等方面。

轧制成型　此工艺是在球磨机中，将粉末、黏结剂、可塑剂和溶剂混合，粉碎之后，将泥浆在转筒干燥器中干燥成薄片状，然后在滚压机上一边加热（通常用蒸汽或电），一边进行均匀混炼，然后，进行脱气和延压，制成所需厚度，再经精轧而成薄片。一般经对辊多段辊压，可制得成型密度高（可达理论密度的 70％～75％）而均匀的坯带，其技术要求与流延法相同，重要的是选择黏结剂类和可塑剂。要不断调整粉末流出密度，使之保持一致。该技术主要用于铁氧体、电子陶瓷及原子能所需的陶瓷薄板的生产。

12.1.3.2　精细陶瓷的烧结方法[6]

烧结的实质是粉末坯块在适当的环境或气氛中受热，通过一系列物理、化学变化，使粉末颗粒间的黏结（相互接触）发生质的变化，形成预期的矿物组成的显微结构，达到固定的外形和所要求的性能。烧结过程中，不同陶瓷的反应情况是不同的。普通陶瓷以及滑石质工业瓷，在烧结阶段会有液相生成，所以这类陶瓷的烧成属于有液相参与的烧结过程。精细陶瓷（如含 95％ 以上的 Al_2O_3 刚玉瓷和锆钛酸铅等）烧结时没有液相或只有 10％ 以下的液相参与反应，它的烧结主要为颗粒间的扩散传质作用，少量液相存在起促进烧结，改善显微结构的作用。即使在有液相的情况下（如氧化铍瓷和锆钛酸铅），有组分的蒸发和凝聚作用，但烧结仍以固相反应为主。固相烧结的驱动力主要来源于坯料的表面能和晶粒界面能。在高温下，坯中粉料颗粒释放表面能形成晶界，由于扩散、蒸发、凝聚等的传质作用，发生晶界移动和晶界的减少以及颗粒间气孔的排除，从而导致小颗粒减少、大颗粒"兼并"。由于许多颗粒同时长大，一定时间后必然相互紧密堆积成多个多边形聚合体，形成坯的组织结构。精细陶瓷常用的烧结方法如下。

（1）普通烧结　传统陶瓷多半在隧道窑中烧结。而精细陶瓷主要在电炉中烧结，包括管式炉、立式炉、箱式炉、电阻炉、感应炉、瓷管炉和其他各种炉子。采用一定的气氛（如氢、氩、氮等）或也可在真空和空气中进行。

对难于烧结的陶瓷材料，在允许的前提下，常常添加一些烧结助剂，以降低烧结温度。例如在 Al_2O_3 的烧结中添加少量的 TiO_2、MgO 等，在 Si_3N_4 烧结中添加 MgO、Y_2O_3、Al_2O_3 等，这些添加剂都能大大降低烧结温度。

现在人们热衷于降低粉末粒度，就是促进烧结的重要措施。因为粉末愈细，表面能愈高，烧结愈容易。烧结温度的降低不仅仅使生产更易进行，节约能源，而且常常会改善产品性能。

（2）热压烧结法（HP 法，包括高温等静压法 HIP）　热压烧结法是同时给予热和压力而进行烧结的方法。其原理与只以所谓粒子表面能或晶界能作驱动力的常压烧结法相比，由于从外部施加压力而增强了驱动力，因此效率高，能致密化，能在时间更短、温度更低的条件下烧结，可以制得晶粒细微的致密烧结体。

HIP 的优点：①降低烧结温度和缩短烧结时间；②提高材料性能，尤其高温性能；③由于 HIP 技术使制品各向均匀受压，因此，可以制备复杂形状、尺寸较大的制品。

（3）微波烧结（microwave sintering）　是基于材料本身的介质损耗而发热。此外，介质的渗透度也是一个重要参数，微波吸收介质的渗透深度大致与波长同数量级，所以除特大物体外，一般用微波都能做到表里一致、均匀加热。微波具有使物质内部快速加热，可克服物料的"冷中心"，易于自动控制和节能的特点。因此，微波在陶瓷材料制备中得到广泛应用。

微波烧结原理及一些实例见第 7 章。

12.2　功能陶瓷[1,2,3,6,10,11]

在功能材料中，陶瓷占有十分重要的地位。功能陶瓷占整个精细陶瓷销量的 60％，而且每年以 20％的速度增加。功能陶瓷在能源技术、空间技术、电子技术、传感技术、激光技术、光电子技术、红外技术、生物技术、环境科学等领域得到广泛的应用。

功能陶瓷既可按组成分类，也可按性能或用途分类，还可按使用目的来划分。表 12-1 按功能陶瓷所具有的功能及主要用途（应用）分类。在以后各节中将按此分类，重点叙述一些功能陶瓷材料的结构、性能、生产工艺和最新研究进展。

12.2.1　电介质陶瓷

（1）介电材料在交变电场中的特性

① 体积电阻率。绝缘材料电阻率的测量是把试样置于两个电极之间，在直流电压 E 的作用下，通过测定流过试样体积内的电流 I_v，可得到试样的体积电阻 R_v，即

$$R_v = E/I_v$$

体积电阻率 ρ_v 为

$$\rho_v = R_v \frac{S}{d} \qquad (12\text{-}1)$$

式中，S 为测量电极面积；d 为试样厚度。

ρ_v 有时就以 ρ 代表，其单位为 $\Omega\cdot m$。

② 极化与介电常数。将一电位差加在电介质上，会导致材料内部发生电荷的极化作用，当电压除去后，极化作用即随之消失。电介质在电场作用下产生感应电荷的现象，称为电极化。

电极化是电介质最基本和最主要的性质。介电常数 ε 或相对介电常数 ε_r 是综合反应介质内部电极化行为的一个主要的宏观物理量，其数值取决于发生在介电材料中的极化和电荷位移的程度。ε_r 是电子陶瓷材料中一个十分重要的参数，不同用途的陶瓷对 ε_r 有不同的要求。例如，绝缘陶瓷（又叫装置瓷）一般要求 $\varepsilon_r \leqslant 9$，否则线路的分布电容太大，影响线路的参数；而电容器瓷一般要求 ε_r 越大越好，ε_r 大可以做成大容量小体积的电容器。ε_r 又常常简写为 ε，以后文中出现 ε 时，如无特殊说明均指 ε_r。

③ 极化与介质损耗。任何电介质在电场作用下，总是或多或少地把部分电能转变成热能而使介质发热。在单位时间内因发热而消耗的能量称为电介质损耗功率或简称为介质损耗，若用 $\tan\delta$ 来表示，其值越大，能量损耗也越大。δ 称为介质损耗角，其物理意义是指在交变电场下电介质的电位移与电场强度的相位差。

$\tan\delta$ 的倒数 Q_e（$Q_e = 1/\tan\delta$）称为介电陶瓷材料的电学品质因素，也是重要的特性值之一。

实际使用的绝缘材料，其电阻不可能无穷大，在外电场作用下，总有一些带电质点会发生移动而引起漏导电流。漏导电流流经介质时使介质发热而损耗了电能，这种因电导引起的介质损耗称为漏导损耗。同时，一切介质在电场中均会出现极化现象，除电子、离子的弹性位移基本上不消耗电能外，其他缓慢极化（例如松弛极化、空间电荷极化等）在极化缓慢建立的过程中都会因克服阻力而引起能量的损耗，这种介质损耗一般称为极化损耗。

④ 介电强度。在弱电场作用下，电介质的电阻率在一定的温度下是常数，与电场强度无关。但是当电场强度较高时，由于有较多的价带电子被激发进入导带，电介质电阻率会随电场强度的增加而减小。当电场强度足够高时，通过电介质的电流很大，致使电介质实际上变为导体，有时还能造成材料的局部熔化、烧焦和挥发等。这种现象叫做介电击穿。造成介电击穿的电场强度称为介电强度，也称击穿强度，单位以 V/mm 表示。

根据这些参数的不同，可把电介质陶瓷分为电绝缘陶瓷即装置陶瓷和介电陶瓷两大类。

(2) 电绝缘陶瓷　陶瓷材料在电气电路或电子电路中所起的作用主要是根据电路设计要求将导体物理隔离，以防电流在它们之间流动而破坏电路的正常运行。此外，绝缘材料还起着导体的机械支持、固定、散热及电路环境的保护作用。它需具备如下性能。

体积电阻率（ρ）$\geqslant 10^{12}\,\Omega\cdot m$；

介电常数小（常小于 9）；

介电损耗要小（$\tan\delta$ 一般在 $2\times10^{-4}\sim9\times10^{-3}$ 范围内）；

介电强度（DS）$\geqslant 5.0\,kV/mm$。

各种绝缘陶瓷的性质见表 12-2[6]。

各种绝缘陶瓷的应用见表 12-3[6]。

表 12-2 各种绝缘陶瓷的性质

材料名称	氧化铝瓷 Al₂O₃ 92%	氧化铝瓷 Al₂O₃ 96%	氧化铝瓷 Al₂O₃ 99.5%	氧化铍瓷 BeO	氧化镁瓷 MgO	氮化硅瓷 Si₃N₄	氮化硼瓷 BN	莫来石瓷 3Al₂O₃·2SiO₂	块滑石瓷 MgO·SiO₂	镁橄榄石瓷 MgO·SiO₂
主要成分	Al_2O_3			BeO	MgO	Si_3N_4	BN	$3Al_2O_3 \cdot 2SiO_2$	$MgO \cdot SiO_2$	$MgO \cdot SiO_2$
主要性质	在氧化物系陶瓷中机械强度最小、电绝缘性好、高频损耗小、耐磨损、耐化学腐蚀等性能良好。含量为92%的氧化铝可作一般用途和耐热金属表面喷涂用；含量为96%的氧化铝可用于厚膜电路基片和必须要求机械强度的使用场合。含量为99.5%的氧化铝可用作薄膜电路基片和其他特殊用途			在所有陶瓷中热导率最高，适于作半导体的散热片。高温电绝缘性也好。有毒性	高温电绝缘性优良、高频特性好，热导率高。抗热冲击性差，并因含有水而限制使用范围	是目前强度最高的陶瓷材料，其强度特性在1000℃以下不劣化。抗热冲击性优良	是少数几种容易机械加工的陶瓷。电学特性优良，但有一定程度的水和作用	耐热性优良，特别是蠕变特性好。但电学特征不太好	价格较便宜，电学和机械性比普通瓷好。机械加工性较好	比块滑石瓷的电学和机械特性更好。热膨胀系数大，耐热冲击性差
相对密度	3.6	3.75	3.90	2.80	3.56	3.20	1.7	3.1	2.7	2.8
压缩强度/MPa	2400	2500	3700	1500	840	3500	57	—	560	590
弯曲强度/MPa	320	350	500	175	140	1000	45	180	126	140
弹性模量/GPa	310	310	390	300	350	330	100	100	90	—
热膨胀系数/(10⁻⁶/℃) 25~300℃	6.6	6.7	6.8	6.8	10.0	2.8	—	4.0	6.9	10
热膨胀系数/(10⁻⁶/℃) 25~700℃	7.5	7.7	8.0	8.4	13.0	3.0	2.0	4.4	7.8	12
热导率/W/(m·K) 25℃	16.75	21.77	31.4	159.1	41.87	12.56	56.94	4.19	2.51	3.35
热导率/W/(m·K) 300℃	10.89	12.56	15.91	83.74	15.91	12.56	—	—	—	—
介电强度/(MV/m)	15	14	15	15	14	10	—	13	13	13
体积电阻率/Ω·m 20℃	$>10^{12}$	$>10^{12}$	$>10^{12}$	$>10^{12}$	$>10^{12}$	$>10^{12}$	$>10^{12}$	$>10^{12}$	$>10^{12}$	$>10^{12}$
体积电阻率/Ω·m 300℃	1×10^{9}	3.1×10^{9}	$>10^{12}$	$>10^{12}$	$>10^{12}$	$>10^{12}$	2.5×10^{9}	—	5×10^{8}	7×10^{9}
体积电阻率/Ω·m 500℃	3×10^{6}	4.0×10^{7}	3×10^{10}	1×10^{11}	5×10^{10}	$>10^{12}$	2.3×10^{8}	—	1×10^{6}	1×10^{8}
介电常数/MHz	8.5	9.0	9.8	6.5	8.9	9.4	4.0	6.5	6.0	6.0
介电损耗(tanδ)/MHz	0.0005	0.0003	0.0001	0.0001	0.0001	—	0.0008	0.0004	0.0004	0.0005

表 12-3　各种绝缘陶瓷的应用

用　途	应 用 例 子	材　质
电力	绝缘子,绝缘管,绝缘衬套,真空开关	I,U,A
汽车	火花塞,陶瓷加热器	A
耐热用	热电耦保护管,绝缘管	U,A,M,I
电阻器	膜电阻芯和基板,可变电阻基板	F,Z,A,U
	绕线电阻芯	Z,A,U
CdS 光电池	光电池基板	S,Z,A
调谐器	支撑绝缘柱,定片轴	S,A,F
电子计算机	滑动元件,磁带导杆	A,F
电路元件	电容器基板,线圈框架	A,S,F
整流器	硅可控整流器,饱和扼流圈封装用	A,G
阴极射线管	阴极托,管子	A,F,S
电子管	管壳,磁控管	A,G
	管座	A,F
	管内绝缘物	A,F,S,B,M
混合集成电路	厚膜用基片,薄膜用基片	A,B,G
	多层电路基片	A
半导体集成电路	玻璃封装外壳,陶瓷浸渍	A,F,B
	分层封装外壳	A,B
半导体	Si 晶体管管座,二极管管座	A,S
	功率管管座,超高频晶体管外壳	A,B,M
	半导体保护用	G
封接用	金属喷镀法加工	A,F,B,U
	玻璃封装	G
光学用	高压钠灯,紫外线透射口,红外线透过窗口	A(Lucalox)

注：A—氧化铝；B—氧化铍；F—镁橄榄石；G—玻璃陶瓷；I—普通瓷器；M—氧化镁；S—块滑石；U—莫来石；Z—锆英石。

（3）介电陶瓷　介电材料也是电的绝缘体。这类材料做成的陶瓷是特别着眼于介电性能及其应用，介电陶瓷主要用于陶瓷电容器和微波介质元件两大方面。

① 陶瓷电容器。用于制造电容器的介电陶瓷，在性能上一般应达到如下要求：

a. 介电常数应尽可能高，介电常数越高，陶瓷电容器的体积就可以做得越小；

b. 在高频、高温、高压及其他恶劣环境下，陶瓷电容器性能稳定可靠；

c. 介质损耗（tanδ）要小，这样可以在高频电路中充分发挥作用，对高功率陶瓷电容器，能提高无功功率；

d. 体积电阻率高于 $10^{10}\Omega\cdot m$，这样可保证在高温下工作；

e. 具有较高的介电强度。陶瓷电容器在高压和高功率条件下，往往由于击穿而不能工作，因此提高电容器的耐压性能，对充分发挥陶瓷的功能有重要作用。

② 微波介质陶瓷。主要用于制作微波电路元件。微波电路元件要求介电陶瓷在微波频率下具有如下性能：

a. 具有适当大小的介电常数，而且其值稳定；

b. 介质损耗小；

c. 有适当的介电常数温度系数（TC_ε），且元件互差小；

d. 热膨胀系数 a 小；

e. 谐振频率温度系数 TK_f（也有用 τ_f 表示）尽可能接近于 $10^{-6}/{}^\circ\!C$。

关于微波介质陶瓷中主要材料及其性质，这里略述如下：

在 $MgO\text{-}SiO_2$ 系中，如 $2MgO\cdot SiO_2$ 陶瓷，价格较便宜，Q_e 值也较高，但随着 TK_f 变小，Q_e 值有降低倾向，同时因 ε 小，故大多作绝缘体用。

$MgO\text{-}La_2O_3\text{-}TiO_2$ 系陶瓷，TK_f 稳定性好，适用于制作微波电路元件，但制作微波谐振器其 ε 值偏低。

$ZrO_2\text{-}SnO_2\text{-}TiO_2$ 系陶瓷，TK_f 易于控制，且线性也好，Q_e 值高，适于制微波谐振器，如添加少量 Mn，可进一步改善其稳定性。

近年来对钙钛矿型陶瓷的研究，获得了一些性能较好的微波介质陶瓷，其 $Ba(Zn_{1/3}Ta_{2/3})O_3$ 系陶瓷，$\varepsilon=30$，在 12GHz 下的 Q_e 值为 14000，TK_f 近于零。

12.2.2 铁电陶瓷

凡具有铁电性质的陶瓷称为铁电陶瓷。铁电性是 1921 年由 Valasek 首先在酒石酸钾钠晶体中观察到的。这种材料在外电场不存在时具有自发极化，而且自发极化的方向能被外电场所改变，因此，极化强度 P 和电场强度 E 之间存在着类似铁磁体磁滞回线的关系，于是这种材料被称作铁电体（ferroelectrics），其实这些晶体并不含铁。随后又在磷酸二氢钾等几种晶体中陆续观察到了铁电性。但是在相当长的一段时间内，铁电性被看成少数晶体所特有的一种奇特现象。然而，在第二次世界大战期间，美国、苏联和日本的科学家几乎同时独立地发现钙钛矿结构的钛酸钡（$BaTiO_3$）陶瓷具有明显的铁电性。由于这一材料的许多重要的实际应用背景，铁电现象引起了人们广泛的兴趣。在 20 世纪 50 年代中期，由于发现了钙钛矿结构的锆钛酸铅陶瓷优异的铁电和压电性质，奠定了铁电陶瓷在现代科学技术中的地位。现今已经在多种结构中发现了数以百计的有铁电性的化合物及其固溶体，铁电陶瓷已是一种十分重要的功能材料，下面介绍铁电体的基本性质和主要应用。

（1）铁电体的基本性质

① 自发极化（spontaneous polarization）。许多电介质只有在外电场的作用下才能产生极化，极化强度不等于零。在某温度范围内，当不存在外电场时，如果晶体的单位晶胞中的正、负电荷中心不相重合，即每一个晶胞具有一定固有偶极矩时，由于晶体构造的周期性和重复性，单位晶胞的固有偶极矩便会沿同一方向排列整齐，使晶体处于高度极化状态下，由于这种极化形式是在外电场为零时自发产生的，因此称为"自发极化"。

具有自发极化的单畴单晶体是一永久带电体，因此应在晶体内部及外部空间建立了电场，其电场强度取决于晶体的自发极化强度。但用实验方法很难发现晶体所带电荷。在温度发生变化或在外加应力下发生形变时，由于离子间距离和键角发生变化，自发极化强度 P_s 也要发生变化。这时被自发极化束缚在表面的自由电荷层就有一部分可以恢复自由而释放出来，使晶体呈现带电状态或在闭合电路中产生电流。这就是热释电效应和压电效应。具有自发极化的晶体被称为热释电晶体。热释电晶体总是具有压电效应的。但具有压电性的晶体不一定就具有热释电性，这是因为在压电效应发生时，机械力可以沿一定的方向作用，由此引起正、负中心的相对位移，在不同方向上一般是不等的；而晶体在均匀受热时的膨胀却是在各个方向上同时发生的，并且在相互对称的方向上必定具有相等的线膨胀系数。也就是说，在这些方向上所引起正、负中心的相对位移也都是相等的。

电介质材料的分类如图 12-3 所示。以边框 A 内的材料为电介质材料，用边框 B 表示压电材料，在压电材料内有一类热释电材料以边框 C 表示，而铁电材料又是热释电材料中的

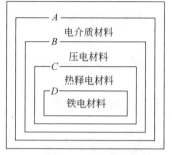

图 12-3 电介质材料
的分类

一小类，以边框 D 标出。因此，凡是铁电材料必然是热释电体材料，而热释电材料也必然是压电材料。

② 极化反转与电滞回线（polarization reversal and ferroelectric hysteresis）。自发极化在外电场作用下的重新定向在大部分铁电体中表现为极化反转。极化反转是外电场超过某一临界场强时发生的，因此，极化强度 P 与外电场 E 之间形成电滞回线关系。电滞回线是铁电体的一个重要标志。

③ 电畴（ferroelectric domain）。在理想的单畴铁电晶体中，晶体内所有区域的自发极化 P_s 全部指向同一方向。实际上这种状态是不稳定的，因此时整个晶体将在外部空间建立电场。铁电体中的自发极化总是会分裂成一系列极化方向不同的小区域，其自发极化在外部空间建立的电场互相抵消，因而整个晶体对外不呈现电场，这些自发极化的区域便称为电畴。晶体内部自发极化的电畴结构是铁电体的重要特点，因此在铁电体很多应用中，都要搞清楚畴结构对材料性能的影响以及如何控制以致消除材料中的畴结构，以便获得最佳性能。

联结相邻电畴之间的平面称为畴壁。在高电场下的极化反转或重新定向过程是通过畴壁的移动和新畴壁的产生及运动来完成的，畴壁的厚度很薄，仅有几个晶胞的厚度。

④ 相变与居里点。铁电体的自发极化在一定温度范围内出现，当高于某一临界温度 T_c 时，自发极化消失（$P_s=0$），铁电晶体从铁电相转变为非铁电相（又称顺电相），这一临界温度称为居里温度（或居里点）。一般从高温到低温是从顺电相变为铁电相。显然从非自发极化状态过渡到自发极化状态时，晶体的结构必然发生轻微的畸变，所以这是个相变过程，晶体的许多物理性质呈反常现象。

锆钛酸铅 $[\text{PbZr}_x\text{Ti}_{(1-x)}\text{O}_3]$ 是一种最重要的铁电陶瓷，图 12-4 是 $\text{PbTiO}_3\text{-PbZrO}_3$ 相图。室温下，当 $x \leqslant 0.94$ 时，材料是铁电体。在富钛组分区（$0 \leqslant x \leqslant 0.52$）属于四方结构，而在富锆区（$0.52 \leqslant x \leqslant 0.94$）是三方结构。在靠近 PbZrO_3 的组分附近（$0.94 \leqslant x \leqslant 1$）

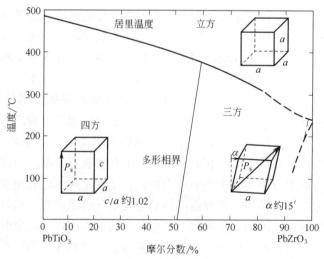

图 12-4 $\text{PbTiO}_3\text{-PbZrO}_3$ 相图

则是正交结构的反铁电体。在 $x = 0.52$ 的四方和三方多形相界附近，材料具有特别强的压电效应。

（2）高介电常数电容器用陶瓷　高介电常数陶瓷电容器材料主要是铁电陶瓷，其中以 $BaTiO_3$ 为基体，添加其他成分，可制得介电常数很高的电容器用陶瓷。例如：添加能够移动居里点（使 $120℃$ 居里点移至室温附近）的添加物——移动剂；添加能够压低居里点处介电常数峰值，并使介电常数随温度的变化变得平坦的添加物——压降剂；以及促进烧结和防止还原的添加物等，来调节材料性能。

单成分的 $BaTiO_3$ 的介电常数就可高达 1700，通过掺杂加入钙钛矿结构的 Sr、Sn、Zr 的化合物，介电常数可提高到接近 20000，介电常数的温度系数也随之增加。若在 $BaTiO_3$ 中加入少量 $SrTiO_3$，配方中再加入少量 WO_3 和 $MnCO_3$，可得介电常数 20000 以上的陶瓷。现在已有介电常数达 30000 以上的高介电常数铁电陶瓷。

除以 $BaTiO_3$ 为基体的高介电常数电容器陶瓷外，近年来又发展了 Pb 复合 ABO_3 的陶瓷电容器材料，多用于制作多层电容器。工艺上采用多层结构制作方法，可以制成大容量电容器，介电常数可达 20000，而且烧成温度低，在 $800\sim1000℃$（对含 Pb 系统易达到）。利用 Sol-Gel 方法及化学共沉淀法，膜厚可降至 $15\mu m$ 以下，以增大单位体积的电容量。多层电容器适合于表面安装，用于混成集成电路及印刷电路板插座。现在多层电容器生产和用量已逐渐超过单片电容器。

（3）透明铁电陶瓷（电光陶瓷）　陶瓷是将金属氧化物为主的粉末置于高温下烧结而成的。它的显微结构由细小的晶粒所构成，并且气孔相、晶界和杂质相的散射是不透明的。近年来由于陶瓷制造工艺的发展，出现了热压法，高纯超细粉末的制备法等可以控制其显微结构和晶界性质的方法，使之成为透明陶瓷。一般 Al_2O_3、Y_2O_3、MgO、BeO、ThO_2、$Y_3Al_5O_{12}/Nd$ 等均可制成透明陶瓷。掺镧的锆钛酸铅（PLZT），既具有透明性，又具有铁电性和压电性，其光学性质与铁电性密切相关。PLZT 透明陶瓷是十分重要的电光陶瓷，PLZT 陶瓷的发展在电光领域的应用开辟了新的途径。

12.2.3　压电陶瓷

1880 年居里兄弟发现，在石英晶体上施加应力即有电荷释放出来。随后又发现，石英晶体的形状会受外加电场的作用发生微小的变化。于是，便把前者称为正压电效应，后者称为逆压电效应，两者统称为压电效应。压电效应是一种耦合效应，可以将机械能转换为电能，或者将电能变为机械能。

压电晶体产生压电效应的机理可用图 12-5 来说明。图中（a）表示晶体中的质点在某方向上的投影，此时晶体不受外力作用，正电荷的中心与负电荷的中心相重合，整个晶体的总电矩（即极化强度）为零，晶体对外不显现极性。当沿某一方向上施以机械力时，晶体就会由于形变导致正、负电荷重心分离，亦即晶体的总电矩发生变化，同时引起表面荷电现象。

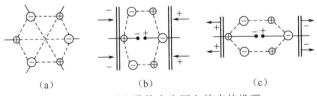

(a)　　　　　　　　　(b)　　　　　　　　　(c)

图 12-5　压电晶体产生压电效应的机理

图 12-5（b）和图 12-5（c）分别为受压缩力与拉伸力的情况，这两种受力情况所引起晶体表面带电的符号正好相反。晶体的压电效应只能出现在结构上不存在对称中心的异极晶体中。

陶瓷材料是通过粉粒之间的固相反应和烧结过程而获得的微细晶粒不规则的集合而成的多晶体。在结构上具有球面对称的特性，属于居里群中的 $\frac{\infty}{m}\infty$，对称元素中包含了对称中心，因此不应该具有压电效应。但是，若陶瓷的主晶相是铁电体，则因铁电体的自发极化方向可在外电场作用下重新取向，通过外加直流电场的极化处理，各个晶粒的自发极化轴沿着外场方向取向，原来相互抵消的各个晶粒本身所固有的压电效应应变对外呈现出宏观的剩余极化，这样铁电陶瓷经极化处理后就变成了压电陶瓷。当然，由于自发极化轴的取向不可能完全一致，因此，压电陶瓷的压电效应要比相应材料的单晶差些。但是由于陶瓷的制造工艺简单，可以成批生产，材料容易获得，价格低廉，可以很方便地制成各种复杂的形状，可通过调节组分改变材料的性能，而且具有耐热、耐湿和化学稳定性好等优点，因此，压电陶瓷在工程技术方面的应用非常广泛，甚至超过了压电晶体。

压电陶瓷的出现始于 20 世纪 40 年代。美国、苏联和日本科学家相继发现了具有钙钛矿结构的钛酸钡 $BaTiO_3$（简称 BT）铁电陶瓷。1946 年 Gray 和 Roberts 发现钛酸钡铁电陶瓷经高压极化后具有极强的压电效应，其后以钛酸钡为基础的各种压电陶瓷开始广泛用于制造检音器、超声换能器等，压电陶瓷的研究从而更被人们重视。

1954 年美国的 Jaffe 发现钙钛矿结构。$Pb(Zr_x, Ti_{1-x})O_3$（PZT）的 Zr-Ti 二元系统中，在四方和三方准同型相界附近（$x=0.52$，见图 12-4），材料具有特别强的压电效应，各方面的性能比钛酸钡陶瓷好得多。性能优良的 PZT 陶瓷的出现，迅速在电声、超声、水声等领域中用来制造优质的传感器和换能器，并在信息处理方面用来制造各种类型的谐振器、滤波器等，从而压电陶瓷的研究和应用进入了一个新阶段。为了适应各种不同用途和要求，对 PZT 陶瓷进行广泛的掺杂改性研究。以 PZT 为基础的压电陶瓷专利超过几百项，迄今仍是压电陶瓷材料的主流。

在对 PZT 进行改性、掺杂的研究中发现，若在 ABO_3 钙钛矿结构化合物的 B 位上有两种异价离子复合占位作为第三组元，如 $Pb(Mg_{1/3}Nb_{2/3})O_3$（PMN），$Pb(Ni_{1/3}Nb_{2/3})O_3$（PNN），$Pb(Sb_{1/2}Nb_{1/2})O_3$（PSN），$Pb(Li_{1/4}Nb_{3/4})O_3$（PLN）等，这些新的三元系压电陶瓷不仅各有特色，而且陶瓷烧结温度低，工艺重复性好。至 20 世纪 80 年代以 PMN-PZ-PT 为代表的三元压电陶瓷及以 PMN-PNN-PZ-PT 为代表的四元压电陶瓷逐渐发展起来，开始进入商品化规模生产。

12.2.4 热敏半导体陶瓷

热敏陶瓷是半导体陶瓷材料中的一类。半导体陶瓷的电阻率约为 $10^{-4} \sim 10^7 \Omega \cdot cm$。在本征半导体的能带分布中，禁带较窄，所以价带中的部分电子易被激发越过禁带，进入导带成为自由电子，产生导电性。但本征半导体材料并不多，通常采用掺杂的办法引入施主或受主，分别成为 n 型半导体或 p 型半导体。半导体陶瓷的共同特点是：其电导率不仅与界面势垒有关，而且与工作时的光照、温度、湿度、气氛等环境条件有关。如果半导体陶瓷对某一环境条件或物理量特别敏感，即可制成相应的半导体陶瓷敏感器件，如边界层电容器半导体陶瓷、电压敏陶瓷、热敏陶瓷、湿敏陶瓷和光敏陶瓷等。

按照热敏陶瓷的电阻-温度特性，一般可分为三大类。

① 电阻随温度升高而增大的热敏电阻称为正温度系数热敏电阻，简称 PTC 热敏电阻（PTC 是 positive temperature coefficient thermistor 的缩写）。

② 电阻随温度升高而减小的热敏电阻称为负温度系数热敏电阻，简称 NTC 热敏电阻（NTC 是 negative temperature coefficient thermistor 的缩写）。

③ 电阻在某特定温度范围内急剧变化的热敏电阻，简称为 CTR 临界温度热敏电阻（CTR 是 critical temperature resistor 的缩写）。

(1) PTC 热敏电阻的基本特性　PTC 热敏电阻的基本特征主要是电阻温度特征，包括居里温度 T_c 和电阻温度系数。

① 居里温度 T_c。PTC 热敏电阻陶瓷的电阻率-温度曲线（$\lg\rho$-T 曲线）如图 12-6 所示。当开始在陶瓷上施加工作电压时，温度低于 T_{min}，陶瓷体电阻率随着温度的上升而下降，电流则增大，呈现负温度系数特性。由于 ρ_{min} 很低，故有一大的冲击电流，使陶瓷温度迅速上升。当温度高于 T_{min} 以后，由于铁电相变及晶界效应，陶瓷呈正温度系数特征；在居里温度（相变温度）T_c 附近的一个很窄的温区内，随温度的升高（降低），其电阻率急剧升高（降低），约变化几个数量级（$10^3 \sim 10^7$），电阻率在某一温度附近达到最大值，这个区域便称为 PTC 区域，其后电阻率又随负温度系数而变化。这时的 ΔE 约在 $0.8 \sim 1.5\text{eV}$ 范围。

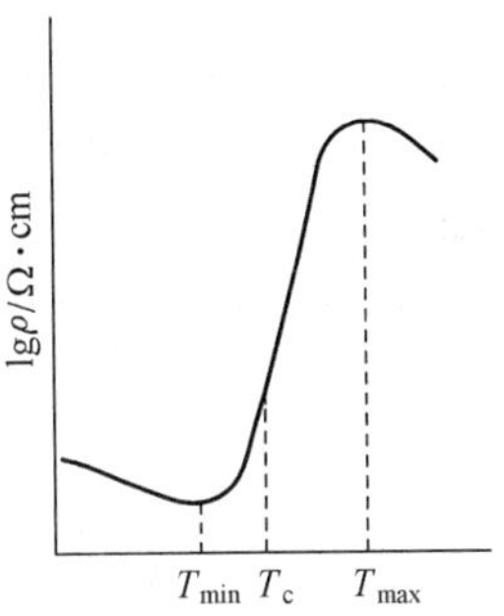

T_c 可通过掺杂而升高或降低，这是 PTC 热敏电阻陶瓷的主要特征之一。例如 $(\text{Ba}_{1-x}\text{Pb}_x)\text{TiO}_3$ 为基的 PTC 陶瓷，增加 Pb 含量，可提高 T_c；此外掺入 Sr 或 Sn，可使 T_c 下降，因此，可根据实际需要来调整 T_c 的值。

图 12-6　PTC 陶瓷
的电阻率——温度曲线
（$\lg\rho$-T 曲线）

② 电阻温度系数。所谓电阻温度系数是指零功率电阻值的温度系数。温度为 T 时的电阻温度系数定义为

$$\alpha_T = \frac{1}{R_T}\frac{dR_T}{dT} \tag{12-2}$$

对 PTC，由图 12-6 的 $\lg\rho$-T 曲线可知，当曲线在某一温度区发生突变时，$\lg\rho$-T 曲线近似线性变化。若温度从 $T_1 \to T_2$，则相应的电阻值由 $R_1 \to R_2$，因此

$$\alpha_T = \frac{1}{T_2 - T_1}(\ln R_2 - \ln R_1) \approx \frac{2.303}{T_2 - T_1}\lg\frac{R_2}{R_1} \tag{12-3}$$

当 PTC 陶瓷作为温度传感器使用时要求具有较高的电阻温度系数。

(2) PTC 陶瓷材料　热敏电阻陶瓷大都由各种金属氧化物组成。由于金属氧化物具有较宽的禁带一般在 3eV 以上，常温下电子激发很少，因此在常温下，它们都是绝缘体。例如 BaTiO_3 陶瓷，在常温的电阻率约为 $10^{10}\ \Omega\cdot\text{cm}$，是绝缘体。为了制造性能优良的 PTC 热敏电阻，首先使 BaTiO_3 半导化，其途径有两条：① 掺入施主杂质，选择化合价高于 Ba^{2+} 的元素来取代 Ba^{2+} 位，如 La^{3+} 等，或者选择化合价高于 Ti^{4+} 的元素取代 Ti^{4+}，如 Nb^{5+} 等，无论哪种情况都在禁带中形成施主能级，使 BaTiO_3 形成 n 型半导体；② 材料在还原气氛中烧结，使之产生氧缺位，因此在禁带中产生施主能级。在室温下形成 n 型电导。通常掺杂量（摩尔分数）一般在 $0.2\% \sim 0.3\%$ 这样一个狭窄范围内，掺杂量稍高或稍低，均可导致重新绝缘化。采用工业氧化物作合成的原料时，为防止受主杂质（K^+、Na^+、

Fe^{2+}、Fe^{3+}、Mg^{2+}等）的影响，加 AST（$3Al_2O_3 \cdot 3/4SiO_2 \cdot 1/4TiO_2$）、$SiO_2$、$GeO_2$ 及 B_2O_3 等作为抗杂剂。这些添加剂吸附或吸收受主杂质形成玻璃相存在于晶界。

$BaTiO_3$ 系 PTC 半导体陶瓷，其制造方法与一般电子陶瓷材料基本相同。但因其为半导体陶瓷，故又与化合物半导体材料有着共同之处。如对原材料纯度，掺杂成分的均匀性以及工艺过程的控制都有较高的要求。其基本工艺过程见图 12-7。

图 12-7　PTC 半导体陶瓷生产工艺流程

（3）NTC 热敏电阻　负温度系数热敏电阻器是研究最早的热敏电阻器。1932 年德国首先用氧化铀制成了负温度系数半导体热敏电阻。20 世纪 40 年代之后，这类热敏电阻大都是用 Mn、Co、Ni、Fe 等过渡金属氧化物按一定比例混合，采用陶瓷工艺制备而成。按使用温区大致分为低温（约 $60 \sim 300℃$）、中温（$300 \sim 600℃$）及高温（$>600℃$）三种类型，NTC 热敏电阻具有灵敏度高、热惰性小、寿命长、价格便宜等优点，因而广泛用于测温控温、补偿、稳压、遥控、流量和流速测量以及时间延迟等设备中。

NTC 半导体陶瓷一般均为尖晶石结构，其通式为 AB_2O_4，式中 A 为二价正离子，B 为三价正离子，O 为氧离子。当 A 位全部被 A 离子占据，B 位全部被 B 离子占据时，称为正尖晶石结构。当 A 位全部被 B 离子占据，而 B 位则由 A、B 离子各半占据时，则称为反尖晶石结构。当 A 位只有部分被 B 离子占据时，称为半反尖晶石结构。通常在尖晶石型氧化物中必须有可以变价的异价阳离子同时存在，而且两种异价阳离子必须同时存在于 B 位，才能形成半导体。这是由于 B 位上的离子间距较小，两种异价离子产生电子云重叠，可以实现电子交换。因此只有反尖晶石结构及半反尖晶石结构的氧化物才是半导体，而正尖晶石结构的氧化物则是绝缘体。一般 NTC 热敏电阻材料通常都以 MnO 为主材料，同时引入 CoO、CuO、FeO 等，在高温下形成全反或半反尖晶石结构的半导体材料。

（4）负温临界电阻　负温临界热敏电阻，是指在某一温度附近电阻发生突变，且于几摄氏度的狭小温区内随温度增加电阻值降低了 $3 \sim 4$ 个数量级的一类热敏电阻元件。例如 V_2O_3 的电阻率在 173K 时会下降到原来的 10^{-5}。此外，VO_2、VO、Ti_2O_3、NbO_2 等也有类似的性能。其转变温度：VO_2 为 341K，VO 为 126K，Ti_2O_3 为 450K，NbO_2 为 1070K。这些突变点称为临界温度点。此类半导陶瓷材料在该温度点发生金属—半导体相变，引起电导的极大变化，可用于控温、报警、无触点开关等场合。

12.2.5　半导体气敏陶瓷

气敏陶瓷的作用原理基于其电阻值将随其所处的气氛而变。不同类型的气敏陶瓷，将对某一种或某几种气体特别敏感，其电阻值将随该种气体的浓度（分压力）作有规则的变化。其检测灵敏度通常为百万分之一的数量级，个别可达十亿分之一的数量级，远远超过动物的嗅觉感知度，故有"电子鼻"之称。半导体气敏陶瓷传感器由于具有灵敏度高、性能稳定、结构简单、体积小、价格低廉、使用方便等特点，已得到迅速发展。

气敏陶瓷一般都是某种类型的金属氧化物，通过掺杂或非化学计量比的改变而使其半导化。其气敏特性，大多通过待测气体在陶瓷表面吸附，产生某种化学反应（如氧化、还原反应）和表面产生电子的交换（俘获或释放电子）等作用来实现的。这种气敏现象称为表面过程。尽管这种表面过程在不同陶瓷及不同气氛中的作用不尽相同，但大多数与陶瓷表面氧原子（离子）的活性（结合能）密切相关。例如 SnO_2 系 n 型半导体材料，在空气中吸附氧后，由于氧具有较高的电子亲和能，可以从材料上获得电子，成为 O_2、O^-、O^{2-} 等受主表面态（用 $O^{n-}_{吸附}$ 表示）。这样在表面（晶界）形成一定势垒，阻碍电子在晶粒间的移动，使材料电阻率升高。这些半导体气敏材料再与一氧化碳、氢等还原性气体接触时，还原性气体与材料表面的吸附氧层发生反应，$O^{n-}_{吸附}$ 的浓度下降，从而使得晶界电位势垒的高度降低，半导体材料的电阻率亦随着下降。因而，由材料电阻率的变化情况可以检测空气中还原气体浓度的变化。

气敏薄膜的厚度一般为 $10^{-2}\sim10^{-1}\mu m$，可以通过化学气相沉积，或不同形式的溅射方式来制备。厚膜的膜厚为几十微米，采用浆料网漏布烧结制作。用非致密烧结法制备多孔陶瓷。常见的气敏陶瓷有很多，已广泛应用的有 SnO_2、γ-Fe_2O_3、α-Fe_2O_3、ZnO、WO_3 复合氧化物系及 ZrO_2、TiO_2 等。

（1）SnO_2 气敏陶瓷　SnO_2 气敏陶瓷是目前应用最广泛的材料，可掺杂 Pd、In、Ga、CeO_2 等活性物质以提高其灵敏度。另外可添加 Al_2O_3、Sb_2O_3、MgO、CaO 和 PbO 等添加物以改善其烧结、老化及吸附等特性。气敏陶瓷还有一项非常重要的技术指标即它的气体识别能力（或称气敏陶瓷的选择性）。在实际应用中，如果气敏陶瓷的识别能力差，往往容易发生误报现象，造成人力和物力的不必要浪费。目前，大多在 SnO_2 材料中添加少量稀土元素以改善其对某些气体的识别能力。例如，添加少量（2%～5%）ThO_2 可以提高 SnO_2 气敏陶瓷对 CO 的识别能力，添加少量的 CeO_2 可以改善对于烟雾的识别能力。SnO_2 气敏陶瓷对可燃性气体，如氢、甲烷、丙烷、乙醇、丙酮、一氧化碳、城市煤气、天然气都有较高的灵敏度。

（2）氧化铁系气敏陶瓷敏感器　作气体敏感材料的氧化铁是三氧化二铁。三氧化二铁有尖晶石结构的 γ-Fe_2O_3 和具有刚玉结构的 α-Fe_2O_3 两种，它们都可以作为气体敏感材料。

① γ-Fe_2O_3 气敏陶瓷。γ-Fe_2O_3 是 n 型半导体，在高温下吸附还原气体后，其电阻率下降。利用这一性质，开发了以 γ-Fe_2O_3 为主体材料的气敏元件。

在两种不同结构的 Fe_2O_3 中，具有尖晶石结构的 γ-Fe_2O_3 是一种亚稳态，而刚玉结构的 α-Fe_2O_3 则是稳定态。在高温（370～650℃）下，γ-Fe_2O_3 将不可

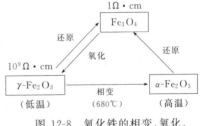

图 12-8　氧化铁的相变、氧化、还原过程示意图

逆地转变为 α-Fe_2O_3。实验发现，由 γ-Fe_2O_3 相变所生成的 α-Fe_2O_3，几乎没有气敏特性。氧化铁的相变、氧化、还原过程如图 12-8 所示。

在温度 300～400℃，如果 γ-Fe_2O_3 吸附了还原性气体，部分八面体中的 Fe^{3+} 被还原成 Fe^{2+}，并形成固溶体，当还原程度高时，转变为电阻率很低的 Fe_3O_4。随着气敏陶瓷表面吸附的还原气体数量的增加，二价铁离子相应增多，故气敏陶瓷的电阻率下降。当吸附在气敏陶瓷上的还原气体解吸后，Fe^{2+} 被空气中的氧气氧化成为 Fe^{3+}，Fe_3O_4 又转变为电阻率很高的 γ-Fe_2O_3。

研制 γ-Fe_2O_3 气敏陶瓷元件的关键技术是防止其在高温下发生不可逆相变。目前解决的办法是加入 Al_2O_3 和稀土类添加剂（如 La_2O_3、CeO_2、Nd_2O_3）等，同时在工艺上严格

控制，使 $\gamma\text{-}Fe_2O_3$ 烧结体的微观结构均匀。采取这些措施后，可以使 $\gamma\text{-}Fe_2O_3$ 的相变温度从 370～650℃提高到 680℃左右。

② $\alpha\text{-}Fe_2O_3$ 气敏陶瓷元件。$\gamma\text{-}Fe_2O_3$ 气敏陶瓷敏感元件对液化石油气有良好的感应特性。但是，对于化学性质比较稳定的甲烷的灵敏度则不理想。近年来在工业上和家用的气体燃料除液化石油气之外，以甲烷为主要成分的天然气的使用日渐增多。为了解决天然气、煤气瓦斯、沼气等以甲烷为主体成分的检测，在 20 世纪 80 年代初期，开发了以 $\alpha\text{-}Fe_2O_3$ 为主要原料的气敏陶瓷元件。

$\alpha\text{-}Fe_2O_3$ 气敏陶瓷元件作用机理与 $\gamma\text{-}Fe_2O_3$ 相同。众所周知，气敏材料吸附被测气体后，由于在气体分子与气敏材料分子之间发生电子转移（或者重排），致使气敏材料表面电子状态发生变化，从而导致其电阻率的转变。气体分子与气敏材料之间的这种电子转移，实质上是一种化学反应，它需要一定的激活能。因而，提高气敏元件灵敏度的核心问题之一，就是供给进行化学反应所必需的激活能。通常采用的方法有以下三种：a. 提高气敏元件的工作温度；b. 添加贵金属铂（Pt）、钯（Pd）等作催化剂，以降低其激活能；c. 尽可能增大气敏材料的比表面积，提高其反应活性。增大材料的比表面积，常用的方法是使材料粉体细微化。例如用化学共沉淀法制备的粉体，粒径小，表面活性高，无须加入贵金属催化剂，都具有很好的气敏特性。

12.2.6　半导体湿敏陶瓷

18 世纪时，人们利用水分向大气蒸发时必须吸收潜热的效应，研制成功干湿球温度计。这种温度计属于非电量测定温度的方法，其主要缺点是灵敏度、准确性和分辨率等特性不够高，且难以和现代的指示、记录与控制设备相连。现在利用多孔半导体陶瓷的电阻随湿度的变化的关系制成湿度传感器。具有可靠性高、一致性好、响应速度快、灵敏度高、寿命长、抗其他气体的侵袭和污染、在尘埃烟雾环境中能保持性能稳定和检测精度高等一系列优点，因此，湿度半导体陶瓷传感器得到了很快发展。

半导体陶瓷材料一般为多晶多相结构，由半导化的结果，使晶粒体内产生了大量的自由载流子——电子或空穴。晶粒电阻率较低，杂质的偏析使晶界电阻率较高，远大于晶粒内部。水是一种强极性电介质，室温下其介电常数接近于 80，水分子电耦极矩为 1.8×10^{-18} 德拜（D）。由于水分子结构不对称，在氢原子一侧必然具有很强的正电场，即具有很大的电子亲和力，使得表面吸附的水分子可能从半导体表面吸附的 O^{2-} 或 O^- 中吸取电子，甚至从满带中直接俘获电子，因此，将引起晶粒表面电子能态发生变化，从而导致晶粒表面电阻和整个元件的电阻变化。一般烧结型陶瓷湿敏元件，除 Fe_3O_4 外，都为负特性湿度传感器，即随环境相对湿度的增加，阻值下降。

按工艺过程可将湿敏半导体陶瓷分为瓷粉模型（涂覆模型）、烧结型和厚膜型。这里主要介绍高温烧结型湿敏陶瓷。

目前比较常见的高温烧结型湿敏陶瓷是以尖晶石型的 $MgCr_2O_4$ 和 $ZnCr_2O_4$ 为主晶相系半导体陶瓷，以及新研制的羟基磷灰石 $[Ca_{10}(PO_4)_6(OH)_2]$ 湿敏陶瓷。

（1）$MgCr_2O_4\text{-}TiO_2$ 系湿敏陶瓷　$MgCr_2O_4\text{-}TiO_2$ 系湿敏陶瓷是在 $MgCr_2O_4$ 粉料中添加 0～30%（摩尔分数）TiO_2，通过 1360℃，2h 保温烧结而成多孔陶瓷，其晶相为尖晶石结构，具有 25% 的气孔率，0.05～0.3μm 的微孔和平均为 1μm 的晶粒结构。其比表面积为 0.1m^2/g。相互连接的气孔形成一个毛细管网络结构，依靠这种微孔结构（开口孔隙）和晶粒表面的物理和化学吸附作用，容易吸附和凝结水蒸气，吸湿后使电阻变化，据此可检测外界湿度。

粉料的制备技术，是制造性能优良的陶瓷湿度传感器的关键之一。选择优质的 MgO、Cr_2O_3、TiO_2 为原料，三种原料的典型配比为 MgO：Cr_2O_3：TiO_2＝70：70：30。配好的原料放入球磨罐中进行球磨，球磨后的粉料，经干燥、过筛等，可制得粒径合适的粉料。粒径大小决定着陶瓷感湿体的气孔率和孔径，进而决定着传感器的性能。因此，粉体粒径的大小、粒子的形状、粒径的分布、粒子的纯度等，历来是研究的重点。有人用超微粉末法制成粒径小于 $1\mu m$ 的粉料，使陶瓷湿度传感器的性能得到明显提高。

（2）羟基磷灰石湿敏陶瓷　湿敏陶瓷元件存在的主要问题是电阻高，抗老化性能差，需要短时间内进行高温热净化。羟基磷灰石湿敏陶瓷的研究成功，有效地克服了这些问题。

$Ca_{10}(PO_4)_6(OH)_2$ 系陶瓷主晶相为六方晶系结构，它也是一种生物陶瓷。在全湿区，元件的阻值可有 3 个数量级的变化。响应时间为 15s（94%～51% RH）。羟基磷灰石具有优良的抗老化性能，其原因之一是羟基磷灰石的溶解度较小，Ca^{2+} 的溶解度只有 0.012mg/L，这样就可避免当元件表面形成冷凝水时，阳离子溶解于表面水中而流失造成元件老化。

在羟基磷灰石中分别掺入施主和受主杂质，可制成 n 型和 p 型半导体陶瓷，其电阻率均随着湿度的增加而急剧下降。

12.2.7　压敏半导体陶瓷

（1）压敏半导体陶瓷的性质[1,2]　通常加在线性电阻两端的电压（U）与流过它的电流（I）之间的关系服从欧姆定律，即：$U=RI$，其电阻 R 是一个常数。用电压作横坐标，电流作纵坐标作电压-电流关系曲线，得到的是一条通过坐标原点的直线。压敏（电压敏感的简称）电阻则不同，其电阻值具有对电压变化很敏感的非线性电阻特性，即压敏性，故其电压-电流（伏-安）特性是一条曲线，如图 12-9 所示。当外电压低于某临界值时，其电阻值很高，通过电阻的电流很小；当外电压达到或超过此临界值时，其电阻值急剧下降，电流猛然上升。用这种非线性（压敏）陶瓷制作的器件叫做非线性电阻器或压敏电阻器。

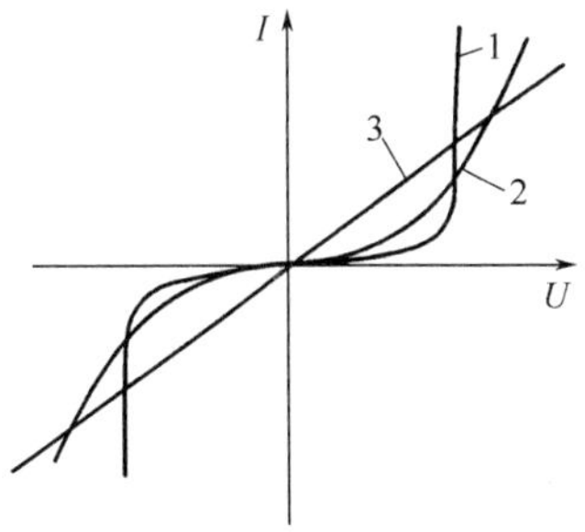

这种非线性电阻的电压-电流特性可近似用下式来表示

$$I=\left(\frac{U}{C}\right)^{\alpha}$$　　　　（12-4）

图 12-9　压敏电阻的非线性
电压-电流曲线
1—ZnO 压敏电阻；2—SiC 压
敏电阻；3—线性电阻

式中　I——压敏电阻电流，A；

　　　U——施加电压，V；

　　　C，α——与材料有关的常数。

式（12-4）中 α 称为非线性指数。α 的值越大，非线性越强，即电压增量所引起的电流相对变化越大，压敏特性越好。在临界电压以下，α 逐步减小，到电流很小的区域，$\alpha\rightarrow1$，表现为欧姆特性，压敏电阻成为欧姆器件。

（2）ZnO 系压敏电阻陶瓷材料[12]　压敏陶瓷电阻器的种类很多，ZnO 压敏电阻陶瓷是其中性能最优的一种材料。其主要成分是 ZnO，添加 Bi_2O_3、Co_2O_3、MnO_2 和 Sb_2O_3，此外还添加一些其他氧化物，如 Cr_2O_3、SiO_2、TiO_2、SnO_2 和 Al_2O_3 等氧化物改性烧结而成。

在 ZnO 中加入 Bi、Mn、Co、Cr、Sb 等氧化物改性，这些氧化物除 Co、Mn 外大部分都不是固溶于 ZnO 中，而是偏析在晶界上形成阻挡层。ZnO 压敏陶瓷的显微结构由三部分组成：由主晶相 ZnO 形成的导电良好的 n 型半导体晶粒；晶粒表面形成的耗尽的内边界层以及添加物所形成的绝缘晶界层。

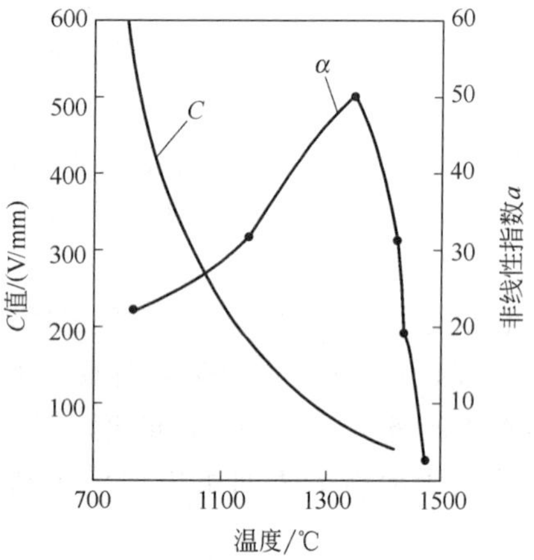

ZnO 系压敏电阻陶瓷材料的性能参数与 ZnO 半导体陶瓷配方有密切关系。下式是目前生产中使用的典型组分配比之一

$$(100-x)ZnO+\frac{x}{6}(Bi_2O_3+2Sb_2O_3+ \\ Co_2O_3+MnO_2+Cr_2O_3) \quad (12-5)$$

式中，x 为添加物的物质的量，mol。

当工艺条件不变时，改变配方中的 x 值，则产品的 C 值随 x 的增加而增加。在 $x=3$ 时，α 出现最大值（$\alpha=50$），这时 C 值为 150V/mm。

ZnO 压敏电阻器制造过程中，最重要的是保证生产工艺上的均匀一致性，特别是烧结工艺对压敏电阻器的性能影响最大，因此应根据产品性能参数的要求来选择烧结温度。由图 12-10 可知，C 值随烧结温度的增加而下降，这是由于晶粒长大造成的。在 1350℃附近，α 值出现峰值。

图 12-10　烧结温度对非线性的影响

（3）压敏电阻陶瓷工艺　压敏电阻瓷的基本工艺流程如图 12-11 所示。

图 12-11　压敏电阻瓷的基本工艺流程

随着 ZnO 压敏电阻的发展，对原料混合的均匀性、粉体颗粒的分布以及粉体形貌的要求越来越高，传统氧化物混合球磨工艺变得难以适应新的要求。高纯、超细复合粉体的湿化学制备，将是发展 ZnO 压敏电阻制备工艺的重要手段。文献[13]～文献[17]介绍了几种制备 ZnO 压敏电阻复合粉体的湿化学工艺，提高了烧结性能，烧成的压敏瓷具有优良的性能。

12.3　结构陶瓷[1,3,4,18]

12.3.1　概述

在精细陶瓷中，可以与电子陶瓷媲美的结构陶瓷早已成为燃气轮机和汽车发动机的关键材料。作为耐高温材料，它的性能远远超过金属。现在随着宇航、航空、原子能和先进能源等近代科学技术的发展，对高温高强度材料提出了愈来愈苛刻的要求，金属基高温合金往往难以完全满足要求。几十年来人们对高温合金的研究取得了很大的进步，使用温度已达1100℃，继续提高合金的使用温度愈来愈困难。人们对发展高温材料的兴趣，又重新转移到陶瓷。这表明，最终解决高温材料的问题寄希望于陶瓷。

常用的高温结构陶瓷有：

① 高熔点氧化物，如 Al_2O_3、ZrO_2、MgO、BeO、VO_2 等，它们的熔点一般都在2000℃以上；

② 碳化物，如 SiC、WC、TiC、HfC、NbC、TaC、B_4C、ZrC 等；

③ 硼化物，如 ThB_2、ZrB_2 等，硼化物有很强的抗氧化能力；

④ 氮化物，如 Si_3N_4、BN、AlN、ZrN、HfN 等以及由 Si_3N_4 和 Al_2O_3 复合而成的 Sialon 陶瓷，氮化物具有很高的硬度；

⑤ 硅化物，如 $MoSi_2$、$ZrSi$ 等在高温使用中由于制品表面生成 SiO_2 或硅酸盐保护膜，所以抗氧化能力强。

表 12-4[6]列举了某些高温结构陶瓷已获得的应用和结构陶瓷的材料。

表 12-4 高温陶瓷的应用举例

领域	用途	使用温度/℃	材料举例	使用要求
特殊冶金	熔炼 U 的坩埚	＞1130	BeO、CaO、ThO_2	化学稳定性高
	熔炼纯 Pt、Pd	＞1775	ZrO_2、Al_2O_3	化学稳定性高
	熔半导体 GaAs、GaP 单晶的坩埚	1200	AlN、BN	化学稳定性高
	钢水连续铸锭材料	1500	ZrO_2	对钢水稳定
原子能反应堆	陶瓷核燃料	＞1000	UO_2、UC、ThO_2	辐照性和可靠性
	吸收热中子控制棒	≥1000	Sm_2O_3、Gd_2O_3、HfO_2、B_4C	吸收热中子截面大
	减速剂	1000	BeO、Be_2C	吸收中子截面小
	反应堆反射材料	1000	BeO、WC	耐辐射损伤
火箭导弹	雷达天线保护罩	≥1000	Al_2O_3、ZrO_2、HfO_2	透过雷达微波
	发动机燃烧室内壁、喷嘴	2000~3000	BeO、SiC、Si_3N_4	抗热冲击、耐腐蚀
	陀螺仪轴承	＜800	Al_2O_3、B_4C	减磨性
	探测红外线透过窗口	1000	透明 MgO、透明 Y_2O_3	对红外线透过率高
磁流体发电	高温高速电离气流通道	3000	Al_2O_3、MgO、BeO、Y_2O_3	耐高温腐蚀
	电极材料	2000~3000	$ZrSrO_3$、BN、ZrO_2、ZrB_2	高温导电性好
玻璃工业	玻璃池室及坩埚	1450	Al_2O_3	耐玻璃浸蚀
	电熔玻璃电极	1500	SnO_2	耐玻璃浸蚀、导电
	玻璃纤维坩埚电极	1300	SnO_2	耐玻璃浸蚀、导电
高温模具	玻璃成型高温模具	1000	BN	对玻璃稳定,导热性好
	机械工业连续铸模	1000	B_4C	对铁水稳定,导热性好
飞机工业	燃气涡轮机叶片	1400	SiC、Si_3N_4	热稳定性好、强度高
	燃气涡轮机火焰导管	1400	Si_3N_4	热稳定性好、强度高
电炉	发热体	2000~3000	ZrO_2、SiC、$MoSi_2$	热稳定性好
	炉膛	1000~2000	Al_2O_3、ZrO_2	荷重软化温度高
	高温观测窗	1000~1500	透明 Al_2O_3	透明

12.3.2 氧化锆陶瓷

（1）二氧化锆陶瓷的相变增韧 氧化锆是高熔点氧化物陶瓷的代表产品，具有熔点高，高温蒸气压低，化学性稳定，抗腐蚀性优良，热导率低等特征。是一种具有广泛用途的高技术陶瓷。全稳定氧化锆陶瓷具有良好的氧离子传导特性，用它制成的氧传感器可以测定氧的浓度，用于炼钢工业钢液中氧的浓度的测定，汽车发动机和中、小型锅炉的燃烧控制等，还可制成氧泵和高温燃料电池。而部分稳定的氧化锆陶瓷则有良好的韧性，可用于制备各种相变增韧的结构陶瓷产品，如热机零件、挤压模具、刀具、阀门等。

高纯二氧化锆为白色粉末，含有杂质时略带黄色或灰色。ZrO_2 有三种晶型。低温为单斜晶系，密度为 $5.65g/cm^3$。高温为四方晶系，密度为 $6.10g/cm^3$。更高温度下转变为立方晶系，密度为 $6.27g/cm^3$。其转化关系为

$$单斜(m)ZrO_2 \underset{}{\overset{1170℃}{\rightleftharpoons}} 四方(t)ZrO_2 \underset{}{\overset{2370℃}{\rightleftharpoons}} 立方(c)ZrO_2 \overset{2715℃}{\rightleftharpoons} 液体$$

纯 ZrO_2 材料在加热和冷却时会发生四方-单斜相变，并伴有 5% 的体积变化。加热时，单斜晶变为四方晶，体积收缩，冷却时，四方晶变为单斜晶，体积膨胀。由于晶型转变引起体积改变会起破坏性作用，这便很难制造出制品。因此必须进行稳定化处理。常用的稳定添加剂有 CaO、MgO、Y_2O_3、CeO_2 和其他稀土化合物。这些固溶的阳离子，其半径应与 Zr^{4+} 相近（相差在 12% 以内），而且固溶的氧化物是立方晶系。这种固溶体通过快冷避免共析分解，以亚稳态保持到室温。快冷得到的立方固溶体以后保持稳定，不再发生相变，没有体积变化。这就是全稳定氧化锆（fully stabilized zirconia, FSZ），常用来制造各种氧探测器。将稳定剂的含量适当减少，使 t-ZrO_2 亚稳到室温，便得到部分稳定氧化锆（partially stabilized zirconia，PSZ），或使 t-ZrO_2 全部亚稳到室温得到单相多晶氧化锆（tetragonal zirconia polycrystals，TZP）。TZP 在室温下强度和稳定性最高。如图 12-12 所示为 ZrO_2-Y_2O_3 系相图，可看出 Y_2O_3 的加入量与形成不同 ZrO_2 化合物的关系。下面分别介绍各类稳定 ZrO_2 陶瓷的性能及制法。

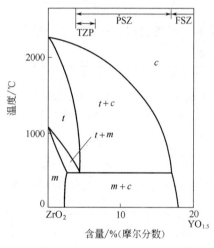

图 12-12　ZrO_2-Y_2O_3 系相图[19]

m—单斜相；t—四方相；c—立方相

（2）四方氧化锆多晶陶瓷　以 Y_2O_3 为稳定剂的四方氧化锆多晶陶瓷（Y-TZP）是最重要的一种氧化锆增韧陶瓷。由于稳定剂的作用和 ZrO_2 晶粒相互间的抑制，TZP 材料中所有 ZrO_2 晶体都以四方相形式（t-ZrO_2）存在，其应力诱导下可相变的 t-ZrO_2 的体积分数最高，因此（Y-TZP）陶瓷具有特别高的室温断裂韧性和抗弯强度。

就力学性能而言，在（Y-TZP）陶瓷中存在一个最佳晶粒尺寸范围。当 ZrO_2 晶粒尺寸在最佳尺寸范围时，由于 ZrO_2 晶粒之间相互的抑制，所有晶粒都保持四方相；当材料中 ZrO_2 平均晶粒大于或小于该最佳尺寸范围时，一部分四方 ZrO_2 相变为单斜 ZrO_2，此时材料的力学性能就显著降低甚至严重开裂，这一性质是四方 ZrO_2 多晶陶瓷特有的。

（3）部分稳定氧化锆结构陶瓷（PSZ）　部分稳定氧化锆结构陶瓷（PSZ）由立方 ZrO_2（c-ZrO_2）和 t-ZrO_2 组成，c-ZrO_2 为母体，分散在 c-PSZ 中的 t-ZrO_2 起相变增韧作用。根据稳定剂种类的不同，分别有 Ca-PSZ、Mg-PSZ 和 Y-PSZ 等。在 PSZ 陶瓷制备中稳定剂的添加量小于使 ZrO_2 完全稳定的量，通常在立方单相区烧成或冷却后，再在 $c+t$ 双相区进

行热处理。一部分 $t\text{-}ZrO_2$ 晶粒从 $c\text{-}ZrO_2$ 母体中析出而形成 $c+t$ 两相陶瓷。在 PSZ 陶瓷制备工艺中，不同稳定剂的含量和热处理显著影响其力学性能。

（4）以 ZrO_2 为分散相的增韧陶瓷　以 ZrO_2 为分散相的增韧陶瓷是以 $t\text{-}ZrO_2$ 来增韧诸如以 Al_2O_3、莫来石、Si_3N_4 等为母体的陶瓷材料。其增韧机理就是氧化锆颗粒弥散在其他陶瓷（包括 ZrO_2 本身）基体中，由于两者有不同的热膨胀系数，烧结完成后，在冷却过程中，氧化锆颗粒周围则有不同受力情况。当它受到基体的压抑，即受基体压应力时，氧化锆的相转变也将受到压制。氧化锆还有另一个特性，其相变温度随颗粒尺寸的降低而下降，一直可降到室温或室温以下。当基体对氧化锆颗粒有足够的压应力，而氧化锆颗粒又足够小，则其相变温度可降至室温以下，这样在室温时氧化锆仍可保持四方相。当材料受到外应力时，基体对氧化锆的压抑得到松弛，氧化锆颗粒即发生从四方相到单斜相的转变，并在基体中引起微裂纹，从而吸收了分裂纹扩展的能量，达到增韧断裂韧性的效果。根据目前的实验结果，ZrO_2 增韧 Al_2O_3（ZTA）的效果最好，应用也最广泛。

（5）以 TZP 为母体的增韧陶瓷　实验结果表明，在 Y-TZP 中加入 $\alpha\text{-}Al_2O_3$ 弥散晶粒或晶须、SiC 弥散晶粒或晶须，可以通过第二相的裂纹弯曲增韧来进一步提高 Y-TZP 的强度和韧性，尤其重要的是可以显著提高 Y-TZP 的高温强度和断裂韧性，是一类很有发展前途的 ZrO_2 陶瓷。在 Y-TZP 中添加 25%（体积分数）SiC 颗粒后，显著提高其高温抗弯强度。SiC 弥散颗粒提高 Y-TZP 的高温力学性能可能不仅仅是裂纹弯曲增韧的叠加，这是一个值得深入研究的课题。

12.3.3　碳化硅陶瓷

（1）碳化硅的特点和应用　碳化硅属典型的共价键化合物。它具有金刚石结构，有 75 种变体。其主要晶型有 α 和 β 两种。前者属于六方晶型，是高温稳定型，后者属于立方晶型，是低温稳定型。从 2100℃ 开始，$\beta\text{-}SiC$ 向 $\alpha\text{-}SiC$ 转变，在 2400℃ 转变迅速发生。SiC 没有熔点，在 101.325kPa 下，（2840±40）℃ 分解。

纯碳化硅是无色透明的。工业 SiC 由于含有游离碳、铁、硅等杂质而呈浅绿色或黑色。这是一类熔点高、硬度高、耐磨、耐腐蚀和有优良抗氧化性的陶瓷材料。在高达 1550℃ 的温度下，它的抗氧化性能仍然十分好。值得提出的是在 800～1140℃ 这个温度范围内，它的抗氧化性能较差，这是因为在此温度范围内生成的氧化膜比较疏松，起不到充分的保护作用。低于 800℃ 和高于 1140℃ 形成的氧化膜牢固覆盖在 SiC 表面，阻止 SiC 的进一步氧化，所以抗氧化性能十分优异。高于 1750℃ 时，氧化膜被破坏，SiC 强烈氧化分解。

纯 SiC 是电绝缘体（电阻率 $10^{14}\Omega\cdot cm$），但当含有杂质时，电阻率大幅度下降到约 $10^{-1}\Omega\cdot cm$，加之它具有负电阻温度系数，因此 SiC 是常用的发热元件材料和非线性压敏电阻材料。碳化硅作为耐火材料已有很长的历史，在钢铁冶炼和有色冶炼中都有应用。碳化硅在空间技术中用作火箭发动机喷嘴，还可作热电耦保护套、电炉盘、高温气体过滤器、烧结匣钵、炉室用砖垫板等，也可作磁流体发电的电极。

SiC 不仅有高的室温强度，而且随着温度的升高，强度并不降低。因此在美国的燃气轮机计划中，烧结 SiC 用来做发动机定子、转子、燃烧器和涡形管。在脆性材料计划中反应烧结碳化硅（RBSC）用作发动机定子和燃烧器。RBSC 用作径流式涡轮盘的效果比 RBSN（反应烧结氮化硅）好。

SiC 的另一种重要用途是作热交换器，因为 SiC 有高的热导率。

（2）碳化硅陶瓷的制备方法　由于 SiC 具有很强的共价键性，很难用常规烧结途径制得高密度材料，必须采用一些特殊工艺手段或依靠添加剂以促进致密化。原料细化是制备结构细化材料的关键，对非氧化物陶瓷来说原料含氧量也是影响烧结的一个重要因素，因此控制原料细度和纯度十分重要。

表 12-5 列出 SiC 的烧结方法和特点。

表 12-5　SiC 的烧结方法和特点

烧　结　方　法	产　品　特　点
反应烧结	多孔隙，强度低
再结晶烧结	多孔隙，强度低
常压烧结	加入少量添加剂，致密，强度低（高温时强度不降低）
热等静压	致密，强度高
热压	致密，强度高，不能制成形状复杂的制品
化学气相沉积	高纯度，薄层制品，各向异性
Si-SiC 法[①]	致密，存在 Si 和 SiC 两相，高温下强度下降

① Si-SiC 法系 SiC 骨架渗 Si 法。

（3）超细 SiC 纳米微粉的合成　陶瓷粉料颗粒的大小决定陶瓷材料的微观结构和宏观性能。如果粉料的颗粒堆积均匀，烧成收缩一致且晶粒均匀长大，则颗粒越小产生的缺陷就越小，因而材料的强度就相应地越高。颗粒尺寸很小时，晶粒间的结合相即晶界相的比例就越高，这样就可能出现一些大晶粒材料所不具备的独特性能。此外，小颗粒的陶瓷粉粒还可以作为添加剂加入到大颗粒的陶瓷粉料中，通过对制备工艺的控制，使小颗粒在大颗粒表面附着或使小颗粒在大颗粒的间隙中而获得较高的密度。烧成时小颗粒的存在也会大大提高体系的致密度驱动力，所以制备高质量的纳米微粉具有重要意义。

戴长虹等[19]用自制的树脂热裂解碳作碳源，用纳米级 SiO_2 微粉作硅源，在微波炉内合成了超细 SiC 纳米微粉。原料配比是按反应式使碳过量 10%，以减少产品中的氧含量。将准确称取的纳米 SiO_2 和树脂热裂解碳，以无水乙醇为介质球磨 24h，再将试样烘干并压制成型，在 N_2 气氛下在微波炉中进行烧结，烧结温度 1300～1500℃，时间 10～20min。

将得到的试样在 500℃空气中氧化 12h，除去过量碳，在 20%的 HF 溶液中浸泡 6h，脱除未反应的 SiO_2。处理好的试样分析结果如下：

SiC 的颗粒度在 3～50nm 之间，60%<15nm，90%<30nm；

SiC 的晶相绝大多数为 β 晶型，少量为 α 晶型；

SiC 粉末的纯度>90%。

对反应机理的分析：在一定温度和 CO 分压下（较佳条件是在较低温度和较高的 CO 分压下易于得到颗粒细小的 SiC 粉末），热裂解碳和 SiO_2 按 $SiO_2(s)+C(s)\!=\!=\!SiO(g)+CO(g)$ 反应，开始生成 SiO 和 CO 气体，一部分 SiO 和 CO 气体被热解碳吸附，其余的留在气相中。随着该反应的进行，系统中 SiO 和 CO 气体含量越来越高，当达到一定过饱和度后，两者开始在热解碳的气孔中或气相中通过 $SiO(g)+3CO(g)\!=\!=\!SiC(s)+2CO_2(g)$ 反应生成 SiC，SiC 在热解碳的气孔中成核并长大，最终得到颗粒细小，粒度分布均匀的超细 SiC 纳米微粉。

12.3.4　氮化硅陶瓷和 Sialon 陶瓷

（1）Si_3N_4 的结构和应用　氮化硅 Si_3N_4 在结晶学上属于六方晶，以 α，β 两种晶相存在。在当初发现这两种晶相时，认为在 1400～1600℃时直接发生 $\alpha \rightarrow \beta$ 相变，但后来的研究认为这并不意味着 α 相是低温晶型，β 相是高温晶型。因为：①在低于相变温度合成的 Si_3N_4 中，α，β 相可同时存在；②在气相反应中，1350～1450℃可直接制备出 β 相，看来这不是从 α 相转变而成。研究表明 α 相转变为 β 相是重建式转变，除了两种结构有对称性之分外，并没有高低温之分，只不过 α 相对称性低，容易形成，β 相是热力学稳定的。

两种晶型的晶格常数 a 值相差不大，而在晶胞参数 c 值 α 相是 β 相的两倍。两个相的密度几乎相等，相变中没有体积变化，两相的热膨胀系数分别为 $3.0 \times 10^{-6}/℃$ 和 $3.6 \times 10^{-6}/℃$。

氮化硅陶瓷具有高温强度高，抗震性能好，高温蠕变小，耐磨，耐腐蚀和低比重等优良性能，是一种最有希望用于热机的新型结构陶瓷材料。

(2) Sialon 陶瓷 20 世纪 70 年代初英国的 Jack 和日本的小山阳一在对 Si_3N_4 各种添加剂的研究中发现了一类新的材料：金属氧化物在 Si_3N_4 中的固溶体，即在 Si_3N_4-Al_2O_3 系统中存在 β-Si_3N_4 固溶体。它是由 Al_2O_3 的 Al、O 原子置换了 Si_3N_4 中的 Si、N 原子，因而有效促进了 Si_3N_4 的烧结。该固溶体称为"silicon aluminum oxynitride"，缩写为 (Sialon) 又称 β-Sialon（简称 β' 相）。

β-Sialon 具有高强度、高韧性、自润耐磨性以及较好的烧结性能；有较低的热膨胀系数，优良的抗氧化性能和抗熔融金属腐蚀性。Si_3N_4-Al_2O_3 系统不论是常压或热压烧结，在 1760℃都可获得接近理论密度的烧结体。常压烧结 Sialon 的室温抗弯强度可达 1000MPa。

β-Sialon 的结构通式为 $Si_{6-x}Al_xO_xN_{8-x}$，在 1700℃，x 的极限为 4.2，在 1400℃，x 的极限为 2.0。随着 x 的增大，固溶量增加，晶格膨胀，密度下降，但烧结性能改善。

随着对各种类型加入物的深入研究，Sialon 的概念也从 Si-Al-O-N 系狭义的 β-Sialon 逐渐扩大。后来又发现了等轴状晶型的固溶体 α-Sialon（简 α' 相），它具有较高的硬度和抗热震性。前已述及 Si_3N_4 存在着 α 相与 β 相的共存区。由于 α' 相与 β' 相显微结构的差异及性能上的互补性，制备 α'-β' 复相陶瓷可望具有更优的性能。因此 α'-β' 复相陶瓷的研究已成为当今高温结构陶瓷的热点[20]。

从结晶学的角度看，某些金属的氧化物或氮化物可以进入 Si_3N_4 的晶格形成固溶体。形成固溶体的内在条件或固溶程度取决于：阳离子的电价不同于 Si^{4+}，阳离子的配位数相同以及相近的键长。这样，在研究比较全面的 Si-Al-O-N 系外，又形成了一个崭新的体系 M-Si-Al-O-N（M＝Y、Dy、Er、Yb、Nd、Sm、Ca、Mg 等）。在这些体系相图中存在 α'-β'，两相共存区，在 Y-Si-Al-O-N 体系相图中，α-Sialon 平面即 Si_3N_4-YN：$3AlN$-AlN：Al_2O_3 ［通式为 $Y_{m/3}Si_{12-(m+n)}Al_{(m+n)}O_nN_{16-n}$］ 截面上存在着稳定的两相共存区。

由于 α-Sialon 和 β-Sialon 显微结构的差异及性能上的互补性，复相 Sialon 比单相 Sialon 陶瓷具有更优的性能。目前，复相 Sialon 陶瓷已在刀具应用中获得成功，随着复相 Sialon 陶瓷研究的深入，复相 Sialon 陶瓷必将在更广阔的领域中获得应用。

12.3.5 耐高温可加工的延性 Ti_3SiC_2 陶瓷

Ti_3SiC_2 陶瓷是近几年才逐渐被重视并发展起来的一种新型奇特的结构功能陶瓷材料，它综合了金属的导电、导热、易加工、抗热冲击以及陶瓷的耐高温，抗氧化等特性。钛碳化硅属六方晶系，空间群为 $P6_3$，理论密度为 $4.53g/cm^3$，熔点超过 3000℃。研究表明，钛碳化硅的热稳定性温度大于 1300℃，杨氏模量和硬度分别为 320GPa 和 4GPa。

虽然钛碳化硅具有杰出的性能，但钛碳化硅的合成的方法并不成熟。近年来，许多研究者将自蔓燃-热等静压（SHS-HIP）、电弧融化法及固态反应法等用于制备钛碳化硅，但难以直接获得纯的 Ti_3SiC_2 材料，产物中总有 TiC 或 SiC、Ti_5Si_3、$TiSi_2$ 等硅化物。

孙志梅等[21]进行了用 Ti、Si 和石墨粉做原料通过固液相反应合成 Ti_3SiC_2 粉末的研究。实验所用的原料为 Ti（99.9%）、Si（99%）和石墨粉末（99.9%）。经过 Ti-Si-C 三元相图的分析选择了组成摩尔比为 Ti：Si：C＝0.42：0.23：0.35 的点。将 Ti、Si 和石墨粉经球磨和充分混合后装入 BN 坩埚中，在碳化硅管式炉中进行合成反应，炉中选择的保护气体为氩气。反应温度为 1200～1350℃，升温速率为 10℃/min，保温时间 1～6h。

研究结果表明：

① 烧结时加入 4% 氟化钠，由于高温氟化物形成液相熔池有助于 Ti_3SiC_2 的生成，使 Ti_3SiC_2 的生成率比未加 NaF 的烧结明显提高；

② 反应温度和保温时间对 Ti_3SiC_2 生成量有影响，存在最佳反应温度和保温时间，在 1250℃（加入氟化物）保温 2h，进行固液相反应生成的 Ti_3SiC_2 含量较高；

③ 烧结产物经用 HF 酸洗去 $TiSi_2$，再将粉末在 500℃ 空气中氧化处理 5h，使 TiC 氧化，然后经 100℃ 的 $(NH_4)_2SO_4$ 和浓 H_2SO_4 洗涤除去钛的氧化物的纯化处理，可获得纯度大于 96% 的 Ti_3SiC_2 粉末。

参考文献

[1] 师昌绪，李恒德，周廉. 材料科学与工程手册. 北京：化学工业出版社，2004.
[2] 徐政，倪宏伟. 现代功能陶瓷. 北京：国防工业出版社，1998.
[3] （日）铃木弘茂. 工程陶瓷. 北京：科学出版社，1989.
[4] 周龙捷，黄勇，谢志鹏，等. 现代技术陶瓷.1998，19（3）：864-868.
[5] 高濂. 直接凝固注模成型技术. 无机材料学报.1998，13（3）：269-274.
[6] 贡长生，张克立. 新型功能材料. 北京：化学工业出版社，2001.
[7] 欧阳藩，朱谦. 化工进展.1994，（4）：1-8.
[8] 陆辟疆，李春燕. 精细化工工艺. 北京：化学工业出版社，1995.
[9] 邝生鲁. 现代精细化工——高新技术与产品合成工艺. 北京：科学技术文献出版社，1997.
[10] 殷景华，王雅珍，鞠刚. 功能材料概论. 哈尔滨：哈尔滨工业大学出版社，1999.
[11] 谢希文，过梅丽. 材料科学基础. 北京：航空航天大学出版社，1999.
[12] 陈志清，谢恒. 氧化锌压敏瓷及其在电力系统中的应用. 北京：水利电力出版社，1992.
[13] Halle S M，et al. J. Am. Ceram. Soc. 1989，72（10）：2004-2008.
[14] Hishita S，et al. J. Am. Ceram. Soc. 1989，72（2）：338-340.
[15] Tiffee E I，et al. J. Am. Ceram. Soc. 1997，80（9）：1384-1388.
[16] Hingorani S，Pillai V，et al. J. Mat. Res. Bull. 1993，（28）：1303-1310.
[17] 袁方利，凌远兵，李晋林，等. 无机材料学报.1998，13（2）：653.
[18] 徐祖耀，李鹏兴. 材料科学导论. 上海：上海科学技术出版社，1986.
[19] 戴长虹，张劲松，等. 现代技术陶瓷.1996，17（4-s）：9-12.
[20] 冯志峰，张培志. 现代技术陶瓷.1998，19（3-s）：267-272.
[21] 孙志梅，周延春. 现代技术陶瓷.1998，19（3-s）：74-78.

第 *13* 章 无 机 膜

13.1 概述[1,2,3]

13.1.1 无机膜的特点和应用

任何化学化工和冶金过程，总是包括原料的净化，产品的提取、浓缩、分离以及废物的处理和循环再用等，这一切都要用到分离工艺，而且往往涉及高温和其他恶劣环境，从而这些步骤总是耗用很大比例数的设备投资和高额操作费用。膜和膜过程是 20 世纪 60 年代开始发展起来的新型分离技术，以其高效、节能和对环境友好的特长而正在广泛地取代旧有工艺。无机膜（陶瓷、玻璃、金属及其复合材料膜）作为一类新型膜材料跟已经广泛商品化的高聚物膜相比，具有许多优良特征：①化学稳定性好，耐酸耐碱，不怕有机溶剂；②热稳定性好，高温操作时不会像高分子膜那样分解；③抗菌性能优异，不会像某些有机膜那样易被细菌降解；④机械性能好，可在高压下操作以获得比较高的渗透率；⑤洁净无毒；⑥抗积垢易再生，易于进行表面修饰等。所以，采用无机膜分离过程为大大减少上述两方面的资金消耗提供了潜力和希望，无机膜过程及其相应技术（催化膜反应器和生物膜反应器）在化工、冶金、食品、医药、生物技术和环境治理等许多部门都得到越来越广泛的应用，是近一二十年来迅速发展起来的一个引人注目的高新技术产业。

无机膜可看成是为阻隔两相物质直接接触的半渗透隔膜，可分为多孔质膜和非多孔质膜，无机陶瓷膜是前者的代表，钯合金膜则是后一类的代表。膜的不同渗透选择性可以通过控制孔尺寸、带电负荷、溶解度、吸附性能或表面活性来实现。

13.1.2 无机膜中的质量输运

（1）多孔膜中的质量输运　多孔膜的选择性决定于孔径尺寸和不同化学物种在孔中输运速率上的差异，这又依赖于传质机制。一般就气体分离而言，可以有如下几种机制[4]。

① 压差驱动下的黏性流动。这种流动无分离作用。

② 克努森（Knudsen）扩散。当气体分子的平均自由程远大于膜孔径的数倍时，气体分子的传质属于克努森扩散。在无压差条件下，一般孔径为几纳米到一百纳米时，是以克努森扩散为主导。其气体分子的分离系数 a_{ij} 定义为

$$a_{ij} = \frac{\dfrac{y_i}{y_j}}{\dfrac{x_i}{x_j}} \tag{13-1}$$

式中，x_i，x_j，y_i，y_j分别为膜两侧（供给、透过）气体的摩尔分数。

对于克努森扩散，气体分子的透过速率可表示为

$$Q = \frac{k \Delta p A}{L\sqrt{MT}} \tag{13-2}$$

式中，Q 为透过速率，$mol/(cm^2 \cdot s)$；M 为气体相对分子质量；T 为绝对温度，K；Δp 为膜两侧的压力差；L 为膜的厚度，cm；A 为膜面积，cm^2；k 为膜物理性质决定的常数，与气体种类无关。

由式（13-2）可见，在一定温度下，气体分子的透过速率与气体分子量的平方根成反比，即

$$\frac{Q_1}{Q_2} \propto \left(\frac{M_2}{M_1}\right)^{1/2} \tag{13-3}$$

例如 H_2 与 N_2 的透过速率之比$=(28/2)^{1/2}=3.74$

③ 表面扩散。不同分子在微孔内壁吸附和表面性质差异很大，从而可达到相互分离的效果。分子的表面扩散渗透率 F_s 取决于孔结构

$$F_s \approx \frac{\mu_s \varepsilon}{r} \tag{13-4}$$

式中，ε 为孔隙率；r 为孔半径；μ_s 为表面扩散形状因子。

被吸附的组分比不被吸附的组分扩散快，从而引起渗透率的差异，达到分离的目的。在膜的孔径为 $1\sim2nm$ 时，表面扩散起主导作用。

④ 多层扩散和毛细管凝聚。多层物理吸附可以导致多层扩散，在小孔中的分子多层吸附在孔中可形成凝聚，这对气体非常重要。在较低温度下，每一孔道都有可能被凝聚组分堵塞而阻止非凝聚组分的渗透。当孔道内的凝聚组分流出孔道后又蒸发，就实现了相应组分的分离。如乙醇和水的气态混合物，利用毛细凝聚作用可以克服它们的共沸点。孔径减少到微孔范围（$<2nm$），二者分离因子可提高数千倍。

⑤ 分子筛效应。当孔径小于 1nm 时，即跟分子尺寸相当时，气体可以按分子筛原理被分离。目前已制得中空纤维石英分子筛膜，其孔径为 $0.2\sim2.0nm$，对于 CH_4 和 H_2 的分离因子可达 $30\sim50$。

后四种分离机理如图 13-1 所示。

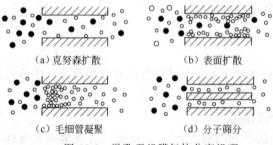

(a) 克努森扩散   (b) 表面扩散

(c) 毛细管凝聚   (d) 分子筛分

图 13-1　微孔无机膜气体分离机理

为了提高不同物质的分离系数，除了选择不同的膜外，还要对膜的孔径和孔壁进行修饰，对孔壁的修饰有着更重要的意义。因为孔径的改变是有限的，对孔壁的改变，可以通过带电负荷、溶解度、吸附性能或表面活性等的变化来实现。

（2）致密膜中的质量输运　多孔膜用于气体分离无论如何也达不到很高的选择性，而致密膜则可以具有 100% 的选择性，这是由于传质机理迥然不同。致密膜事实上是由一些具有离子选择透过性的离子导体或离子/电子混合导体材料构成的膜，目前用于气体或膜反应器的都是透氧膜或透氢膜，属于前者的如萤石结构的钇稳定的 ZrO_2（YSZ）为纯氧离子导体，钙钛矿结构的 La_2O_3-SrO-CoO-FeO 复合氧化物为氧离子-电子混合导体，属于透氢材料的

如钯基合金和某些复合氧化物等。

氧气或氢气是通过表面吸附、离子化、离子在晶格中扩散、到膜的另一侧发生逆过程变成氧或氢的机制完成质量输运。由于这些材料离子具有导电的唯一选择性，因此除了氧或氢以外其他任何气体都不能通过，从而其分离选择性为100%。这种气体渗透的驱动力是膜两侧的电化学位差，以透气材料（混合导体）为例，氧的电化学渗透率表示为

$$J(O_2) = \frac{RT t_i \sigma_e \sigma_t}{4FL} \ln \frac{p'(O_2)}{p''(O_2)} ❶ \tag{13-5}$$

式中，t_i，σ_e，σ_t 分别为材料的离子迁移数、离子电导、电子电导和总电导率；$p'(O_2)$ 和 $p''(O_2)$ 则为两侧的氧分压。可见除了两侧氧化学位差或分压差之外，高的透气率要求材料既要有高的离子电导率又要有高的电子电导率。此外，透气速率与膜厚度 L 成反比，要求发展新型制备技术和膜结构设计，研究超薄化的既有高的透气率又有高的力学强度和热化学稳定性的膜。

13.1.3 无机膜的结构、性能表征和性能要求

膜的输运性质决定了其选择性和透过率，而其质量输运性质则取决于膜的微结构等多种参数。在无机膜研制中，应进行一系列的结构和性能研究和表征，主要包括以下几项。

① 材料的物相。可用 X 射线衍射技术确定，一般应是稳定物相，才能有长期性能稳定性。

② 孔率和曲折度。只有高的孔率才能有大的质量透率。总孔率可以通过测定材料密度与理论密度相比较得到。但对于传质有用的是开孔率，事实上也并非所有的开孔都对传质有贡献，那些并不贯穿膜的一端闭孔也不起作用。这一切都可以归结到曲折度因子之中。

③ 孔径。理想的膜材料要求有合乎分离要求的均匀孔径，一般用压汞仪（几个纳米到数十微米范围）或比表面和孔径分布仪（0.5~2nm）。其他测定方法见本章附录"无机陶瓷膜的评价"。

④ 分离系数和透过率。可以根据情况采用适当的化学手段测定膜渗透侧的化学组成，如透 H_2 材料膜，则可用 N_2-H_2 混合气体实验，以气相色谱法测定渗透气中 N_2、H_2 含量的比。对于致密膜来说，渗气中有 N_2 存在表明膜具有微裂纹或针孔等。

无机膜，不论是多孔膜或致密膜，作为一种新型的分离膜的基本性能要求是：

① 高选择性。对于多孔膜，要求孔径尺寸均一且大小适宜，致密膜则要求仅仅某一种离子或气体可以选择地通过，其他化学物种不能透过或是渗透率极低。

② 高质量传输速率。由于传质阻力一般与厚度成正比，质量传输速率高才有工业应用价值，因此要求膜层尽可能薄，膜的超薄化是追求的目标之一。

③ 高化学稳定性和热学稳定性。这是膜反应操作环境所要求的。

④ 高结构强度。使之可以经久耐用。

不论从已有实践还是材料设计角度，人们发现，在多孔基体（陶瓷或金属）上通过不同方法形成不对称多层复合膜，或是介孔致密复合膜，是一种合理的薄膜化路线，在所有合成技术中，最有效而又有实用价值的则是各种新颖的化学合成技术。

---

❶ $\frac{RT}{4F} \ln \frac{p'(O_2)}{p''(O_2)}$ 为气体浓差电池的电化学位差。

13.2 多孔陶瓷膜的制备方法和应用

13.2.1 化学提取（蚀刻）法制无机膜[5]

将无机固体材料进行某种处理使之产生相分离，其中一相可由化学试剂（蚀刻剂）提取（蚀刻）除去，剩下一个相内部相互连接而制得多孔陶瓷膜。这是一个广义的描述，其中处理步骤可以是高温热处理，也可以是电化学阳极氧化，甚至还可以是核辐射处理等。

（1）多孔玻璃膜 将硼硅酸盐玻璃管拉成 $50\mu m$ 左右的丝，经热处理分相——硼酸盐相和富硅相，其中硼酸盐相可由强酸提取除去，从而制得富硅中空玻璃丝膜[6]，其流程如图 13-2 所示。多孔玻璃膜的微孔结构可由玻璃组成及处理条件控制，孔径为 $150\sim400nm$；并可在含氟等离子体中蚀刻加以改善[7]。

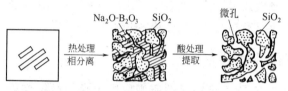

图 13-2 化学提取法制备多孔玻璃膜

（2）阳极氧化铝膜 将高纯铝箔在室温下酸介质中进行阳极氧化处理，再用 $HCl\text{-}CuCl_2$ 浸蚀铝箔，除去未被氧化的金属铝，制得具有均匀孔径分布及直孔氧化铝膜[8]。其微孔结构与所用电解质性质密切相关。Diggle 等[9]指出，当电解质分别为硫酸、草酸及磷酸时，氧化铝膜孔径分别为 10nm、20nm 及 30nm。

（3）云母陶瓷膜 当核辐射粒子穿过绝缘材料时，其留下的轨迹经适当蚀刻后，可得所需微孔结构的直孔陶瓷膜。其孔径与蚀刻时间成正比；单位面积孔密度与辐射在单位表面上的粒子数有关；孔长与膜片厚度有关[10]。该法适用于各种理论研究。其优点是：①孔径可在 $6nm\sim6\times10^5nm$ 范围内调节；②单位面积孔密度可在 $10\sim10^{10}cm^2$ 范围内调节；③孔径分布、孔长度及孔取向均一等。

（4）负载型二氧化钛膜 硼硅酸盐玻璃经高温分相及酸处理除去可溶相后，再用 $TiCl_4$ 气处理，然后浸入水中使 $TiCl_4$ 转化为 TiO_2，最后高温烧结便可制得多孔玻璃负载的二氧化钛膜[11]。其孔径在 3nm 左右；孔隙率低于 35%。

13.2.2 固态粒子烧结法制无机膜[5]

将处理成很细的无机粉粒分散在溶剂中制成悬浮液（适当加入无机黏结剂等）；然后成型制得未干燥粉粒堆积层；最后，干燥及高温焙烧使粉粒间接触处烧结而相互连接在一起形成多孔无机陶瓷膜或膜载体。其流程示意图见图 13-3。

由该法制备的陶瓷膜微孔结构与无机粉粒大小、悬浮液组成以及烧结温度等密切相关。其孔径范围为 $0.01\sim10\mu m$，适用于微孔过滤。

13.2.3 溶胶-凝胶法制备多孔陶瓷膜[12,13]

商品化的多孔膜，如 $\gamma\text{-}Al_2O_3$ 膜、ZrO_2 膜，都是采用溶胶-凝胶法制备的。其特点是，制膜时不需要化学提取，也不需要粉粒间烧结。更重要的特点是由于溶胶粒子小（1～

10nm）且均匀，制备的多孔陶瓷膜具有相当小的孔径及非常窄的孔径分布。其孔径范围为 1～100nm，适用于超滤及气体分离。因而溶胶-凝胶法成为一种制备膜材料尤其多孔膜材料的新兴工艺。

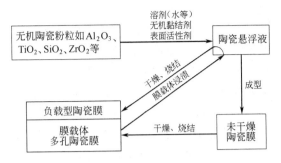

图 13-3　固态粒子烧结法制备多孔陶瓷膜及膜载体流程

用溶胶-凝胶法制备多孔陶瓷膜有两个途径，其过程示意于图 13-4 中。

其原理是控制金属醇盐水解或氢氧化合物胶溶制成胶体溶液，此胶体溶液经过不可逆溶胶-凝胶过程生成凝胶，最后经干燥、焙烧制得具有陶瓷特性的多孔无机膜。

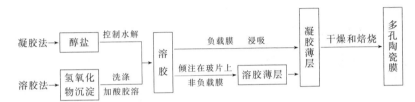

图 13-4　陶瓷膜的制备流程示意图

由溶胶到凝胶非负载型膜是通过溶剂蒸发而形成，而负载型膜则是由多孔载膜（支撑体）的毛细管作用（即浸吸过程）来完成。因此，只有在溶胶黏度和粒度比较合适的情况下，凝胶才能形成。一般认为溶胶的黏度和粒度除了与胶的种类和浓度有关外，主要是由控制溶胶的陈化时间和用作溶胶剂或水解抑制剂（催化剂）的酸的种类和用量来决定。其原理是陈化时间控制了聚合物粒子的大小，从而也就控制了胶粒在成膜过程中向载体（支撑体）微孔的渗透过程。而催化剂的浓度则是对缩合反应速率实行控制，从而控制了胶束的渗透以及干燥过程中聚合物网络的叠合过程。缩合反应慢，则聚合物网络叠合紧密，膜的孔径就小，制出的膜具有明显的分子筛分作用[14]。

干燥和灼烧过程中，由于张力的存在，膜表面会产生裂缝，有时还会出现针孔，这就使得膜的制成十分困难，条件也就相当苛刻。首先，干燥温度不能太高，而且要在一定湿度的空气中进行，这样溶剂才会缓慢而均匀地挥发出来，不至于破坏膜的连续性。其次，焙烧时升温速度必须比较慢，使整个膜均匀受热，温和地进行脱水。Larbot 等[15]对凝胶焙烧温度与氧化铝膜孔径之间关系的研究结果表明，膜孔径随焙烧温度升高而增大。

即使按严格要求的条件制膜也不易成功。人们不得不另辟蹊径，即加入某些有机物，如纤维素、聚乙烯醇、聚乙二醇或丙三醇等，这样可大大提高成功率，焙烧时也可以较快的速度升温。这些有机物的作用还不十分清楚，可能是作为添加剂改变了溶胶的黏度和水保留性等性质，也可能作为增塑剂减少了干燥时收缩过程的张力，从而避免了裂缝出现。

13.2.4　多孔陶瓷膜的应用

（1）多孔陶瓷膜在分离过程中的应用　分离过程在日常生活中屡见不鲜，而膜分离具有简易、节能和高选择性的优点，故其应用无疑受到人们的青睐，从食品、水源的净化，药物的制备，液化气中有毒成分的去除，铀同位素的分离等诸方面，人们都能看到陶瓷膜的应用市场。

电厂和工业锅炉烟道气中粉尘及 SO_x、NO_x 等是大气污染的主要来源，是世界各国致力研究的课题，但迄今无特别满意的技术解决方案，而无机膜的出现为此带来了希望。对于除尘来说，陶瓷过滤器可以除去小至亚微米以上所有的烟尘，效率可达 99.5%，且能在高温烟气环境下使用，这是其他技术所望尘莫及的。

（2）多孔陶瓷在催化过程中的应用　将无机膜与催化反应结合即构成无机膜催化反应。膜催化反应最初成功的例子是将薄壁钯膜用于乙烯加氢精制以及对加氢选择性要求特别高的香料、医药行业。膜与反应器的结合主要有以下四种方式。

① 膜是反应区的一个分离元件。这种膜反应器结构如图 13-5 所示。它主要由两部分组成，一是反应区；二是渗透区。其特点是将催化反应和产物分离统一在一个体系中，从而可以在催化反应进行的同时，通过有选择性地将反应产物的部分或全部从反应区移出而打破化学平衡的限制，提高不可逆反应的反应速率，使可逆反应的转化率提高。采用这种结合方式对反应平衡转化率低的反应过程进行了广泛的研究，大多涉及脱氢反应。如环己烷脱氢在钯反应器中转化率几近 100%，而在同样条件下，热力学平衡转化率仅为 18.9%。此外，采用这一技术也可以降低反应温度或操作压力，从而减少装置投资和操作成本，如 3MPa 下的甲醇合成膜催化反应与 5MPa 下在固定床中进行的转化率相当。

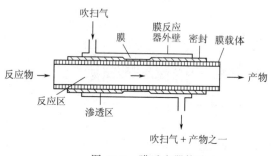

图 13-5　膜反应器构造

② 膜既作分离器又作载体。陶瓷膜一般为耐高温金属氧化物，它用作分离器的同时，又可用作催化剂活性组分（特别是贵金属）的载体。例如 $NO_x + H_2 \rightarrow N_2 + H_2O$ 反应，它的催化剂活性组分是 Ni，膜材料是 Al_2O_3，其性能就相当于贵金属催化剂[16]。

③ 膜具有催化活性。膜本身是催化剂或者膜是用催化活性物质进行处理而具有催化功能。例如 $2CH_3CH_2OH \xrightarrow{200℃} H_2O + (CH_3CH_2)_2O$ 反应中的膜材料是 Al_2O_3（具有高活性）[17]。

④ 膜既作分离器又作隔离器。膜在膜反应器中的作用一方面可以使产物之一进行分离；另一方面又将膜反应器隔离成既相互独立又相互联系的两个区。适当利用这两个区，则可以获得常规催化反应难以比拟的优点：扩散阻力小，温度极易控制，选择性高，能进行不产生副产物的耦合反应。所谓耦合反应是指在膜反应器中两个区同时进行两个反应，其中一个区的反应产物之一经膜分离后进入另一个区而进行另一个反应，这样，在膜反应器两个区进行的两个反应就能相互促进而耦合。例如：

在膜反应器中一个区进行的反应为

$$2 \text{（环己醇）} \longrightarrow 2 \text{（环己酮）} + 2H_2$$

在另一个区进行的反应为

$$\text{（苯酚）} + 2H_2 \longrightarrow \text{（环己酮）}$$

总反应为

最终反应转化率为 39%；选择性为 95%。

13.3　金属陶瓷复合膜的制备[18]

13.3.1　金属陶瓷复合膜

　　无机膜在实际应用中必须同时考虑膜的气体渗透性和分离选择性。中孔的无机膜，如 γ-Al_2O_3 膜，虽然具有较好的气体渗透率，但由于其对气体的分离主要通过克努森扩散机理进行，气体分离的选择性不高。小孔的无机膜，如纳米的 γ-Al_2O_3 膜，其孔径小于 1nm，可使气体进行分子筛分而获得较高的分离选择性，但纳米级的 γ-Al_2O_3 膜的稳定性不好，近期很难应用于高温环境。尽管致密金属膜对气体的选择性很高，如致密钯膜对氢气的选择性可达 100%，但氢气的透量低，成本高，因此受到了限制。近年来，科技工作者转向金属复合膜的研究，其制备方法很多，一般用化学镀[19]、CVD[20]、热解[21]、溅射[22]等方法在多孔陶瓷支撑体表面上沉积金属薄膜，然后经焙烧处理而形成金属陶瓷复合膜。由于多孔陶瓷的支撑作用，金属钯的厚度可减低至 $2\sim5\mu m$。一方面减少了钯的用量，降低了成本；另一方面由于透氢量与钯膜厚度成反比，厚度的减少可提高氢气的透气量。可见，金属陶瓷复合膜成功地克服了致密金属透气量低成本高的缺点，为金属膜的高温气体分离和高温催化反应开辟了广阔的应用前景。

13.3.2　Pd/γ-Al_2O_3 膜的制备工艺

　　多孔 γ-Al_2O_3 底膜是直径为 3cm，厚度为 2cm 的平板膜，孔径为 $0.1\sim0.3\mu m$，孔隙率为 50% 左右。底膜使用前先用稀酸超声清洗，然后用去离子水洗净，干燥后，浸涂 γ-Al_2O_3 溶胶，在室温下干燥两天后，在马弗炉中于 550℃ 焙烧 3h，升温速率每 3min 升高 1℃，如此浸涂-干燥-焙烧循环两次。分别用活化敏化液活化敏化 γ-Al_2O_3 膜，在表面形成一些在化学镀饰（electroless plating）过程自催化作用的钯核，活化敏化需 10 个周期。然后把活化敏化的 γ-Al_2O_3 膜放在镀钯液中进行化学镀，镀液的温度用水加热套控制，钯配合物逐渐被还原而沉积在 γ-Al_2O_3 膜表面形成致密钯膜的薄层。在 Ar 气的保护下，经高温焙烧形成钯金属陶瓷复合膜。活化液、敏化液及镀钯液的组成分别见表 13-1 和表 13-2。

表 13-1　活化液、敏化液的组成

敏 化 液 组 成		活 化 液 组 成	
$SnCl_2 \cdot 2H_2O$	5g/L	$Pd(NH_3)_4Cl_2$	5×10^{-4} mol/L
HCl(37%)	1ml/L	HCl(37%)	1ml/L

表 13-2　镀钯液组成

组　成	指　标	组　成	指　标
$Pd(NH_3)_4Cl_2$	4g/L	EDTA·2Na	67.2g/L
$NH_3 \cdot H_2O$(28%)	350ml/L	N_2H_4(0.1mol/L)	50ml/L

　　注：pH 值为 11.2；温度为 50℃。

　　经活化敏化的 6 片 γ-Al_2O_3 膜，放在镀液中进行化学镀。还原剂水合肼是一次性加入。

由于随着化学镀的进行，钯配合物逐渐被还原而使镀液浓度变小，为保持在化学镀过程中钯液浓度基本不变，使用的镀液体积要很大。每隔一定时间，每次取出各个 $\gamma\text{-Al}_2\text{O}_3$ 膜，洗净，在120℃干燥过夜后称重而得沉积的钯量。实验结果表明：随着时间增加，膜厚（即钯质量）也呈线性增加。

13.3.3　制备钯金属复合膜的化学镀饰法

赵宏宾等[23]不用敏化剂和活化剂，对衬底的活化是通过溶胶-凝胶过程实现。AlOOH溶胶由一水软铝石粉体悬浊液解胶制得，以硝酸为解胶剂 $[c(\text{H}^+)/c(\text{AlOOH})=0.09]$，解胶温度80℃，陈化时间5h，然后将 $\text{Pd(NH}_3\text{)}_4^{2+}$ 溶液加到AlOOH溶胶中，$\text{Pd(NH}_3\text{)}_4^{2+}$ 易被吸附到AlOOH胶粒上，得到钯修饰的AlOOH溶胶。将一定量的聚乙烯醇（PVA）和聚乙二醇（PEG）（分别用作黏结剂和增塑剂）加入到AlOOH溶液中，充分搅匀，制得浇铸溶胶。多孔 $\alpha\text{-Al}_2\text{O}_3$ 陶瓷平板用作衬底，其平均孔径为 $1.6\mu\text{m}$，孔隙率为48%，用旋转涂膜方法浇铸溶胶。凝胶态膜在5℃相对湿度65%下干燥2d，然后在600℃下焙烧3h，并用氢还原。在活化的衬底上，钯通过肼的还原作用发生自催化沉积。一个全塑的抽滤装置用于钯的沉积过程，通过抽滤来强化镀液向多孔衬底渗透，这样钯金属能够沉积在多孔衬底的孔道中，增强金属层与多孔衬底之间的机械结合力。典型的镀液及沉积条件如下：

$\rho(\text{PdAc}_2)=3.37\text{g/L}$，$\rho[(\text{NH}_4)_2\text{EDTA}]=35.2\text{g/L}$，$V(\text{NH}_3\cdot\text{H}_2\text{O})=200\text{ml}$，$\varphi(\text{N}_2\text{H}_4\cdot\text{H}_2\text{O})=1.0\text{mol/L}$，pH=10.5，$t=$室温。

其工艺流程如图13-6所示。

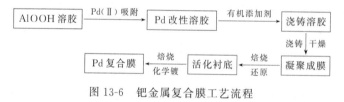

图13-6　钯金属复合膜工艺流程

该工艺的特点是经三次"浇铸-干燥-焙烧"步骤，以及最后在500℃下氢还原处理制得4%的 $\text{Pd}/\gamma\text{-Al}_2\text{O}_3$ 衬底，再进行无电镀（化学镀）。原来衬底上的钯核在镀液中起自催化作用，膜表面平整性较好，钯的分散性较高，且均匀地分布在目标衬底的特定选择面上，从而避免了在非选择面上的沉积。

传统的衬底活化方法是 $\alpha\text{-Al}_2\text{O}_3$ 衬底经两次AlOOH溶胶浸涂、干燥和焙烧循环后，制得平均孔径为 $4\sim5\text{nm}$，厚度为 $3\sim5\mu\text{m}$ 的 $\gamma\text{-Al}_2\text{O}_3$ 膜，然后将膜分别在 SnCl_2 溶液和 PdCl_2 溶液中浸泡5min，如此活化、敏化循环10个周期。新的活化方法是用1%（Pd/ Al_2O_3）钯修饰的AlOOH溶胶浸涂 $\alpha\text{-Al}_2\text{O}_3$ 衬底，经三次"浇铸-干燥-焙烧"步骤，最后在 H_2 气氛下还原处理。两种活化工艺在衬底上钯的沉积速率上有差异，以溶胶-凝胶法制得的衬底上的钯的沉积速率较传统方法高。

钯的沉积速率通过镀液中肼的浓度来调节，沉积钯膜的致密性用室温下氢的渗透速率来表征。所有Pd膜厚度均保持在 $0.5\mu\text{m}$ 左右，以便于致密性的比较。结果表明，肼的浓度为 0.5mL/L 时，钯金属层对氢的渗透速率为 $0.152\text{cm}^3/(\text{cm}^2\cdot\text{s}\cdot\text{MPa})$，当肼浓度增加到 $1\sim2\text{mL/L}$ 时，钯金属层对氢是致密的，即随着钯沉积速率的提高，钯金属层的致密性得到改善。

钯膜的氢分离性能实验表明，在温度 $314\sim450$℃和膜两侧的压力差 $0.02\sim0.10\text{MPa}$ 的实验条件下，对氢的选择性（氢氮分离系数）为20～130，氢的渗透速率为0.05～2.4cm³/(cm²·s)。

附　无机陶瓷膜的评价[5]

无机陶瓷膜的评价主要包括两方面内容：一是膜的微孔结构；二是膜的分离特性。

1. 无机陶瓷膜的微孔结构

多孔膜的微孔结构（如孔隙率、孔径大小及分布等）直接影响膜的渗透通量及渗透选择性等。因此，弄清多孔膜的微孔结构对正确理解和解释多孔膜的分离特性具有重要意义。

测定孔隙率、孔径大小及分布的方法很多。不同范围的孔径（大孔0.2～10μm；过渡孔10～200nm；微孔1～10nm）有不同的测定方法。大孔范围孔结构一般采用压汞法、光学显微镜法等；过渡孔采用压汞法、电子显微镜法、气体吸附法；而微孔则一般采用分子试探法；此外还有液体驱逐法等。

（1）光学（电子）显微镜法　从原理上讲，光学显微镜和电子显微镜是相似的。它们均由聚光镜、物镜及目镜组合而成。差别在于两者所用"光源"不同。一个是可见光；一个是电子束。该法的局限性是只适用于测定表面直孔，不适用于测定受到遮蔽的孔，如内部交叉孔等。

（2）气体吸附法　根据气体分子在一定压力下毛细管凝聚原理，从Kelvin方程出发，利用吸附（或脱附）等温线数据来计算孔隙率、孔半径及其分布。通常是采用78K的N_2吸附。由于受Kelvin方程限制，该法只适用于过渡孔（10～200nm）测定。

$$\ln\frac{p}{p_0}=-\frac{2\sigma V}{rRT}\cos\varphi$$

式中，p为半径为r的毛细管中该蒸气凝聚压力；p_0为饱和蒸气压；σ为该液体表面张力；V为该液体摩尔体积；R为气体常数；T为温度；φ为接触角。

（3）压汞法　在不润湿情况下（接触角大于90°），表面张力会阻止汞液体进入小孔，利用外加压力，可使汞充满某一给定孔径的孔道中，根据不同压力下压入的汞量即可求出孔径大小及分布等。所依据的基础是Washburn关系式

$$pr=-2\sigma\cos\theta$$

式中，p为外加压力；r为孔半径；σ为汞表面张力；θ为汞与固体表面接触角。

该法的不足是：①操作压力高，0～70MPa；②测大孔时，分辨率低；③测小孔时，压力过高易使样品结构破坏；④汞具有毒性。

（4）液体驱逐法　这是一种新方法[24]，它依据的基本原理是毛细管虹吸作用。当将毛细管放入液体中时，由于液体表面张力作用，液体将在毛细管中上升直到与重力平衡为止，如图13-7所示。

平衡时得如下关系式

$$2\pi r\sigma\cos\theta=\pi r^2 h\rho g \tag{1}$$

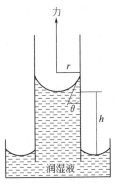

图13-7　液体驱逐法原理

式中，r为孔半径；σ为液体表面张力；θ为液体与毛细管壁接触角；h为液体柱高度；ρ为液体密度；g为重力加速度。由于压力$p=h\rho g$，故（1）式变为

$$pr=2\sigma\cos\theta \tag{2}$$

该法所用液体商品名为Porofit，它能润湿毛细管壁，其接触角$\theta=0°$，故$\cos\theta=1$，并且

已知该液体表面张力 $\sigma = 1.6 \times 10^{-3}$ N/m，故式（2）可变为

$$D = \frac{0.0064}{p}$$

式中，D 为孔直径，μm；p 为压力，MPa。

该法通过监测压力和流速的关系即可求得膜的孔径大小及分布等。其优点是：①低压操作 $0 \sim 0.1$MPa；②非破坏性；③无毒。但它不适用于微孔及过渡孔等测定。孔径测定范围为 $0.05 \sim 300\mu$m。

2. 无机陶瓷膜的分离特性

无机陶瓷膜是否具有工业应用价值将依据其分离特性而定。因此，对无机陶瓷膜分离特性的评价对评估其工业应用价值具有重要意义。

（1）液体分离 主要参数有以下几项。

① 渗透通量。决定着无机陶瓷膜在分离过程中对原料的处理能力。其影响因素有：膜的微孔结构；原料组成；操作条件等。

② 载留率。决定无机陶瓷膜对某一组分的分离能力。其影响因素同样是膜微孔结构、原料组成及操作条件。

③ 渗透稳定性。决定着无机陶瓷膜在液体分离中的应用价值。一般而言，在液体过滤过程中，渗透通量随着分离过程的进行而很快下降。因此，渗透稳定性是液体分离过程中必须考察的参数之一。

（2）气体分离 无机陶瓷膜在气体分离中的应用还未实现工业化。描述膜分离特性的参数主要有：渗透通量；渗透选择性。此时，渗透稳定性显得并不重要。

参考文献

[1] 孟广耀，彭定坤. 功能材料. 1995, 26（s）：587-590.

[2] 邝生鲁. 现代精细化工-高新技术与产品合成工艺. 北京：科学技术文献出版社，1997.

[3] 熊家林，贡长生，张克立. 无机精细化学品的制备和应用. 北京：化学工业出版社，1999.

[4] Way D J, Roberts D L. Sep. Sci. Technol. 1992, （27）：29.

[5] 杨维慎，林励吾. 化学通报, 1993, （3）：1-7.

[6] Elmer T H. J. Am. Ceram. Soc. 1978, （57）：1051.

[7] Yamamoto M, Sakata J, Dor H. U. S. Pat. 1985, 4, 521, 236.

[8] Itaya K, Sugawara S, Arai K, et al. Chem. Eng. Jpn. 1984, （17）：514.

[9] Diggle J W, Downie T C, Goulding C W, Chem. Rev, 1969, （69）：365.

10] Riedel C J. Membr, Sci. 1980, （7）：225.

[11] McMillan P W, Maddison R. U. S. Pat. 1984, 4, 473, 476.

[12] 罗胜成，桂琳琳. 大学化学. 1993, 8（6）：5-10.

[13] 时钧，徐南平. 化学进展. 1995, 7（3）：167-172.

[14] Brinker C J. Sengal R, Raman N K, et al. Book of Abstracts, Third Int. Conf. on Inorganic Membranes, Worcester, Massachusetts, USA：July 10-14, 1994.

[15] Larbot A. Fabre J P, Guizard C, Cot L. J. Membr. Sci. 1988, （39）：203.

[16] Moskovits M. U. S. Pat. 1984, 4, 472, 533.

[17] Armor J N. Applied Catalysis. 1989, 49, 1.

[18] 李安武，熊国兴，等. 功能材料. 1995, 26（s）：493-494.

[19] Uemiya S, Matsuda T, Kikuchi E. J. Membr Sci. 1991, （56）：315-325.

[20] Yan S, Maeda H, Kusakabe K, et al. Ind. Eng. Chem. Res. 1994, （33）：616-622.

［21］Li Z Y，Maeda H，Kusakabe K，et al. J. Membrane Sci. 1993，78（3）：247-254.

［22］Jayaraman V，Lin Y S，Pakala M，et al. J Membrane Sci，1995，104（3）：251-252.

［23］赵宏宾，李安武，谷景华，等．催化学报．1997，18（6）：449-452.

第 *14* 章
新型多孔材料

多孔材料是又一大类无机功能材料，它们的共同特征是具有多孔（微孔和中孔）结构。它们是无机催化剂及载体、无机离子交换剂、无机吸附剂、无机分离膜等的基本材料，其用途十分广泛，几乎渗透到各个生产领域。按照国际纯化学和应用化学协会（IUPAC），多孔材料可以按照它们的孔直径分为三类：小于 2nm 为微孔（micropore）；2～50nm 为介（中）孔（mesopore）；大于 50nm 为大孔（macropore）。有时也将小于 0.7nm 的微孔称作超微孔。具有多孔结构的物质有很多，天然的如腐殖质、木质素、活性白土、天然沸石等；人造的有活性炭、各种无机离子交换剂、各种无机催化剂及载体、多孔陶瓷、微孔玻璃、分子筛、活性氧化铝、硅胶、钛酸钾、氧化锆以及钛和锆的各种磷酸盐等。

由于分子筛的多样性和稳定性，以及具有独特的选择性与择形性等多种性能，所以它起到很好的吸附、催化及阳离子交换作用，已在实际生产中广为应用。因此，本章主要介绍新型分子筛材料的性能及制备工艺。另外，本章还将简单介绍具有卓越吸附率的活性碳纤维的结构性能与应用。

14.1 分子筛的组成、结构与择形性[1,2]

自然界中存在着硅酸盐类矿物，其中有一类是网状硅酸盐，化学上称为硅铝酸盐，常称这类晶体矿物为沸石或泡沸石。沸石矿物有可逆的脱水性质，受热时失去结晶水，但沸石的骨架结构或晶体形状不变，故可形成许多大小不同的"空腔"。空腔间以直径相同的微孔相通，形成分子大小直径的孔道。这些孔道可将比孔径小的分子吸附进空腔内，将比孔径大的分子排斥在外，从而起到筛分分子的作用，故称分子筛。一般把自然界存在的这类多孔物质称为沸石，人工合成的称为分子筛。主要品种有 20 世纪 50 年代开发的 A、B、X、L、ZK、Y、M 等型号。其中 A、X、Y、M 型至今仍是非常重要的催化剂和吸附剂。20 世纪 70 年代美国莫比尔公司开发的以 ZSM-5 型为代表的高硅三维交叉直通道的新结构沸石被称为第二代分子筛。ZSM 是 Zeolite Socony（Standard Oil Company of New York）Mobil 的缩写。ZSM 族有多个品种，结构与组成各异。继高硅铝比沸石之后，80 年代美国联碳公司开发的非硅、铝骨架的磷酸铝系列分子筛是第三代分子筛，通常以 $AlPO_4\text{-}n$ 表示或称为"APO"。这类分子筛的研究发展迅速，已可将十几种从 +1～+5 价的元素引入骨架而构成数十种结构，200 多种组成，并且可以同时有 6 种元素进入骨架结构。其中将硅原子引入的称为"SAPO"系分子筛；将其他金属引入骨架的称为"MeAPO"系分子筛；将其他金属与硅同时引入骨架的称为 MeSAPO 系；总称为杂原子磷酸盐分子筛。

14.1.1 分子筛的组成

人工合成的硅铝酸盐分子筛的组成一般采用下列传统表达式

$$M_{x/n}[xAlO_2 \cdot ySiO_2] \cdot zH_2O$$

可交换的阳离子　　阴离子骨架　　吸附相

式中，M 为金属离子；n 为金属离子的价数；x 为 AlO_2 分子数；y 为 SiO_2 分子数；z 为水分子数。

由于 AlO_2 带负电荷，金属离子的存在可使分子筛保持电中性。

磷酸铝系列分子筛的一般表达式为

$$xR \cdot Al_2O_3 \cdot (1.0 \pm 0.2)P_2O_5 \cdot yH_2O$$

式中，R 为有机胺或季胺离子，它在骨架形成时起模板作用，而且进入骨架腔内时，R 仍保持原化合物中的 C/N 比率。

$AlPO_4$ 系列分子筛的骨架组成均为等摩尔的 Al_2O_3 和 P_2O_5，x 和 y 分别表示填充到电中性骨架腔内的 R 和 H_2O 的物质的量（mol）。将磷酸铝分子筛焙烧后，R 和 H_2O 即分解脱出，形成特定的孔腔骨架结构。

硅铝磷酸盐系分子筛可以表示为

$$aR_2O \cdot (Si_xAl_yP_z)O_2 \cdot bH_2O$$

式中，R 为模板剂；$a = 0 \sim 3$，$b = 2 \sim 500$（最好为 $2 \sim 300$）；x、y、z 分别表示 Si、Al 和 P 原子的摩尔分数（至少为 0.01）。

14.1.2 分子筛的结构

分子筛的骨架结构，是由 TO_4 四面体构成的一维（如毛沸石、$AlPO_4$-5 等）或三维交叉直通道（如 ZSM-5，ZSM-11 等），或笼状（如 A、X、Y 及毛沸石等）结构，如图 14-1 所示。

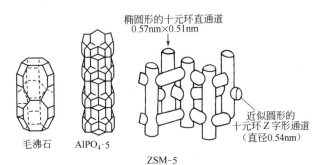

图 14-1　几种典型分子筛的孔道结构

其中，被人们广泛研究和应用的 ZSM-5 沸石晶体属理想的斜方晶系。ZSM-5 分子筛含有 2 种交叉的孔道体系，一种是平行于 [010] 晶面的直线型孔道，并具有 $0.51nm \times 0.57nm$ 的椭圆开口，另一种是平行于 [001] 晶面的正弦孔道。孔道交联处的直径大约为 $0.9nm$，这可能是 ZSM-5 催化活性及其强酸中心的集中处。ZSM-5 分子筛的骨架原子硅，以四面体配位方式通过氧桥与骨架四面体铝相连。每一个三价铝离子的 AlO_4 四面体带有一个单位的负电荷，该电荷可以由一价、二价或三价阳离子平衡。由于分子筛具有可交换的阳离子，允许引入催化性能不同的阳离子，这些阳离子若交换为 H^+，则能产生很多强酸中心（固体的强酸中心部位就是常见的催化活性中心）。

14.1.3 分子筛的择形性

沸石分子筛最突出的特点在于它具有形状选择性，也称为择形性。分子筛的择形作用基础是它们具有一种或多种大小分立的孔径，其孔径具有分子大小的数量级，即小于 1nm，因而有分子筛分效应。正是这种分子筛分作用和前面提到的离子交换性质，才使其成为良好的择形催化剂。曾昭槐编著的《择形催化》[2]一书对此作了详尽的评述。

沸石分子筛的择形性主要有以下几个特点。

（1）反应物选择性　不允许反应物中有些太大的分子扩散进入分子筛孔道。

（2）产物选择性　在反应生成物中，只有分子尺寸较孔口小者能扩散至通道外变为产物。

（3）过渡态受阻的选择性　若反应的过渡态产物所需要的空间比分子筛的通道大，分子筛禁阻了这种过渡态的生成，以致反应不能进行。若过渡状态较小，则不受约束，反应不被禁止。

（4）分子运行控制　ZSM-5 是具有两类孔道的分子筛，由于这两类孔道具有不同口径和几何特性，反应物分子经由一类通道体系进入催化剂，而产物分子则由另一类通道体系扩散出去，宛如车辆运行，各行其道，互不相撞。这样在择行催化中就可减少相反扩散，提高反应产率。

分子筛的择形性可以按图 14-2 理解。总体说来，分子筛的择形性的实际意义在于可用来增加目标产物的产量，或有效地抑制副反应的进行。

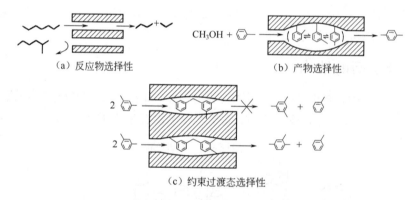

(a) 反应物选择性　　　　　(b) 产物选择性

(c) 约束过渡态选择性

图 14-2　分子筛择形性模型

分子筛的择形性可以用多种手段来加以改善。例如，可以通过离子交换、脱铝、改变骨架 SiO_2/Al_2O_3 比，或通过一定的修饰来影响孔的大小或几何形状，可以使其缩孔或扩孔，以改善其择形功能。择形催化剂的研究正在蓬勃兴起，前景喜人。

14.2　分子筛水热合成的原理和方法[3]

水热合成反应温度在 150℃ 以下的称为低温水热合成反应。在低温水热合成反应中，得到的分子筛处于非平衡状态的介稳相，可以制得自然界不存在的沸石品种。

14.2.1　影响合成过程的主要因素

分子筛生产过程主要是碱性硅铝凝胶的生成过程，是在一定温度范围和相应的饱和水蒸气压力下，处于过饱和状态的硅铝凝胶转化为分子筛晶体的过程。

一定温度下，生成凝胶的时间，主要取决于混合物的组成。当硅铝比接近 1 时，生成凝胶时间最短，硅铝比值增大或减小，凝胶化时间相应增加。

晶化所需时间受晶化温度、合成分子筛的类型、配料比例、凝胶的老化、加入晶种或盐类促进剂的影响。一般晶化温度随分子筛硅铝比的增大而提高。低硅系列分子筛的温度控制在 $25 \sim 125℃$，如 A 型分子筛；中硅系列分子筛控制在 $100 \sim 150℃$，如丝光沸石；高硅系列分子筛控制在 $125 \sim 200℃$，如 ZSM 型分子筛。

硅铝酸盐凝胶转变为分子筛晶体需要一定的能量，温度越高，能量越多，晶化时间越短。

阳离子对分子筛的合成起着重要作用。碱金属阳离子与水形成水合阳离子，由于水合作用较弱，水分子可以被复杂的硅酸根和硅酸铝根负离子所取代，然后这些硅酸铝根和硅酸根围绕着阳离子进一步缩聚，阳离子起到"模板"作用。另外，反应介质中的阳离子对分子筛阴离子骨架的形成也有着重要的作用。如 Na^+ 加入到一定组成的反应混合物中可生成 A 型、X 型和 Y 型分子筛，而在合成 A 型分子筛的条件下，加入烷基铵离子则生成 ZK-5 型分子筛。

有机阳离子模板剂在开发新品种分子筛上得到了广泛的应用。如 ZSM 系列、$AlPO_4$ 系列及 M41S 系列分子筛就是用不同模板剂合成的。模板剂效应主要取决于阳离子几何构型、阳离子正电性和离子大小等因素。

分子筛合成时，水的存在是不可缺少的。水是一种活性很高的物质，它可以和反应体系中的各种离子发生羟基化和水合作用，并可控制反应介质的碱度，促进和控制反应的进行，生成多孔性的骨架和稳定分子筛的晶体结构。因此，要清除水中的铁、碱金属氧化物等杂质，以保证合成产物的质量。

14.2.2　分子筛的生成机理

分子筛的生成机理尚未弄清楚，因分子筛凝胶和晶化过程复杂，有固液相共存。液相中含有不同聚合态的硅酸根、铝酸根和硅铝酸根；固相中含有无定形凝胶相和晶体相。合成分子筛大多处于不稳定的介稳态，容易发生相变，以及受众多的因素影响，故给分子筛生成机理的研究带来相应困难。目前生成机理主要有两种论点，尚处于深入研究和发展阶段。

（1）液相转变机理　在反应初期，反应物生成初始的硅铝酸盐凝胶，这种凝胶是在过饱和的条件下形成的，成胶速度快，呈无序状态，在一定条件下凝胶和液相间存在着溶解平衡。

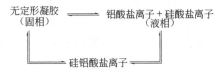

当温度升高时，由于溶解度增加，平衡向右移动，硅、铝酸盐离子浓度增加，生成某些简单的初级结构单元，如四元环、六元环等，进而生成晶核和促进晶核的生长。消耗了液相中硅、铝酸根离子，使平衡继续向右移动，引起无定形凝胶继续溶解。由于分子筛晶体的溶解度小于无定形凝胶的溶解度，其结果使凝胶完全溶解为止，晶核不断在液相或是在液相与固相界面上形成，促使晶体的完全成长。

（2）固相转变机理　硅酸盐和铝酸盐的水溶液在碱性介质中进行反应，硅酸根和铝酸根聚合形成高度过饱和的硅铝酸凝胶。此凝胶受到介质中 OH^- 的作用，解聚重排，形成某些分子筛的初级结构单元。这种单元结构中包围着水合阳离子重排生成晶核所需的多面体，这些多面体进一步聚合，连接，生成分子筛晶体。

固相机理认为分子筛晶化过程总是伴随着无定形凝胶固相的形成。晶化过程中，液相恒定不变，没有直接参与晶体的成长，起始无定形凝胶的组成和最终分子筛晶体的组成相似。

14.2.3 水热生产工艺过程简述

在 $Na_2O-Al_2O_3-SiO_2-H_2O$ 体系中，水热合成法制备分子筛的成胶和结晶过程由下式表示

$$NaOH(l)+NaAl(OH)_4(l)+Na_2SiO_3 \xrightarrow[\text{成胶}]{25℃} Na_a(AlO_2)_b(SiO_2)_c \cdot NaOH \cdot H_2O$$

$$\xrightarrow[\text{晶化}]{25\sim175℃} [Na_a(AlO_2)_b(SiO_2)_c] \cdot mH_2O+母液$$

制备胶体一般采用高活性物质为原料如硅酸钠、铝酸钠、硅溶胶、三水氢氧化铝等。

（1）配料　偏铝酸钠溶液是由三水氢氧化铝在加热搅拌下与液碱（NaOH）反应而得。为了防止偏铝酸钠水解，配料时 Na_2O/Al_2O_3 应控制在 1.5 以上，并不宜久放，以免水解析出氢氧化铝。

硅酸料（SiO_2/Na_2O）一般采用模数 3 以上的硅酸钠为宜。工业用硅酸钠因含有较多水不溶物而需稀释、澄清、过滤后再用。

（2）成胶　凝胶在非稳定下逐步形成硅氧四面体和铝氧四面体的骨架结构，组分不同的碱性硅铝凝胶，骨架中所含氧化物的多少也不一样。成胶时应剧烈搅拌，将生成的胶链打碎，使硅铝均匀分布，有利于结晶成颗粒均匀的晶体。

（3）晶化　晶化是处于过饱和状态的硅铝凝胶在一定温度和其相应的饱和压力下成长为晶体的过程。分子筛晶化过程可分为诱导期和晶化期。在诱导期中，可加入诱导剂，使凝胶逐渐形成晶核，当晶核成长超过一定临界大小晶体时，就进入晶化期。晶化期随配料硅铝比、钠硅比、晶化温度等条件不同而异。

晶化可在铁制反应器内进行，反应器装有搅拌器和回流设备，升温时可轻微搅拌，以利于温度均匀分布，待达到晶化温度后，不宜搅拌，而宜静置，否则就不利于晶体成长。

（4）过滤、洗涤　分子筛是从过量碱的硅铝凝胶中结晶出来的，晶体颗粒中附有大量氢氧化物，它们影响着分子筛的吸附、催化性能以及热稳定性，必须过滤将分子筛晶体与母液分离。晶体和母液长期接触易转化成更稳定的晶相或杂晶。

洗涤时先将料浆用水沉降洗涤几次，然后用泵打入压滤机洗涤。通常以自来水作为洗涤水，硬度过大的水不宜用，否则会影响分子筛的吸附及离子交换性能，洗涤后的 pH 值一般控制在 $9\sim10$。

（5）离子交换　硅铝比低的分子筛开始合成时一般都是钠型的。用于平衡铝氧四面体负离子的钠离子，可以进行离子交换。NaA 型（4A）分子筛通过 KCl 和 $CaCl_2$ 溶液的交换后分别生成 KA 型（3A）分子筛和 CaA 型（5A）分子筛。Na 型分子筛若用 $CoCl_2$ 溶液进行交换，就成为比变色硅胶的干燥效果和灵敏度更好的变色分子筛。

一般金属盐溶液的浓度愈低，交换效力愈高，但使交换次数增加。为了提高产率，交换溶液离子量应比交换分子筛中钠离子量偏高一些。

离子交换可以在容器中进行，也可在压滤机中进行。交换温度在 $40\sim60℃$，提高温度可提高交换速率，缩短交换时间。工艺流程如图 14-3 所示。

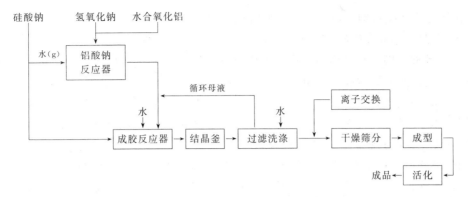

图 14-3　分子筛水热生产工艺流程图

（6）成型　人工合成的分子筛是白色粉末，不能在工业上直接使用，需加入一定量的黏合剂，予以成型。常用黏合剂有黏土和各种硅铝凝胶。用黏土作黏合剂时，应尽量粉碎，越细黏合效果越好。黏土可在合成前加入反应组分中，或在结晶过程中加入反应混合物中，晶态黏土在分子筛晶化条件下不产生相变。也可将分子筛粉末、黏合剂和适当水混合，滚球或挤压成型。加水多少会影响成型聚集的强度，水太少，成型时黏合不牢，水太多，在烘干活化时会逸出大量水，使聚集体松散，强度差。

（7）活化　成型后的分子筛要在适当条件下煅烧进行活化。分子筛在活化前应先烘干或风干以免活化时大量水逸出，降低聚集体强度。

活化温度要严格控制，一般活化温度控制在 450～600℃。温度过高，会破坏分子筛晶体结构。温度过低，水分排除不尽，会影响分子筛吸附性能和强度。

活化的目的是除去晶格中水分以形成空穴，使其具有吸附其他分子的可能。

活化炉可用电加热或煤气加热，活化气氛对分子筛质量会产生影响。一般要求通风排气良好，活化时分子筛层的铺层不宜太厚，以免内层分子筛活化不透，强度不够。

14.2.4　合成分子筛的实例

ZSM-5 分子筛是 ZSM 系列分子筛的典型代表，它具有独特三维交叉直通道的孔结构和优异的催化性能。最早的合成 ZSM-5 是在季铵碱和碱溶液中合成的，合成配比为

$$OH^-/SiO_2=0.2～0.75 \qquad R_4N^+/(R_4N^++Na^+)=0.4～0.9$$

$$H_2O/OH^-=10～300 \qquad SiO_2/Al_2O_3=10～40$$

晶化温度为 100～175℃，用其他模板剂如六甲亚二胺四脲溴配合物等，也可合成 ZSM-5 分子筛。

例如：将 22.9g SiO_2 部分溶于 100mL 2.18mol/L 四丙基氢氧化铵溶液中，加热至 100℃左右，再加入 3.19g 铝酸钠（42% Al_2O_3，30.9% Na_2O，27.1% H_2O）溶于上述溶液 538mL中，配制成下列混合液：0.382mol SiO_2，0.0131mol Al_2O_3，0.0159mol Na_2O，0.118mol $[(CH_3CH_2 \cdot CH_2)_4N]_2O$，6.30mol 水。将混合物加入一内衬玻璃的高压釜中，在 150℃下晶化 6d。所得晶体冷却至室温，过滤、洗涤后，在 110℃下干燥。取样品经 X 射线衍射分析，显示出 ZSM-5 分子筛谱图。

14.3　MCM-41 中孔分子筛的合成工艺

在 5.2 节仿生合成实例中，简单介绍过 1992 年美国 Mobil 公司首次在碱性介质中用阳

离子表面活性剂作模板剂，用水热晶化硅酸盐或铝酸盐凝胶一步合成新型中孔分子筛系列材料，记作 M41S，包括 MCM-41（hexagonal，氧化硅基六角中孔相），MCM-48（cubic 立方相）等[4]。各种不同物相结构的形成可由调节反应体系的表面活性剂与硅用量的比 Surf/Si 比来控制（Surf 是表面活性剂的英文缩写）。例如当 Surf/Si<1 时形成 MCM-41，当 Surf/Si=1～1.5 时形成 MCM-48，当 Surf/Si=1.2～2 时形成热不稳定的层状相，当 Surf/Si=2 时则形成立体八聚物。其中，MCM-41 是这一分子筛系列中最具代表性的一员，它具有高的水热稳定性及均匀规整的一维六边形孔道结构，且其孔径可通过加入附加试剂在 1～20nm 间自由调节。由于 MCM-41 分子筛具有较大的比表面积（>1000m^2/g）和较高的吸附容量（>0.7ml/g），因而它对芳烃烷基化及烯烃齐聚等反应，特别是对渣油的裂化反应具有独特的催化性能，同时也可用作高效吸附剂。

14.3.1 低浓度表面活性剂合成 MCM-41 中孔分子筛

Mobil 公司是用高浓度的表面活性剂合成的，Surf/Si=0.5，而表面活性剂价格昂贵，限制了其在生产中应用。陈晓银等[5]进行了低浓度表面活性剂合成 MCM-41 的研究。该合成工艺是选用 CTMAB [$C_{16}H_{33}(CH_3)_3NBr$] 为模板剂，硅酸钠（$Na_2SiO_3 \cdot 9H_2O$）作硅源，另用 H_2SO_4 调节 pH。所有试剂均为分析纯。反应混合物制备如下：在恒定搅拌下用 5mol/L H_2SO_4 调节硅酸钠水溶液的 pH 值为 10 左右，15min 后加入 CTMAB 水溶液，随后在室温下再搅拌 30min，由此形成的混合液其摩尔组成为 SiO_2：0.96 Na_2O：0.89H_2SO_4：0.20CTMAB：122H_2O。

陈晓银等还了上述混合液处理的三种工艺的筛选实验。最佳工艺是将混合液装入不锈钢反应釜中在 100℃水热处理 6d 后用水充分洗涤，过滤，固体于 60℃烘干。烘干的固体先在 550℃ N_2 气流中放置 1h，随后在同样温度的马弗炉中空气气氛下再焙烧 5h，所得产物记为 M-41。另外两种工艺是直接将混合物在 60℃烘干得样品（RM-2）和立即过滤或离心并用水洗涤后烘干得 MRW-1，产物焙烧与 M-41 相同。

（1）六角中孔相的形成　酸化的硅酸钠和 CTMAB 溶液混合前皆为无色。两者混合后即出现白色浑浊，静置后产生白色沉淀，说明阴离子硅酸根聚体（用 SiO$^-$ 表示，以下同）与 CTMA$^+$ 发生了相互作用。三种样品相比，混合物经 100℃水热处理 6d 后获得的样品 M-41，在焙烧前后的 XRD 图谱中都可见明显的（110），（200）和（210）衍射峰，说明水热过程改善了 SiO$^-$，CTMA$^+$ 间的作用，提高了六方中孔材料的长程有序度。未经水热处理的两工艺获得的样品则因可溶性的 Na$^+$、Br$^-$ 和 SO$_4^{2-}$ 等离子干扰了 SiO$^-$-CTMA$^+$ 作用体排列方式或因低 CTMAB 浓度影响 SiO$^-$ 与 CTMA$^+$ 间作用物结构上的长程有序而不佳。

（2）中孔材料表征　可溶性硅酸盐在酸（H_2SO_4）作用下聚合，随体系碱度降低其聚集链增加直至凝胶化（虽然胶凝的 SiO$^-$ 与 CTMA$^+$ 之间的作用机制和本质目前仍不清楚），但胶化的 SiO$^-$ 靠静电作用可在 CTMA$^+$ 胶团的四周形成类似"水包油"的乳胶结构体。焙烧移去表面活性剂后，原被表面活性剂胶团占据的空间就形成了材料的孔道，XRD 分析结果（图略）已表明这种靠有机分子组装形成的无机物骨架结构是热稳定的。不同温度合成的样品 ^{29}Si MAS NMR（魔角固体核磁共振）结果表明（图略），焙烧前，M-41 和 MRW-1 都有两个峰 Q_3 [$\delta_{约}$ −100 对应 (SiO)$_3$-$\underline{Si}$OH] 和 Q_4 [$\delta_{约}$ −110 对应 (SiO)$_3$-$\underline{Si}$O$^-$]，Q_3/Q_4 值的大小反映了骨架内部单元结构羟基的凝聚度。Q_3/Q_4 小，硅羟基凝聚度大，骨架硅原子数多。水热合成的样品 Q_3/Q_4 值（0.89）比室温得到的（2.3）小，说明骨架完全凝聚的硅原子多。M-41 经 550℃ 焙烧后 Q_3/Q_4 下降至 0.62。^{29}Si NMR（核磁共振）结果说明水热过程提高了硅原子的聚集度，增加了骨架硅的比例，稳定了六方骨架结构，证实了 XRD 的结果。

（3）M-41 焙烧后的孔结构数据

BET 比表面积	702.8m²/g	中孔(1.70～4.0nm)体积(V_b)	0.512mL/g
孔直径	2.80nm	总孔表面积	887.5m²/g
壁厚	1.43nm	中孔表面积	799.2m²/g
总孔(1.70～100.0nm)体积(V_a)	0.734mL/g		

该研究在 Surf/Si=0.2 的低浓度下利用表面活性剂分子的自组装体与阴离子硅酸根聚集体的作用合成了六角相中孔 MCM-41，构成中孔的骨架单元结构与无定形硅胶一致，材料的 90% 表面积由均一中孔贡献。

14.3.2　碱度对 MCM-41 骨架结构的影响

继后陈晓银等还研究了碱度对中孔材料 M41S 结构稳定性的作用。他们选用的体系摩尔组成为 SiO_2：0.20CTMAB：122H_2O，低碱度体系 pH=9，高碱度体系 pH=12。两种反应混合物分别装入反应釜后在不同温度分别处理若干时间，固体经水充分洗涤后于<80℃下干燥，干燥样品在 550℃ N_2 气氛下焙烧 1h 后放入马弗炉中空气气氛下焙烧 5h。

对产物进行的分析测试显示了反应体系的碱度对 MCM-41 分子筛骨架结构有明显的影响。

（1）低碱度和高温水热处理有利于中孔骨架结构的改善，增加了孔壁厚度，提高了中孔材料骨架的稳定性。

（2）比较两种碱度的混合物在 150℃ 水热合成得到的焙烧物的 N_2 吸附-脱附等温线，可知低碱度合成的吸附等温线表现出典型的中孔材料特性，而高碱度合成的则仅存极少量中孔材料特性。孔结构数据表明，低碱度 150℃ 水热合成的产物中孔结构没有被破坏，比高碱度得到的产物 BET 比表面积提高了 2.7 倍，达 787.1m²/g，其孔体积主要由均匀中孔（孔径为 1.7～4nm）贡献。高碱度合成的样品由于层板倒塌，孔体积大部分由颗粒的孔隙组成，其中孔表面积仅为低碱度样品的 1/11。结果再次表明中碱度合成对产物中孔结构的稳定起主要作用。

14.4　磷酸铝分子筛[6]

磷酸铝分子筛，因其孔径和孔道范围宽，热稳定性和水热稳定性好而被认为是潜力很大的择形催化剂。通常以 $AlPO_4$-n 表示或称为"APO"。其中 $AlPO_4$-5 是 $AlPO_4$-n 系列分子筛中最重要的品种，具有独特的骨架结构。

14.4.1　$AlPO_4$-5 的结构

单晶 X 射线分析确定 $AlPO_4$-5 具有新型三维结构，属六方晶型，晶胞常数 a＝1.372nm，c＝0.848nm，γ＝120°。晶胞组成为 12$AlPO_4$·$n$$H_2O$，即单位晶胞中含有 24 个四面体，骨架中 AlO_4 和 PO_4 四面体严格地交替排列。主孔道是孔径 0.8nm 的圆柱形孔道，由十二元环组成，且平行于 C 轴；骨架结构的其余部分为平行 C 轴的，由六元环和四元环组成的圆柱形孔道。骨架结构中没有可容留有机模板剂分子的笼存在，故在合成时只能选用分子大小不超过 0.8nm 的有机分子作为模板剂。$AlPO_4$-5 这种无笼的线性圆柱形孔道结构特征，预期会使它成为一种新型优良择形催化剂（或载体）和吸附分离剂。

14.4.2　$AlPO_4$-5 的酸性和稳定性

吡啶吸附 TPD 和 STD 的测试结果表明，$AlPO_4$-5 的表面能量是不均一的，存在范围很宽的分布。它只含有少量的强活性中心（强酸点），而大部分都是弱的活性中心（弱酸点）。$AlPO_4$-5 分子筛本身的酸性虽然较弱，但却比无定形磷酸铝的酸性强。例如在 100℃ 下，吡啶在无定形磷酸铝上的化学吸附量少得难以检出，而 $AlPO_4$-5 在 350℃ 下还能化学吸附吡啶 7.5μmol/g。当然与 HZSM-5（Si/Al＝17.2）相比，$AlPO_4$-5 的酸性就弱了。在 350℃ 下 HZSM-5 按吸附吡啶计算（一个酸点吸附一个吡啶分子）的酸度为 0.34mmol/g。

$AlPO_4$-5 是具有三维结构的新型分子筛，在 1000℃ 焙烧后仍保持其原来的晶体结构。水热稳定性实验表明，在 600℃ 下用 16% 的水蒸气处理后，其骨架结构未受破坏，可见其耐热和耐水热的性能很好。

14.4.3　$AlPO_4$-5 的合成

$AlPO_4$-5 可采用水热法合成。先把等摩尔的活性水合 Al_2O_3 和正磷酸在水中混合生成磷酸铝凝胶，然后再加入模板剂 R，在 125～200℃ 范围内静止晶化生成分子筛晶体。铝源可用水合 Al_2O_3，P_2O_5 来自磷酸，可用作模板剂的有机胺或季铵盐有 20 多种。作为实例，将配制组成为 1.5Pr_3N（三丙胺）·1.0Al_2O_3·1.0P_2O_5·40H_2O 的凝胶于 150℃ 下加热 24h，晶化产物经水洗、过滤、烘干后得到 Pr_3N·$AlPO_4$-5，在 550℃ 焙烧约 10h，脱除有机模板剂 Pr_3N，便得到分子筛 $AlPO_4$-5。

产品的鉴定可采用 XRD 数据分析。从 $AlPO_4$-5 的扫描电镜照片可观察到 $AlPO_4$-5 晶体的清晰的六边形横截面，为六边形棒状晶体。通过吸附测定可检测其孔径、孔容。用高分辨 ^{27}Al 和 ^{31}P 核磁共振谱可以证实 $AlPO_4$-5 具有交替排列的 AlO_4 和 PO_4 四面体结构。

14.5　层状磷酸锆——α-磷酸锆的合成

磷酸锆类层状化合物是近年来逐步发展起来的一类多功能材料。它既具有像离子交换树脂一样的离子交换性能，同时又具有像沸石分子筛一样的择形吸附和催化性能。它具有较高的热稳定性和较好的耐酸碱性能。近年来，对层状化合物的研究已经越来越引起人们的重视。

α-磷酸锆是一种阳离子型层状化合物，分子式是 $Zr(HPO_4)_2$·H_2O，简写为 α-ZrP。它的制备方法主要有以下三种[7]。

(1) 溶胶回流法　将 $ZrOCl_2$·8H_2O 溶于 2mol/L 盐酸溶液配制成含锆 0.13mol/L 的溶液。将锆溶液缓慢滴加到 4mol/L 磷酸和 2mol/L 盐酸的混合液中，制得磷酸锆凝胶。然后将此凝胶放入配制成一定浓度和酸度的磷酸溶液中，回流 1～7d，液固比为 50mL/g，即得回流法磷酸锆晶体。记为 α-ZrP—R。

(2) 水热法　凝胶制备同上。制备好的凝胶以液固比 50mL/g 与已知浓度和酸度的磷酸溶液混合均匀后，转移至有玻璃内衬的不锈钢反应釜中，在 185℃ 水热晶化 1～7d，得到水热法磷酸锆晶体。记为 α-ZrP—H。

(3) HF 沉淀法　先取 5.5g 的 $ZrOCl_2$·8H_2O 溶于 80mL 水中，加 40% HF 4mL 和 85% H_3PO_4 46mL，于 80℃ 在聚四氟乙烯容器中连续搅拌 7d 后得到磷酸锆晶体。记为 α-ZrP—F。

三种不同工艺制备的磷酸锆晶体差异很大。

α-ZrP 层状磷酸盐 XRD 谱上的（002）衍射峰强度是层板有序度的标志。测试 3 个样品的（002）衍射峰强度结果表明：α-ZrP—F＞α-ZrP—H＞α-ZrP—R，即用 HF 沉淀法制得的 α-ZrP 的层板有序度最高。

不同合成方法对 α-ZrP 晶体形貌和尺寸影响也很大。α-ZrP—F 的晶粒最大，晶形也最完善，大多数晶粒为直径 $5 \sim 16 \mu m$ 和厚度 $1.5 \sim 2.5 \mu m$ 的片状晶体。α-ZrP—H 的晶粒尺寸居中，晶粒尺寸为 $0.7 \sim 1.3 \mu m$。α-ZrP—R 样品晶粒尺寸最小，直径仅 $0.4 \sim 0.8 \mu m$ 左右。热分析表明几种样品的磷羟基缩合过程相似，层板的热稳定性相同，晶粒尺寸较大和层板有序性较高的 α-ZrP 晶体的层间水有可能存在着易脱除的较暴露的水分子和蕴藏的较难脱除的水分子两种状态。

杜以波等[8]对 HF 沉淀法进行了改进，在常温下以玻璃反应瓶代替聚四氟乙烯反应瓶，无需加热。

（1）α-ZrP 的制备　在玻璃反应瓶内加入 $ZrOCl_2 \cdot 8H_2O$（5.5g，17mmol）和 80mL 的 H_2O，加入 37％的盐酸 5mL 和 40％氢氟酸 5mL，然后加入 46mL85％的磷酸。室温条件下，电磁搅拌，反应在 4d 内完成。然后过滤，用去离子水洗涤，洗至滤液 pH＝5，常温真空干燥。

（2）工艺原理　直接沉淀法是用氢氟酸先与氧氯化锆反应形成锆的配合物（ZrF_6^{2-}），它在一定条件下会发生分解，而后锆离子与磷酸发生反应生成磷酸锆沉淀，通过控制该配合物的分解速度可以控制沉淀过程。锆配合物可以通过加热使之分解，也可通过硅酸钠与氟离子的反应，不断消耗氟离子，促使 ZrF_6^{2-} 分解，然后锆离子与磷酸发生反应生成磷酸锆。这个过程可用下面简化的反应方程式表示

$$ZrO^{2+} + 6HF \Longrightarrow ZrF_6^{2-} + H_2O + 4H^+$$

$$ZrF_6^{2-} \Longrightarrow Zr^{4+} + 6F^-$$

$$Na_2SiO_3 + 4F^- + 6H^+ \Longrightarrow SiF_4 \uparrow + 3H_2O + 2Na^+$$

$$Zr^{4+} + 2H_3PO_4 + H_2O \Longrightarrow Zr(HPO_4)_2 \cdot H_2O \downarrow + 4H^+$$

该工艺的特点是通过加入 Na_2SiO_3 与 F^- 发生反应，促使 ZrF_6^{2-} 分解而不用加热的方法，F^- 也不会留在溶液中。

（3）α-ZrP 的表征　这种直接沉淀法制备的 α-ZrP 的测试结果表明：

① XRD 测试结果表明产品结晶度很高，层间距较大，是 0.765nm；

② 从 SEM 照片上看，晶体颗粒约 $2 \mu m$，呈薄片状；

③ TPDE（程序升温分解曲线），TG-DTA 分析表明，α-ZrP 晶体的结晶水在 $90 \sim 200℃$ 之间被脱除，层板羟基在 200℃开始缓慢脱除，到 600℃彻底脱完；

④ α-ZrP 是二元酸，在滴定过程中两个 H^+ 是分步电离的。

14.6　醇盐水解法制备 Al₂O₃-NaY 新型复合多孔催化材料[9]

碱性催化至今依然是分子筛催化剂中的薄弱点，原因在于用分子筛很难制出高活性易保管的固体强碱。KNO_3 即使高度分散在 NaY 沸石上都难以分解而产生强碱位，KF 改性也不能使硅铝沸石产生类似于 KF/Al_2O_3 的强碱性，其原因是沸石中含硅组分的存在妨碍了强碱的生成。解决的办法之一是采用化学镀饰法在 NaY 主体表面铺上一层 Al_2O_3 客体，使沸石表面的硅组分难以接触改性剂，并且还可利用 Al_2O_3 负载 KF 或 KNO_3 后能产生强碱

性的特性。沸石铝化通常有 Al_2O_3 气相沉积、$NaAlO_2$ 处理等方法。较好的方法是醇盐水解法进行沸石表面化学镀饰。

原料 Si/Al 比为 2.86 的 NaY 沸石、异丙醇铝（CP）、三甲苯（GC）和环己烷（AR）。

工艺 NaY 沸石先经不同温度（室温至 473K）预处理，再按固液比1g：10mL 加入异丙醇铝的环己烷饱和溶液，室温（RT）下搅拌 24h。样品经环己烷洗涤、过滤后再于 773K 焙烧 4h，即得不同镀饰 Al_2O_3 量的 NaY 沸石样品，以 Al_2O_3-NaY($T-n$) 形式表示，括号内 T 为预处理温度，n 为预处理及化学镀饰次数（次数为 1 时省略不写）。Al_2O_3-NaY 样品再经浸渍法负载 KF 或 KNO_3 以制备固体碱催化剂。

实验结果表明：

（1）影响 Al_2O_3 化学镀饰的因素 处理温度越低，样品中的含水量越高。化学镀饰后 NaY 沸石上的铝含量随沸石中含水量的增加而增加，表明异丙醇铝在沸石表面确实发生了水解反应：$3H_2O+Al(OC_3H_7)_2 \longrightarrow Al(OH)_3$，经焙烧后形成 Al_2O_3。

（2）化学镀饰 Al_2O_3 对沸石结构的影响 XRD 实验结果表明，化学镀饰的含铝化合物均为沸石表面的非骨架铝，均匀覆盖在 NaY 沸石表面未进入其骨架，以细微粒子的形式高度分散。

（3）化学镀饰 Al_2O_3 对沸石表面性质的影响 NH_3-TPD 谱中镀饰 Al_2O_3 后在 495K 附近出现一新峰，因而 NH_3-TPD 峰面积增大，顺序为 Al_2O_3-NaY(RT-2)＞Al_2O_3-NaY(RT)＞Al_2O_3-NaY(473K)＞NaY，正好与样品的镀饰铝量呈相同的变化规律。然而，NaY+Al_2O_3 机械混合样品却与 NaY 本身相似，并无新峰出现，这再次证明化学镀饰的 Al_2O_3 与 NaY 沸石存在着相互作用。

经非水体系 Hammett 指示剂法测定的碱强度表明：NaY 沸石本身的最高碱度（OH^-）远低于 7.2，负载 KF 后只有 9.3；而相同量的 KF 负载于镀饰 18%Al_2O_3 的 NaY 沸石上，其碱强度显著上升可达 17.2，与 KF/Al_2O_3 相似。

综上所述，通过醇盐水解法进行的沸石表面化学镀饰具有易于调控、镀饰层分布均匀而不堵孔口等优点。形成的复合材料既有类似 Al_2O_3 的表面性质，又保持着沸石的大比表面积等特性，是制备具有择形性固体强碱催化剂的一种新途径。

14.7 工业原料制备介孔 TiO_2 材料

关于新型多孔材料的制备，相当多的研究是以化学试剂作为原料进行的，特别是介孔 TiO_2 的制备，大多是以钛醇盐为原料的。国内钛白粉的生产多年来主要采用硫酸法工艺，即钛铁矿精矿（或钛渣）经与浓硫酸酸解后水浸，制得硫酸钛液，然后水解除杂，制得偏钛酸，并经盐处理、煅烧、后处理后制得钛白粉（TiO_2），根据这一思路，我们以工业硫酸钛液为原料，进行了合成系列 TiO_2 介孔材料的实验研究工作。

工业硫酸钛酸度高，使用表面活性剂作模板诱导钛水解有相当的难度。田从学等[10]通过详细考察各类模板剂、水解条件和外场对水解过程的影响，筛选出十六烷基三甲基溴化铵（CTAB）和三嵌段共聚物 $EO_{20}PO_{70}EO_{20}$(P123)作复合模板剂在 pH=1.5 的环境中诱导硫酸钛水解合成前驱体，经水热晶化，热处理，得到了介孔 TiO_2 产物。

基本的工艺条件和制备过程描述如下。

取定量的模板剂十六烷基三甲基溴化铵（CTAB）和三嵌段共聚物 $EO_{20}PO_{70}EO_{20}$

（P123）溶于乙醇/水（1∶3，体积比）的混合液中，并加入少量三乙醇胺和浓硫酸溶解混匀，得复合模板剂溶液。另取适量工业钛液 $TiOSO_4$ 液（其中 TiO_2 含量为 260.2g/L，有效酸 512g/L，酸钛比 1.97，铁钛比 0.19）加水稀释得 1∶1 硫酸钛稀释液（简称稀释钛液）。预热稀释钛液至 100℃，复合模板剂溶液至 70℃，并取适量稀释钛液与复合模板剂溶液于 70℃ 恒温油浴中，加 1∶1 氨水调 pH 至溶液呈土灰色时，将余下的稀释钛液和复合模板剂溶液以并加方式逐滴加入。控制原料的摩尔比为 Ti/CTAB/P123＝1∶0.2∶0.02，H_2O/Ti＝30∶1，加料结束后 70℃ 继续反应 4h，然后转入聚四氟乙烯内筒的水热釜中 120℃ 水热处理 2h。然后将所得沉淀洗涤、过滤，110℃ 烘干后得介孔 TiO_2 前驱体。

由于后续的煅烧脱除模板剂很容易导致介孔孔道坍塌，为此柳强[11]等又探索了臭氧氧化降解-萃取-分步低温煅烧综合脱模手段，合成了有序介孔二氧化钛，优化了各阶段的工艺参数：将前驱体经臭氧氧化 36h，盐酸/无水乙醇萃取 4 次，脱去大多数模板剂。最后对该样品进行热处理，升温速率 10℃/min，125℃ 保温 1h，300℃ 保温 1h，450℃ 保温 2h，即得产物介孔 TiO_2。

对制备的产物进行了详细的分析测试表征，包括 XRD（图 14-4），AFM、SEM 和 HR-TEM（图 14-5），N_2 吸附-脱附等温线和孔径分布（图 14-6）的检测。

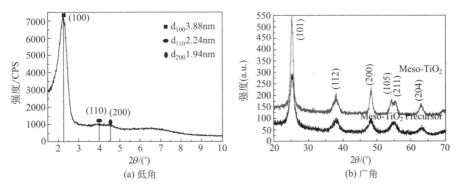

图 14-4　合成 TiO_2 的低角和广角 XRD 衍射图谱

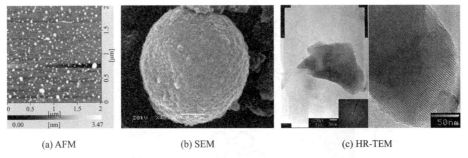

(a) AFM　　　　(b) SEM　　　　(c) HR-TEM

图 14-5　合成介孔 TiO_2 的 AFM 图像，SEM 照片和 HR-TEM 照片

所制备的产物为二维六方有序介孔 TiO_2，其比表面积大于 200m^2/g，孔径在 3～4nm，孔隙率大于 30％。在此基础上，田从学等研究了所制备的介孔 TiO_2 的热稳定性[12]，催化性能[13]，并阐释了超分子模板诱导水解反应中有机-无机组分的相互作用原理和规律[14]。图 14-7 给出了超分子诱导工业硫酸氧钛液水解合成介孔 TiO_2 的过程。

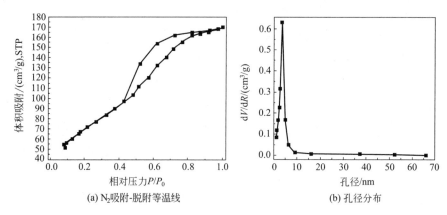

(a) N₂吸附-脱附等温线　　　(b) 孔径分布

图 14-6　介孔 TiO₂ 的 N₂ 吸附-脱附等温线和孔径分布

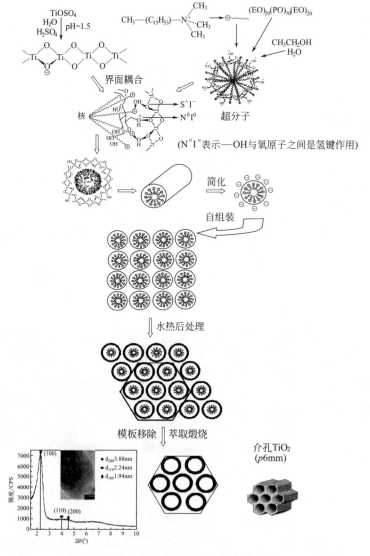

图 14-7　超分子诱导工业硫酸氧钛液水解合成介孔 TiO₂ 示意图

这种直接由工业原料 $TiOSO_4$ 溶液合成结构有序、晶型良好的锐钛矿型介孔 TiO_2 材料，开辟了合成介孔二氧化钛的新路线，扩大了原料来源，减少了制备介孔 TiO_2 的原料合成难、提纯难、成本高及由此带来的环境污染等众多问题，省却了合成中所涉及的其他一些环节，同时也为拓宽介孔 TiO_2 的合成方法及其在催化、环保、光、电、磁等领域的应用奠定了基础。

14.8　非有机模板法制备介孔 TiO_2 材料

为了避免因为脱除模板引起的孔结构破坏和降低成本，提高介孔 TiO_2 的催化活性，沈俊等[15,16]不使用表面活性剂作模板，依靠改进工业硫酸钛水解工艺使水解产物的结构受到控制，形成具有介孔结构的前驱体；然后煅烧偏钛酸得到介孔 TiO_2。

以工业硫酸氧钛溶液（因 SO_4^{2-} 和 Ti^{4+} 的摩尔比小于 2，$TiOSO_4$ 以下简称钛液）为原料，在图 14-8 所示的装置中进行介孔二氧化钛前驱体的制备。典型的制备过程如下：在反应釜中加入 50mL 水，升温，待水沸腾后，快速加入 20mL 预热的工业硫酸氧钛溶液，保持良好的搅拌和维持反应温度在 90℃ 以上，在反应液转变为灰色时，立即向反应釜中同时加入 150mL 预热至 90℃ 的水及 150mL 预热的工业硫酸氧钛溶液，水及工业硫酸氧钛溶液应在 20min 左右加完，然后在沸腾状态下继续反应 2h，陈化 6h，降温后进行液固分离。用 1mol/L 的硫酸水溶液洗涤至洗液中无铁离子，再根据需要用去离子水淋洗，得到介孔 TiO_2 前驱体。介孔前驱体经干燥后，置于马弗炉中在 300～800℃ 空气气氛中程序升温煅烧后即得到介孔 TiO_2 样品，自然冷却。

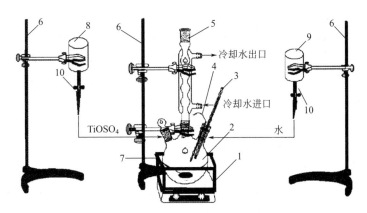

图 14-8　介孔 TiO_2 分子筛前驱体的合成装置

1—恒温磁力搅拌器；2—三口反应器；3—温度计；4—热电阻；5—回流管；6—铁架台；

7—磁力搅拌子；8—钛液保温计量槽；9—去离子水保温计量槽；10—加料速度控制器

图 14-9 是 SO_4^{2-} 为结构导向剂合成介孔 TiO_2 在不同温度煅烧的 SO_4^{2-}/TiO_2 样品的 N_2 吸附-脱附等温线和孔径分布曲线。表 14-1 为不同温度煅烧的 SO_4^{2-}/TiO_2 样品的结构参数。

表 14-1　不同温度煅烧的 SO_4^{2-}/TiO_2 样品的结构参数

煅烧温度/℃	比表面积/(m^2/g)	孔体积/(mL/g)	平均孔径/nm
偏钛酸	210.4	0.126	2.4
500	202.2	0.142	2.8
600	94.1	0.150	6.4
700	36.1	0.123	13.6

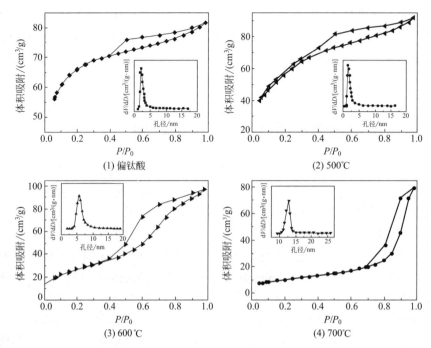

图 14-9　在不同温度煅烧的 SO_4^{2-}/TiO_2 样品 N_2 吸附-脱附等温线和孔径分布曲线

(1) 偏钛酸　(2) 500℃　(3) 600℃　(4) 700℃

通过实验研究发现，硫酸钛水解时部分硫酸根进入偏钛酸的结构中，焙烧时硫酸根和偏钛酸孔壁上的自由羟基键合，有效抑制了 TiO_2 晶粒的长大及晶型转变，使 TiO_2 保持了介孔结构、较高的比表面积和锐钛矿晶型。

随后，沈俊使用 ab-initio 方法在 DMol3 模拟软件上研究了前驱体孔结构形成原理，模拟结果表明硫酸根以桥式配位形态键合于片状 TiO_2 胶粒的（101）晶面的过程使得胶粒结构向内弯曲，弯曲程度与前驱体介孔孔道尺寸符合；并使用材料模拟软件 VASP（Vienna ab-initio simulation package）研究了 SO_x 对 TiO_2 表面化学性质的影响，首次从电子层次探讨了 SO_4^{2-}/TiO_2 材料表面超强酸中心形成的机理及 SO_x 对 TiO_2 能带结构的影响。硫氧化合物促使电子从 Ti 转移，从而 Ti 显示出路易斯酸性，同时，也使 TiO_2 的禁带宽度变窄，提高了光催化性能。模拟结果符合实验数据。

关于非有机膜板制备 SO_4^{2-}/TiO_2 介孔材料的结构形成机理和 SO_4^{2-} 对 TiO_2 表面化学性质影响的研究详见相关文献［17］。

14.9　介孔氧化镍的制备

具有介孔结构的氧化镍可望在化学催化、光电转化等领域有新的应用。然而，众所周知，二价元素（如 Ni，Co）氧化物的介孔结构非常不稳定，它们很难像氧化硅那样形成稳定的孔结构。因此，氧化镍难以形成稳定介孔结构，很可能与氧化镍中没有类似于硅酸盐的成网状的多价键合有关。刘昉等以氯化镍（$NiCl_2 \cdot 6H_2O$）、无水碳酸钠（Na_2CO_3）为原料，以十二烷基硫酸钠［$CH_3(CH_2)_{10}CHOSO_3Na$］为模板剂，采用化学沉淀法合成了碱式碳酸镍前驱体，然后经过煅烧得到氧化镍。使用 X 射线衍射（XRD）、热重（TG-DTA）、傅里叶红外光谱（FTIR）分析、氮气吸附-脱附测试等手段对前驱体和氧化镍进行了分析和表征，探讨了煅烧温度对产物比表面积和孔径大小的影响。在十二烷基硫酸钠与 Ni 的摩尔比为 0.06：1、沉淀反应温度为 75℃、煅烧温度为 350℃、煅烧时间为 3h 条件下，制得了比表面积为 230m²/g 的介孔氧化镍（NiO）[18]。

图 14-10 为前驱体和介孔氧化镍的 N_2 吸附-脱附等温线和孔径分布，表 14-2 为计算的前驱体和煅烧后的比表面积、孔体积和平均孔径。

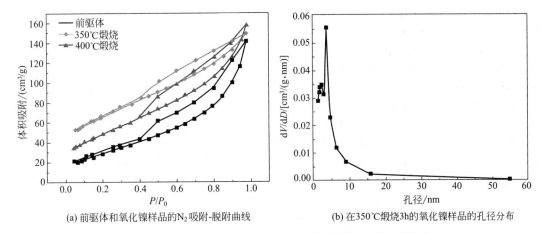

(a) 前驱体和氧化镍样品的N_2吸附-脱附曲线

(b) 在350℃煅烧3h的氧化镍样品的孔径分布

图 14-10　前驱体和介孔氧化镍的 N_2 吸附-脱附等温线和孔径分布

表 14-2　前驱体和煅烧后的比表面积、孔体积和平均孔径

样品	比表面积/(m²/g)	孔体积①/(cm³/g)	平均孔径/nm
前驱体	113.5	0.22	7.7
350℃煅烧	229.8	0.23	4.0
400℃煅烧	176.3	0.24	5.5

① 在 P/P_0=0.98 测量。

刘昉等还比较了分别以氯化镍和硫酸镍为原料制备介孔氧化镍，讨论了孔结构的形成机制，由于硫酸根对前驱体占位成孔和煅烧过程中有支撑作用，以硫酸镍为原料制得的产品有更大的比表面积，但是依靠煅烧完全脱除硫酸根有困难，这可能影响材料的某些性能[19]。

袁伟等[20]则以 $Ni(NO_3)_2 \cdot 6H_2O$ 和尿素为原料，以不同组成的复合模板剂（SDS-P123，CTAB-P123 和 CTAB-SDS），采用均相沉淀法制备前驱体，煅烧后得到介孔氧化镍。研究表明最好的模板剂组成是 SDS-P123，物质的量之比为 SDS：P123＝2：1，总表面活性剂与镍的物质的量之比仅为 1：10，制得的介孔氧化镍有高于 200m²/g 的比表面积。

刘昉等[21]对于介孔氧化镍的制备和研究进一步扩展到其作为超级电容器原料的研究，不仅深入介绍了混合表面活性剂制备介孔氧化镍的制备过程，而且对其电化学性能进行了表征。

参考文献

［1］孙履厚. 精细化工新材料与技术. 北京：中国石化出版社，1998.

［2］曾昭槐. 择形催化. 北京：中国石化出版社，1994.

［3］戴志成，刘洪章，李添松，等. 硅化合物的生产与应用. 成都：成都科技大学出版社，1994.

［4］Kresge C T，Heonowicz M E，Roth W J，et al. Nature. 1992，359，710-712.

［5］陈晓银，丁国忠，陈海鹰，等. 中国科学（B辑）.1997，27（1）：63-68.

［6］曾昭槐. 择形催化. 北京：中国石化出版社，1994.

［7］张华，徐金锁，唐颐，等．高等学校化学学报．1997，18（2）：172-176.

［8］杜以波，李峰，何静，等．无机化学学报．1998，14（1）：79-83.

［9］淳远，朱建华，须沁华，等．催化学报．1997，18（4）：324-327.

［10］田从学，张昭，何菁萍，等．四川大学学报（工程科学版），2006，38（1）：63-67.

［11］柳强，田从学，张昭．中国有色金属学报，2007，17（5）：807-812.

［12］Tian C X，Zhang Z，Hou J，et al. Materials Letters，2008，62（1）77-80.

［13］田从学，张昭，张明俊，等．四川大学学报（工程科学版），2009，41（2）：103-107.

［14］田从学，张昭．无机材料学报，2009，24（2）：225-228.

［15］沈俊，田从学，张昭．催化学报，2006，27（11）：949-951.

［16］沈俊，罗妮，张明俊，等．催化学报，2007，28（3）：264-268.

［17］沈俊．成都：四川大学，2008.

［18］刘昉，张昭．电子元件与材料，2008，27（8）：70.

［19］Liu F，Lu J，Shen J，et al. Materials Chemistry and Physics，2009，113（1）：18-20.

［20］袁伟，刘昉，张昭．无机化学学报，2013，29（4）：803-809.

［21］Liu F，Yuan W，Li T Y，et al. Materials Research Innovations，2015，19（2）：70-75.

第15章
纳米颗粒催化剂和负载型催化剂

纳米微粒由于尺寸小，表面占有较大的体积分数，表面的键态和电子态与颗粒内部不同，表

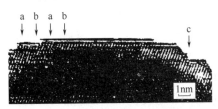

图 15-1 采用高性能电子显微镜对
纳米 Al_2O_3 微粒进行的表面观察

面原子配位不全等导致表面的活性位置增加，这就使它具备了作为催化剂的基本条件。最近，关于纳米微粒表面形态研究指出，随着粒径的减小，表面光滑程度变差，形成了凸凹不平的原子台阶，如图 15-1a、b、c 处所示。这就增加了化学反应的接触面。有人预测超微粒子催化剂在 21 世纪很可能成为催化反应的重要角色。尽管纳米级的催化剂还处于实验室研究阶段，尚未在工业上得到广泛应用，但它的应用前途方兴未艾[1]。本章介绍纳米颗粒催化剂的制备方法。

15.1 尖晶石铁酸盐的制备[2]

铁酸盐是一类以 Fe(Ⅲ) 氧化物为主要成分的复合氧化物。它作为催化剂已实际用于合成氨、F-T 及乙苯、丁烯的氧化脱氢反应中，随着人们认识的不断深入，对于铁酸盐在理论和应用上均已取得了长足的进展。在 20 世纪 90 年代初，日本东京工业大学首次报道了利用氧缺位的尖晶石型铁酸盐（$MFe_2O_{4-\delta}$）来分解 CO_2 成 C 的工作，从而为铁酸盐的应用开辟了一个新领域。

随着工业生产的发展，各种石化燃料的开发和利用，全球性的大气污染问题日趋严重，CO_2 造成的温室效应和 SO_2、NO_x 引起的环境酸化给人们带来了巨大的经济损失，甚至严重威胁着人类的生存。因此，研究大气污染的治理已成为重大的环境问题之一。氧缺位铁酸盐分解气态氧化物后又转变成相应的铁酸盐，其尖晶石结构不被破坏，经还原又恢复其活性，从而可重复使用，而且它具有选择性好、分解温度低、无副产物等优点，这为 CO_2、SO_2 和 NO_x 等物质的转化和利用提供了一条有效途径。此外，它还为维持载人航天器等密闭体系中正常的环境，转化人体呼出的 CO_2，保证这些体系中的生命系统有重大意义。

制备尖晶石结构铁酸盐的方法很多，略举一些实例。

15.1.1 水热空气氧化法[2]

（1）制备工艺 按制备 Fe_3O_4 的方法，将 0.24mol/L 的 MSO_4（M＝Mn、Co、Ni）1.0L 及 0.48mol/L 的 $FeSO_4$ 溶液 1.0L 加入到 3.0L 的五颈瓶中，通入高纯 N_2 鼓泡 2h，以赶尽溶液中的 O_2 和 CO_2。快速升温至 85℃，加入一定量的 1.44mol/L NaOH 溶液。待温度恒定为 85℃后，切换 N_2 为空气（流速为 200mL/min，空气起搅拌和氧化双重作用）。

氧化过程中以自动显示 pH 计跟踪检测溶液 pH 值。氧化产物经抽滤后，再次用醋酸缓冲液、蒸馏水及丙酮洗涤，在高纯 N_2 吹扫下于 50℃ 干燥得样品。

实验研究的最佳工艺条件为：$2NaOH/[FeSO_4 + MSO_4] \geqslant 1.0$，$c(M^{2+})/c(Fe^{2+}) = 0.5$，氧化温度为 70~85℃，氧化时间为 10~15h 及 200mL/min 空气流速。

(2) 铁酸盐的程序升温还原（TPR）分析和程序升温脱附（TPD）分析表明，尖晶石型铁酸盐在一定温度（300~600K）和时间下，晶格中的氧可以与 H_2 反应，使铁酸盐晶格缺氧，产生氧缺位。但是，还原温度过高或者还原时间过长，尖晶石结构就可能被破坏。铁酸盐在一定温度下还原可形成 MO·FeO 固溶体，固溶体稳定性顺序为：铁镍氧化物＞铁锰氧化物＞铁钴氧化物。显然三种固溶体稳定性与相应铁酸盐被还原的顺序一致，即固溶体越稳定，相应的铁酸盐在较低温度下就能被还原为 MO·FeO 固溶体。

15.1.2 铁酸锌纳米晶体材料的制备[3]

铁酸锌纳米晶体可用固相法制备。

第一步是前驱体碱式碳酸盐的合成。即以 $FeSO_4 \cdot 7H_2O$ 和 $ZnSO_4 \cdot 7H_2O$ 为原料，按 $n(Fe^{2+})/n(Zn^{2+}) = 2.0$ 称样，混合后研磨成粉状。按 $n(NaOH)/n(Fe^{2+}) = 3.6$ 加入 NaOH 溶液，混合搅拌成糊状，再按 $n(NH_4HCO_3)/n(Fe^{2+}) = 1.5$ 加入 NH_4HCO_3 粉末，继续搅拌后，放置 12h，以便于物相转变完全。这样得到高分散的、易分解的碱式碳酸盐前驱体。

第二步是将制备好的碱式碳酸盐前驱体于 80℃ 干燥后，研碎，分别在 300℃、400℃、500℃、600℃ 和 700℃ 条件下煅烧 1h，通过固相反应生成 $ZnFe_2O_4$ 纳米粒子。

煅烧产物经 X 射线衍射分析表明：随着煅烧温度上升，$ZnFe_2O_4$ 纳米晶体 XRD 衍射峰逐渐由宽变窄，这意味着 $ZnFe_2O_4$ 晶形趋于完整，晶粒长大。400℃ 煅烧生成的粒径为 8.5nm，500℃ 的粒径为 15nm，700℃ 的为 22nm。

煅烧后制备出的样品分析表明 $ZnFe_2O_4$ 晶粒的粒界中还夹杂着 Na_2SO_4 晶粒，Na_2SO_4 的水溶性好，可以用热水浸洗的方法除去。浸洗后的产品经抽滤、乙醇淋洗，60℃ 干燥后得纯相的 $ZnFe_2O_4$ 纳米晶材料，粒径保持不变。

该方法制备 $ZnFe_2O_4$ 纳米晶体材料设备简单，操作简便，成本低廉，具有工业生产前景。

15.2 Ce-Mo 复合氧化物超细粒子催化剂的制备[4]

单一氧化物超细粒子催化剂报道较多，而用于煤的催化液化用白钨矿（$CaWO_4$）型复合氧化物超细粒子催化剂制备的报道极少，鉴于溶胶-凝胶法制备的单元和多元金属氧化物超细粒子具有颗粒均匀、纯度高、粒度小且分布窄等优点，也采用溶胶-凝胶法制备 Ce-Mo 二元复合氧化物超细粒子催化剂。

(1) 制备工艺　称取一定量的硝酸铈（AR）和钼酸铵（AR），分别用一定量的去离子水溶解，将硝酸铈溶液和钼酸铵溶液混合，加入一定量的柠檬酸溶液使混合溶液中的沉淀物溶解，用氨水或硝酸调节溶液的 pH 值，将该混合溶液转移至蒸发皿，水浴加热以促进金属离子水解，聚合形成溶胶。溶胶经老化一定时间后可转化为略带弹性的稠厚状物质即凝胶。在溶胶转化为凝胶的过程中，分散系中的水和有机物逐渐被凝胶的网络结构包络。所包络的物质可在煅烧过程中除去，大约在 200℃ 可除去。NO_3^- 在 400℃ 可基本除去。因此将湿凝胶（此凝胶未经洗涤）于 120℃ 干燥，然后在选定的温度下煅烧 4h，得到 Ce-Mo 复合氧化物超细粒子催化剂。

(2) 实验结果　实验得出的最佳工艺条件为：

铈与钼的摩尔比　$n(Ce)/n(Mo)=2/3$，　$pH=1.5$

柠檬酸/(铈+钼) 的摩尔比　$n_{(C)}/n_{(M)}=0.3$

煅烧温度　400℃

所得样品　粒子大小分布为 20～40nm，比表面积为 $19.0m^2/g$

XRD 测试　样品为单一的 $Ce_2Mo_3O_{12}$ 晶相

在这一工艺中柠檬酸分子对 Ce^{3+} 离子的络合作用，控制了铈离子的水解聚合速率，使 Ce-Mo 胶团中有关组分呈均匀分布，可在较低温度下复合成 $Ce_2Mo_3O_{12}$ 超细粒子，而柠檬酸在煅烧过程中于 200℃ 的氧化燃烧而被除去。

15.3　$CuO/ZnO/Al_2O_3$ 催化剂的制备

15.3.1　从一氧化碳合成甲醇

用一氧化碳和氢气在催化剂作用下可合成甲醇

$$CO+2H_2 \longrightarrow CH_3OH$$

低压合成甲醇的催化剂的基本成分为铜、锌、铝三元体系，其配比约为 6:3:1。其中铜是催化剂的活性组分，氧化锌不仅具有一定的催化活性，而且可为活性组分提供较大的表面，使铜能很好地分散。但催化剂仅为铜和锌时，耐热性较差，添加第三组分氧化铝就可改善耐热性。

由硝酸铜、硝酸锌、硝酸铝组成的混合金属盐和碳酸钠进行共沉淀（并流加料）是传统的制备方法。生产的关键步骤是沉淀和老化。在这过程中两种高浓度的盐类溶液快速混合生成不溶性化合物，然后沉淀为细粉状具高比表面的铜、锌、铝的碱式碳酸盐。沉淀条件对催化剂粒子大小及活性影响很大，尤其是 pH 值的影响更为突出。pH 值大，结晶粒子大，催化剂热稳定性好；pH 值小，结晶粒子小，且造成催化剂洗涤困难。但当 pH>9 时，碱式碳酸盐铜会发生部分溶解。

沉淀经过滤、洗涤后于 100℃ 下烘干，再经 300～350℃ 煅烧，成型时加入 2% 石墨作润滑剂，CuO 的还原在反应器中进行，最后制得 Cu(Ⅱ) 微晶约 8nm 的 $CuO/ZnO/Al_2O_3$ 催化剂[5]。

为了考查催化剂的制备工艺对从 CO 和 H_2 合成甲醇的催化性能的影响，吴晓晖等进行了四种工艺方法的实验[6]。

(1) 制备 $CuO/ZnO/Al_2O_3$ 的四种工艺过程

① 共沉淀法 (CCP)。取配制好的 $Cu(NO_3)_2$、$Al(NO_3)_3$ 和 $Zn(NO_3)_2$ 混合溶液置于分液漏斗中，取 Na_2CO_3 溶液置于另一分液漏斗中，用水浴加热，在搅拌情况下将两者并流到烧杯中，调节 pH=7.6 左右，搅拌老化 2h，抽滤、洗涤、烘干得催化剂前体，将其在 350℃ 下煅烧 5h 制得催化剂。

② 两步法 (Two-step)。取配制好的 $Al(NO_3)_3$ 和 $Zn(NO_3)_3$ 混合溶液置于分液漏斗中，在水浴中和搅拌下，将其滴入 Na_2CO_3 溶液，经老化得催化剂载体。另取 $Cu(NO_3)_2$ 和 $Zn(NO_3)_2$ 混合液置于分液漏斗中，滴加到上述沉淀中，调节 pH=7.2～7.5，搅拌老化

2h，抽滤、洗涤、烘干得催化剂前体，将其在 350℃ 下煅烧 5h，制得负载型催化剂。

③ 草酸盐胶体共沉淀法（GOCP）。按一定比例配制 $Cu(NO_3)_2$、$Zn(NO_3)_2$ 和 $Al(NO_3)_3$ 混合液，与一定浓度的 $H_2C_2O_4$ 溶液反应，分离沉淀，经老化，在 350℃ 下煅烧 5h 制得催化剂。

④ 超临界流体干燥法（SCDE）。按一定比例配制 $Cu(NO_3)_2$、$Zn(NO_3)_2$ 和 $Al(NO_3)_3$ 混合溶液，调节 pH＝7.5～7.8，在搅拌下形成水溶胶沉淀，通过抽滤，用乙醇交换其中的水形成醇凝胶。将其放入超临界干燥的高压釜中，加入适量脱水剂无水乙醇，密封高压釜，N_2 吹扫以除去系统中的空气。关闭系统后加热升温至乙醇超临界状态，保持 1h 后缓慢放出釜中的醇水混合物至无液体流出为止。将高压釜自然降温至室温，取出产物，即制得催化剂前体。

（2）催化剂评价　反应装置为单程管式微型反应器。将 0.5mL、20～40 目筛分的催化剂装于反应管的恒温区内，用 $V(H_2)\!:\!V(N_2)＝5\!:\!95$ 的混合气按一定升温程序，由室温经 150℃、180℃、210℃ 至 240℃ 进行还原，还原气空速为 1200/h，整个还原过程持续约 20h。催化剂还原结束后，降温至评价温度，将还原气切换为合成气。催化剂的评价条件为 190～250℃，2.0MPa，70～100h，反应气的组成为 $V(CO)\!:\!V(H_2)\!:\!V(CO_2)\!:\!V(N_2)＝$ 28.1：56.2：4.5：11.2。

（3）实验结果

① 活性考查。温度从 190℃ 升温至 230℃ 时，时空产率逐渐上升，250℃ 时，时空产率下降。不同工艺制得的催化剂活性的比较，GOCP 催化活性最好，Two-step（TS）其次，CCP 再次，而 SCDE 催化剂则无催化生成甲醇活性。

② 催化剂性能分析。催化剂的催化性能由其电子性质（化学性质）和结构所决定。催化剂制备工艺对催化剂的物化性质，特别对其结构的形成至关重要，因而明显影响其性能。对 CCP、TS 及 GOCP 催化剂的 TEM 和 BET 的表征结果表明，CCP 催化剂前体晶型呈连绵状；TS 催化剂前体晶粒较小，但有局部结成片状，比表面在 50m²/g 左右；而 GOCP 催化剂前体晶粒分布均匀，晶粒尺寸为 10～30nm，比表面在 70m²/g 以上。XRD 结果表明，CCP、TS 和 GOCP 催化剂前体中都存在 CuO 晶相，后两者似出现 ZnO 晶相，而 GOCP 催化剂前体中还出现了 Cu_4O_3 晶相，该物相中 Cu 的价态应处于 Cu^{2+} 和 Cu^+ 态。CCP、TS 和 GOCP 催化剂都是具有催化活性的催化剂体系，说明其还原态都能形成具有一定物化性质的催化活性中心。总体说来，三种催化剂前体都存在 CuO 晶相，可以认为形成催化活性结构（还原态 Cu）的主要来源是 CuO 的还原。GOCP 催化剂前体中存在 Cu_4O_3 晶相，说明在催化剂前体的制备过程中，由于草酸盐分解生成的 CO 有一定还原作用，在适当条件下，就可以有低价态（还原态）Cu 的形成，这可能对催化剂前体经还原形成催化剂活性结构有利。此外，GOCP 催化剂前体具有理想的物性结构（较大的比表面积及均匀的超细晶粒），也是其具有优良催化性能的先决条件。

至于 SCDE 催化剂为何没有活性，可能因为采用乙醇超临界流体干燥法制备催化剂时，在超临界状态下乙醇的强还原性，使催化剂中的 CuO 微粒还原成大颗粒的金属铜（SCDE 催化剂前体氧化态的晶粒分布不均匀，其晶粒多在 300nm 以上），不能形成具有特定物性结构的催化活性中心，致使其无催化活性。

15.3.2　从二氧化碳合成甲醇

随着酷暑、暖冬气候的频繁出现，人们开始关注引起这种气候变化的原因——温室效应。研究表明，由于社会发展的需要，尤其是近几十年来，人们大量使用矿物燃料，每年要将 50 亿吨的 CO_2 排放到大气中。而森林日益减少使得温室效应更加明显，在 20 世纪气温最高的 10 年中，有 9 年都集中在 1980 年以后。为了人类自身持续发展，世界各国开始寻找能够控制大气中的 CO_2 浓度增加的措施。最合理的考虑是将 CO_2 转化为碳源回收，作为 CO_2 主要来源的工业废气中，CO_2 的浓度是很高的，完全具备作为碳源的客观条件。

在各种利用方法中，CO_2 催化加氢合成甲醇是最具开发前景的课题之一。它一方面可以降低进入大气中的 CO_2 量，另一方面所制得的甲醇是基本化工原料，有着巨大的市场需求。对于 Cu、Zn 氧化物体系的 CO_2 氢化合成甲醇的催化剂人们已进行了较多的研究，公认是有效的催化剂。由于催化剂粒子细微化更能增加催化活性，因此，采用各种方法制备超细态催化剂的报道相继出现。

宁文生等利用草酸盐凝胶共沉淀法制备一系列 $CuO/ZnO/Al_2O_3$ 催化剂，以考察它们的表面形貌，还原性能以及 CO_2 加氢合成甲醇的反应性能[7]。

首先，称取一定量 $Cu(NO_3)_2$、$Zn(NO_3)_2$ 和 $Al(NO_3)_3$ 溶于 400mL 无水乙醇中，将称取的草酸溶于 350mL 无水乙醇中，在强烈搅拌条件下，将草酸溶液迅速加入到 $Cu(NO_3)_2$、$Zn(NO_3)_2$、$Al(NO_3)_3$ 混合溶液中，生成浅蓝色凝胶状态沉淀，将所得到的沉淀在轻微搅拌下老化 0.5h，随后在 323K 的水浴中，使乙醇蒸发完全，再移入烘箱中，在 383K 干燥过夜，接着置于马弗炉中，分别在 423K、473K、523K 和 573K 煅烧 1h，633K 煅烧 4h，然后自然冷却。将上述所得催化剂在 30MPa 下压片、破碎，取粒度在 40～60 目之间的备用。各催化剂中的 Al_2O_3 含量相同，而 CuO 与 ZnO 的质量比分别为 U_2(20∶80)、U_5(45∶55)、U_6(50∶50)、U_7(55∶45)、U_8(60∶40)、U_9(70∶30)、U_{10}(80∶20)。

另利用碳酸氢铵并流共沉淀法制备了与 U_8 成分相同的 C_9 样品，以供比较使用。

利用 MRCS-8005 微反色谱系统测试催化剂的反应性能。催化剂装量为 0.5g，反应气体为 $CO_2∶H_2=1∶3$ 的预混气，经 3A 分子筛净化处理。反应前，催化剂先在常压下于 513K 用预混气还原 2h，随后进行 CO_2 加氢反应。产物由 GC-8A 气相色谱（FID）在线分析，色谱柱为 GDX-104。

实验结果描述如下。

① 催化剂表面形貌和还原特性。U_8 表面分布着粒度约为 100nm 的球状微粒，C_9 表面则是大于 1000nm 的无定形粒子，表明草酸盐凝胶共沉淀法制备的催化剂比较规整，其中的 Cu、Zn、Al 组分混合均匀。U_8、C_9 还原态 XRD 图谱表示，C_9 的晶型较好、晶粒度较大，而 U_8 中的衍射峰出现宽化现象、晶粒较小。

② 催化反应产物的分布。在 U 系列催化剂上的 CO_2 加氢反应中，检测到的有机产物只有三种，它们分别是甲烷、甲醇和正丙醇。由于甲烷的量比较少，在计算有机产物选择性 S_M 时，只考虑正丙醇的影响，公式为 $S_M=[c_M/(c_M+c_B)]×100\%$，$c_M$ 表示甲醇的浓度，c_B 表示正丙醇的浓度。实验结果表明，甲醇的选择性随催化剂中 $CuO∶ZnO$ 的比例增加，先逐步上升，然后又逐步下降，即 $CuO∶ZnO$ 的比例为 1∶1 时，甲醇的选择性达到最大（91%）。

③ 催化剂的 Cu∶Zn 与合成甲醇的性能。在 CuO 和 ZnO 的质量比为 1∶1 时，甲醇产量最高。由于 CuO 和 ZnO 的分子量比较接近，其质量比约等于 Cu 和 Zn 的原子比，即 Cu∶Zn 接近时，催化剂合成甲醇的性能最好。

产生这个现象可能有两方面的原因，一方面，Cu 物种是 CO_2+H_2 合成甲醇反应的活性中心，当 Cu 含量较低时，由于活性中心的数量少，所以催化剂活性低；另一方面，Zn 物种在反应中起储存吸附态氢的作用，H_2 先在 Cu 上吸附，然后溢流到 Zn 上，而这种氢能加速 Cu 中心上的甲醇合成速度。所以 Cu 含量很高时，用于储存吸附态氢的 Zn 数量少，催化剂活性也不高。这两方面的原因要求 Cu、Zn 有一个合适的比例。

④ 制备方法对催化剂性能的影响。U_8 与 C_9 合成甲醇性能差异较大，在相同条件下，U_8 的活性高于 C_9。由于还原态 U_8 中的 Cu 晶粒为 62nm，而还原态 C_9 的 Cu 晶粒度为 108nm，即还原后 U_8 的 Cu 原子分散度高于 C_9，可以提供更多的活性中心；同时还原态 C_9 中只有金属 Cu 的衍射峰，而 U_8 还有 ZnO 存在，可能正是这些 ZnO 物种存在，有利于 Cu-Zn 协同效应的实现，使得 U_8 的活性高于 C_9。

在 $CuO/ZnO/Al_2O_3$ 催化剂中 $CO_2 + H_2$ 合成甲醇的性能受 Cu-Zn 之间协同作用发生程度的影响，可以从制备方法和催化剂中 Cu∶Zn 两方面有效调整 Cu-Zn 协同效应。利用草酸盐凝胶共沉淀法制备的催化剂中，Cu 和 Zn 彼此均匀混合，当 Cu∶Zn=1∶1 时，甲醇的选择性和产率最高。

15.3.3 转化 CO_2 的新型催化剂

(1) 镍-镓催化剂　在世界范围内，每年生产涂料、聚合物、胶水和其他产品需要约 65 万吨甲醇。现有的甲醇厂内，天然气和水被转化为包括一氧化碳、二氧化碳和氢气的"合成气"，然后该"合成气"通过由铜、锌和铝构成的催化剂在高压过程下转化成甲醇。2014 年美国斯坦福大学、美国 SLAC 国家加速器实验室和丹麦技术大学组成的一个国际研究小组通过计算机筛选出可在低压下将二氧化碳转化为甲醇的新型催化剂镍-镓（Ni_5Ga_3）。

研究小组仔细研究了甲醇合成及其工业生产过程，并从分子水平上研究清楚了甲醇合成时铜-锌-铝催化剂的活性位点，而后开发了一个庞大的计算机数据库，在数据库中，将铜-锌-铝催化剂与成千上万的其他材料相比，发现最有前途的材料是一个称为镍-镓的化合物。随后丹麦技术大学的研究团队合成出镍和镓组成的固体催化剂，该研究团队进行了一系列的实验，实验测试证实，计算机做出了正确的选择。在高温下，镍-镓比传统的铜-锌-铝催化剂能产生更多的甲醇，并大大减少了副产品一氧化碳的产量。

(2) 金属氧化物/分子筛催化剂　二氧化碳（CO_2）是最主要的温室气体，也是自然界大量存在的"碳源"化合物，若能借助太阳能、风能、核能等能量电解水制得氢气，将 CO_2 转化为有用的化学品或燃料，就会事半功倍，很有意义。1994 年，诺贝尔化学奖得主、有机化学家乔治·安德鲁·欧拉（George Andrew Olah）教授提出了"人工碳循环"的概念：若借助替代能源将 CO_2 直接转化为液体燃料，可使得整个碳循环更加有效。然而，由于二氧化碳分子的惰性，很难将其转化为含有两个碳原子及以上的化合物，此前国际上的同类研究，都需要通过多个步骤、利用多个催化剂，才能实现从二氧化碳到汽油的转变。中科院低碳转化科学与工程重点实验室在 CO_2 高效活化转化领域已有多年研究基础，并取得了系列研究成果。近期，中国科学院上海高等研究院的孙予罕、钟良枢和高鹏团队创造性地设计出了金属氧化物/分子筛双功能催化剂。该双功能催化剂"身兼数职"，可以省却中间环节，帮助二氧化碳直接转化为汽油，而且高附加值有效组分（即汽油）的产出率颇高，副产物（即甲烷）的产出率很低，工业性能显著提高，与传统石油裂解获得汽油的方法有了经济上的可比性，可以真正做到二氧化碳的净减排。中国科学院上海高等研究院的这项二氧化碳直接制备汽油技术，首次以"一步到位"地将欧拉的"人工碳循环"设想变成了现实。2017 年 6

月中国科学网报道了用氧化铟/分子筛双功能催化剂，二氧化碳加上氢气，只需一步，CO_2 就能转化为清洁的汽油。该研究成果于 2017 年 6 月 12 日由《自然-化学》（Nature Chemistry）在线发表，并已申报中国发明专利和国际 PCT 专利。

15.4 柠檬酸凝胶法制备CeO₂超细粒子[8]

我国有丰富的稀土矿产资源，CeO_2 作为一种重要催化剂（或助剂）和催化剂载体，均具有独特的性质。由于超细粒子的比表面积大、化学活性高，若能制得 CeO_2 超细粒子，则其催化性能一定会有明显的改变。为此系统考察制备条件对粒子的影响，很有必要。

溶胶-凝胶法制备出的超细粒子具有高纯、均匀及低温反应的优点已是人所共知，该法制备超细粒子受到配位体种类、金属与配位体的摩尔比、pH、凝胶形成温度、煅烧温度等诸因素的影响。

配制浓度为 1mol/L 的 $Ce(NO_3)_3$ 水溶液，加入一定量的柠檬酸，然后在不同温度和 pH 值下反应（水解聚合）——→凝胶的形成——→凝胶的干燥——→凝胶的热处理。

（1）金属与配体摩尔比的影响　实验中采用不同金属与配体摩尔比（Ce^{3+}/cit）所得 CeO_2 超细粒子的基本物性见表 15-1。

表 15-1　金属与配体摩尔比对制备 CeO₂ 超细粒子的影响

Ce^{3+}/cit	成胶时间/h	平均粒径/nm	粒子状态	比表面积/(m²·g)
1:1	36	7	不均匀、聚集	93
1:2	30	9	较均匀、分散	67
1:3	24	10	均匀、分散好	57
1:4	16	13	均匀、分散好	51

实验的其他条件：pH<0（未调）；65℃反应；65℃烘干；320℃煅烧 2h；平均粒径和粒子状态由 TEM 照片给出。

从表 15-1 可见，当配体比例逐渐增大时，所得 CeO_2 的平均粒径逐渐增大，而比表面则逐渐降低，但分散变得均匀。从表 15-1 还可看出，随着柠檬酸加入量增多，成胶时间逐渐缩短，表明柠檬酸加入有利于成胶。这主要是由于凝胶的形成是水解聚合的过程，而柠檬酸是多齿配体，有利于聚合反应。但柠檬酸的过多加入导致凝胶中游离柠檬酸增多，不利于最终煅烧以获得 CeO_2 超细粒子。因此，Ce^{3+}/cit=1:3 应为最佳投料摩尔比。

（2）pH 值的影响　不同初始溶液 pH 值对制备 CeO_2 超细粒子的影响，如表 15-2 所示。

表 15-2　初始溶液的 pH 值对制备 CeO₂ 超细粒子的影响

pH	能否成胶	粒子状态	平均粒径/nm
<0（未调）	能	均匀、分散好	10
0.2	能	不均匀、块状和小点	100
0.4	能	不均匀、块状	>200
0.9	不能	不均匀、各种形态	>200

制备条件 Ce^{3+}/cit=1:3，其余同表 15-1。

从表 15-2 可见，pH=0.4 时，虽然成胶，但所得粒子明显增大，且分散不均匀、易成块状，当 pH=0.9 时已不能成胶，而是直接形成沉淀。分析其原因，认为成胶过程可表示如下（A 代表柠檬酸根）

$$CeA_3 + H_2O \longrightarrow Ce(OH)A_2 + HA \tag{1}$$

$$Ce(OH)A_2 + CeA_3 \longrightarrow A_2CeOCeA_2 + HA \tag{2}$$

$$Ce(OH)A_2 + Ce(OH)A_2 \longrightarrow A_2CeOCeA_2 + H_2O \tag{3}$$

随着 pH 值逐渐增大，促使反应（1）的水解和反应（2）的聚合平衡右移，使反应不断加快，从而造成溶液中反应不均匀，溶液局部浓度过高，空间交联度低，不易形成均匀的网状结构，当大到一定程度时，会直接形成沉淀。

（3）反应温度的影响　实验中考察了 4 个不同反应温度（55℃、63℃、75℃和85℃）下溶液的成胶性能及最终所得 CeO_2 的形态。发现在 55℃ 和 65℃ 下反应溶液的成胶性能良好，且最终可得均分散的 CeO_2 粒子。75℃ 条件下虽能成胶，但分散不好，而在 85℃ 只能得到沉淀，得不到凝胶。因此，选用 65℃ 为最佳反应温度。

（4）凝胶烘干温度的影响　从凝胶经不同温度烘干后的 TEM 照片中可以看出，65℃ 缓慢烘干得到的干凝胶具有较为疏松的网状结构，而 130℃ 快速烘干后得到的干凝胶较为致密。

（5）煅烧温度及时间的影响　从不同温度煅烧 2h 后所得样品的平均粒径和比表面可看出，煅烧温度过低（250℃）和过高（800℃）均得不到理想的超细 CeO_2 粒子，在较佳温度（320℃）煅烧不同时间后所得 CeO_2 粒子形态表明：煅烧 2h 后得均匀分散的 CeO_2 超细粒子，8h 后开始聚集，12h 后明显聚集成块。

总结以上实验，可得如下结论：采用以柠檬酸为配体的溶胶-凝胶法制备 CeO_2 超细粒子的最佳条件应为：$Ce^{3+}/cit=1:3$，反应温度为 65℃，pH<0（未调），凝胶烘干温度为 65℃，320℃ 煅烧 2h，在该条件下制得的均分散 CeO_2 超细粒子的平均粒径为 10nm，比表面积为 $57m^2/g$。

现代化学工业、石油加工工艺、能源、制药工业以及环境保护领域等广泛使用催化剂。在化学工业生产中催化过程占全部化学过程的 80% 以上，许多现代低成本且节能型环境技术都同催化技术相关。本章介绍的纳米颗粒催化剂和第 14 章介绍的介（中）孔分子筛分属于纳米尺度催化材料和纳米结构催化剂，这些纳米催化剂的研制促进了催化技术的迅速发展，使之进入真正意义上的纳米催化时代。关于纳米催化材料的结构设计、合成、修饰、表征与应用等方面的详细内容，可参考文献 [9]。

15.5　固体超强酸催化剂的制备

所谓固体超强酸是指酸强度比 100% 硫酸还要强的固体酸。其酸强度用 Hammett 酸度函数 H_0 表示，已知 100% 硫酸的 $H_0=-11.93$，凡是 H_0 值小于 -11.93 的固体酸均称为固体超强酸，H_0 越小，该超强酸的酸强度越强。在酸催化作用中，固体超强酸克服了液体酸催化剂的许多弊端，对异构化、烷基化、脱水等反应具有很高的催化活性，而且适应于开发环境友好的光催化过程，是极具发展潜力的新催化材料。

15.5.1　SO_4^{2-}/TiO_2 固体超强酸

张明俊等[10]研究了从工业硫酸钛溶液（有效酸 512.1g/L、亚铁 49.5g/L、总钛 260.2g/L、三价钛 1.5g/L，F 值为 1.97、铁钛比为 0.19）水解生成具有介孔结构的偏钛酸，煅烧后制得 SO_4^{2-}/TiO_2 固体超强酸的催化性能。

制备工艺：将 50mL 水加入带有冷凝装置的三颈瓶中，搅拌升温至沸腾时，将 10mL 预热至 110℃ 的钛液迅速加入到三颈瓶中，待反应液颜色刚出现钢灰色时，将 50mL 沸水和 90mL 预热到 110℃ 的钛液同时滴加到三颈瓶中，20min 内滴加完毕，在 108℃ 左右搅拌反应 3h，降温、过滤，得到吸附或键合 SO_4^{2-} 的介孔结构偏钛酸；对该偏钛酸进行不同次数的去离子水洗涤、干燥，得到不同硫酸根含量的介孔偏钛酸，再将所得偏钛酸于马弗炉中通过控制煅烧，保留结构中的 SO_4^{2-} 可获得具有所需负载酸量的介孔 SO_4^{2-}/TiO_2。

催化剂的酸强度用 Hammett 指示剂法测定，硫含量用高温中和法测定。不同温度煅烧 SO_4^{2-}/TiO_2 样品的硫含量和酸强度见表 15-3。

表 15-3　不同温度煅烧 SO_4^{2-}/TiO_2 样品的硫含量和酸强度

煅烧温度/℃	硫含量/%	酸强度
未煅烧	2.7	—
500	2.3	−14.52
600	1.4	−12.7
700	0.89	−11.35

对偏钛酸和 SO_4^{2-}/TiO_2 样品进行红外分析发现，在介孔 TiO_2 的表面上，SO_4^{2-} 以螯合双配位作用形式键合在 TiO_2 表面，且 S＝O 双键的强电子诱导效应和酸中心的协同作用，产生了超强酸中心。随着 SO_4^{2-} 含量的增加，催化剂的比表面积和酸强度先增大后减小；随着煅烧温度的提高，其比表面积和酸强度也是呈先增大后减小的规律变化；煅烧温度为 500℃，硫含量为 2.3% 时，介孔 SO_4^{2-}/TiO_2 具有最大比表面积 191.7m²/g，孔径 3.6nm，最大的酸强度 $H_0<-14.52$，为固体超强酸催化剂。

以乙酸与乙醇反应合成乙酸乙酯为模型反应，表征介孔 SO_4^{2-}/TiO_2 固体超强酸催化剂的催化活性，考察了煅烧温度、煅烧时间和硫含量对催化活性的影响。结果表明：随着催化剂最初负载硫酸根含量的减少，催化活性呈先增大后减小的趋势；随着煅烧温度的升高，催化活性也是先增大后减小，在 500℃ 下煅烧 1h，含 S 约 2%（质量分数）的催化剂有着较好的催化活性[11]。

由于介孔 SO_4^{2-}/TiO_2 固体酸催化剂具有强的表面酸性及高的比表面积，有利于酯化反应的进行，可望在生物柴油的合成（催化麻风油与甲醇酯化实验的酯化率在 80% 以上）和 Halon-1211 催化降解反应中（实验降解率 96% 以上）有较好的应用前景。

15.5.2　SO_4^{2-}/ZrO_2 固体超强酸

二氧化锆是唯一同时具有表面酸性位和碱性位的过渡金属氧化物，同时还有优良的离子交换性能及表面富集的氧缺位，因而在催化领域它既可以单独作为催化剂使用，也可以以载体或助剂的形式出现。已见诸报道的固体超强酸催化剂除了 SO_4^{2-}/TiO_2、SO_4^{2-}/SnO_2 和 SO_4^{2-}/Fe_2O_3 外，研究最为广泛的是 SO_4^{2-}/ZrO_2 型固体超强酸，它对很多酸催化反应具有良好的催化活性，成为此类催化剂的代表。

莫晓兰等[12]尝试了以价格相对便宜的氯氧化锆为原料并加入硫酸铵而引入 SO_4^{2-}，用一步法制得 SO_4^{2-}/ZrO_2。实验操作如下。

将一定量的 $ZrOCl_2 \cdot 8H_2O$ 与 $(NH_4)_2SO_4$ 溶于蒸馏水中，配置成一定浓度的溶液 80mL，在快速搅拌下滴加浓度为 28% 的氨水进行水解，将溶液的 pH 值调节至某所需值。在 110℃ 油浴中水解 2h 后，于水热釜中 110℃ 水热 24h，过滤，反复洗涤至无 Cl^-，将滤饼于 110℃ 干燥 12h 后，研磨成细粉并于一定的温度下煅烧数小时，即制得 SO_4^{2-}/ZrO_2。

采用传统沉淀-浸渍工艺制备 SO_4^{2-}/ZrO_2 时，载体制备和负载硫酸是分步进行的，存在制备工艺路线长，反复干燥增加能耗等缺点。莫晓兰等采用的工艺是在传统沉淀-浸渍法的基础上改进，一步制得 SO_4^{2-}/ZrO_2 固体超强酸，简化了工艺、节约了成本。

实验研究表明：

（1）锆盐浓度对 SO_4^{2-}/ZrO_2 的比表面积有一定影响。随着锆盐浓度的增加产物比表面积逐渐减小，在实验条件范围内最适宜的锆盐原料浓度为 0.1mol/L。考虑到生产效率，锆盐原料浓度可增加到 0.25mol/L。

（2）水解 pH 值对 SO_4^{2-}/ZrO_2 的比表面积有显著影响。以 $ZrOCl_2 \cdot 8H_2O$ 与 $(NH_4)_2SO_4$ 为原料，当其他条件不变，水解 pH 增大到 10 时，SO_4^{2-}/ZrO_2 的比表面积最大，可达到 190.9m²/g。

（3）煅烧温度对 SO_4^{2-}/ZrO_2 固体超强酸的形成至关重要，当煅烧温度为 700℃ 时负载 SO_4^{2-} 的 ZrO_2 由无定形相向单斜相和四方相转变，SO_4^{2-}/ZrO_2 显示出超强酸性，ZrO_2 从非晶态转变为晶态可能是形成固体超强酸的必要条件。

改以硫酸锆为原料也能实现一步法制备 SO_4^{2-}/ZrO_2。氯氧化锆加硫酸铵制得的产物具有较大的比表面积，而且原料成本低，也方便调整硫酸根的加入量。

15.6 介孔 TiO₂ 光催化剂制备研究

TiO_2 是重要的光催化材料，但是较低的光量子效率和较慢的反应速率限制了 TiO_2 光催化技术的实用化进程。罗妮等[13]以工业 $TiOSO_4$ 溶液为原料，通过钛液热水解，控制洗涤得到多孔、高比表面积的含一定量 SO_4^{2-} 的偏钛酸，再经煅烧一步制备 SO_4^{2-}/TiO_2 催化剂。在 500℃ 煅烧 2h，SO_4^{2-} 负载量为 3.7% 时，SO_4^{2-}/TiO_2 催化剂具有稳定的介孔结构，比表面积高达 217.5m²/g，表面酸性 H_0 强于 -14.52，应用在亚甲基蓝光催化氧化反应中显示出良好的光催化活性，远优于 P25 型 TiO_2。这是因为键合硫酸根中 S=O 的强电子诱导效应使邻近的 Ti 成为超强酸中心，促进了 TiO_2 光生电子-空穴对的分离，延长了电子-空穴对的寿命，提高了催化剂的光催化活性。

15.6.1 介孔 Ag/TiO₂ 催化剂的制备

如果在 TiO_2 光催化体系中引入贵金属作为光生电子（e-）的接收器，则可促进复合系统界面的载流子输运，使光生电子在金属表面积累而空穴（h⁺）则留在 TiO_2 表面，防止电子与空穴的复合，提高催化剂的光催化活性。目前，Ag/TiO$_2$复合体系因具有特殊的接触界面结构及化学和电子性质在催化反应中广为研究。为了降低TiO$_2$光催化剂的生产成本，扩展其在利用太阳能净化环境领域的应用，罗妮等用TiOSO$_4$溶液水解得到偏钛酸为载体（偏钛酸载体的制备参照文献[13]），负载金属银制备具有多孔结构的Ag/TiO$_2$光催化剂，探索Ag/TiO$_2$的最佳合成工艺，并以亚甲基蓝为模型化合物对催化剂的光催化性进行了研究[14]。

Ag/TiO$_2$光催化剂的制备

① 浸渍法。将1g的偏钛酸放入10mL的蒸馏水中超声分散后，与0.1mol/L的AgNO$_3$溶液10mL混合，并加入蒸馏水至20mL。在60℃的水浴中磁力搅拌1.5h后，取出冷却静置0.5h。将产物滤出，用蒸馏水洗涤除去未反应的Ag$^+$，在100℃干燥2h，然后于400℃下煅烧2h。

② Ag$_2$CO$_3$沉淀法。将1g的偏钛酸放入浓度为0.1mol/L的10mL AgNO$_3$溶液中超声分散后，逐滴滴加0.1mol/L的Na$_2$CO$_3$溶液10mL。滴加完毕后，在60℃的水浴中磁力搅拌1.5h，取出冷却静置0.5h。将产物滤出，用蒸馏水洗涤除去未反应的Ag$^+$，在100℃干燥2h，然后于400℃下煅烧2h。

③ 水热法。将1g的偏钛酸与0.1mol/L的AgNO$_3$溶液10mL混合，超声分散后放入内衬聚四氟乙烯的不锈钢反应釜中，加水至50mL的反应釜体积的2/3。在180℃中陈化3h，取出冷却静置0.5h。将产物滤出，用蒸馏水洗涤除去未反应的Ag$^+$，在100℃干燥2h，然后于400℃下煅烧2h。

④ 光催化法。取0.1mol/L的AgNO$_3$溶液10mL与1.0g偏钛酸用超声分散后加入到自制的光催化反应装置（见图15-2）中，加蒸馏水配制成200mL的悬浮液。先往悬浮液中通入空气搅拌吸附10min（通气量40L/h），用8W低压汞灯（主波长为254nm）照射90min。将产物滤出，以蒸馏水洗涤除去未反应的Ag$^+$，在100℃干燥2h，然后于400℃下煅烧2h，即得Ag/TiO$_2$光催化剂。

实验研究表明，光催化还原法优于一般的浸渍法、水热法和碳酸银沉淀法制备工艺。当表面Ag：TiO$_2$为0.08：1.0（配料质量比），制备反应液pH值为2；煅烧温度为400℃时，能得到颗粒均匀、比表面积大、Ag分散性好的Ag/TiO$_2$光催

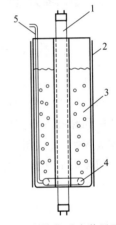

图15-2 光催化反应装置示意图
1—光源；2—铝箔；
3—石英玻璃反应器；
4—气体分布器；5—空气导管

化剂，其光催化性能高于纯TiO$_2$。Ag/TiO$_2$光催化性能提高的原因主要在于引入Ag作为耗尽层，提高了TiO$_2$的电荷分离能力。同时，掺杂Ag后，TiO$_2$表面对—OH和水的吸附增强，提高了TiO$_2$表面参与光催化氧化反应的羟基自由基（·OH）的浓度，且TiO$_2$的禁带宽度增大，光催化氧化-还原能力提高。根据不同AgNO$_3$溶液用量制备的Ag/TiO$_2$的Ti2p、Ag3d和O1s光电子峰的Gaussian函数退卷积分的计算结果，可阐明Ag对TiO$_2$催化性能改善的机理。

15.6.2 铁掺杂改性TiO$_2$光催化剂

唐守强等以无水Ti(SO$_4$)$_2$为原料，以硝酸铁为添加剂通过溶胶-凝胶法得掺铁的介孔偏钛酸沉淀，经煅烧得铁掺杂改性的锐钛矿型介孔TiO$_2$光催化剂，以亚甲基蓝（MB）、聚乙烯醇（PVA）的光催化氧化降解实验考察改性TiO$_2$催化剂的光催化活性[15,16]。

溶胶-凝胶法制备 Fe-TiO$_2$ 催化剂：准确称取 32.5gTi(SO$_4$)$_2$、0.2142g 十二烷基苯磺酸钠（SDBS）加到 150mL 乙醇水混合溶剂中，其中 ψ（乙醇∶水）＝1∶2，在强力搅拌下完全溶解，将配制好的 1∶1 的氨水 100mL 在强力搅拌下滴加到溶液中（5min 滴加完），得白色溶胶；按物质的量之比 n(Fe)∶n(Ti)＝0～0.03，准确称取 Fe(NO$_3$)$_3$·9H$_2$O 溶解于 50mL，pH＝2（用硫酸调节）的去离子水中，将硝酸铁溶液滴加到白色溶胶中（5min 滴加完），得淡黄色溶胶；之后在 110℃ 油浴下反应 8h（带冷凝回流装置），反应结束自然冷却至室温；沉淀经水洗至饱和 BaCl$_2$ 溶液检测滤液中无硫酸根离子，再用无水乙醇洗涤 3 次以去除残余的表面活性剂。沉淀于 100℃ 下干燥 5h，经 400℃ 煅烧 3h 获得掺铁的介孔锐钛矿型 Fe-TiO$_2$。

由于 Fe^{2+}、Fe^{3+} 取代 Ti^{4+} 进入 TiO$_2$ 晶格，Fe-TiO$_2$ 在可见光和紫外光范围内吸光度都明显大于纯的 TiO$_2$，吸收光带边逐渐红移，光响应范围扩大到 413nm。最佳掺铁量为：n(Fe)∶n(Ti)＝0.02。样品分散性较好，颗粒大小为 0.1～0.2μm，比表面积为 117.6m^2/g，孔容积 0.434cm^3/g，最可几孔径 3.6nm，但是平均孔径 13nm，表明有大孔存在。该光催化剂重复利用 4 次后，4h 内对亚甲基蓝的总脱色率依然高达 89.0%，降解率达 70.7%。

15.7 掺硅介孔 TiO$_2$ 的研究

15.7.1 微孔-介孔钛硅氧化物复合材料的合成

TiO$_2$ 的热稳定性远不如介孔 SiO$_2$，解决介孔 TiO$_2$ 孔结构不稳定的途径之一就是利用硅基材料良好的热稳定性，将钛负载到介孔硅基材料上制成钛硅复合材料，集 TiO$_2$ 优异的催化性能和介孔 SiO$_2$ 比表面积大、热稳定性好的优点于一身，将使材料得到更加广泛的应用。侯隽等[17]尝试用氧化硅的高热稳定性起骨架作用制备钛硅复合材料。即以钛硅醇盐为原料，用硫酸催化醇盐缓慢水解聚合，经溶胶-凝胶过程制备微孔-介孔钛硅复合材料。

在 60℃ 下，将一定配比的钛酸四丁酯（TBOT）和正硅酸乙酯（TEOS）混合滴加到 0.1mol/L 的十六烷基三甲基溴化铵（CTAB）乙醇溶液中形成醇盐和模板剂的混合溶液，再以 3mL/min 的速度加入浓硫酸调节该混合溶液的 pH 值在 0.5 左右，保证原料没有水解。然后加入 1∶1（体积分数）氨水升高混合溶液的 pH 值使钛硅醇盐开始水解。搅拌反应 2h，得到前驱体溶胶，在室温下陈化 4h 后过滤、洗涤、烘干。将烘干的前驱体于马弗炉中于 350℃ 煅烧 0.5h，500℃ 煅烧 4h，即得到产物。

通过 XRD 和低温 N$_2$ 吸附-脱附测定，考察水解 pH 值、温度、时间以及 Ti/Si 摩尔比等因素对产物孔道结构的影响。实验结果表明，在 pH 值 2.5～3.0，温度 60℃，时间 2h 的反应条件下进行钛、硅醇盐的水解聚合是较为有利的。合成产物具有短程有序的孔道结构，较窄的孔径分布，随 Ti 含量增加产物比表面积减小。以 CTAB 作模板剂得到的纯硅样品为平均孔径 1.78nm 的微孔材料，具有 866m^2/g 的比表面积；产物为微孔-介孔材料，平均孔径略小于 2nm。以 P123 作模板剂得到的 Ti 含量 0.2 的产物为介孔材料，平均孔径略小于 4nm，比表面积为 618m^2/g。

随后，侯隽等[18]又采用无机原料工艺，以相对价廉的 Na$_2$SiO$_3$·9H$_2$O 和 Ti(SO$_4$)$_2$ 溶液为原料，利用它们自身的碱性和酸性，采用两步水解工艺，即先使 Na$_2$SiO$_3$ 在表面活性剂模板剂（CTAB）和 ODA（十八胺）的作用下水解形成溶胶，再诱导 Ti(SO$_4$)$_2$ 水解，制备钛硅复合的多孔材料。

原料配比：$n(Si):n(Ti):n(CTAB)=1:1:0.1$。

硅钛复合氧化物合成工艺流程见图15-3，室温下，将 0.4mol/L 的 Na_2SiO_3 溶液滴加到 0.1mol/L 的 CTAB-乙醇溶液中，搅拌 0.5 h 后加入少量 0.625mol/L 的 $Ti(SO_4)_2$ 溶液调节体系 pH 值至 12 使 Na_2SiO_3 水解，反应 0.5 h 后，得到 SiO_2 溶胶。在溶胶中继续加入剩余的 $Ti(SO_4)_2$ 溶液，$Ti(SO_4)_2$ 在 SiO_2 溶胶"模板"诱导下水解反应 3.5h，将得到的溶胶（约 50mL）在 125℃ 水热处理 24h，过滤、洗涤、烘干，得到钛硅复合前驱体凝胶。采用两步煅烧路线，先将合成的钛硅复合前驱体在 350℃ 煅烧 2h，而后在 550℃ 下煅烧 2h 进行脱模处理。

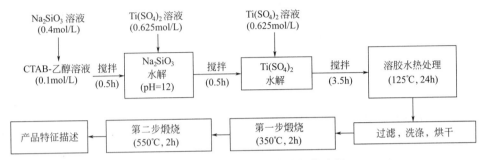

图 15-3　硅钛复合氧化物合成工艺流程

结果表明：硅浓度约为 0.1mol/L，起始钛浓度约为 0.125mol/L，pH 值为 1 时硫酸钛于室温下水解制备的前驱体具有较好的孔结构。前驱体首先在 350℃ 灼烧 4 h，再在 750℃ 灼烧 4h 后的产物为晶体结构趋于规整的锐钛矿型二氧化钛，Si 的存在阻止了锐钛矿向金红石晶型的转变，但仍然有高达 369m²/g 的比表面积，有良好的热稳定性。

15.7.2　非有机模板合成掺硅的介孔 TiO₂

陈垚翰等不使用表面活化剂作模板剂，直接以工业硫酸钛溶液为原料合成介孔偏钛酸前驱体，再经正硅酸乙酯浸渍，煅烧，制备了 Si 掺杂介孔 SO_4^{2-}/TiO_2，采用 X 射线衍射、N_2 吸附-脱附等温线、扫描电镜、X 射线能谱和傅里叶变换红外光谱等表征方法对样品的组成和结构进行了分析，并考察了该材料在亚甲基蓝氧化降解反应中的光催化性能[19]。

图 15-4（a）和（b）分别为制得的介孔 SO_4^{2-}/TiO_2 的 SEM 照片和 FT-IR 谱图分析结果，表明介孔 SO_4^{2-}/TiO_2 为片状结构，并形成了 Ti—O—Si 键的稳定结构。

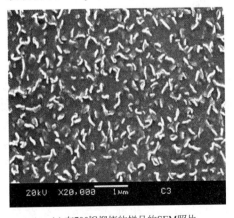

(a) 在700℃煅烧的样品的SEM照片

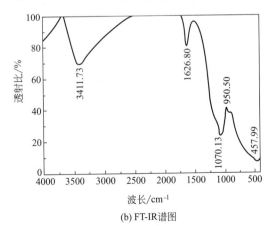

(b) FT-IR谱图

图 15-4　制得的介孔 SO_4^{2-}/TiO_2 的 SEM 照片和 FT-IR 谱图分析结果

图 15-5 为掺硅介孔 SO_4^{2-}/TiO_2 催化剂降解亚甲基蓝的实验结果，从表 15-4 中可看出 500℃煅烧样品（掺杂硅）对 SO_4^{2-}/TiO_2 中结合能的影响，阐明光催化性能的改善。

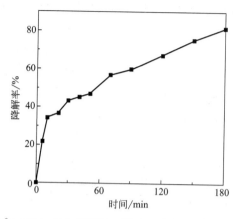

图 15-5 掺硅介孔 SO_4^{2-}/TiO_2 催化剂降解亚甲基蓝溶液（0.1 g 400℃煅烧样品，300mL 浓度为 6mg/L 的亚甲基蓝溶液，4W，波长 380nm）

表 15-4 500℃煅烧样品的结合能

样品	结合能/eV		
	Ti $2p_{3/2}$	O1s	S $2p_{3/2}$
SO_4^{2-}/TiO_2	458.8	530.1	168.8
掺硅 SO_4^{2-}/TiO_2	459.2	532.9	168.9

研究结果表明，被吸附在偏钛酸孔道内的正硅酸乙酯在煅烧过程中水解，并与偏钛酸孔壁上的自由羟基形成 Ti—O—Si 键；Si 进入二氧化钛骨架中，对孔结构起到了支撑作用，提高了介孔 SO_4^{2-}/TiO_2 的热稳定性，700℃煅烧 2 h 后基本粒子为片状颗粒，仍具有 188.9m²/g 的比表面积及 2.8 nm 的平均孔径。400℃煅烧的样品在亚甲基蓝降解反应中表现出较好的光催化活性。如果将前驱体浸渍正硅酸乙酯步骤置于超声波或微波场中，外场作用可强化浸渍过程，大大缩短了浸渍时间，促进 Si 在介孔 TiO_2 内外表面的分布[20]。

15.8 V₂O₅ 催化剂的制备和性能研究

干法烟气脱硝的 NH_3 选择性催化还原（SCR）技术已经实现了工业应用，多采用 TiO_2 为载体的 V_2O_5 催化剂，高效、价廉，已在欧美和日本等国家应用，NO_x 的脱除率可达到 90%以上。张钰婷等[21,22]采用未煅烧的多孔工业偏钛酸或工业硫酸氧钛液水解制得的偏钛酸为钒钛催化剂的前驱体，以偏钒酸铵和双氧水溶液作为浸渍液，超声浸渍、煅烧制备了 V_2O_5/TiO_2，制备的催化剂为大孔结构，平均孔径为 16nm，利于气相传质；负载的 V 氧化物在锐钛型 TiO_2 表面呈非晶态分布。张钰婷等将该催化剂用于 NO_x 的氨选择性催化还原（SCR）和光催化降解亚甲基蓝的实验，考察了催化活性。

（1）以偏钛酸为前驱体，NH_4VO_3 为浸渍剂和双氧水为浸渍助剂，采用超声浸渍法，通过一步煅烧可得到多孔结构、较大比表面积的 V_2O_5/TiO_2 催化剂，2%的钒负载量，催化剂比表面积达 225m²/g。

（2）用工业 $TiOSO_4$ 液水解制备偏钛酸，底水与晶种钛液体积比为 4:1，总水钛比为

2：1，稀释滴加钛液的水钛比为 20：35 是较佳的工艺条件。

（3）偏钛酸洗涤过程中加入氨水对增大 TiO_2 的比表面积有利。对偏钛酸进行水热处理有利于稳定结构，但会减小比表面积；微波干燥也有利于提高 TiO_2 的比表面积。

（4）采用超声浸渍能使 NH_4VO_3 均匀负载于偏钛酸上，煅烧后 V_2O_5 在 TiO_2 表面上以非晶态形式分散；高浓度浸渍助剂 H_2O_2 引起 V_2O_5/TiO_2 催化剂的比表面积降低。

（5）V_2O_5 负载量的增加使 TiO_2 由锐钛矿型向金红石型转变的温度降低，当 V_2O_5 负载量大于等于 6％时，V_2O_5/TiO_2 催化剂在 500℃ 就会向金红石晶型 TiO_2 转变；V_2O_5 负载量的增加使催化剂的比表面积降低，光催化性降低。V_2O_5 负载量为 4％的催化剂用于氨法 SCR 脱硝反应，NO_x 的转化率可达 83％。V_2O_5 负载量为 0.1％的催化剂在光催化降解亚甲基蓝实验中性能为最优。

（6）V_2O_5 与 TiO_2 间的相互修饰作用使钒氧化物物种更加活泼，负载在 TiO_2 上的钒氧化物的还原温度向低温大幅偏移；V_2O_5/TiO_2 催化剂在紫外区的光吸收能力比纯 TiO_2 的吸收能力更强，在可见光区域，吸收能力随 V_2O_5 负载量的增大而增大，一定程度拓展了 TiO_2 的光响应范围。

（7）煅烧时间、温度和气氛对于 TiO_2 和 V_2O_5/TiO_2 催化剂的性质影响很大。煅烧时间越短，温度越低越有利于催化剂保持高比表面积；在被水饱和的空气气氛下煅烧能够得到具有混合价态的钒氧化物物种，在亚甲基蓝的光催化降解反应中有良好的表现，在 4W 黑光灯照射下，0.1g V_2O_5/TiO_2 催化剂可使 300mL 浓度为 10mg/L 的亚甲基蓝浓溶液在 1.5h 光催化降解达到 94％。

图 15-6 为自制的 V_2O_5/TiO_2 催化剂选择性还原 NO_x 活性检测的实验装置。

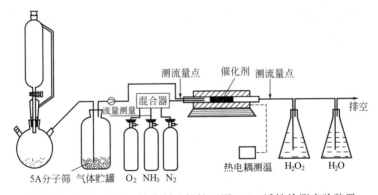

图 15-6　V_2O_5/TiO_2 催化剂选择性还原 NO_x 活性检测实验装置

15.9　化学镀法制备炭载钯催化剂

催化剂的活性取决于其表面的状态，而其表面状态则是取决于制备催化剂的方法。炭载钯催化剂因载体活性炭能提供巨大的比表面积，实现活性组分钯的高度分散而受到重视。其制备主要有金属蒸气法、生物化学法和化学浸渍法三种类型，金属蒸气法可用来制备不同比例双金属催化剂如 Pd-Cu，金属粒径为 5nm 以下，分散性好，但对设备要求高，操作不方便，产率低，所用均为纯金属，价格很贵。生物化学法在室温下，将载体表面的 Pd^{2+} 原位还原为 Pd^0，并以高分散的起始状态原位"锚定"于载体上，形成高分散度的担载 Pd 催化剂。但催化剂是在细菌培养液中还原的，对于具有强吸附性能的活性炭载体来说，吸附于载体的有机杂质难以除去。如果采用化学浸渍法，则工艺简单，可用于制备单、双或多金属负载型催化剂，并适合于工业化应用。

化学浸渍法一般是通过把金属前驱体盐，如 $PdCl_2$，担载在活性炭载体上，而后进行还原来制得。还原方法包括甲醛还原法、水合肼还原法、甲酸钠还原法、KBH_4 还原法、氢气还原法以及氢气程序升温还原法等。

近年来，KBH_4 还原法制备担载金属催化剂的研究日益活跃[23]。研究表明，使用 KBH_4 作为还原剂制备 Pd 催化剂时，金属微粒中掺杂有少量 B 原子，由于 B 与 Pd 的原子半径相差大（B 的原子半径为 98pm，Pd 的原子半径为 137pm），少量存在的 B 会阻碍 Pd 金属晶相的形成，而成为非晶态 Pd-B 合金。

普通浸渍法制备的担载金属催化剂，一般都是金属以微粒分布于活性炭载体上，金属的粒径范围大多是从几纳米到数十纳米。作为活性中心的 Pd 金属粒子虽是微粒，但始终是结晶，原子有序排列。在催化化学上，晶态材料常存在晶界、位错以及偏析等缺陷，这些缺陷是金属晶态材料的催化活性中心，其分布是不均匀的。非晶态合金材料是完美晶体的对立面。非晶态合金材料的原子排列是短程有序、长程无序的，在三维空间各向同性，因此，非晶态合金材料作为催化剂时，可以认为其催化活性中心均匀分布在材料表面且性质相同。而且非晶态合金材料组成可以调变，从而为控制其电子性质，得到合适的催化活性中心提供了可能。

担载型非晶态合金催化剂，不仅降低了催化剂成本，还可以利用载体的高比表面积，实现金属活性组分的高分散，大大改善催化性能，尤其是热稳定性的提高为非晶态合金催化剂的工业化应用提供了一条有效的途径。

崔名全等[24]采用 KBH_4 还原法制备了炭载 Pd-B 非晶态合金催化剂，并与室温氢气还原法及高温氢气还原法制备的炭载钯催化剂进行了比较，以考察不同制备工艺对催化特性的影响。

（1）0.5％Pd/C 催化剂的制备　称定 0.98g 氯化钯、1.5mL 浓盐酸及 10mL 水，混合，在沸水浴中加热，搅拌使其溶解，定量转移至 25mL 容量瓶中，摇匀，作为氯化钯储备液，备用。

① 室温氢气还原法。醋酸钠加水溶解，加入载体活性炭，搅拌约 5min。加入计算量的氯化钯储备液，搅拌约 15min。以氮气洗氢化瓶内空气三次，再用氢气洗三次，室温下常压氢化至不吸氢后，继续搅拌约 45min，过滤，以蒸馏水洗涤至中性，干燥，贮存于盛有硅胶的真空干燥器中待用（记为 Pd/C-H）。

② 高温氢气还原法制备。采用等体积浸渍法，以 $PdCl_2$ 溶液（等容体积）浸渍活性炭，干燥，于管式炉中 180℃，通 H_2 还原制得（记为 Pd/C-G）。

③ KBH_4 化学还原法。称定活性炭载体，加水搅拌使其分散。加入计算量的氯化钯储备液，搅拌约 15min。滴加 5％ KBH_4 溶液 3mL 还原，加毕继续搅拌 2h。过滤，以蒸馏水洗涤至中性，干燥，贮存于盛有硅胶的真空干燥器中待用（记为 Pd-B/C）。

（2）催化剂活性评价　采用碘苯与丙烯酸的 Heck 反应为模型反应对 3 种方法制备的活性炭担载 Pd 催化剂进行活性评价，反应式为将催化剂100mg、三丁胺（22.0mmol）、碘苯（10.0mmol）、丙烯酸（15.0mmol）和N-甲基吡咯烷酮（NMP）(40mL)投入反应瓶中，氮气置换瓶内空气，氮气保护下于120℃反应0.5 h。HPLC法测定碘苯及产物肉桂酸的含量。

结果表明，KBH_4化学还原催化剂Pd-B/C的催化活性和选择性最好，反应的转化率和选择性分别为93.7％和72.6％，高温氢气还原和室温氢气还原催化剂的转化率分别为80.8％和21.2％，两者的选择性相似，分别为61.3％和60.6％。

这是因为催化剂的活性取决于其表面状态，而其表面状态则取决于制备催化剂的方法。Pd/C-G的催化活性最低，是由于高温导致贵金属Pd的烧结，分散度降低所致。

用KBH_4作还原剂时，由于B的掺杂，B与Pd的原子半径差别大，使得Pd不能形成完整的晶格，而在制备工艺条件下，也不会形成金属互化物，因而得到非晶态合金镀层。非晶态合金缺陷均匀分布，活性位密度高，催化活性增加。

化学镀是合成担载非晶态合金催化材料简便而实用的工艺技术。利用化学镀法制备的担载非晶态Pd-B合金催化材料，表现出比高温以及室温氢气还原法制备的Pd/C催化剂更好的催化活性和选择性，说明材料的合成原料及工艺对材料的组成和织构产生影响，从而影响到催化材料的催化功能。

参考文献

[1] 张立德，牟季美. 纳米材料学. 沈阳：辽宁科学技术出版社，1994.

[2] 王力军，张春雷，李爽，等. 无机化学学报. 1996，12（4）：377-381.

[3] 方道来，朱伟长，晋传贵，等. 化学研究与应用. 1999，11（2）：138-141.

[4] 匡文兴，范以宁，姚凯文，等. 催化学报. 1997，18（2）：157-159.

[5] 邝生鲁. 现代精细化工-高新技术与产品合成工艺. 北京：科学技术文献出版社. 1997.

[6] 吴晓晖，刘金尧，刘崇微，等. 催化学报. 1998，19（2）：169-172.

[7] 宁文生，朱海新，胡在珠，等. 工业催化. 2000，8（2）：18-21.

[8] 侯文华，徐林，邱金恒，等. 南京大学学报（自然科学）.1999，35（4）：486-490.

[9] 阎子峰. 纳米催化技术. 北京：化学工业出版社，2003.

[10] 张明俊，沈俊，田从学，等. 功能材料，2006，37（12）：1955-1958.

[11] 张明俊. 成都：四川大学，2007.

[12] 莫晓兰，张昭，王优，等. 钛工业进展，2011，28（2）：14-18.

[13] 罗妮，沈俊，田从学，等. 材料研究学报，2007，21（3）：245-249.

[14] 罗妮，王宁，张昭. 功能材料，2007，38（7）：1143-1145，1148.

[15] 唐守强，何菁萍，张昭. 硅酸盐学报，2012，40（7）：948-956.

[16] 唐守强. 成都：四川大学，2012.

[17] 侯隽，田从学，张昭. 化学反应工程与工艺，2007，23（3）：223-227.

[18] 侯隽，许影，田从学，等. 硅酸盐学报，2007，35（4）435-441.

[19] 陈垚翰，沈俊，张昭. 催化学报，2008，29（4）：356-360.

[20] 陈垚翰，李国亮，张昭. 化学反应工程与工艺，2008，24（6）：481-487.

[21] 张钰婷，沈俊，张昭. 稀有金属，2007，（s1）：105-109.

[22] 张钰婷，沈俊，张昭. 功能材料，2008，39（7）：1170-1173.

[23] 崔名全，张昭，张明俊，等. 稀有金属材料与工程，2006，35（S2）：241-244.

[24] 崔名全. 成都：四川大学，2006.

第3篇思考题

1. 何谓精细陶瓷？可分为哪两大类？

2. 以某一种功能陶瓷为例，说明图 12-1 陶瓷功能与组成、工艺、性能和结构的关系。

3. 半导体陶瓷有哪些类别？简要说明。

4. 多孔陶瓷膜的制备方法有哪些？举例说明。

5. 试说明分子筛的结构特点和水热合成方法。

6. 以 MCM-41 的合成工艺说明表面活性剂在特殊结构无机材料合成中的作用原理。

7. 介孔材料有哪些表征方法？举出常用的方法并阐述原理。

8. 纳米颗粒催化剂有什么特点？介绍几种制备工艺。

9. 负载型催化剂有什么优点？如何选择载体？如何负载活性组分到载体上？

10. 尝试选择一种无机精细化学品，设计一种制备工艺，在实验室完成制备实验并进行相应的分析测试。